グリフィス
電磁気学 I

Introduction to Electrodynamics Fourth Edition
David J. Griffiths

満田 節生・坂田 英明
二国 徹郎・徳永 英司
訳

丸善出版

Introduction to Electrodynamics

Fourth Edition

by

David J. Griffiths

© Cambridge University Press 2017

This translation of Introduction to Electrodynamics, Fourth Edition is published by arrangement with Cambridge University Press.

Japanese translation rights arranged with Cambridge University Press through Japan UNI Agency, Inc., Tokyo.

序　文

　本書は, ジュニアレベル (初年次) またはシニアレベル (高学年) の学部課程向けに設計された電気と磁気に関するテキストで, 2学期で快適に学習できる内容となっています. たぶん特別な話題 (AC回路, 数値計算法, プラズマ物理学, 伝送線, アンテナ理論など) のための余裕さえあるかもしれません. 1学期ならば, 第7章まで扱えばちょうどよいでしょう. (たとえば) 量子力学や熱物理学と違って, 電磁気学の教え方についてはかなり一般的なコンセンサスがあります. 含まれるべき主題, そしてその提示の順序さえも, とくに議論の余地のあるものではなく, テキストはおもにスタイルと調子においてのみ異なるのが普通です. 私のアプローチはおそらく普通のテキストのやり方とは違っていて, 難しい考え方をより興味深くわかりやすくしていると思います.

　この新版に対しては, 私は明快さと読みやすさのために多数の小さな変更をし, いくつかの場所では重大な誤りを訂正しました. 私はいくつかの問題と例題を加えました (そして効果的でなかったいくつかの問題を取り除きました). そしてアクセス可能な文献 (とくに *American Journal of Physics*) へのより多くの参照を含めました. もちろん, ほとんどの読者はこれらの文献を調べる時間や傾向をもっていないことを認識していますが, 電磁気学は, 由緒ある歴史をもっているにもかかわらず, 現在でも活発に研究され, 興味をそそる新しい発見が常に行われていることを強調するためだけでも, そうすることは価値があると思っています. 私は, 時には問題が読者の好奇心を刺激し, 参考文献を調べるように促されることを願っています——それらのいくつかは本当の宝石です.

　本書では, 以下の三つの正統的でない表記法を採用しています.

- デカルト単位ベクトルは, $\hat{\mathbf{x}}$, $\hat{\mathbf{y}}$, および $\hat{\mathbf{z}}$ と表記されます (通常, すべての単位ベクトルは対応する座標の文字を継承します).

- 円柱座標での z 軸からの距離は, r (原点からの距離, および球座標での動径) と

の混同を避けるために, s で示されます.

- 筆記体の $\boldsymbol{\imath}$ は, ソース点 $\mathbf{r}'$ から場の点 $\mathbf{r}$ へのベクトルを表します (図を参照). 何人かの著者はより明確な $(\mathbf{r} - \mathbf{r}')$ を好みますが, この表記は, とくに単位ベクトル $\hat{\boldsymbol{\imath}}$ が含まれているときに, 多くの方程式を気を散らすほど煩わしくします. 軽率な読者は $\boldsymbol{\imath}$ を $\mathbf{r}$ として解釈しようとしがちで, それは確かに積分を容易にしますが, $\boldsymbol{\imath} \equiv (\mathbf{r} - \mathbf{r}')$ であり, $\mathbf{r}$ と同じでないことに注意してください. 私はこれはよい表記法だと思っていますが, 読者は注意する必要があります.[1]

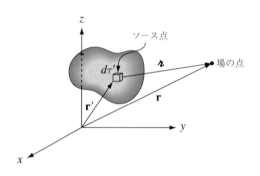

前の版と同様に, 私は問題を 2 種類に分けています. まず, 特定の内容について教育的な問題で, それらが関係するセクションを読み終わったらすぐに取り組むべき問題です. これらは私が章の中の適切な箇所に置いています. (数少ないですが, 問題の解答が教科書の後章で使われている場合があり, それらは左余白に黒丸 (●) で示されています.) 長い問題またはより一般的な問題は, 各章の終わりにあります. 私が教えるときは, これらを宿題とし, いくつかを授業で解かせます. 余白に感嘆符 (!) があるのはとくに挑戦的な問題です. 多くの読者が, 問題に対する解答を本の最後に記載するよう求めていますが, 残念ながら同じくらい多くの人がそのことに反対しています. 私は妥協して, とくに適切と思われるときのみ解答を記載しています.

私は多くの同僚のコメントから恩恵を受けています. ここにそれらすべてを列挙することはできませんが, 私はこの版へのとくに有用な貢献について, 以下の人々に感謝したいと思います: Burton Brody (Bard), Catherine Crouch (Swarthmore),

---

[1] MS Word では, $\boldsymbol{\imath}$ は「Kaufmann フォント」ですが, これを TeX にインストールするのは非常に困難です. TeX ユーザーは私のウェブサイトからかなりよい字体をダウンロードすることができます.

iii

Joel Franklin (Reed), Ted Jacobson (Maryland), Don Koks (Adelaide), Charles Lane (Berry), Kirk McDonald[2] (Princeton), Jim McTavish (Liverpool), Rich Saenz (Cal Poly), Darrel Schroeter (Reed), Herschel Snod-grass (Lewis and Clark), and Larry Tankersley (Naval Academy). 事実上, 電磁気学について私が知っているすべてを——とくに電磁気学を教えることについては間違いなく——Edward Purcell に負っています.

David J. Griffiths

---

[2]Kirk の Web サイト, http://www.hep.princeton.edu/~mcdonald/examples/ は, 巧みな説明, 気の利いた問題, 役に立つ参考文献などからなる素晴らしいリソースです.

訳者序文

　グリフィス電磁気学のテキストは中級レベルの電磁気学のテキストとして抜群の定評をもち, 北米を中心に広く使われている. 実際に読んでみると語り口の味わい, わかりやすさに惹きつけられるが, その真価は脚注で引用されている文献 (とくに American Journal of Physics) とそれに密接に関連づけられた内容が本文や演習問題にさりげなく反映されている点であろう. 実際にこの第 4 版 (2013) には 2010 年代の Am. J. Phys. で議論されている内容までもが意欲的に反映されており, 改訂のたびに常に新しい視点を取り込んでいる, まさに生きた電磁気学のテキストであるといえる. さらにテキスト内の演習問題は単なる章末問題としてではなく, 例題とともに本文中に内容の理解を促進させる形で, 埋め込まれていることが特徴であり, 周到な学習過程デザインがなされている.

　東京理科大学理学部第一部物理学科では, この原著テキストをコア科目群の一つである「電磁気学群」の基軸となるテキストとして 10 年以上にわたって使ってきた. それらの経験からいえば, 本書を終えるためには, 日本の大学における 15 回授業を半期の 1 セメスターとすると, 2 年前期～3 年前期の 3 セメスターは最低限は必要であろう. 原著は 1 巻であるが, 訳書は I, II 巻分冊である. 第 I 巻 (1 章から 7 章まで) では真空中および物質中の静電場と静磁場の基本法則について取り扱った後に, 時間変動する電磁場を記述するマクスウェル方程式を導入する. 第 II 巻 (8 章から 12 章まで) はおもに時間変動を伴う電磁気学的現象を扱っている. その意味で, 原著テキストのタイトルは "Introduction to Electrodynamics" であるが, 翻訳本ではテキストのタイトルを「電磁気学」とし, 8 章以降の輻射や相対論に関連する部分でのみ「電気力学」の用語を用いた. とくに本書の特色は 8 章以降で, 通常のテキストで扱われる電磁波の伝搬や輻射の問題に加えて, 遅延ポテンシャルやジェフィメンコ方程式によるマクスウェル方程式の解を詳細に取り扱っている点にある. これは, マクスウェル方程式が「電荷

vi 訳者序文

および電流という場の源が電場, 磁場の発散や回転といった特徴的な空間変化および時間変化とどのように局所的に結びついているか」を表しているのに対して, 遅延ポテンシャルやジェフィメンコ方程式が「場の源から離れた点に, 遅延を伴いどのような場をつくり出すか」という視点で電磁場を扱っている点で対照的である. また, 12 章では相対論について詳細に述べている点も特徴的である.

　今回, 翻訳担当者らが実際に授業で用いている章を中心に分担し, 入念な相互閲読を経て原稿を完成させた. できるだけ翻訳調ではなく日本語として読みやすくなることにも気をつけたが, 訳者の視野の狭さに思わぬ誤解や誤訳があることを心配している. 読者からのご指摘をいただければ幸いである.

訳 者 一 同

目　次

電磁気学の物理学における位置づけ	xiii

第1章　ベクトル解析 1

1.1　ベクトル代数 1

   1.1.1　ベクトル操作 1

   1.1.2　ベクトル代数：成分表示 4

   1.1.3　三　重　積 8

   1.1.4　位置ベクトル，変位ベクトル，間隔ベクトル 9

   1.1.5　座標変換によるベクトルの変換 11

1.2　ベクトル場の微分 14

   1.2.1　"常" 微　分 14

   1.2.2　勾配ベクトル場 15

   1.2.3　デル演算子 17

   1.2.4　ベクトル場の発散 18

   1.2.5　ベクトル場の回転 20

   1.2.6　積の微分則 22

   1.2.7　2 階 微 分 24

1.3　ベクトル場の積分 27

   1.3.1　線積分，面積分，体積積分 27

   1.3.2　微積分における基本定理 32

   1.3.3　勾配ベクトル場についての基本定理 32

   1.3.4　ベクトル場の発散についての基本定理 35

   1.3.5　ベクトル場の回転についての基本定理 38

viii 目 次

	1.3.6 部 分 積 分	41
1.4	曲線座標系	43
	1.4.1 球 座 標	43
	1.4.2 円 柱 座 標	48
1.5	ディラックのデルタ関数	50
	1.5.1 ベクトル場 $\hat{\mathbf{r}}/r^2$ の発散	50
	1.5.2 1次元のディラックのデルタ関数	52
	1.5.3 3次元のディラックのデルタ関数	56
1.6	ベクトル場の理論	58
	1.6.1 ヘルムホルツの定理	58
	1.6.2 ポテンシャル	59

第2章 静電気学　　　　　　　　　　　　　　　　　**65**

2.1	電 場	65
	2.1.1 導 入	65
	2.1.2 クーロンの法則	66
	2.1.3 電 場	67
	2.1.4 連続的な電荷分布	69
2.2	静電場の発散と回転	73
	2.2.1 電気力線, 電場フラックス, ガウスの法則 . . .	73
	2.2.2 電場の発散	78
	2.2.3 ガウスの法則の応用	79
	2.2.4 静電場 **E** の回転	85
2.3	静電ポテンシャル	87
	2.3.1 静電ポテンシャルの導入	87
	2.3.2 ポテンシャルについての注釈	89
	2.3.3 ポアソン方程式とラプラス方程式	93
	2.3.4 局在電荷分布のポテンシャル	94
	2.3.5 境 界 条 件	98
2.4	静電場における仕事とエネルギー	101
	2.4.1 電荷移動による仕事	101
	2.4.2 点電荷分布のエネルギー	102
	2.4.3 連続電荷分布のエネルギー	104

| | 2.4.4 | 静電エネルギーについての注釈 | . . . . | 106 |

| | 2.5 | 導　体 | . . . . | 108 |

| | 2.5.1 | 基本的な性質 | . . . . | 108 |

| | 2.5.2 | 誘　導　電　荷 | . . . . | 111 |

| | 2.5.3 | 表面電荷と導体に働く力 | . . . . | 115 |

| | 2.5.4 | 電　気　容　量 | . . . . | 117 |

第3章　ポテンシャル　　　　　　　　　　　　　　　　　　　　127

3.1　ラプラス方程式 127

　　3.1.1　序　説 127

　　3.1.2　1次元のラプラス方程式 128

　　3.1.3　2次元のラプラス方程式 129

　　3.1.4　3次元のラプラス方程式 131

　　3.1.5　境界条件と一意性定理 134

　　3.1.6　導体系と第2一意性定理 136

3.2　鏡　像　法 140

　　3.2.1　古典的な鏡像法の問題 140

　　3.2.2　表面誘起電荷 141

　　3.2.3　力とエネルギー 142

　　3.2.4　他の鏡像法の問題 143

3.3　変数分離法 146

　　3.3.1　デカルト座標 147

　　3.3.2　球　座　標 158

3.4　多重極展開 168

　　3.4.1　遠方における近似的なポテンシャル 168

　　3.4.2　単極子と双極子 172

　　3.4.3　多重極展開における座標の原点 175

　　3.4.4　双極子の電場 176

第4章　物質中の電場　　　　　　　　　　　　　　　　　　　　187

4.1　分　極 187

　　4.1.1　誘　電　体 187

　　4.1.2　誘起された双極子 187

　　4.1.3　極性分子の配向 190

x 目 次

4.1.4 分 極 193
4.2 分極した物質の電場 194
4.2.1 拘 束 電 荷 194
4.2.2 拘束電荷の物理的解釈 197
4.2.3 誘電体内部の電場 201
4.3 電 気 変 位 203
4.3.1 誘電体が存在する場合のガウスの法則 203
4.3.2 見せかけの類似 206
4.3.3 境 界 条 件 207
4.4 線 形 誘 電 体 207
4.4.1 感受率, 誘電率, 比誘電率 207
4.4.2 線形誘電体の境界値問題 215
4.4.3 誘電体系のエネルギー 220
4.4.4 誘電体に働く力 226

第 5 章 静 磁 気 学   **235**
5.1 ローレンツ則 235
5.1.1 磁 場 235
5.1.2 磁気的な力 237
5.1.3 電 流 242
5.2 ビオ・サバールの法則 250
5.2.1 定 常 電 流 250
5.2.2 定常電流による磁場 251
5.3 磁場の発散と回転 257
5.3.1 直 線 電 流 257
5.3.2 磁場の発散と回転 258
5.3.3 アンペールの法則 261
5.3.4 静磁気学と静電気学の比較 269
5.4 ベクトルポテンシャル 272
5.4.1 ベクトルポテンシャル 272
5.4.2 境 界 条 件 279
5.4.3 ベクトルポテンシャルの多重極展開 281

xi

第 6 章　物質中の磁場　　　　　　　　　　　　　　　　　　　　　**297**

6.1　磁　化 297

6.1.1　反磁性体, 常磁性体, 強磁性体 297

6.1.2　磁気双極子に働くトルクと力 298

6.1.3　原子軌道に対する磁場の効果 302

6.1.4　磁　化 305

6.2　磁化した物質の磁場 306

6.2.1　拘 束 電 流 306

6.2.2　拘束電流の物理的解釈 309

6.2.3　物質内部の磁場 312

6.3　補 助 場 **H** 312

6.3.1　磁化した物質中のアンペールの法則 312

6.3.2　見せかけの類似 316

6.3.3　境 界 条 件 317

6.4　線形媒質と非線形媒質 318

6.4.1　磁化率と透磁率 318

6.4.2　強　磁　性 321

第 7 章　電 磁 気 学　　　　　　　　　　　　　　　　　　　　　**331**

7.1　起　電　力 331

7.1.1　オームの法則 331

7.1.2　起　電　力 338

7.1.3　運動による起電力 341

7.2　電 磁 誘 導 349

7.2.1　ファラデーの法則 349

7.2.2　誘 導 電 場 354

7.2.3　インダクタンス 360

7.2.4　磁場のエネルギー 367

7.3　マクスウェル方程式 372

7.3.1　マクスウェル以前の電磁気学 372

7.3.2　どのようにマクスウェルはアンペールの法則を修正したか . . . 373

7.3.3　マクスウェル方程式 378

7.3.4　磁　荷 379

7.3.5　物質中のマクスウェル方程式 380

xii 目 次

7.3.6	境界条件	383

付録 A 曲線座標系におけるベクトル解析 — 397

A.1 前置き 397

A.2 表記 397

A.3 勾配 398

A.4 発散 399

A.5 回転 401

A.6 ラプラシアン 404

付録 B ヘルムホルツの定理 — 405

付録 C 単位 — 409

付録 D 公式集 — 413

索引 — 417

電磁気学の物理学における位置づけ

電磁気学とは何か，そしてそれは物理学の一般的な形式にどのように適合するだろうか?

力学の四つの領域

下の図は力学の四つの大きな領域を概観したものである．

古 典 力 学 （ニュートン）	量 子 力 学 （ボーア，ハイゼンベルク， シュレーディンガーら）
特殊相対性理論 （アインシュタイン）	場の量子論 （ディラック，パウリ，ファインマン， シュウィンガーら）

ニュートン力学は日常生活のほとんどの場合に適切なものであるが，（光速度に近い）高速度で動く物体には適用できず，（アインシュタインによって1905年に導入された）特殊相対性理論によって置き換えられなければならない．（原子のサイズに近い）極度に小さい物体には別の理由で適用できず，（ボーア，シュレーディンガー，ハイゼンベルク，他大勢によって1920年代におもに構築された）量子力学にとって代わられる．（現代素粒子物理学では普通であるが）非常に高速でかつ極小の物体には相対論と量子原理を結合した力学がふさわしい．この相対論的量子力学は場の量子論として知られ，1930年代から1940年代につくり上げられたが，今日でさえ完全に満足できる理論体系であるとはみなされていない．この本では，最後の章を除いて，古典力学の範囲で取

xiv　電磁気学の物理学における位置づけ

り扱うが, 電磁気学は他の三つの領域に独特の簡潔さで拡張される. (実際, 歴史的には電磁気学が相対論を生み出すもととなったため, 電磁気学の理論は大部分で**自動的に**特殊相対論と整合している.)

4種類の力

　力学は系に力が加えられたとき, 系がどのように振る舞うかを教えてくれる. 現代物理学では四つの基本的な力があることが知られている. 力が強い順に並べると以下のようになる.

1. 強　い　力
2. 電 磁 気 力
3. 弱　い　力
4. 重　力

読者はこのリストの簡潔さに驚くのではないだろうか. 摩擦力は? 物体を床から落ちるのを止めている垂直抗力は? 分子を結びつける化学結合は? 二つのビリヤード球が衝突するときの衝撃力は? これらの力はどこにあるのだろうか. 答えはこれら**すべて**の力は**電磁気力**によるということである. 事実上, われわれは電磁気力の世界に住んでいるといっても過言ではない. 実質的にわれわれが毎日の生活で経験するあらゆる力—重力を除く—は電磁気力が起源である.

　強い力は, 原子核の中で陽子と中性子を結びつけているが, きわめて短距離でしかはたらかないため, その力は電磁気力よりも 100 倍強いにもかかわらず, われわれが感じることはない. **弱い力**は, ある種の放射性崩壊過程を説明し, やはり短距離力で, 電磁気力よりもはるかに小さい. 重力については, (他の三つの力と比べて) みじめなほどかすかな力であるため, われわれがいつもそれを感じることができるのは (地球や太陽のように) ただただ巨大な質量が集積しているおかげである. 二つの電子の間の電気的な反発力はそれらの間の万有引力よりも 10^{42} 倍大きいので, もし原子が電気力でなく重力で保たれていたら, 1 個の水素原子の大きさは知られている宇宙の大きさよりもはるかに大きくなるだろう.

　電磁気力は日常生活で圧倒的に優勢であるだけでなく, 現在のところ, 完全に理解されている **唯一**の力である. もちろん, 重力には古典理論 (ニュートンの万有引力の法則) と相対論 (アインシュタインの一般相対性理論) があるが, 完全に満足できる重力

の量子論は（多くの研究者が研究しているにもかかわらず）いまだに構築されていない。現在，（煩雑だが）非常に成功した弱い相互作用の理論と，（**量子色力学**とよばれる）強い相互作用を説明するきわめて魅力的な理論の候補がある。これらのすべての理論は電磁気学からその着想を得ているが，いまのところ誰も決定的な実験的証明を得ていない。したがって，電磁気学は美しく完成され成功した理論であり，物理学者にとって一種のパラダイム，すなわち他の理論がそれを見習う理想的な理論モデルとなっている。

　古典的な電磁気学の諸法則は，フランクリン，クーロン，アンペール，ファラデー，その他の人々によってばらばらに，部分的に発見された。しかし，電磁気学の法則を今日見られる簡潔で統一性のある形にまとめあげる仕事を完成したのはジェームス・クラーク・マクスウェルその人である。この理論は完成されてから約150年たっている。

物理理論の統一

　最初，**電気と磁気**は完全に別の現象だった。電気はガラス棒と猫の毛皮，帯電球，電池，電流，電気分解，雷にかかわっていて，磁気は棒磁石，砂鉄，磁針，北極にかかわっていた。しかし1820年，エルステッドが電流が磁針の向きを変えることに気がついた。すぐ後に，アンペールがすべての磁気現象は運動する電荷によることを正しく見抜いた。そして，1831年，ファラデーが動く磁石が電流を発生させることを発見した。マクスウェルとローレンツが理論に最後の一押しをするときまでに，電気と磁気はわかちがたく絡み合っていた。それらはもはや別々のものとはみなせず，一体となったものの二つの側面であった。すなわち**電磁気学**である。

　ファラデーは光もその本質は電気であると推測した。マクスウェルの理論がこの仮説を劇的に証明し，まもなく**光学**——レンズ，鏡，プリズム，干渉，回折の研究——が電磁気学の中に組み入れられた。ヘルツは，1888年にマクスウェルの理論の決定的な実験的証明を行ったのだが，以下のように述べている。"光と電気の関係はいまや確立した …… あらゆる炎，あらゆる発光粒子にわれわれは電気的な過程を見る …… したがって電気学の領域は自然界全体に拡がる。それはわれわれ自身にさえ深く影響している。なぜならわれわれが …… 電気的器官—眼—をもっているからだ。" こうして，1900年までに，三つの偉大な物理学の学問分野——電気学，磁気学，光学——が一つの統合された理論に合体したのだった。（そしてまもなく可視光が，ラジオ波からマイクロ波，近赤外光，紫外光を経てX線，ガンマ線にわたる広大な電磁放射のスペクトルの，ほんの小さな窓を表しているにすぎないことがあきらかになった。）

xvi 電磁気学の物理学における位置づけ

アインシュタインはさらなる統一を夢見た——1世紀前に電気と磁気が統一された
のとほとんど同じように，重力と電磁気の統一を．彼の**統一場の理論**は著しい成功を収
めたとはいえなかったが，近年，同じ衝動がますます野心的な（かつ思索的な）統一の
枠組み——1960年代のグラショー，ワインバーグ，サラムによる（弱い力と電磁気力
を結合する）**電弱理論**に始まり，1980年代の（その提唱者によればすべての四つの力
を一つの万物の理論に統一する）**超弦理論**で最高潮に達する——の階層を生み出した．
この階層の各段階で，数学的困難が持ち上がり，理論から着想を得た予想と実験的検証
の間の溝は広がっている．それにもかかわらず，電磁気学によって先鞭をつけられた力
の統一は物理学の進歩のための主要な課題となっているのはあきらかである．

電磁気学の場による定式化

電磁気の理論が解きたいと望む基本的問題は以下の通りである．ひとかたまりの電
荷をここにおく（それを振り回してもよいだろう）．そうすると向こうにある別の電荷
に何が起こるだろうか? 古典的な解答は**場の理論**の形をとる．すなわち電荷の周りの
空間に電場と磁場が広がる（ここで**場**とはいわば電荷から出る電磁気香のようなもの）．
この場の存在下で，二つ目の電荷は力を受ける．つまり場はある電荷から別の電荷にそ
の影響を伝達する——相互作用を媒介する．

電荷が加速を受けるとき，場の一部分がある意味切り離されて，光の速度でエネル
ギー，運動量，角運動量を運びながら伝搬する．これを**電磁放射**とよぶ．その存在は，原
子や野球の球とまったく同じように，場をそれ自身で独立で動的な実体のように感じ
させる．したがって，われわれの関心は電荷の間に働く力の研究から場自身の理論にシ
フトする．しかし電磁場をつくるのには電荷が必要で，電磁場を検出するにはもう一つ
別の電荷が必要である．なので，電荷の基本的な性質を復習することから始めるのが最
もよいだろう．

電　荷

1. **2種類の電荷.** 電荷には2種類あり，それぞれ正電荷，負電荷とよぶ．なぜならその
効果が相殺し合うからである（もし $+q$ と $-q$ の電荷が同じ点にあれば，電気的には電
荷がまったくないのと同じ効果）．このことはコメントするまでもなく自明のことのよ
うに思えるかもしれないが，他の可能性についてよく考えてみることをお奨めする．も
し，8種類か10種類の電荷があったらどうなるだろうか? （実際，量子色力学では，電

荷に似た3種類の量があり，各々が正負の値をとり得る）あるいは，2種類の電荷が相殺しなかったらどうなるだろうか？ まったく自明でない事実として，バルク物質では正と負の電荷が途方もない精度で正確に等しい量存在しているので，その効果はほとんど完全に中和されている．このことがなければ，われわれは莫大な力を受けることになる．たとえばじゃがいもは，電荷の相殺がほんの$1/10^{10}$でも不完全ならば，激しく爆発することになるだろう．

2. **電荷の保存**：電荷は生成もしないし破壊もされない．いまある電荷はずっと存続する．（正の電荷は同じ大きさの負の電荷と対消滅するが，正電荷がそれだけで消滅することはない—その電荷を相殺するものが必要である．）したがって，宇宙の総電荷量は常に一定に保たれている．このことを**電荷の大域的保存**という．実際にはもっと強い言明をすることができる．大域的保存は，ある電荷がニューヨークで消えて，その瞬間にサンフランシスコに出現することを許容する（電荷の総量は保存されているので）が，このようなことは実は起こらない．もし電荷がニューヨークにあってサンフランシスコに移動するとすると，両地点をつなぐなにか連続的な通路を通っていなければならない．これを**電荷の局所的保存**という．後ほど，われわれは電荷の局所的保存を数学的に正確に表現する定式化（**連続の方程式**とよばれる）の方法を学ぶ．

3. **電荷の量子化.** 古典電磁気学によって要求されるものではないが，事実として電荷は不連続なかたまり，すなわち電荷の基本単位の整数倍としてだけ現れる．陽子の電荷を$+e$とすれば，電子は$-e$の電荷をもつ．中性子の電荷はゼロであり，π中間子は$+e$，0，$-e$をもつ3種類があり，炭素の原子核は$+6e$，などである（決して$7.392e$にはならないし，$1/2e$さえ起こらない）.[3] この電荷の基本単位はきわめて小さいので，日常的には量子化されていることをまったく無視してよい．水も，実際には離散的なかたまり（分子）からできているが，それでもわれわれが十分に大きな量を扱うなら連続的な流体とみなしてよい．これは実際にマクスウェル自身の見方と非常に近い．彼は電子も陽子も知らなかったので，電荷を任意のサイズに分割でき，好きなように塗り拡げることができるゼリーのようなものとみなしていたにちがいない．

---

[3]実際には，陽子と中性子は3種類の**クォーク**で構成され，それらは分数電荷（$\pm\frac{2}{3}e$と$\pm\frac{1}{3}e$）をもつ．しかし，自由なクォークは自然界に現れないし，いずれにせよこのことは電荷が量子化されている事実を変えない．電荷の基本単位のサイズを単に小さくしているとみなせる．

xviii 電磁気学の物理学における位置づけ

単　位

　電磁気学は競合する単位系によって悩まされていて，しばしば物理学者の間でも互いの理解を難しくしている．問題は，ネアンデルタール人がいまだにポンドやフィートを使っている力学よりもはるかに深刻である．力学では，量を測る単位の違いがあっても，少なくともすべての方程式が同じに見えるからである．ニュートンの第二法則は，フィート–ポンド–秒，キログラム–メートル–秒，他のどんな単位系を使っても，$\mathbf{F} = m\mathbf{a}$ のままである．しかし電磁気学ではそうではない．クーロンの法則は，次に示すように単位系が違えば異なる形になる．

$$\mathbf{F} = \frac{q_1 q_2}{\imath^2}\hat{\imath} \ \ (\text{ガウス}), \qquad \mathbf{F} = \frac{1}{4\pi\epsilon_0}\frac{q_1 q_2}{\imath^2}\hat{\imath} \ \ (\text{SI}), \qquad \mathbf{F} = \frac{1}{4\pi}\frac{q_1 q_2}{\imath^2}\hat{\imath} \ \ (\text{HL}).$$

よく使われる単位系のうち，最も普及しているものが**ガウス (cgs) 単位系**と **SI (mks) 単位系**の二つである．素粒子物理学の理論家はさらに3番目の単位系—**ヘビサイド–ローレンツ単位系**—を好む．ガウス単位系が理論的に明確な利点をもつが，ほとんどの学部の授業 (HL) では SI 単位系が好まれるようだ．これは家庭で使用する馴染みのある単位（ボルト，アンペア，ワット）を使用しているからだと思われる．したがって，本書では SI 単位系を使用する．付録 C にガウス単位への変換法をまとめてある．

第1章 ベクトル解析

1.1 ベクトル代数

1.1.1 ベクトル操作

　図 1.1 にあるように，北へ 4 マイルに引き続き東へ 3 マイル歩くと合計で 7 マイル歩くことになるが，出発した地点からは 7 マイルではなく 5 マイルの距離にいる．このような通常の足し算が効かない量を記述するための算術が必要である．通常の足し算が効かない理由は，もちろん**変位**（ある 1 点からもう 1 点まで向かう線分）が向きと大きさをもつことにあり，足し合わせる際に向きと大きさを考慮することが必要なためである．このような量は**ベクトル**とよばれる．速度，加速度，力，運動量などの量もその例である．対照的に，質量，電荷，密度や温度などの大きさだけをもち向きをもたない量は**スカラー**とよばれる．

　ベクトルには（$\mathbf{A}$, $\mathbf{B}$ という風に）**太文字**を使い，スカラー量には通常の文字を使うことにする．ベクトル $\mathbf{A}$ の大きさを $|\mathbf{A}|$，あるいはより簡単に A と書く．図においてはベクトルは矢で示される．その矢の長さはベクトルの大きさに比例し，矢の向きはベクトルの向きを表している．図 1.2 にあるように，マイナス $\mathbf{A}$ ($-\mathbf{A}$) は $\mathbf{A}$ と同じ大きさをもつが，逆の向きを向いている．ベクトルは大きさと向きをもつが，その位置は表していないことに注意しよう．つまり，ワシントンから北へ 4 マイルの変位は，ボルチモアから北へ 4 マイルの変位を表すのと同じベクトルにより表される．それゆえ，図においてはベクトルを表す矢を，その長さと向きを変えない限り自在にずらして構わない．

　以下に四つのベクトル操作（加法と三つの乗法）について定義を与える．

　(i) ベクトルの加法． $\mathbf{A}$ の終点に $\mathbf{B}$ の始点を置くと，ベクトル和 $\mathbf{A} + \mathbf{B}$ は $\mathbf{A}$ の始点から $\mathbf{B}$ の終点に向かうベクトルとなる（図 1.3）．（この規則は二つの変位を結合させる自明な手続きを一般化している．）加法は

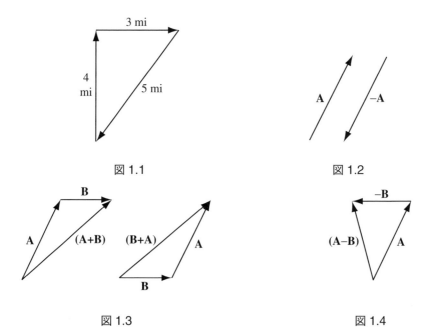

図 1.1   図 1.2

図 1.3   図 1.4

$$\mathbf{A} + \mathbf{B} = \mathbf{B} + \mathbf{A}$$

のように可換である．つまり，北へ 4 マイルに引き続き東へ 3 マイル歩くと，東へ 3 マイルに引き続き北へ 4 マイル歩いた地点と同じ場所に至る．さらに加法は

$$(\mathbf{A} + \mathbf{B}) + \mathbf{C} = \mathbf{A} + (\mathbf{B} + \mathbf{C})$$

のように結合則を満たす．ベクトルを引き算するためには，

$$\mathbf{A} - \mathbf{B} = \mathbf{A} + (-\mathbf{B})$$

のように，その反対の符号をもつベクトルを足し算すればよい（図 1.4）．

(ii) **ベクトルのスカラー倍．** ベクトルに正のスカラー a を乗法することは，その大きさを乗算するがその向きは変えない（図 1.5）．（もし a が負であれば，その向きは逆になる．スカラーの乗法は

$$a(\mathbf{A} + \mathbf{B}) = a\mathbf{A} + a\mathbf{B}$$

のように分配則を満たす．

(iii) **二つのベクトルの内積．** 二つのベクトルの内積は

$$\mathbf{A} \cdot \mathbf{B} \equiv AB\cos\theta \tag{1.1}$$

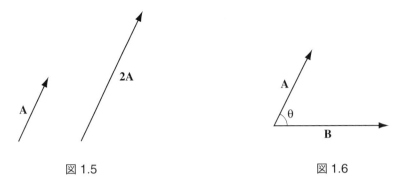

図 1.5　　　　　　　　　図 1.6

により定義される．ここで θ は二つのベクトルの始点をあわせたとき（図 1.6）これらがなす角度である．$\mathbf{A} \cdot \mathbf{B}$ 自身はスカラーであることを注意しておく（それゆえ，**スカラー積**ともよばれる）．内積は，

$$\mathbf{A} \cdot \mathbf{B} = \mathbf{B} \cdot \mathbf{A}$$

のように可換であり，さらに

$$\mathbf{A} \cdot (\mathbf{B} + \mathbf{C}) = \mathbf{A} \cdot \mathbf{B} + \mathbf{A} \cdot \mathbf{C} \tag{1.2}$$

のように分配則を満たす．

幾何学的には，$\mathbf{A} \cdot \mathbf{B}$ は $\mathbf{A}$ 方向への $\mathbf{B}$ の射影と A の積である．（あるいは $\mathbf{B}$ 方向への $\mathbf{A}$ の射影と B の積である．）もし二つのベクトルが平行なら，$\mathbf{A} \cdot \mathbf{B} = AB$ となる．とくに，任意のベクトル $\mathbf{A}$ に対して

$$\mathbf{A} \cdot \mathbf{A} = A^2 \tag{1.3}$$

となる．もし $\mathbf{A}$ と $\mathbf{B}$ が直交するなら $\mathbf{A} \cdot \mathbf{B} = 0$ となる．

例題 1.1. $\mathbf{C} = \mathbf{A} - \mathbf{B}$（図 1.7）として $\mathbf{C}$ 同士の内積を計算せよ．

解答
$$\mathbf{C} \cdot \mathbf{C} = (\mathbf{A} - \mathbf{B}) \cdot (\mathbf{A} - \mathbf{B}) = \mathbf{A} \cdot \mathbf{A} - \mathbf{A} \cdot \mathbf{B} - \mathbf{B} \cdot \mathbf{A} + \mathbf{B} \cdot \mathbf{B}$$

あるいは
$$C^2 = A^2 + B^2 - 2AB\cos\theta$$

となる．これは**余弦定理**である．

(iv) 二つのベクトルの外積． 二つのベクトルの外積は

$$\mathbf{A} \times \mathbf{B} \equiv AB\sin\theta\,\hat{\mathbf{n}} \tag{1.4}$$

4 第1章 ベクトル解析

により定義される. ここで $\hat{\mathbf{n}}$ は**単位ベクトル** (大きさが 1 のベクトル) であり, $\mathbf{A}$ と $\mathbf{B}$ のつくる面に垂直な方向を向く. (以後, 単位ベクトルであることを記すためにハット記号 (^) を使うことにする). もちろん, 面に垂直な向きは二つ (面に "入る" 向きと面から "出る" 向き) ある. このあいまいさは**右手則**により解消する. 外積計算の一番目のベクトル $\mathbf{A}$ の向きに右手の人指し指を向けて, 二番目のベクトル $\mathbf{B}$ に向かって (小さい角度側に) 回すと, その親指は $\hat{\mathbf{n}}$ の向きを示している (図 1.8 では, $\mathbf{A} \times \mathbf{B}$ は紙面に入る向きで, $\mathbf{B} \times \mathbf{A}$ は紙面から出る向きである). $\mathbf{A} \times \mathbf{B}$ 自身はベクトルであることを注意しておく. (それゆえ, **ベクトル積**ともよばれる.) 式 1.4 の外積は分配則

$$\mathbf{A} \times (\mathbf{B} + \mathbf{C}) = (\mathbf{A} \times \mathbf{B}) + (\mathbf{A} \times \mathbf{C}) \tag{1.5}$$

を満たす. しかしながら可換ではない. 実際に

$$(\mathbf{B} \times \mathbf{A}) = -(\mathbf{A} \times \mathbf{B}) \tag{1.6}$$

となる. 幾何学的には $|\mathbf{A} \times \mathbf{B}|$ は $\mathbf{A}$ と $\mathbf{B}$ によりつくられる平行四辺形 (図 1.8) の面積である. もし二つのベクトルが平行なら, その外積はゼロになる. とくに任意のベクトル $\mathbf{A}$ に対して

$$\mathbf{A} \times \mathbf{A} = \mathbf{0}$$

となる (ここで $\mathbf{0}$ は大きさが 0 のゼロベクトルである).

問題 1.1 式 1.1 と 1.4 の定義と適切な図を用いて, 内積と外積は分配則を満たすことを, 以下の場合について示せ.

a) 三つのベクトルが共面である場合.

! b) 一般の場合.

問題 1.2 外積は結合則を満たすか?

$$(\mathbf{A} \times \mathbf{B}) \times \mathbf{C} \overset{?}{=} \mathbf{A} \times (\mathbf{B} \times \mathbf{C})$$

満たすなら証明せよ. もし満たさないなら反例を示せ (簡単なものほどよい).

1.1.2 ベクトル代数：成分表示

前項では, 四つのベクトル操作 (加法, スカラー乗法, 内積と外積) を, 特定の座標系を引用しない "抽象的な" 形で定義した. 実際には, デカルト座標 x, y, z を設定しべ

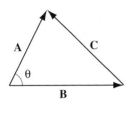 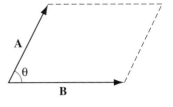

図 1.7　　　　　　　　　図 1.8

クトルの成分で作業した方がしばしば簡単である．x, y, z 軸に平行な単位ベクトル $\hat{\mathbf{x}}$, $\hat{\mathbf{y}}, \hat{\mathbf{z}}$ をそれぞれとる（図 1.9(a)）．任意のベクトル **A** は基底ベクトルにより

$$\mathbf{A} = A_x\hat{\mathbf{x}} + A_y\hat{\mathbf{y}} + A_z\hat{\mathbf{z}}$$

のように展開することができる（図 1.9(b)）．A_x, A_y, A_z は **A** の"成分"である．幾何学的には，これらは三つの座標軸に沿った **A** の射影成分である（$A_x = \mathbf{A}\cdot\hat{\mathbf{x}}$, $A_y = \mathbf{A}\cdot\hat{\mathbf{y}}$, $A_z = \mathbf{A}\cdot\hat{\mathbf{z}}$）．以下で，四つのベクトル操作を成分を扱う規則として再定式化する．

規則 (i): ベクトルを加算するには，同じ成分同士を加える．

$$\begin{aligned}\mathbf{A}+\mathbf{B} &= (A_x\hat{\mathbf{x}}+A_y\hat{\mathbf{y}}+A_z\hat{\mathbf{z}})+(B_x\hat{\mathbf{x}}+B_y\hat{\mathbf{y}}+B_z\hat{\mathbf{z}}) \\ &= (A_x+B_x)\hat{\mathbf{x}}+(A_y+B_y)\hat{\mathbf{y}}+(A_z+B_z)\hat{\mathbf{z}}\end{aligned} \tag{1.7}$$

規則 (ii): スカラーを乗算するには，それぞれの成分に乗算する．

$$a\mathbf{A} = (aA_x)\hat{\mathbf{x}}+(aA_y)\hat{\mathbf{y}}+(aA_z)\hat{\mathbf{z}} \tag{1.8}$$

基底ベクトル $\hat{\mathbf{x}}, \hat{\mathbf{y}},$ および $\hat{\mathbf{z}}$ は

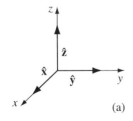 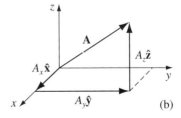

図 1.9

6   第 1 章　ベクトル解析

$$\hat{\mathbf{x}} \cdot \hat{\mathbf{x}} = \hat{\mathbf{y}} \cdot \hat{\mathbf{y}} = \hat{\mathbf{z}} \cdot \hat{\mathbf{z}} = 1, \quad \hat{\mathbf{x}} \cdot \hat{\mathbf{y}} = \hat{\mathbf{x}} \cdot \hat{\mathbf{z}} = \hat{\mathbf{y}} \cdot \hat{\mathbf{z}} = 0 \tag{1.9}$$

のように，相互に直交する単位ベクトルなので，したがって

$$\begin{aligned}
\mathbf{A} \cdot \mathbf{B} &= (A_x\hat{\mathbf{x}} + A_y\hat{\mathbf{y}} + A_z\hat{\mathbf{z}}) \cdot (B_x\hat{\mathbf{x}} + B_y\hat{\mathbf{y}} + B_z\hat{\mathbf{z}}) \\
&= A_xB_x + A_yB_y + A_zB_z
\end{aligned} \tag{1.10}$$

規則 (iii): 内積を計算するには，同じ成分同士をかけ算してその和をとる．とくに，

$$\mathbf{A} \cdot \mathbf{A} = A_x^2 + A_y^2 + A_z^2$$

なので

$$A = \sqrt{A_x^2 + A_y^2 + A_z^2} \tag{1.11}$$

となる（これはいってみればピタゴラスの定理の 3 次元拡張版である）．
　同様に，[1]

$$\begin{aligned}
\hat{\mathbf{x}} \times \hat{\mathbf{x}} = \hat{\mathbf{y}} \times \hat{\mathbf{y}} &= \hat{\mathbf{z}} \times \hat{\mathbf{z}} = \mathbf{0} \\
\hat{\mathbf{x}} \times \hat{\mathbf{y}} = -\hat{\mathbf{y}} \times \hat{\mathbf{x}} &= \hat{\mathbf{z}} \\
\hat{\mathbf{y}} \times \hat{\mathbf{z}} = -\hat{\mathbf{z}} \times \hat{\mathbf{y}} &= \hat{\mathbf{x}} \\
\hat{\mathbf{z}} \times \hat{\mathbf{x}} = -\hat{\mathbf{x}} \times \hat{\mathbf{z}} &= \hat{\mathbf{y}}
\end{aligned} \tag{1.12}$$

なので，

$$\begin{aligned}
\mathbf{A} \times \mathbf{B} &= (A_x\hat{\mathbf{x}} + A_y\hat{\mathbf{y}} + A_z\hat{\mathbf{z}}) \times (B_x\hat{\mathbf{x}} + B_y\hat{\mathbf{y}} + B_z\hat{\mathbf{z}}) \\
&= (A_yB_z - A_zB_y)\hat{\mathbf{x}} + (A_zB_x - A_xB_z)\hat{\mathbf{y}} + (A_xB_y - A_yB_x)\hat{\mathbf{z}}
\end{aligned} \tag{1.13}$$

この複雑な表現は行列式として，よりすっきりと書くことができる．

$$\mathbf{A} \times \mathbf{B} = \begin{vmatrix} \hat{\mathbf{x}} & \hat{\mathbf{y}} & \hat{\mathbf{z}} \\ A_x & A_y & A_z \\ B_x & B_y & B_z \end{vmatrix} \tag{1.14}$$

規則 (iv): 外積を計算するには，第一行目が $\hat{\mathbf{x}}, \hat{\mathbf{y}}, \hat{\mathbf{z}}$，であり，第二行目が成分表示の
A であり，第三行目が成分表示の **B** である行列式をつくる．

---

[1]これらの符号は右手座標系（たとえば x 軸が紙面から出る向きで，y 軸が紙面内の右向きに，さらに z 軸が紙面内の上向きである場合（あるいはこれら全体を回転した場合））に当てはまる．（z 軸が紙面内で下向きである）左手座標系の場合は，$\hat{\mathbf{x}} \times \hat{\mathbf{y}} = -\hat{\mathbf{z}}$ などのように，これらの符号は反転する．このテキストでは右手系だけを使うことにする．

例題 1.2. 立方体における面内対角ベクトル間の角度を求めよ.

解答
図 1.10 のように, 一辺の長さが 1 の立方体をその一つの角を原点にあわせておく. 面内対角ベクトル **A** と **B** は

$$\mathbf{A} = 1\hat{\mathbf{x}} + 0\hat{\mathbf{y}} + 1\hat{\mathbf{z}}, \qquad \mathbf{B} = 0\hat{\mathbf{x}} + 1\hat{\mathbf{y}} + 1\hat{\mathbf{z}}$$

となる.

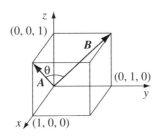

図 1.10

よって, 成分表示では,

$$\mathbf{A} \cdot \mathbf{B} = 1 \cdot 0 + 0 \cdot 1 + 1 \cdot 1 = 1$$

となる. 一方, "抽象的な" 表示では,

$$\mathbf{A} \cdot \mathbf{B} = AB\cos\theta = \sqrt{2}\sqrt{2}\cos\theta = 2\cos\theta$$

となる. それゆえ,

$$\cos\theta = 1/2 \quad \text{あるいは} \quad \theta = 60°$$

もちろん, 立方体の上端面に対角線を描いて正三角形を完成させることにより, もっと簡単に答えを得ることができる. しかしながら, 幾何的配置がそれほど簡単でない場合は, 内積の成分表示と抽象表示を比較するこの方法は角度を求める非常に効率的な方法となる.

問題 1.3 立方体における対頂角ベクトル間の角度を求めよ.

問題 1.4 外積を用いて図 1.11 の影付きの面に垂直な単位ベクトル $\hat{\mathbf{n}}$ の成分を求めよ.

1.1.3 三 重 積

二つのベクトルの外積はベクトル自身なので,3番目のベクトルとの内積あるいは外積によって三重積を構成する.

(i) **スカラー三重積**: $\mathbf{A} \cdot (\mathbf{B} \times \mathbf{C})$. 幾何学的には, $|\mathbf{A} \cdot (\mathbf{B} \times \mathbf{C})|$ は $\mathbf{A}, \mathbf{B}, \mathbf{C}$ によってつくられる平行六面体の体積を与える, なぜならば $|\mathbf{B} \times \mathbf{C}|$ が底面の面積であり, その高さが $|\mathbf{A}\cos\theta|$ であるためである (図 1.12). あきらかに

$$\mathbf{A} \cdot (\mathbf{B} \times \mathbf{C}) = \mathbf{B} \cdot (\mathbf{C} \times \mathbf{A}) = \mathbf{C} \cdot (\mathbf{A} \times \mathbf{B}) \tag{1.15}$$

であり, これらはすべて同じ平行六面体の図に対応している. ここで "アルファベット" 順が保たれていることに注意する. 式 1.6 に照らし合わせると, "非アルファベット" 順の三重積

$$\mathbf{A} \cdot (\mathbf{C} \times \mathbf{B}) = \mathbf{B} \cdot (\mathbf{A} \times \mathbf{C}) = \mathbf{C} \cdot (\mathbf{B} \times \mathbf{A})$$

は, 式 1.15 の値と反対の符号をもつ. 成分表示では,

$$\mathbf{A} \cdot (\mathbf{B} \times \mathbf{C}) = \begin{vmatrix} A_x & A_y & A_z \\ B_x & B_y & B_z \\ C_x & C_y & C_z \end{vmatrix} \tag{1.16}$$

と書ける. 式 1.15 からただちにわかるように, 内積と外積は

$$\mathbf{A} \cdot (\mathbf{B} \times \mathbf{C}) = (\mathbf{A} \times \mathbf{B}) \cdot \mathbf{C}$$

のように交換できる. しかしながら括弧の置き方は重要であり, $(\mathbf{A} \cdot \mathbf{B}) \times \mathbf{C}$ は意味のない表記になっている. (スカラーとベクトルから外積はつくれない.)

(ii) **ベクトル三重積**: $\mathbf{A} \times (\mathbf{B} \times \mathbf{C})$. ベクトル三重積はいわゆる **BAC-CAB** 則により簡素化される.

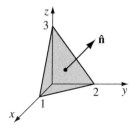

図 1.11

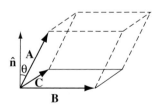

図 1.12

$$\mathbf{A} \times (\mathbf{B} \times \mathbf{C}) = \mathbf{B}(\mathbf{A} \cdot \mathbf{C}) - \mathbf{C}(\mathbf{A} \cdot \mathbf{B}) \tag{1.17}$$

以下のベクトル三重積

$$(\mathbf{A} \times \mathbf{B}) \times \mathbf{C} = -\mathbf{C} \times (\mathbf{A} \times \mathbf{B}) = -\mathbf{A}(\mathbf{B} \cdot \mathbf{C}) + \mathbf{B}(\mathbf{A} \cdot \mathbf{C})$$

は式 1.17 とはまったく異なるベクトルであることを注意する．(外積は結合則を満たさない．) より高次のすべてのベクトル積は，しばしば式 1.17 をくり返し使うことで同様にまとめられる．よって展開したどの項にも外積を二つ以上含む表現は必要ない．たとえば，

$$\begin{aligned}
(\mathbf{A} \times \mathbf{B}) \cdot (\mathbf{C} \times \mathbf{D}) &= (\mathbf{A} \cdot \mathbf{C})(\mathbf{B} \cdot \mathbf{D}) - (\mathbf{A} \cdot \mathbf{D})(\mathbf{B} \cdot \mathbf{C}) \\
\mathbf{A} \times [\mathbf{B} \times (\mathbf{C} \times \mathbf{D})] &= \mathbf{B}[\mathbf{A} \cdot (\mathbf{C} \times \mathbf{D})] - (\mathbf{A} \cdot \mathbf{B})(\mathbf{C} \times \mathbf{D})
\end{aligned} \tag{1.18}$$

である．

問題 1.5 **BAC-CAB** 則を，式 1.17 の両辺を成分表示で書き出して確かめよ．

問題 1.6 以下の恒等式

$$[\mathbf{A} \times (\mathbf{B} \times \mathbf{C})] + [\mathbf{B} \times (\mathbf{C} \times \mathbf{A})] + [\mathbf{C} \times (\mathbf{A} \times \mathbf{B})] = \mathbf{0}$$

を証明せよ．どのような条件のもとで，$\mathbf{A} \times (\mathbf{B} \times \mathbf{C}) = (\mathbf{A} \times \mathbf{B}) \times \mathbf{C}$ が成り立つか？

1.1.4 位置ベクトル，変位ベクトル，間隔ベクトル

3 次元空間上の点の位置はそのデカルト座標 (x, y, z) を列挙することにより記述される．原点 ($\mathcal{O}$) からその点までのベクトルは**位置ベクトル**とよばれる（図 1.13）．

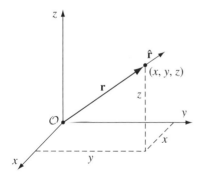

図 1.13

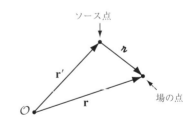

図 1.14

10 第1章 ベクトル解析

$$\mathbf{r} \equiv x\,\hat{\mathbf{x}} + y\,\hat{\mathbf{y}} + z\,\hat{\mathbf{z}} \tag{1.19}$$

本書を通して，この位置ベクトルを表すために文字 $\mathbf{r}$ を使うことにする．その大きさ

$$r = \sqrt{x^2 + y^2 + z^2} \tag{1.20}$$

は原点からの距離を表し，

$$\hat{\mathbf{r}} = \frac{\mathbf{r}}{r} = \frac{x\,\hat{\mathbf{x}} + y\,\hat{\mathbf{y}} + z\,\hat{\mathbf{z}}}{\sqrt{x^2 + y^2 + z^2}} \tag{1.21}$$

は動径方向外向きの単位ベクトルである．点 (x, y, z) から点 $(x + dx, y + dy, z + dz)$ への**無限小変位ベクトル**は

$$d\mathbf{l} = dx\,\hat{\mathbf{x}} + dy\,\hat{\mathbf{y}} + dz\,\hat{\mathbf{z}} \tag{1.22}$$

である（この量をまさに $d\mathbf{r}$ と表記するのが本来であるが，無限小変位ベクトルに対して $d\mathbf{l}$ という特別な表記を使うことは，これが線素であることを強調できるため便利である）．

　電磁気学においては，空間の2点を含む問題にしばしば出会う．典型的には，電荷が置かれた場所である**ソース点** $(\mathbf{r}')$ と電場や磁場を計算する**場の点** $(\mathbf{r})$ である（図 1.14）．ソース点から場の点に向かう**間隔ベクトル**に対する簡略表記を最初から採用することは有益である．この目的のために筆記体の文字 $\boldsymbol{\imath}$ を

$$\boldsymbol{\imath} \equiv \mathbf{r} - \mathbf{r}' \tag{1.23}$$

のように使うことにする．また，その大きさは

$$\imath = |\mathbf{r} - \mathbf{r}'| \tag{1.24}$$

であり，$\mathbf{r}'$ から $\mathbf{r}$ へ向かう向きの単位ベクトルは

$$\hat{\boldsymbol{\imath}} = \frac{\boldsymbol{\imath}}{\imath} = \frac{\mathbf{r} - \mathbf{r}'}{|\mathbf{r} - \mathbf{r}'|} \tag{1.25}$$

となる．デカルト座標においては，

$$\boldsymbol{\imath} = (x - x')\hat{\mathbf{x}} + (y - y')\hat{\mathbf{y}} + (z - z')\hat{\mathbf{z}} \tag{1.26}$$

$$\imath = \sqrt{(x - x')^2 + (y - y')^2 + (z - z')^2} \tag{1.27}$$

$$\hat{\boldsymbol{\imath}} = \frac{(x - x')\hat{\mathbf{x}} + (y - y')\hat{\mathbf{y}} + (z - z')\hat{\mathbf{z}}}{\sqrt{(x - x')^2 + (y - y')^2 + (z - z')^2}} \tag{1.28}$$

となる．（これらから筆記体 $\boldsymbol{\imath}$ のありがたみがわかるであろう．）

問題 1.7 ソース点 (2,8,7) から場の点 (4,6,8) に向かう間隔ベクトル ᷲ を求めよ．その大きさ (ᷲ) を求め，単位ベクトル ᷲ̂ をつくれ．

1.1.5 座標変換によるベクトルの変換 [2]

"大きさと向きをもった量"としてのベクトルの定義は必ずしも十分であるというわけではない．"向き"は正確には何を意味しているのだろうか？ これは細かい質問のように思えるかもしれないが，すぐ後でベクトルのように見える微分演算子の類いに出会って，確かにベクトルなのかどうかを知りたくなる．

ベクトルは加算のもとで適切に結合する三つの成分をもつものであると読者はいいたいかもしれない．では，この例はどうであろうか？ N_x 個の桃と N_y 個のリンゴと N_z 個のバナナが入った樽があるとする．$\mathbf{N} = N_x\hat{\mathbf{x}} + N_y\hat{\mathbf{y}} + N_z\hat{\mathbf{z}}$ はベクトルであろうか？ 三つの成分があり，M_x 個の桃と M_y 個のリンゴと M_z 個のバナナが入った別の樽を加えると，結果は $N_x + M_x$ 個の桃と $N_y + M_y$ 個のリンゴと $N_z + M_z$ 個のバナナになる．確かにベクトルのように加算されたが，これは実際のところ向きをもっておらず，あきらかに物理学者のいうところのベクトルではない．一体何が間違っているのだろうか？

その答えは，$\mathbf{N}$ は座標を変えたときに正しく変換されないことである．空間の点を指定するために用いる座標系はもちろんまったく任意であるが，ベクトルの成分を一つの座標系から別の座標系に変える特定の幾何学的変換則が存在する．たとえば，x, y, z 系に対して，$\bar{x}, \bar{y}, \bar{z}$ 系が共通の $x = \bar{x}$ 軸の周りに角度 ϕ だけ回転したとすると，図 1.15 から，

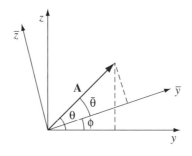

図 1.15

---
[2] この項は連続性を失うことなく飛ばすことができる．

12 第 1 章 ベクトル解析

$$A_y = A\cos\theta, \qquad A_z = A\sin\theta$$

である. 一方

$$
\begin{aligned}
\overline{A_y} &= A\cos\overline{\theta} = A\cos(\theta - \phi) = A(\cos\theta\cos\phi + \sin\theta\sin\phi) \\
&= \cos\phi A_y + \sin\phi A_z \\
\overline{A_z} &= A\sin\overline{\theta} = A\sin(\theta - \phi) = A(\sin\theta\cos\phi - \cos\theta\sin\phi) \\
&= -\sin\phi A_y + \cos\phi A_z
\end{aligned}
$$

となり, この結果を行列で表すと,

$$
\begin{pmatrix} \overline{A_y} \\ \overline{A_z} \end{pmatrix} = \begin{pmatrix} \cos\phi & \sin\phi \\ -\sin\phi & \cos\phi \end{pmatrix} \begin{pmatrix} A_y \\ A_z \end{pmatrix}
\tag{1.29}
$$

となる. より一般的に, 3 次元空間の任意の軸の周りの回転に関して, 変換則は,

$$
\begin{pmatrix} \overline{A_x} \\ \overline{A_y} \\ \overline{A_z} \end{pmatrix} = \begin{pmatrix} R_{xx} & R_{xy} & R_{xz} \\ R_{yx} & R_{yy} & R_{yz} \\ R_{zx} & R_{zy} & R_{zz} \end{pmatrix} \begin{pmatrix} A_x \\ A_y \\ A_z \end{pmatrix}
\tag{1.30}
$$

の形をとり, より簡潔には,

$$
\overline{A_i} = \sum_{j=1}^{3} R_{ij} A_j
\tag{1.31}
$$

と書ける. ここで, 添字 1 は x を表し, 2 は y を, 3 は z を表すものとする. x 軸の周りの回転に対して用いたときと同様に三角関数を用いた議論により, 与えられた回転に対して, その行列 R の要素を突き止めることができる.

さて, **N** の成分はこのように変換されるかというと, もちろんそうではない. 空間の位置を表すためにどのような座標を用いるかは大した問題ではない. 樽の中にはまだ多くのリンゴがあるだけである. 異なる軸の組み合わせを選んでも, 桃をバナナに変えることはできないが, A_x を $\overline{A_y}$ に変えることはできる. よって, 形式的には, 座標が変更されたとき, 変位と同じ仕方で変化する三つの成分の組みがベクトルであるといえる. いつものように, 変位はすべてのベクトルの振る舞いのモデルになっている[3].

ところで, 2 階の**テンソル**は 9 個の成分, $T_{xx}, T_{xy}, T_{xz}, T_{yx}, \ldots, T_{zz}$, が R の二つの要素により

---

[3]もし読者が数学者なら, 一般化されたベクトル空間をじっくり考えたいかもしれない. そこでは "軸" は向きとは何の関係もなく, 基底ベクトルはもはや $\hat{\mathbf{x}}, \hat{\mathbf{y}}, \hat{\mathbf{z}}$ ではない. (実際, 3 次元以上の空間もあり得る.) これは**線形代数**の対象である. しかしながら, 本書の範囲では, すべてのベクトルは, 通常の 3 次元空間 (あるいは 12 章では 4 次元時空空間) の中にある.

$$\begin{aligned}
\overline{T}_{xx} &= R_{xx}(R_{xx}T_{xx} + R_{xy}T_{xy} + R_{xz}T_{xz}) \\
&+ R_{xy}(R_{xx}T_{yx} + R_{xy}T_{yy} + R_{xz}T_{yz}) \\
&+ R_{xz}(R_{xx}T_{zx} + R_{xy}T_{zy} + R_{xz}T_{zz}), \ldots
\end{aligned}$$

あるいは, より簡潔に,

$$\overline{T}_{ij} = \sum_{k=1}^{3}\sum_{l=1}^{3} R_{ik}R_{jl}T_{kl} \tag{1.32}$$

の形で変換される量である. 一般には, n 階のテンソルは n 個の添字と 3^n 個の成分をもち, R の n 個の因子により変換される. この階層構造では, ベクトルは 1 階のテンソルであり, スカラーは 0 階のテンソルである[4].

問題 1.8

(a) 2 次元の回転行列（式 1.29）が内積を保存することを証明せよ.（つまり, $\overline{A}_y\overline{B}_y + \overline{A}_z\overline{B}_z = A_yB_y + A_zB_z$ を示せ）

(b) 3 次元の回転行列（式 1.30）の要素 (R_{ij}) は, すべてのベクトル **A** に対して **A** の長さを保存するために, どのような制限を満たさなければならないか?

問題 1.9 原点から点 $(1,1,1)$ を通る軸の周りの $120°$ の回転を記述する変換行列 R を求めよ. 回転の向きは, 原点に向かって軸を見下ろしたときに, 時計周りとする.

問題 1.10

(a) 座標の **並進変換** $(\overline{x} = x,\ \overline{y} = y - a,\ \overline{z} = z$, 図 1.16a）のもとで, ベクトルの成分[5]はどのように変換するか?

(b) 座標の **反転変換** $(\overline{x} = -x,\ \overline{y} = -y,\ \overline{z} = -z$, 図 1.16b）のもとで, ベクトルの成分はどのように変換するか?

(c) 反転変換のもとで, 外積（式 1.13）の成分はどのように変換するか?［二つのベクトルの外積は, その "異常な" 振る舞いのため, 厳密には **擬ベクトル** とよばれる.］二つの擬ベクトルの外積はベクトルか? あるいは擬ベクトルか? 古典力学における擬ベクトルの名前を二つ挙げよ.

(d) 反転変換のもとで, 三つのベクトルのスカラー三重積はどのように変換するか?（このような対象は **擬スカラー** とよばれる）

---

[4]座標変換のもとでスカラーは変化しない. とくに, ベクトルの成分はスカラーではないが, ベクトルの大きさはスカラーである.

[5]**注意:** ベクトル **r**（式 1.19）は空間の特定の点（原点 $\mathcal{O}$）から点 $P = (x, y, z)$ まで達する. 変換のもとで, 新しい原点 ($\overline{\mathcal{O}}$) は異なる場所にあり, $\overline{\mathcal{O}}$ から P までの矢はまったく異なるベクトルである. 変換前のもとのベクトル **r** は, これらの点を表示するために使われる座標系に関係なく, 依然として $\mathcal{O}$ から P に向かっている.

14 第 1 章 ベクトル解析

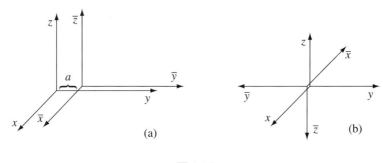

図 1.16

1.2 ベクトル場の微分

1.2.1 "常"微分

1 変数の関数 $f(x)$ があるとする. **疑問:** その微分 df/dx はどのような情報を与えてくれるのだろうか？ **答え:** 関数の引数 x が dx だけわずかに変化したときに, 関数 $f(x)$ の値がどのくらい急に変化するかを教えてくれる.

$$df = \left(\frac{df}{dx}\right)dx \tag{1.33}$$

言い換えれば, x を無限小量 dx だけ増やすと f が df だけ変化して, 微分はその比例係数となる. たとえば, 図 1.17(a) では, f は x の変化とともにゆっくり変化しているので, その微分は小さいが, 図 1.17(b) では, $x = 0$ から遠ざかるにしたがい f は x の変化とともに急に増加し, その微分は大きくなる.

幾何学的な解釈: 微分 df/dx は関数 $f(x)$ のグラフにおける傾きを表す.

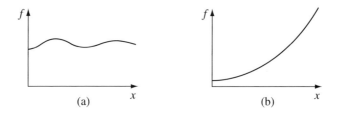

図 1.17

1.2.2 勾配ベクトル場

さて，部屋の温度分布 $T(x, y, z)$ といった 3 変数の関数があるとしよう．（部屋の隅に原点を置く座標系を設定すると，部屋の各点 (x, y, z) に対して関数 T はその場所の温度を与える．）われわれは 1 変数ではなく 3 変数に依存する T のような関数に "微分" の考え方を拡張したい．

少しの距離を動いた際に，微分はどのくらい急に関数値が変化するかを与えてくれるはずであるが，どの方向に動いたかに依存しているため，状況はより複雑になる．たとえば，鉛直方向に移動すると部屋の温度はおそらくかなり急に増加するが，水平方向に移動すると，それほどは変化しないかもしれない．実際，"温度 T はどのくらい急に変化したか？" という問いに対しては，変化を調べるために選んだ方向ごとに無数の答えがある．

幸運にも，この問題は見かけほど深刻ではない．偏微分に関する定理

$$dT = \left(\frac{\partial T}{\partial x}\right) dx + \left(\frac{\partial T}{\partial y}\right) dy + \left(\frac{\partial T}{\partial z}\right) dz \tag{1.34}$$

は三つの変数がそれぞれ無限小量 dx, dy, dz だけ変化したときに T がどのくらい変化するかを表している．この問題においては無数の微分は必要でなく，三つの座標のそれぞれの方向に沿った三つの偏微分で十分であることに注目しよう．

式 1.34 は内積の形を想起させる．つまり，

$$
\begin{aligned}
dT &= \left(\frac{\partial T}{\partial x}\hat{\mathbf{x}} + \frac{\partial T}{\partial y}\hat{\mathbf{y}} + \frac{\partial T}{\partial z}\hat{\mathbf{z}}\right) \cdot (dx\,\hat{\mathbf{x}} + dy\,\hat{\mathbf{y}} + dz\,\hat{\mathbf{z}}) \\
&= (\boldsymbol{\nabla}T) \cdot (d\mathbf{l})
\end{aligned} \tag{1.35}
$$

と書き換えられる．ここで

$$\boldsymbol{\nabla}T \equiv \frac{\partial T}{\partial x}\hat{\mathbf{x}} + \frac{\partial T}{\partial y}\hat{\mathbf{y}} + \frac{\partial T}{\partial z}\hat{\mathbf{z}} \tag{1.36}$$

は T の**勾配**とよばれる量である．$\boldsymbol{\nabla}T$ は三つの成分をもつベクトル量であることに注意しよう．これはわれわれが探していた一般化された微分であり，式 1.35 は式 1.33 の 3 次元拡張版である．

幾何学的な解釈： 通常のベクトルのように，勾配はその大きさと向きをもつ．その幾何学的な意味を見極めるために，式 1.35 の内積の表現を，式 1.1 を用いて

$$dT = \boldsymbol{\nabla}T \cdot d\mathbf{l} = |\boldsymbol{\nabla}T||d\mathbf{l}| \cos\theta \tag{1.37}$$

のように書き換えよう．ここで θ は $\boldsymbol{\nabla}T$ と $d\mathbf{l}$ のなす角度である．大きさ $|d\mathbf{l}|$ を固定して，（θ を変えながら）さまざまな方向で調べると，T の変化が最大になるのはあきら

16 第1章 ベクトル解析

かに（$\cos\theta = 1$ になるので）$\theta = 0$ のときである。つまり、固定された距離 $|d\mathbf{l}|$ に対しては、$\boldsymbol{\nabla}T$ と同じ向きに変化したときに、dT は最大になる。よって、

「勾配 $\boldsymbol{\nabla}T$ は関数 T の最大変化の向きを向いている。」

さらには、

「勾配の大きさ $|\boldsymbol{\nabla}T|$ は最大変化の向きに沿った傾き（増加率）を与える。」

丘の斜面に立っていることを想像しよう。周りを見回して最も急な上り坂の向きを見つけたら、それが勾配の向きである。今度は、その向きの傾き（高さの増加量/移動距離）を測定してみよう。それが勾配ベクトルの大きさになる。（ここで問題にしている関数は丘の高さであり、その関数の座標は（緯度と経度といった）位置である。この関数は三つではなく二つの変数だけに依存するが、勾配ベクトルの幾何学的な意味は 2 次元の方がつかみやすい。）式 1.37 から、最急降下の向き（$\theta = 180°$）は最急上昇の向き（$\theta = 0°$）と逆であり、直角方向（$\theta = 90°$）では傾きが 0 であること（勾配ベクトルは等高線に垂直であること）に注意しよう。これらの性質をもたないような曲面を想像することもできるが、そのような曲面には常に "ねじれ" が存在し、微分不可能な関数に対応する。

勾配ベクトルがゼロになるということは何を意味するのであろうか？　もし場所 (x, y, z) において $\boldsymbol{\nabla}T = \mathbf{0}$ ならば、その点 (x, y, z) の周りでの小さな変位に対しては $dT = 0$ となる。つまり、この点は関数 $T(x, y, z)$ の**停留点**である。この点は、最大点（頂上）かも、最小点（谷）かも、按点（峠）かも、さらには "肩" かもしれない。これは、一変数の関数においてゼロの微分が最大、最小あるいは変曲点の印である状況に類似している。とくに、3 変数の関数の極値を見つけたいなら、その勾配ベクトルをゼロに置こう。

例題 1.3.（位置ベクトルの大きさである）$r = \sqrt{x^2 + y^2 + z^2}$ の勾配を求めよ。

解答

$$
\begin{aligned}
\boldsymbol{\nabla}r &= \frac{\partial r}{\partial x}\hat{\mathbf{x}} + \frac{\partial r}{\partial y}\hat{\mathbf{y}} + \frac{\partial r}{\partial z}\hat{\mathbf{z}} \\
&= \frac{1}{2}\frac{2x}{\sqrt{x^2 + y^2 + z^2}}\hat{\mathbf{x}} + \frac{1}{2}\frac{2y}{\sqrt{x^2 + y^2 + z^2}}\hat{\mathbf{y}} + \frac{1}{2}\frac{2z}{\sqrt{x^2 + y^2 + z^2}}\hat{\mathbf{z}} \\
&= \frac{x\hat{\mathbf{x}} + y\hat{\mathbf{y}} + z\hat{\mathbf{z}}}{\sqrt{x^2 + y^2 + z^2}} = \frac{\mathbf{r}}{r} = \hat{\mathbf{r}}
\end{aligned}
$$

この結果の意味は明瞭であろうか？　原点からの距離はその動径外向きに最も急に変化し、その向きの増加率は 1 であるという、まさに予想されるものである。

1.2. ベクトル場の微分　**17**

問題 1.11　以下の関数の勾配を求めよ:
(a) $f(x, y, z) = x^2 + y^3 + z^4$
(b) $f(x, y, z) = x^2 y^3 z^4$
(c) $f(x, y, z) = e^x \sin(y) \ln(z)$

問題 1.12　ある丘の高さが（フィート単位で）

$$h(x, y) = 10(2xy - 3x^2 - 4y^2 - 18x + 28y + 12)$$

のように与えられている. ここで, サウス・ハードリーから北向きの（マイル単位の）距離が y で, 東向きの距離が x である.
(a) 丘の最高地点はどこか？
(b) 最高地点の高さはいくらか？
(c) サウス・ハードリーから北に 1 マイル東に 1 マイルの地点での（（フィート/マイル）単位での）傾斜はどのくらい急であるか？　この地点で最も急な傾きはどの向きか？

問題 1.13　固定された点 (x', y', z') から点 (x, y, z) への間隔ベクトルを $\boldsymbol{\imath}$ とし, $\imath$ をその長さとして以下を示せ.
(a) $\boldsymbol{\nabla}(\imath^2) = 2\boldsymbol{\imath}$
(b) $\boldsymbol{\nabla}(1/\imath) = -\hat{\boldsymbol{\imath}}/\imath^2$
(c) $\boldsymbol{\nabla}(\imath^n)$ の（任意の整数 n に対する）一般的な表式は？

問題 1.14　f を 2 変数（y および z）だけの関数とする. 勾配 $\boldsymbol{\nabla}f = (\partial f/\partial y)\hat{\mathbf{y}} + (\partial f/\partial z)\hat{\mathbf{z}}$ が式 1.29 の回転座標変換のもとでベクトルとして変換されることを示せ. [ヒント: $(\partial f/\partial \overline{y}) = (\partial f/\partial y)(\partial y/\partial \overline{y}) + (\partial f/\partial z)(\partial z/\partial \overline{y})$ および $\partial f/\partial \overline{z}$ についての同様の関係式と, 既知の $\overline{y} = y\cos\phi + z\sin\phi$ および $\overline{z} = -y\sin\phi + z\cos\phi$ の関係式を（$\overline{y}$ と $\overline{z}$ の関数として）y と z について "解いて", 必要な微分 $\partial y/\partial \overline{y}, \partial z/\partial \overline{y}$ などを計算せよ.]

1.2.3　デル演算子

勾配は, スカラー関数 T にベクトル $\boldsymbol{\nabla}$ を "掛け算する" という形式的な外見をもつ.

$$\boldsymbol{\nabla}T = \left(\hat{\mathbf{x}}\frac{\partial}{\partial x} + \hat{\mathbf{y}}\frac{\partial}{\partial y} + \hat{\mathbf{z}}\frac{\partial}{\partial z} \right)T \tag{1.38}$$

（ここでは, 単位基底ベクトルを微分演算子の左側に書く. そうすればこれが $\partial\hat{\mathbf{x}}/\partial x$ などといったことを意味すると誰も思わなくなる. もっとも, $\hat{\mathbf{x}}$ は定ベクトルなので $\partial\hat{\mathbf{x}}/\partial x$ はゼロになってしまうが.）式 1.38 の括弧の中の項

$$\boxed{\boldsymbol{\nabla} = \hat{\mathbf{x}}\frac{\partial}{\partial x} + \hat{\mathbf{y}}\frac{\partial}{\partial y} + \hat{\mathbf{z}}\frac{\partial}{\partial z}} \tag{1.39}$$

を**デル演算子**とよぶ.

18 第1章 ベクトル解析

　もちろん, デル演算子は通常の意味でのベクトルではない. 実際, 作用させるための関数を与えるまでは意味をもたない. さらには, T に "掛け算する" のではなく, むしろ (右に) 続くものを微分する指示を与えるものである. 正確にいえば, $\boldsymbol{\nabla}$ は T に作用する**ベクトル演算子**であって, T に掛け算するベクトルではない.

　しかしながら, この条件のもとでは, ほぼあらゆる意味で $\boldsymbol{\nabla}$ は通常ベクトルと同じ振る舞いを示す. つまり, もし "掛け算する" を "作用する" とただ翻訳するなら, 他のベクトルにできるほとんどのことが $\boldsymbol{\nabla}$ にもできてしまう. それゆえ, 是非とも $\boldsymbol{\nabla}$ のベクトルとしての外見を注意深く扱おう. $\boldsymbol{\nabla}$ の恩恵を受けることなく書かれたマクスウェルの電磁気学における原著作を一度でも参考にしたならば有難く思うように, これは表記を驚くほど簡単にしてくれる.

　さて, 通常のベクトル $\mathbf{A}$ は三つのやり方で掛け算できる.

1. スカラー a を掛け算する：$\mathbf{A}a$
2. ベクトル $\mathbf{B}$ との内積をとる：$\mathbf{A} \cdot \mathbf{B}$
3. ベクトル $\mathbf{B}$ との外積をとる：$\mathbf{A} \times \mathbf{B}$

対応して, 演算子 $\boldsymbol{\nabla}$ も三つのやり方で作用できる.

1. スカラー関数 T に対して$\boldsymbol{\nabla}T$ （勾配）
2. ベクトル関数 $\mathbf{v}$ に, 内積で作用して $\boldsymbol{\nabla} \cdot \mathbf{v}$ （**発散**）
3. ベクトル関数 $\mathbf{v}$ に, 外積で作用して $\boldsymbol{\nabla} \times \mathbf{v}$ （**回転**）

勾配についてはすでに議論しているので, 続く以下の項では, 他の二つのベクトル場の微分 (発散と回転) を検討する.

1.2.4　ベクトル場の発散

　$\boldsymbol{\nabla}$ の定義から, 発散を

$$
\begin{aligned}
\boldsymbol{\nabla} \cdot \mathbf{v} &= \left(\hat{\mathbf{x}}\frac{\partial}{\partial x} + \hat{\mathbf{y}}\frac{\partial}{\partial y} + \hat{\mathbf{z}}\frac{\partial}{\partial z} \right) \cdot (v_x\hat{\mathbf{x}} + v_y\hat{\mathbf{y}} + v_z\hat{\mathbf{z}}) \\
&= \frac{\partial v_x}{\partial x} + \frac{\partial v_y}{\partial y} + \frac{\partial v_z}{\partial z}
\end{aligned}
\tag{1.40}
$$

のように構成する. ベクトル関数 $\mathbf{v}$ の発散[6], $\boldsymbol{\nabla} \cdot \mathbf{v}$ それ自身はスカラーであることに

---

　[6]ベクトル関数 $\mathbf{v}(x,y,z) = v_x(x,y,z)\,\hat{\mathbf{x}} + v_y(x,y,z)\,\hat{\mathbf{y}} + v_z(x,y,z)\,\hat{\mathbf{z}}$ は (各成分に一つの関数があるため) 実際は三つの関数である. スカラー場の発散なるものは存在しない.

1.2. ベクトル場の微分　19

注意しよう.

幾何学的な解釈: $\nabla \cdot \mathbf{v}$ は問われている点で, ベクトル場 $\mathbf{v}$ がどのくらい拡がっているか (発散しているか) の目安になっているので, **発散**という名前はうまく選ばれている. たとえば, 図 1.18a のベクトル関数は大きな正の (もしベクトルの矢が内側を向いていれば負の) 発散をもち, 図 1.18b のベクトル関数はゼロの発散をもち, 図 1.18c のベクトル関数は再び正の発散をもつ. (ここで $\mathbf{v}$ は空間の各点に異なるベクトルが関連づけられた関数であると了解してほしい. もちろん, 図にはいくつかの代表的な場所にしか矢を描けない.)

池の縁に立っている状況を思い浮かべよう. おが屑や松葉を水面に振りかけたとする. もしそれが拡がったなら正の発散をもつ場所に振りかけたことになり, 逆に, それが集まったなら負の発散をもつ場所に振りかけたことになる. (この例におけるベクトル関数 $\mathbf{v}$ は水面の流れの速度場である. これは 2 次元の例であるが, 発散が何を意味するか? に対する "感触" を得る手助けをしてくれる. 正の発散点は発生源, あるいは "蛇口" であり, 負の発散点は (台所の) "排水口" である.)

例題 1.4. 図 1.18(a), (b), (c) に示されたベクトル関数が, それぞれ $\mathbf{v}_a = \mathbf{r} = x\hat{\mathbf{x}} + y\hat{\mathbf{y}} + z\hat{\mathbf{z}}$, $\mathbf{v}_b = \hat{\mathbf{z}}$, および $\mathbf{v}_c = z\hat{\mathbf{z}}$ であるとして, それらの発散を計算せよ.

解答

$$\nabla \cdot \mathbf{v}_a = \frac{\partial}{\partial x}(x) + \frac{\partial}{\partial y}(y) + \frac{\partial}{\partial z}(z) = 1 + 1 + 1 = 3$$

予想通り, このベクトル関数は正の発散をもつ.

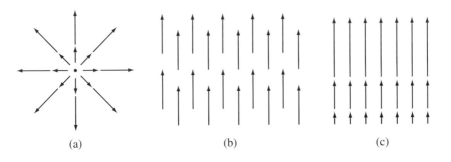

(a)　　　　(b)　　　　(c)

図 1.18

20 第1章 ベクトル解析

$$\nabla \cdot \mathbf{v}_b = \frac{\partial}{\partial x}(0) + \frac{\partial}{\partial y}(0) + \frac{\partial}{\partial z}(1) = 0 + 0 + 0 = 0$$

これも予想通りである.

$$\nabla \cdot \mathbf{v}_c = \frac{\partial}{\partial x}(0) + \frac{\partial}{\partial y}(0) + \frac{\partial}{\partial z}(z) = 0 + 0 + 1 = 1$$

問題 1.15 以下のベクトル関数の発散を計算せよ.
(a) $\mathbf{v}_a = x^2\,\hat{\mathbf{x}} + 3xz^2\,\hat{\mathbf{y}} - 2xz\,\hat{\mathbf{z}}$
(b) $\mathbf{v}_b = xy\,\hat{\mathbf{x}} + 2yz\,\hat{\mathbf{y}} + 3zx\,\hat{\mathbf{z}}$
(c) $\mathbf{v}_c = y^2\,\hat{\mathbf{x}} + (2xy + z^2)\,\hat{\mathbf{y}} + 2yz\,\hat{\mathbf{z}}$

• **問題 1.16** ベクトル関数

$$\mathbf{v} = \frac{\hat{\mathbf{r}}}{r^2}$$

の概形を描き,その発散を計算せよ.答えは(概形から予想されるものと異なり)意外かもしれない. ... 説明を試みよ.

! **問題 1.17** 2次元においては,発散は座標の回転のもとでスカラー量として変換することを示せ. [ヒント: $\overline{v}_y$ および $\overline{v}_z$ を求めるために式 1.29 を使い,発散を計算するために問題 1.14 の方法を使うこと.目標は $\partial\overline{v}_y/\partial\overline{y} + \partial\overline{v}_z/\partial\overline{z} = \partial v_y/\partial y + \partial v_z/\partial z$] を示すことである.

1.2.5 ベクトル場の回転

∇ の定義から,回転を

$$\nabla \times \mathbf{v} = \begin{vmatrix} \hat{\mathbf{x}} & \hat{\mathbf{y}} & \hat{\mathbf{z}} \\ \partial/\partial x & \partial/\partial y & \partial/\partial z \\ v_x & v_y & v_z \end{vmatrix}$$

$$= \hat{\mathbf{x}}\left(\frac{\partial v_z}{\partial y} - \frac{\partial v_y}{\partial z}\right) + \hat{\mathbf{y}}\left(\frac{\partial v_x}{\partial z} - \frac{\partial v_z}{\partial x}\right) + \hat{\mathbf{z}}\left(\frac{\partial v_y}{\partial x} - \frac{\partial v_x}{\partial y}\right) \quad (1.41)$$

のように構成する.ベクトル関数 $\mathbf{v}$ の回転[7]は,外積と同様にベクトルである.

---

[7] スカラー場の回転なるものは存在しない.

1.2. ベクトル場の微分

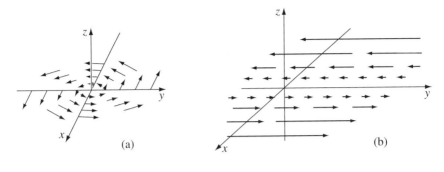

図 1.19

幾何学的な解釈: $\nabla \times \mathbf{v}$ はその点で,ベクトル場 $\mathbf{v}$ がどのくらい渦を巻いているかの目安になっているので,回転という名前はうまく選ばれている.たとえば,図 1.18 にある三つのベクトル関数は(簡単に確かめられるように)すべてゼロの回転をもつ一方,図 1.19 にあるベクトル関数らは,自然な右手則が示唆するように z 方向を向いている大きな回転をもつ.再び,池の縁に立っている状況を思い浮かべよう.(爪楊枝が放射状に刺さったコルク栓などの)小さな水かき付き車輪を浮かべてみる.もし,それが回転し始めたら回転がゼロでない場所に浮かべたことになる.渦は大きい回転をもつ領域であるといえる.

例題 1.5. 図 1.19a および図 1.19b に概形が描かれたベクトル関数をそれぞれ $\mathbf{v}_a = -y\hat{\mathbf{x}} + x\hat{\mathbf{y}}$ および $\mathbf{v}_b = x\hat{\mathbf{y}}$ として,これらの回転を計算せよ.

解答

$$\nabla \times \mathbf{v}_a = \begin{vmatrix} \hat{\mathbf{x}} & \hat{\mathbf{y}} & \hat{\mathbf{z}} \\ \partial/\partial x & \partial/\partial y & \partial/\partial z \\ -y & x & 0 \end{vmatrix} = 2\hat{\mathbf{z}}$$

および

$$\nabla \times \mathbf{v}_b = \begin{vmatrix} \hat{\mathbf{x}} & \hat{\mathbf{y}} & \hat{\mathbf{z}} \\ \partial/\partial x & \partial/\partial y & \partial/\partial z \\ 0 & x & 0 \end{vmatrix} = \hat{\mathbf{z}}$$

予想通り,これらの回転は $+z$ 方向を向いている.(ついでにいえば,図からおそらく想像できるように,両者のベクトル関数の発散はゼロである.何も"拡がって"おらず...

22 第1章 ベクトル解析

ただ "渦を巻いている".)

問題 1.18 問題 1.15 のベクトル関数の回転を計算せよ.

問題 1.19 xy 平面上に円を描け. 円上のいくつかの代表的な点に, 円に接するベクトル **v** を時計回り方向を向くように描け. 隣接したベクトルを比較することにより, $\partial v_x / \partial y$ と $\partial v_y / \partial x$ の符号を定めよ. 式 1.41 にしたがうと, $\boldsymbol{\nabla} \times \mathbf{v}$ はどの方向を向いているか? この例題が回転の幾何学的な解釈をどのように例示しているかを説明せよ.

問題 1.20 すべての点で, その発散と回転がともにゼロであるようなベクトル場を構成せよ. (定数ベクトル場はもちろん当てはまるが, それよりは少しばかり面白いものをつくること!)

1.2.6 積の微分則

常微分の計算は多くの微分則によって容易になる. たとえば, 和の微分則

$$\frac{d}{dx}(f+g) = \frac{df}{dx} + \frac{dg}{dx}$$

定数を乗算した関数の微分則

$$\frac{d}{dx}(kf) = k\frac{df}{dx}$$

関数の積に対する微分則

$$\frac{d}{dx}(fg) = f\frac{dg}{dx} + g\frac{df}{dx}$$

そして関数の商に対する微分則

$$\frac{d}{dx}\left(\frac{f}{g}\right) = \frac{g\dfrac{df}{dx} - f\dfrac{dg}{dx}}{g^2}$$

などである.

同様な関係はベクトル微分についても成り立つ. つまり, 容易に検証できるように

$$\boldsymbol{\nabla}(f+g) = \boldsymbol{\nabla}f + \boldsymbol{\nabla}g, \qquad \boldsymbol{\nabla} \cdot (\mathbf{A} + \mathbf{B}) = (\boldsymbol{\nabla} \cdot \mathbf{A}) + (\boldsymbol{\nabla} \cdot \mathbf{B}),$$

$$\boldsymbol{\nabla} \times (\mathbf{A} + \mathbf{B}) = (\boldsymbol{\nabla} \times \mathbf{A}) + (\boldsymbol{\nabla} \times \mathbf{B})$$

および

$$\boldsymbol{\nabla}(kf) = k\boldsymbol{\nabla}f, \qquad \boldsymbol{\nabla} \cdot (k\mathbf{A}) = k(\boldsymbol{\nabla} \cdot \mathbf{A}), \qquad \boldsymbol{\nabla} \times (k\mathbf{A}) = k(\boldsymbol{\nabla} \times \mathbf{A})$$

となる．積の微分則はそれほど簡単ではない．二つの関数の積としてスカラー関数を構成するには以下の二つの方法がある．

$$fg \quad \text{(二つのスカラー関数の積)}$$

$$\mathbf{A} \cdot \mathbf{B} \quad \text{(二つのベクトル関数の内積)}$$

同様にベクトル関数を構成する二つの方法は

$$f\mathbf{A} \quad \text{(スカラー関数とベクトル関数の積)}$$

$$\mathbf{A} \times \mathbf{B} \quad \text{(二つのベクトル関数の外積)}$$

である．対応して，全部で六つの積の微分則がある．勾配についての二つは，

(i)
$$\boldsymbol{\nabla}(fg) = f\boldsymbol{\nabla}g + g\boldsymbol{\nabla}f$$

(ii)
$$\boldsymbol{\nabla}(\mathbf{A} \cdot \mathbf{B}) = \mathbf{A} \times (\boldsymbol{\nabla} \times \mathbf{B}) + \mathbf{B} \times (\boldsymbol{\nabla} \times \mathbf{A}) + (\mathbf{A} \cdot \boldsymbol{\nabla})\mathbf{B} + (\mathbf{B} \cdot \boldsymbol{\nabla})\mathbf{A}$$

発散についての二つは，

(iii)
$$\boldsymbol{\nabla} \cdot (f\mathbf{A}) = f(\boldsymbol{\nabla} \cdot \mathbf{A}) + \mathbf{A} \cdot (\boldsymbol{\nabla}f)$$

(iv)
$$\boldsymbol{\nabla} \cdot (\mathbf{A} \times \mathbf{B}) = \mathbf{B} \cdot (\boldsymbol{\nabla} \times \mathbf{A}) - \mathbf{A} \cdot (\boldsymbol{\nabla} \times \mathbf{B})$$

そして回転についての二つは，

(v)
$$\boldsymbol{\nabla} \times (f\mathbf{A}) = f(\boldsymbol{\nabla} \times \mathbf{A}) - \mathbf{A} \times (\boldsymbol{\nabla}f)$$

(vi)
$$\boldsymbol{\nabla} \times (\mathbf{A} \times \mathbf{B}) = (\mathbf{B} \cdot \boldsymbol{\nabla})\mathbf{A} - (\mathbf{A} \cdot \boldsymbol{\nabla})\mathbf{B} + \mathbf{A}(\boldsymbol{\nabla} \cdot \mathbf{B}) - \mathbf{B}(\boldsymbol{\nabla} \cdot \mathbf{A})$$

これらの積の微分則は非常に頻繁に使うので，参照しやすいように付録Dの「ベクトル場の諸公式」に掲載した．これらの証明は，常微分に対する積の微分則から直接与えることができる．たとえば，

$$
\begin{aligned}
\boldsymbol{\nabla} \cdot (f\mathbf{A}) &= \frac{\partial}{\partial x}(fA_x) + \frac{\partial}{\partial y}(fA_y) + \frac{\partial}{\partial z}(fA_z) \\
&= \left(\frac{\partial f}{\partial x}A_x + f\frac{\partial A_x}{\partial x}\right) + \left(\frac{\partial f}{\partial y}A_y + f\frac{\partial A_y}{\partial y}\right) + \left(\frac{\partial f}{\partial z}A_z + f\frac{\partial A_z}{\partial z}\right) \\
&= (\boldsymbol{\nabla}f) \cdot \mathbf{A} + f(\boldsymbol{\nabla} \cdot \mathbf{A})
\end{aligned}
$$

関数の商に関する以下の三つの微分則を定式化することもできる，

$$\boldsymbol{\nabla}\left(\frac{f}{g}\right) = \frac{g\boldsymbol{\nabla}f - f\boldsymbol{\nabla}g}{g^2}$$

24 第 1 章 ベクトル解析

$$\boldsymbol{\nabla} \cdot \left(\frac{\mathbf{A}}{g} \right) = \frac{g(\boldsymbol{\nabla} \cdot \mathbf{A}) - \mathbf{A} \cdot (\boldsymbol{\nabla} g)}{g^2}$$

$$\boldsymbol{\nabla} \times \left(\frac{\mathbf{A}}{g} \right) = \frac{g(\boldsymbol{\nabla} \times \mathbf{A}) + \mathbf{A} \times (\boldsymbol{\nabla} g)}{g^2}$$

しかしながら, これらは対応する積の微分則からただちに得られるので, これらを付録 D に別に掲載するのは無駄である.

問題 1.21 積の微分則 (i), (iv), (v) を証明せよ.

問題 1.22
 (a) $\mathbf{A}$ と $\mathbf{B}$ をベクトル関数とすると, 表式 $(\mathbf{A} \cdot \boldsymbol{\nabla})\mathbf{B}$ は何を意味するか? ($\mathbf{A}$, $\mathbf{B}$, $\boldsymbol{\nabla}$ の デカルト座標成分を用いて, この表式の x, y, z 成分を表せ)
 (b) $(\hat{\mathbf{r}} \cdot \boldsymbol{\nabla})\hat{\mathbf{r}}$ を計算せよ. $\hat{\mathbf{r}}$ は式 1.21 で定義された単位ベクトルである.
 (c) 問題 1.15 にある関数に対して, $(\mathbf{v}_a \cdot \boldsymbol{\nabla})\mathbf{v}_b$ を計算せよ.

問題 1.23 積の微分則 (ii) および (vi) を証明せよ. $(\mathbf{A} \cdot \boldsymbol{\nabla})\mathbf{B}$ の定義については問題 1.22 を参照すること. ただし証明には少し労力が必要である.

問題 1.24 先に述べた関数の商に関する三つの微分則を導出せよ.

問題 1.25
 (a) 以下の二つのベクトル関数に対して, (各項を別々に計算することにより) 積の微分則 (iv) を確かめよ.

$$\mathbf{A} = x\,\hat{\mathbf{x}} + 2y\,\hat{\mathbf{y}} + 3z\,\hat{\mathbf{z}}, \qquad \mathbf{B} = 3y\,\hat{\mathbf{x}} - 2x\,\hat{\mathbf{y}}$$

 (b) 積の微分則 (ii) についても同様に確かめよ.
 (c) 積の微分則 (vi) についても同様に確かめよ.

1.2.7 2 階 微 分

勾配, 発散, 回転は, $\boldsymbol{\nabla}$ を使った 1 階の微分である. $\boldsymbol{\nabla}$ を 2 回用いることにより, 5 種類の 2 階微分を構成することができる.

勾配 $\boldsymbol{\nabla} T$ はベクトルであるので, その発散と回転をとることができる.

(1) 勾配の発散: $\boldsymbol{\nabla} \cdot (\boldsymbol{\nabla} T)$
(2) 勾配の回転: $\boldsymbol{\nabla} \times (\boldsymbol{\nabla} T)$

発散 $\boldsymbol{\nabla} \cdot \mathbf{v}$ はスカラーなので, 可能なのは勾配をとることだけである.

1.2. ベクトル場の微分　**25**

(3) 発散の勾配: $\boldsymbol{\nabla}(\boldsymbol{\nabla} \cdot \mathbf{v})$

回転 $\boldsymbol{\nabla} \times \mathbf{v}$ はベクトルなので, その発散と回転をとることできる.

(4) 回転の発散: $\boldsymbol{\nabla} \cdot (\boldsymbol{\nabla} \times \mathbf{v})$

(5) 回転の回転: $\boldsymbol{\nabla} \times (\boldsymbol{\nabla} \times \mathbf{v})$

　以上は組み合わせの可能性を調べ尽くしたにすぎず, 実際, これらのすべてが新しいものを与えるわけではない. 一つずつ検討しよう.

$$
\begin{aligned}
(1) \quad \boldsymbol{\nabla} \cdot (\boldsymbol{\nabla} T) &= \left(\hat{\mathbf{x}} \frac{\partial}{\partial x} + \hat{\mathbf{y}} \frac{\partial}{\partial y} + \hat{\mathbf{z}} \frac{\partial}{\partial z} \right) \cdot \left(\frac{\partial T}{\partial x} \hat{\mathbf{x}} + \frac{\partial T}{\partial y} \hat{\mathbf{y}} + \frac{\partial T}{\partial z} \hat{\mathbf{z}} \right) \\
&= \frac{\partial^2 T}{\partial x^2} + \frac{\partial^2 T}{\partial y^2} + \frac{\partial^2 T}{\partial z^2}
\end{aligned}
\tag{1.42}
$$

略して $\nabla^2 T$ と書くこの組み合わせは, T のラプラシアンとよばれ, 後で非常に詳しく学習する. スカラー関数 T のラプラシアンはスカラーであることを注意する. まれにベクトルのラプラシアン $\nabla^2 \mathbf{v}$ について言及することがあるが,

$$
\nabla^2 \mathbf{v} \equiv (\nabla^2 v_x)\hat{\mathbf{x}} + (\nabla^2 v_y)\hat{\mathbf{y}} + (\nabla^2 v_z)\hat{\mathbf{z}}
\tag{1.43}
$$

のように[8], その x 成分が v_x のラプラシアンであるベクトル量を意味するもので, ∇^2 の意味の便利な拡張以上のものではない.

　(2) 勾配の回転は常にゼロである.

$$
\boldsymbol{\nabla} \times (\boldsymbol{\nabla} T) = \mathbf{0}
\tag{1.44}
$$

これは今後くり返し使う重要な事実であり, $\boldsymbol{\nabla}$ の定義 (式 1.39) から容易に証明できる. **注意:** 読者は式 1.44 は "自明" であると思うかもしれない. 「単純に $(\boldsymbol{\nabla} \times \boldsymbol{\nabla})T$ と見立てて, $\boldsymbol{\nabla}$ というベクトル同士の外積であるため常にゼロになるのではないか?」という推論は示唆的であるが, $\boldsymbol{\nabla}$ は演算子であり普段通りの "掛け算" をするわけではないため, 必ずしも証明とはいえない. 式 1.44 の証明は実際のところ

$$
\frac{\partial}{\partial x} \left(\frac{\partial T}{\partial y} \right) = \frac{\partial}{\partial y} \left(\frac{\partial T}{\partial x} \right)
\tag{1.45}
$$

という順序を入れ替えた微分の同等性によっている. もし説明が細かすぎると思うなら, 直感を

$$
(\boldsymbol{\nabla} T) \times (\boldsymbol{\nabla} S)
$$

---

[8] 単位基底ベクトル自身が位置に依存する曲線座標系においては, それら基底も微分されなければならない (1.4.1 項を参照せよ).

26 第1章 ベクトル解析

について試してみよ. 常にゼロになるであろうか？（もし ∇ の部分を普通のベクトルに置き換えれば, もちろんゼロになるであろう.）

(3) $\nabla(\nabla \cdot \mathbf{v})$ は物理の応用ではほとんど見られないし, それ自身の特別な名前もない. 単純に**発散**の**勾配**である. $\nabla(\nabla \cdot \mathbf{v})$ はベクトル場のラプラシアンと同じではない. すなわち $\nabla^2 \mathbf{v} = (\nabla \cdot \nabla) \mathbf{v} \neq \nabla(\nabla \cdot \mathbf{v})$ であることを注意しておく.

(4) 勾配の回転と同様に, 回転の発散は常にゼロである.

$$\nabla \cdot (\nabla \times \mathbf{v}) = 0 \tag{1.46}$$

証明を試みよ.（同じく, 関係式 $\mathbf{A} \cdot (\mathbf{B} \times \mathbf{C}) = (\mathbf{A} \times \mathbf{B}) \cdot \mathbf{C}$ を使った正しくない証明の近道がある）

(5) ∇ の定義から確かめられるように:

$$\nabla \times (\nabla \times \mathbf{v}) = \nabla(\nabla \cdot \mathbf{v}) - \nabla^2 \mathbf{v} \tag{1.47}$$

である.

回転の回転は新しい項を与えない. 第一項目は (3) であり, 第二項目はベクトルのラプラシアンである.（実際には, デカルト座標について明示的に言及している式 1.43 よりも, ベクトルのラプラシアンを定義するために式 1.47 がしばしば用いられる.）よって実際のところ,（根本的な重要性をもつ）ラプラシアンと（ほとんど遭遇しない）発散の勾配という 2 種類の 2 階微分があることになる. 3 階微分を計算するために同様な手続きを経ることができるが, 幸運にも実質上すべての物理の応用に対しては 2 階微分で十分である.

ベクトルの微分計算について最後に一言述べておくと, すべては ∇ が演算子であることと, そのベクトルとしての特性を慎重に扱うことの結果である. たとえ ∇ の定義しか覚えていていなくても, 簡単に残りすべてを再構成することができるはずである.

問題 1.26 以下の関数のラプラシアンを計算せよ:

(a) $T_a = x^2 + 2xy + 3z + 4$

(b) $T_b = \sin x \sin y \sin z$

(c) $T_c = e^{-5x} \sin 4y \cos 3z$

(d) $\mathbf{v} = x^2 \,\hat{\mathbf{x}} + 3xz^2 \,\hat{\mathbf{y}} - 2xz \,\hat{\mathbf{z}}$

問題 1.27 回転の発散は常にゼロであることを証明せよ. 問題 1.15 の関数 $\mathbf{v}_a$ に対してそれを確かめよ.

問題 1.28 勾配の回転は常にゼロであることを証明せよ. 問題 1.11 の関数 (b) に対してそれを確かめよ.

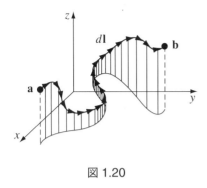
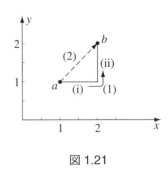

図 1.20　　　　　　　　　　　図 1.21

1.3　ベクトル場の積分

1.3.1　線積分, 面積分, 体積積分

電磁気学においては, いくつかの異なる種類の積分に出会うことになる. その中で, 最も重要なのは**線**（あるいは**経路**）**積分**, **面積分**（あるいは**フラックス**），および**体積積分**である.

(a) **線積分**. 線積分は以下の形をした積分である

$$\int_{\mathbf{a}}^{\mathbf{b}} \mathbf{v} \cdot d\mathbf{l} \tag{1.48}$$

ここで $\mathbf{v}$ はベクトル関数であり, $d\mathbf{l}$ は無限小の変位ベクトル（式 1.22）であり, その積分は $\mathbf{a}$ 点から $\mathbf{b}$ 点に至る指定された経路 $\mathcal{P}$ （図 1.20）に沿って実行される. もし, その経路が閉じたループなら（つまり $\mathbf{b} = \mathbf{a}$ なら）以下のように積分記号に○をつけることにする.

$$\oint \mathbf{v} \cdot d\mathbf{l} \tag{1.49}$$

経路上の各点において, ベクトル関数値 $\mathbf{v}$ と経路上の次の点に向かう変位 $d\mathbf{l}$ の内積をとる. 物理学者にとって最も馴染みのある線積分の例は, 力 $\mathbf{F}$ によってなされた仕事 $W = \int \mathbf{F} \cdot d\mathbf{l}$ であろう.

普通は, 線積分の値は点 $\mathbf{a}$ から点 $\mathbf{b}$ への経路に依存するが, 線積分が経路によらず端点だけにより定まる特別な種類のベクトル関数がある. この特別な種類のベクトル場を特徴づけることが, やがてわれわれの仕事となる（この性質をもつ力場は保存力場とよばれる.）

28 第 1 章　ベクトル解析

例題 1.6. ベクトル関数 $\mathbf{v} = y^2\,\hat{\mathbf{x}} + 2x(y+1)\,\hat{\mathbf{y}}$ を, 図 1.21 にあるような点 $\mathbf{a} = (1,1,0)$ から点 $\mathbf{b} = (2,2,0)$ までの経路 (1) および (2) に沿って計算せよ. 経路 (1) に沿って点 $\mathbf{a}$ から点 $\mathbf{b}$ に行き, 経路 (2) に逆に沿って点 $\mathbf{a}$ に戻るループに対する $\oint \mathbf{v} \cdot d\mathbf{l}$ はどうなるか?

解答

いつもの通り $d\mathbf{l} = dx\,\hat{\mathbf{x}} + dy\,\hat{\mathbf{y}} + dz\,\hat{\mathbf{z}}$ であり, 経路 (1) は二つの部分からなる. "水平の" 部分に沿うと, $dy = dz = 0$ であり,

(i) $d\mathbf{l} = dx\,\hat{\mathbf{x}},\ y = 1,\ \mathbf{v} \cdot d\mathbf{l} = y^2\,dx = dx$ なので $\int \mathbf{v} \cdot d\mathbf{l} = \int_1^2 dx = 1$

となる. 一方, "垂直部分" に沿う場合, $dx = dz = 0$ なので,

(ii) $d\mathbf{l} = dy\,\hat{\mathbf{y}},\ x = 2,\ \mathbf{v} \cdot d\mathbf{l} = 2x(y+1)\,dy = 4(y+1)\,dy$ よって

$$\int \mathbf{v} \cdot d\mathbf{l} = 4\int_1^2 (y+1)\,dy = 10$$

となる. よって経路 (1) では,

$$\int_\mathbf{a}^\mathbf{b} \mathbf{v} \cdot d\mathbf{l} = 1 + 10 = 11$$

を得る.

　一方, 経路 (2) では, $x = y,\ dx = dy$, および $dz = 0$ であるので, $d\mathbf{l} = dx\,\hat{\mathbf{x}} + dx\,\hat{\mathbf{y}},\ \mathbf{v} \cdot d\mathbf{l} = x^2\,dx + 2x(x+1)\,dx = (3x^2 + 2x)\,dx$ となり,

$$\int_\mathbf{a}^\mathbf{b} \mathbf{v} \cdot d\mathbf{l} = \int_1^2 (3x^2 + 2x)\,dx = (x^3 + x^2)\big|_1^2 = 10$$

を得る. (ここでの方策は 1 変数によってすべて表すことである. y を選択して, x を消去することも同様に可能である.)

　よって, 経路 (1) に沿って出て, 経路 (2) に沿って戻って来るループに対しては

$$\oint \mathbf{v} \cdot d\mathbf{l} = 11 - 10 = 1$$

となる.

(b) **面積分.** 面積分は

$$\int_\mathcal{S} \mathbf{v} \cdot d\mathbf{a} \tag{1.50}$$

の形式の式で表され，**v** はあるベクトル関数であり，積分は指定された表面 $\mathcal{S}$ にわたる．ここで $d\mathbf{a}$ はその表面に垂直な向きをもった無限小の面積部分である（図 1.22）．もちろん面に垂直な向きは二つあるため，面積分の符号は本来あいまいである．もし表面が（"風船"をつくるように）閉じているなら，

$$\oint \mathbf{v} \cdot d\mathbf{a}$$

のように同じく積分記号に○をつけることにする．この場合，慣習として"外向き"を正であると決めるが，開いた面に対しては任意である．もし **v** が流体の流れ（単位時間・単位面積あたりの流量）を記述するなら，$\int \mathbf{v} \cdot d\mathbf{a}$ は表面を単位時間あたりに通りすぎる総流量を表す（よって別名を"フラックス（流束）"という）．

たいていは，面積分の値は選ばれた特定の表面に依存するが，表面には依存せず，その表面のもつ縁の境界線によってその値が完全に定まるという特別な種類のベクトル関数が存在する．この特別な種類の関数を特徴づけることが重要な作業になる．

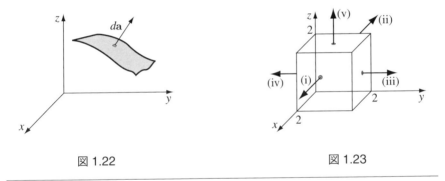

図 1.22   図 1.23

例題 1.7. $\mathbf{v} = 2xz\,\hat{\mathbf{x}} + (x+2)\,\hat{\mathbf{y}} + y(z^2-3)\,\hat{\mathbf{z}}$ について，図 1.23 にある一辺の長さが 2 の立体の（底面を除いた）5 面にわたる面積分を計算せよ．矢が示しているように"上向きと外向き"を正の方向とする．

解答
それぞれの面ごとに別々に計算する．
(i) $x = 2$, $d\mathbf{a} = dy\,dz\,\hat{\mathbf{x}}$, $\mathbf{v} \cdot d\mathbf{a} = 2xz\,dy\,dz = 4z\,dy\,dz$ よって

$$\int \mathbf{v} \cdot d\mathbf{a} = 4\int_0^2 dy \int_0^2 z\,dz = 16$$

(ii) $x = 0$, $d\mathbf{a} = -dy\,dz\,\hat{\mathbf{x}}$, $\mathbf{v} \cdot d\mathbf{a} = -2xz\,dy\,dz = 0$ よって

$$\int \mathbf{v} \cdot d\mathbf{a} = 0$$

30　第 1 章　ベクトル解析

(iii) $y = 2$, $d\mathbf{a} = dx\,dz\,\hat{\mathbf{y}}$, $\mathbf{v} \cdot d\mathbf{a} = (x+2)\,dx\,dz$ よって

$$\int \mathbf{v} \cdot d\mathbf{a} = \int_0^2 (x+2)\,dx \int_0^2 dz = 12$$

(iv) $y = 0$, $d\mathbf{a} = -dx\,dz\,\hat{\mathbf{y}}$, $\mathbf{v} \cdot d\mathbf{a} = -(x+2)\,dx\,dz$ よって

$$\int \mathbf{v} \cdot d\mathbf{a} = -\int_0^2 (x+2)\,dx \int_0^2 dz = -12$$

(v) $z = 2$, $d\mathbf{a} = dx\,dy\,\hat{\mathbf{z}}$, $\mathbf{v} \cdot d\mathbf{a} = y(z^2-3)\,dx\,dy = y\,dx\,dy$ よって

$$\int \mathbf{v} \cdot d\mathbf{a} = \int_0^2 dx \int_0^2 y\,dy = 4$$

全フラックスは

$$\int_{\text{surface}} \mathbf{v} \cdot d\mathbf{a} = 16 + 0 + 12 - 12 + 4 = 20$$

となる.

(c) 体積積分. 体積積分は

$$\int_{\mathcal{V}} T\,d\tau \tag{1.51}$$

の形式の式で表される. ここで T はスカラー関数で $d\tau$ は無限小体積素である. デカルト座標では,

$$d\tau = dx\,dy\,dz \tag{1.52}$$

である. たとえば T が（場所から場所で変化する）物質の密度ならば, 体積積分は総質量を与えるだろう. たまに, ベクトル関数の体積積分に出会うことがあるが,

$$\int \mathbf{v}\,d\tau = \int (v_x\,\hat{\mathbf{x}} + v_y\,\hat{\mathbf{y}} + v_z\,\hat{\mathbf{z}})d\tau = \hat{\mathbf{x}} \int v_x d\tau + \hat{\mathbf{y}} \int v_y d\tau + \hat{\mathbf{z}} \int v_z d\tau \tag{1.53}$$

単位ベクトル（$\hat{\mathbf{x}}$, $\hat{\mathbf{y}}$, および $\hat{\mathbf{z}}$）は定数なので, それらは積分の外に出ることになる.

例題 1.8. $T = xyz^2$ の体積積分を図 1.24 の角柱にわたって計算せよ.

解答

三つの積分をどんな順番で行ってもかまわない. まずは x から始めよう. x は 0 から $(1-y)$ まで動き, 次に（0 から 1 まで動く）y を, そして最後に（0 から 3 まで動く）z について積分を行うと:

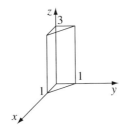

図 1.24

$$\int T\,d\tau = \int_0^3 z^2 \left\{ \int_0^1 y \left[\int_0^{1-y} x\,dx \right] dy \right\} dz$$
$$= \frac{1}{2}\int_0^3 z^2\,dz \int_0^1 (1-y)^2 y\,dy = \frac{1}{2}(9)\left(\frac{1}{12}\right) = \frac{3}{8}$$

を得る.

問題 1.29 ベクトル関数 $\mathbf{v} = x^2\,\hat{\mathbf{x}} + 2yz\,\hat{\mathbf{y}} + y^2\,\hat{\mathbf{z}}$ の原点から点 $(1,1,1)$ までの線積分を以下の三つの異なる経路で計算せよ.
(a) $(0,0,0) \to (1,0,0) \to (1,1,0) \to (1,1,1)$
(b) $(0,0,0) \to (0,0,1) \to (0,1,1) \to (1,1,1)$
(c) 2 点を直接結ぶ直線に沿って
(d) 経路 (a) に沿って出て,経路 (b) に逆に沿って戻ってくる閉じたループに対する線積分はいくらか?

問題 1.30 例題 1.7 の関数の面積分の計算を, 立方体の底面について行え. 一貫性のため, "上向き"を正の方向とする. このベクトル関数については, 面積分は面の縁の境界線だけに依存するであろうか? 底面を含めた立方体の閉曲面にわたる総フラックスはいくらか? [注意: この閉曲面に対しては, 正の方向は "外向き"であり, よって底面に対しては "下向き"となる.]

問題 1.31 点 (0,0,0), (1,0,0), (0,1,0), および (0,0,1) を角にもつ四面体にわたって, スカラー関数 $T = z^2$ の体積積分を計算せよ.

32　第1章　ベクトル解析

1.3.2　微積分における基本定理

$f(x)$ を 1 変数の関数とすると,**微積分学における基本定理**は

$$\int_a^b \left(\frac{df}{dx}\right) dx = f(b) - f(a) \tag{1.54}$$

を述べている. これに馴染みがない場合は, 別の表現,

$$\int_a^b F(x)\, dx = f(b) - f(a)$$

（ただし $df/dx = F(x)$）もある. この基本定理は関数 $F(x)$ の積分の仕方を教えてくれる. その微分が F に等しいような関数 $f(x)$ を考え出せばよい.

幾何学的な解釈: 式 1.33 によれば, $df = (df/dx)dx$ は, (x) から $(x + dx)$ まで動いたときの f の無限小変化である. 基本定理 (式 1.54) は, a から b までの区間 (図 1.25) を多くの小片 dx に切り刻んで小片それぞれからの増分 df を足し合わせると, その結果は（当然のことながら）f における総変化量 $f(b) - f(a)$ に等しいことを述べている. 言い換えれば, 関数の総変化量を定める二つの方法がある. 端点における関数値の差を引き算する方法か, あるいは, 動きによるわずかな増分すべてを足し上げながら段階的に求める方法である. どちらの方法でも同じ答えを得る.

微積分学の基本定理の基本書式について注目しよう. 微分のある領域にわたる積分は端点（境界）における関数値によって与えられる. ベクトル解析においては, 3 種類の微分（勾配, 発散, 回転）があり, それぞれは本質的には同じ形式のそれ自身の "基本定理" をもつ. これらの定理をここで証明するのではなく, むしろその意味するものについて説明し, もっともらしく見せることをやってみる. 証明は付録 A で与えられる.

1.3.3　勾配ベクトル場についての基本定理

3 変数のスカラー関数 $T(x, y, z)$ を考えよう. 点 $\mathbf{a}$ から出発して, わずかな距離 $d\mathbf{l}_1$ だけ移動したとする（図 1.26）. 式 1.37 によれば, 関数 T は

$$dT = (\boldsymbol{\nabla} T) \cdot d\mathbf{l}_1$$

だけ変化する. 次に追加のわずかな変位 $d\mathbf{l}_2$ だけ少し移動すると, T の増分は $(\boldsymbol{\nabla} T) \cdot d\mathbf{l}_2$ となる. このようにして, 無限小のステップを続行することにより, 点 $\mathbf{b}$ へ行き着くことができる. 各ステップにおいて（その点における）T の勾配ベクトルを計算し, それを変位 $d\mathbf{l}$ との内積をとり $\cdots$ としていくと T の変化を与える. 選択した経路に沿って

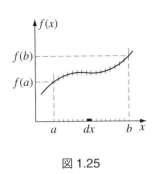
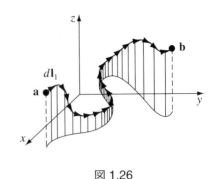

図 1.25 　　　　　　　　　図 1.26

点 a から b に動くときの T の総変化量はあきらかに,

$$\boxed{\int_{\mathbf{a}}^{\mathbf{b}} (\nabla T) \cdot d\mathbf{l} = T(\mathbf{b}) - T(\mathbf{a})} \tag{1.55}$$

となる. これは**勾配ベクトル場についての基本定理**であり, "通常の" 微積分の基本定理のように, 「微分 (ここでは勾配) の積分 (ここでは線積分) は境界 (ここでは点 a と点 b) における関数値により与えられること」を述べている.

幾何学的な解釈: エッフェル塔の高さを測定したいとしよう. 階段の 1 段ごとの高さを測るために物差しを使い, それらをすべて足し上げながら階段を上ること (つまり式 1.55 の左辺) もできるし, 塔の先端と地面に高度計を置いて, 2 か所での表示を引き算すること (つまり式 1.55 の右辺) もできる. どちらのやり方でも同じ答えが得られる (つまり微積分の基本定理).

ついでにいえば, 例題 1.6 で見たように, 線積分は通常は点 a から点 b への経路に依存するが, 式 1.55 の右辺はその経路を参照しておらず, 端点だけを参照している. あきらかに, 勾配ベクトル場はその線積分が経路に依存しないという特別な性質をもつ.

系 1: $\int_{\mathbf{a}}^{\mathbf{b}} (\nabla T) \cdot d\mathbf{l}$ は点 a から点 b にわたる経路には依存しない.

系 2: $\oint (\nabla T) \cdot d\mathbf{l} = 0$ である. なぜなら, 始点と終点が同じであるので $T(\mathbf{b}) - T(\mathbf{a}) = 0$ となるからである.

例題 1.9. $T = xy^2$ を考え, 点 a を原点 $(0, 0, 0)$ に, 点 b を $(2, 1, 0)$ に取る. 勾配ベクトル場についての基本定理を確かめよ.

34　第1章　ベクトル解析

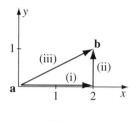

図 1.27

解答
積分は経路によらないが,積分を計算するために特定の経路を選ぶ必要がある.図1.27のように, x 軸に沿って出て（ステップ (i)）次に上がる（ステップ (ii)）経路をとろう.いつものように, $d\mathbf{l} = dx\,\hat{\mathbf{x}} + dy\,\hat{\mathbf{y}} + dz\,\hat{\mathbf{z}}$, $\boldsymbol{\nabla}T = y^2\,\hat{\mathbf{x}} + 2xy\,\hat{\mathbf{y}}$ である.

(i) $y = 0$, $d\mathbf{l} = dx\,\hat{\mathbf{x}}$, $\boldsymbol{\nabla}T \cdot d\mathbf{l} = y^2\,dx = 0$ なので
$$\int_{\mathrm{i}} \boldsymbol{\nabla}T \cdot d\mathbf{l} = 0$$

(ii) $x = 2$, $d\mathbf{l} = dy\,\hat{\mathbf{y}}$, $\boldsymbol{\nabla}T \cdot d\mathbf{l} = 2xy\,dy = 4y\,dy$ なので
$$\int_{\mathrm{ii}} \boldsymbol{\nabla}T \cdot d\mathbf{l} = \int_0^1 4y\,dy = 2y^2\Big|_0^1 = 2$$

線積分全体は 2 となる.この結果は基本定理と整合するか？といえば,答えは「イエス」であり, $T(\mathbf{b}) - T(\mathbf{a}) = 2 - 0 = 2$ となる.

さて,積分値が経路によらないことを納得してもらうために,同じ積分を経路 (iii)（$\mathbf{a}$ から $\mathbf{b}$ への直線）に沿って計算すると,

(iii) $y = \frac{1}{2}x$, $dy = \frac{1}{2}dx$, $\boldsymbol{\nabla}T \cdot d\mathbf{l} = y^2\,dx + 2xy\,dy = \frac{3}{4}x^2\,dx$ なので
$$\int_{\mathrm{iii}} \boldsymbol{\nabla}T \cdot d\mathbf{l} = \int_0^2 \frac{3}{4}x^2\,dx = \frac{1}{4}x^3\Big|_0^2 = 2$$

となる.

問題 1.32 始点 $\mathbf{a} = (0,0,0)$ と終点 $\mathbf{b} = (1,1,1)$ および図 1.28 の三つの経路を用いて,勾配ベクトル場 $T = x^2 + 4xy + 2yz^3$ について基本定理を確かめよ：
  (a) $(0,0,0) \to (1,0,0) \to (1,1,0) \to (1,1,1)$
  (b) $(0,0,0) \to (0,0,1) \to (0,1,1) \to (1,1,1)$
  (c) 放物線の経路 $z = x^2, y = x$

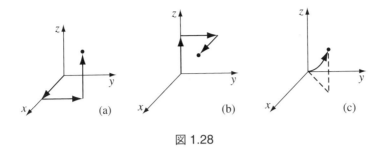

図 1.28

1.3.4 ベクトル場の発散についての基本定理

発散についての基本定理は

$$\int_{\mathcal{V}} (\boldsymbol{\nabla} \cdot \mathbf{v}) \, d\tau = \oint_{\mathcal{S}} \mathbf{v} \cdot d\mathbf{a} \tag{1.56}$$

と表せる．その重要性に敬意を表して，この定理は**ガウスの定理**，**グリーンの定理**あるいは簡単に**発散定理**という少なくとも三つの特別な名前をもつ．他の"基本定理"のように，この定理は「微分（ここでは発散）の領域（ここでは体積 $\mathcal{V}$）にわたる積分は境界（ここではその体積と境を接している表面 $\mathcal{S}$）における関数値に等しい」ことを述べている．ここで境界項はそれ自身が積分（具体的には表面積分）であることを注意しておく．このことは，線の"境界"は二つの端点であるが，体積の境界は（閉じた）面であるので，妥当であろう．

幾何学的な解釈：$\mathbf{v}$ が非圧縮性の流体の流れを表すとすると，$\mathbf{v}$ のフラックス（式 1.56 の右辺）は，単位時間に表面を外に通りすぎた流体の総量である．

さて，発散はある点からのベクトルの"拡がり"を測定している．発散が高い点は流体が流れ出る"蛇口"のようなものである．もし非圧縮性の流体で満たされている領域に多くの蛇口があれば，（蛇口から流れ出た量と）同じ量の流体が領域の境界を通って出されるだろう．実際，どのくらいの流量であるかを測定する二つの方法がある：(a) 個々の蛇口でどのくらい流れ出たのかを記録しながら，すべての蛇口について数え上げる方法，あるいは (b) 境界の各点での流れを測定しながら境界を見て回り，すべてを足し上げる方法である．どちらの方法でも同じ答えに至る．

$$\int (体積中の蛇口) = \oint (表面を通って出た流れ)$$

本質的には，これが発散定理が述べていることである．

例題 1.10. ベクトル関数

$$\mathbf{v} = y^2\,\hat{\mathbf{x}} + (2xy + z^2)\,\hat{\mathbf{y}} + (2yz)\,\hat{\mathbf{z}}$$

と原点に置いた単位立方体（図 1.29）を用いて発散定理を確かめよ．

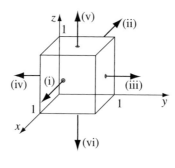

図 1.29

解答

この場合

$$\boldsymbol{\nabla}\cdot\mathbf{v} = 2(x+y)$$

なので

$$\int_{\mathcal{V}} 2(x+y)\,d\tau = 2\int_0^1\int_0^1\int_0^1 (x+y)\,dx\,dy\,dz,$$

$$\int_0^1 (x+y)\,dx = \tfrac{1}{2} + y, \quad \int_0^1 (\tfrac{1}{2}+y)\,dy = 1, \quad \int_0^1 1\,dz = 1$$

よって，

$$\int_{\mathcal{V}} \boldsymbol{\nabla}\cdot\mathbf{v}\,d\tau = 2$$

発散定理の左辺についてはこれでおしまいである．発散定理の右辺の表面積分を計算するためには立方体の 6 面について別々に考える必要がある．

(i) $$\int \mathbf{v}\cdot d\mathbf{a} = \int_0^1\int_0^1 y^2\,dy\,dz = \tfrac{1}{3}$$

(ii) $\int \mathbf{v} \cdot d\mathbf{a} = -\int_0^1 \int_0^1 y^2 \, dy \, dz = -\frac{1}{3}$

(iii) $\int \mathbf{v} \cdot d\mathbf{a} = \int_0^1 \int_0^1 (2x + z^2) \, dx \, dz = \frac{4}{3}$

(iv) $\int \mathbf{v} \cdot d\mathbf{a} = -\int_0^1 \int_0^1 z^2 \, dx \, dz = -\frac{1}{3}$

(v) $\int \mathbf{v} \cdot d\mathbf{a} = \int_0^1 \int_0^1 2y \, dx \, dy = 1$

(vi) $\int \mathbf{v} \cdot d\mathbf{a} = -\int_0^1 \int_0^1 0 \, dx \, dy = 0$

よって全フラックスは期待通り

$$\oint_S \mathbf{v} \cdot d\mathbf{a} = \tfrac{1}{3} - \tfrac{1}{3} + \tfrac{4}{3} - \tfrac{1}{3} + 1 + 0 = 2$$

となる.

問題 1.33 ベクトル関数 $\mathbf{v} = (xy)\hat{\mathbf{x}} + (2yz)\hat{\mathbf{y}} + (3zx)\hat{\mathbf{z}}$ に対して発散定理を確かめよ. 図 1.30 に示された一辺の長さが 2 の立方体を積分領域としてとること.

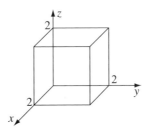

図 1.30

1.3.5 ベクトル場の回転についての基本定理

ストークスの定理という特別な名前で知られている，回転に対する基本定理は

$$\int_{\mathcal{S}} (\boldsymbol{\nabla} \times \mathbf{v}) \cdot d\mathbf{a} = \oint_{\mathcal{P}} \mathbf{v} \cdot d\mathbf{l} \tag{1.57}$$

と表される．いつものように，領域（ここでは表面 $\mathcal{S}$）にわたる微分（ここでは回転）の積分は境界（ここではその表面の周囲 $\mathcal{P}$）における関数値に等しい．発散定理の場合と同様に，境界項はそれ自身が積分（具体的には閉じた線積分）である．

幾何学的な解釈: 回転がベクトル場 $\mathbf{v}$ の "曲がり" の尺度であることを思い出そう．回転が大きい領域は渦状であり，そこに小さな水かき付き車輪を置くと回るだろう．ある表面にわたっての回転の積分（あるいは，より正確に，表面を貫く回転というベクトル場のフラックス）は "渦の総量" を表しており，表面のふちを見て回って流れがどのくらい境界に沿っているかを見出すことによっても同様にそれを求めることができる（図 1.31）．実際，$\oint \mathbf{v} \cdot d\mathbf{l}$ はときには $\mathbf{v}$ の**循環**とよばれる．

ストークスの定理におけるあきらかなあいまいさに読者は気がついているかもしれない．境界に沿った線積分に関して，われわれはどちら向きに回ることになっているのか（時計回りか，あるいは，反時計回りか）？ もしわれわれが "間違った" 向きに回ると，全体として符号の間違いをしてしまうだろう．答えは，首尾一貫している限りどちらの向きでも構わない，なぜならば，埋めあわせをする符号のあいまいさが面積分にもあるからである．$d\mathbf{a}$ はどちらの方向を向いているだろうか？（発散定理でそうであったように）閉曲面に対しては $d\mathbf{a}$ は外向きの法線方向を向いている．しかしながら，開曲面に対しては，どちらの向きが "外向き" なのだろうか？（すべての同様な事項においてそうであるように）ストークスの定理における一貫性は右手則によって与えられる．もし読者の右手の指が線積分の方向を向いているとすると，親指が $d\mathbf{a}$ の向きを特定する（図 1.32）．

さて，与えられた境界線を共有するたくさんの（限りなく多い）表面がある．紙クリップをループ状に曲げて，石けん水に浸してみよう．石けん膜が針金ループをその境界としてもつ面を構成する．もしそれに息を吹きかけると石けん膜はふくらんで，同じ境界をもつより大きな面ができるだろう．通常，フラックス積分は積分を行うのがどんな曲面であるかに決定的に依存するが，あきらかに回転については当てはまらない．というのは，ストークスの定理は $\int (\boldsymbol{\nabla} \times \mathbf{v}) \cdot d\mathbf{a}$ が境界線の周りについての $\mathbf{v}$ の線積分に等しいことを述べていて，その線積分は選ばれる特定の曲面を参照していないから

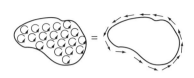
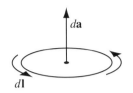

図 1.31　　　　　　　　　　　　　図 1.32

である.

系 1:　$\int (\nabla \times \mathbf{v}) \cdot d\mathbf{a}$ は境界線のみに依存して, 積分に用いられる特定の曲面には依存しない.

系 2:　任意の閉曲面に対して $\oint (\nabla \times \mathbf{v}) \cdot d\mathbf{a} = 0$ である, なぜならば風船の口のように, 境界線は点に向かって縮んで, その結果, 式 1.57 の右辺はゼロになるからである.

これらの「系」は勾配定理に対する「系」に類似している. 順を追ってさらにその類似性をあきらかにしよう.

例題 1.11. 関数 $\mathbf{v} = (2xz + 3y^2)\hat{\mathbf{y}} + (4yz^2)\hat{\mathbf{z}}$ を考えて, ストークスの定理を図 1.33 に示された正方型ループに対して確かめよ.

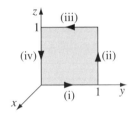

図 1.33

解答
このときは

$$\nabla \times \mathbf{v} = (4z^2 - 2x)\hat{\mathbf{x}} + 2z\hat{\mathbf{z}} \quad \text{および} \quad d\mathbf{a} = dy\,dz\,\hat{\mathbf{x}}$$

となる.

40　第 1 章　ベクトル解析

($d\mathbf{a}$ が x 方向を向いているというときには, 反時計回りの線積分が規定されていることになる. 同様に, $d\mathbf{a} = -dy\,dz\,\hat{\mathbf{x}}$ と書くこともできるが, その場合は, 時計回りの線積分が義務づけられる.) この面に対しては $x = 0$ なので,

$$\int (\boldsymbol{\nabla} \times \mathbf{v}) \cdot d\mathbf{a} = \int_0^1 \int_0^1 4z^2 \, dy \, dz = \frac{4}{3}$$

となる. さて, 線積分についてはどうなるだろうか? 経路を四つの部分に分解する必要がある.

(i)　　$x = 0,$　　$z = 0,$　　$\mathbf{v} \cdot d\mathbf{l} = 3y^2 \, dy,$　　$\int \mathbf{v} \cdot d\mathbf{l} = \int_0^1 3y^2 \, dy = 1$

(ii)　　$x = 0,$　　$y = 1,$　　$\mathbf{v} \cdot d\mathbf{l} = 4z^2 \, dz,$　　$\int \mathbf{v} \cdot d\mathbf{l} = \int_0^1 4z^2 \, dz = \frac{4}{3}$

(iii)　　$x = 0,$　　$z = 1,$　　$\mathbf{v} \cdot d\mathbf{l} = 3y^2 \, dy,$　　$\int \mathbf{v} \cdot d\mathbf{l} = \int_1^0 3y^2 \, dy = -1$

(iv)　　$x = 0,$　　$y = 0,$　　$\mathbf{v} \cdot d\mathbf{l} = 0,$　　　　$\int \mathbf{v} \cdot d\mathbf{l} = \int_1^0 0 \, dz = 0$

よって

$$\oint \mathbf{v} \cdot d\mathbf{l} = 1 + \frac{4}{3} - 1 + 0 = \frac{4}{3}$$

となり, 確かめられた.

　「方略の要点」ステップ (iii) がどのように処理されたかに注目しよう. 経路が左向きに動いているので, $d\mathbf{l} = -dy\,\hat{\mathbf{y}}$ と書きたくなる誘惑に駆られるかもしれない. もし断固としてそうしたいなら, 積分を $0 \to 1$ に走らせることにより, それで対処することができる. しかしながら, (負号を取ることなく) 常に $d\mathbf{l} = dx\,\hat{\mathbf{x}} + dy\,\hat{\mathbf{y}} + dz\,\hat{\mathbf{z}}$ であり, 積分の上限と下限の決め方によって積分の向きを指定した方がずっと安全である.

問題 1.34　関数 $\mathbf{v} = (xy)\,\hat{\mathbf{x}} + (2yz)\,\hat{\mathbf{y}} + (3zx)\,\hat{\mathbf{z}}$ に対して, 図 1.34 の影付きの三角形を用いて, ストークスの定理を確かめよ.

問題 1.35　例題 1.11 における関数と境界線を用いて系 1 を確かめよ. ただし, 図 1.35 の立方体の 5 面にわたる面積分を行うこと. (立方体の背面は開いている.)

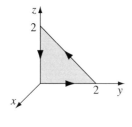
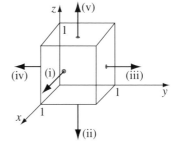

図 1.34　　　　　　　　　　　図 1.35

1.3.6　部 分 積 分

部分積分として知られる技法は積の微分則を活用する.
$$\frac{d}{dx}(fg) = f\left(\frac{dg}{dx}\right) + g\left(\frac{df}{dx}\right)$$
両辺を積分して, 基本定理を当てはめて
$$\int_a^b \frac{d}{dx}(fg)\, dx = fg\Big|_a^b = \int_a^b f\left(\frac{dg}{dx}\right) dx + \int_a^b g\left(\frac{df}{dx}\right) dx$$
あるいは
$$\int_a^b f\left(\frac{dg}{dx}\right) dx = -\int_a^b g\left(\frac{df}{dx}\right) dx + fg\Big|_a^b \tag{1.58}$$
を得る. これが部分積分である. ある関数 (f) と別の関数 (g) の微分の積を積分することが求められている状況に, 部分積分は適用できる. マイナス符号と境界項という犠牲を払って, 微分を g から f に移すことができたといえる.

例題 1.12. 以下の積分を計算せよ
$$\int_0^\infty x e^{-x}\, dx$$

解答
指数関数の部分は以下のように指数関数の微分として表現できる.
$$e^{-x} = \frac{d}{dx}\left(-e^{-x}\right)$$

42 第1章 ベクトル解析

この場合, $f(x) = x$, $g(x) = -e^{-x}$ とみなすと, $df/dx = 1$ であるので,

$$\int_0^\infty xe^{-x}\,dx = \int_0^\infty e^{-x}\,dx - xe^{-x}\Big|_0^\infty = -e^{-x}\Big|_0^\infty = 1$$

となる.

まったく同様にして, ベクトルの積の微分則を適切な基本定理とともに利用することができる. たとえば,

$$\nabla \cdot (f\mathbf{A}) = f(\nabla \cdot \mathbf{A}) + \mathbf{A} \cdot (\nabla f)$$

をある体積にわたって積分して, 発散定理を用いれば

$$\int \nabla \cdot (f\mathbf{A})\,d\tau = \int f(\nabla \cdot \mathbf{A})\,d\tau + \int \mathbf{A} \cdot (\nabla f)\,d\tau = \oint f\mathbf{A} \cdot d\mathbf{a}$$

あるいは

$$\int_\mathcal{V} f(\nabla \cdot \mathbf{A})\,d\tau = -\int_\mathcal{V} \mathbf{A} \cdot (\nabla f)\,d\tau + \oint_\mathcal{S} f\mathbf{A} \cdot d\mathbf{a} \tag{1.59}$$

を得る. ここでも, 被積分関数はある関数 (f) と別の関数 ($\mathbf{A}$) の微分 (この場合は発散という微分) の積であり, 部分積分によってマイナス符号と境界項 (この場合は表面積分) という犠牲を払って, 微分を $\mathbf{A}$ から f に移す (ここでは勾配になっている) ことができる.

ある関数と別の関数の微分の積を含んだ積分にどのくらい頻度で出会うのかと思うかもしれないが, 答えは驚くべきことにたびたびであり, じつは, 部分積分はベクトルの微積分において最も強力な手段の一つである.

問題 1.36
(a) 以下を示せ

$$\int_\mathcal{S} f(\nabla \times \mathbf{A}) \cdot d\mathbf{a} = \int_\mathcal{S} [\mathbf{A} \times (\nabla f)] \cdot d\mathbf{a} + \oint_\mathcal{P} f\mathbf{A} \cdot d\mathbf{l} \tag{1.60}$$

(b) 以下を示せ

$$\int_\mathcal{V} \mathbf{B} \cdot (\nabla \times \mathbf{A})\,d\tau = \int_\mathcal{V} \mathbf{A} \cdot (\nabla \times \mathbf{B})\,d\tau + \oint_\mathcal{S} (\mathbf{A} \times \mathbf{B}) \cdot d\mathbf{a} \tag{1.61}$$

1.4 曲線座標系

1.4.1 球座標

点 P をデカルト座標 (x, y, z) によって表示することもできるが，球座標 (r, θ, ϕ) を使うとより便利な場合がある．ここで r は原点からの距離（位置ベクトル **r** の大きさ）で，θ（z 軸からの角度）は**極角**であり，ϕ（x 軸からの角度）は**方位角**である．これらのデカルト座標との関係は図 1.36 から

$$x = r\sin\theta\cos\phi, \qquad y = r\sin\theta\sin\phi, \qquad z = r\cos\theta \tag{1.62}$$

と読み取れる．

図 1.36 は，対応する座標変数が増加する方向に向いている三つの単位ベクトル $\hat{\mathbf{r}}, \hat{\boldsymbol{\theta}}, \hat{\boldsymbol{\phi}}$ も示している．これらは（ちょうど $\hat{\mathbf{x}}, \hat{\mathbf{y}}, \hat{\mathbf{z}}$ のように相互に垂直な）直交基底を構成していて，これらにより任意のベクトル **A** は通常通り

$$\mathbf{A} = A_r\hat{\mathbf{r}} + A_\theta\hat{\boldsymbol{\theta}} + A_\phi\hat{\boldsymbol{\phi}} \tag{1.63}$$

と表現される．ここで A_r, A_θ, および A_ϕ はそれぞれ **A** の動径成分，極角成分，および方位角成分である．自身で確かめられるように（問題 1.38），デカルト座標の単位ベクトルを用いて表すと，

$$\left.\begin{array}{rcl}\hat{\mathbf{r}} &=& \sin\theta\cos\phi\,\hat{\mathbf{x}} + \sin\theta\sin\phi\,\hat{\mathbf{y}} + \cos\theta\,\hat{\mathbf{z}} \\ \hat{\boldsymbol{\theta}} &=& \cos\theta\cos\phi\,\hat{\mathbf{x}} + \cos\theta\sin\phi\,\hat{\mathbf{y}} - \sin\theta\,\hat{\mathbf{z}} \\ \hat{\boldsymbol{\phi}} &=& -\sin\phi\,\hat{\mathbf{x}} + \cos\phi\,\hat{\mathbf{y}}\end{array}\right\} \tag{1.64}$$

となる．これらの公式を付録 D の「座標系」に載せておく．

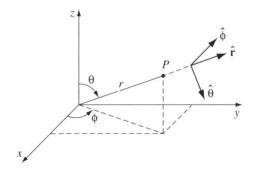

図 1.36

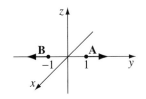

図 1.37

しかしながら,ここには毒蛇が潜んでいて,これについて読者に警告すべきであろう.$\hat{\mathbf{r}}, \hat{\boldsymbol{\theta}}, \hat{\boldsymbol{\phi}}$ は特定の点 P に結びついていて,P が動き回るにしたがってその向きを変えてしまう.たとえば,$\hat{\mathbf{r}}$ は常に"動径外向き"を向いているが,点 P がどこにいるかに依存して,それが x 方向や y 方向あるいは他の任意の方向になりうる.図 1.37 においては,$\mathbf{A} = \hat{\mathbf{y}}$ および $\mathbf{B} = -\hat{\mathbf{y}}$ であるが,両者とも球座標においては $\hat{\mathbf{r}}$ として書かれてしまう.$\hat{\mathbf{r}}(\theta, \phi), \hat{\boldsymbol{\theta}}(\theta, \phi), \hat{\boldsymbol{\phi}}(\theta, \phi)$ のように参照している点を明示することにより,このことを考慮することができるだろうが,しかし面倒であり,この問題に気を配っている限りは問題を引き起こすことになるとは思えない.[9] とくに,異なる点に結びついているベクトルの球座標成分を愚直に足し合わせてはいけない (図 1.37 にあるように,$\mathbf{A} + \mathbf{B} = \mathbf{0}$,であり $2\hat{\mathbf{r}}$ ではなく,さらに $\mathbf{A} \cdot \mathbf{B} = -1$,であり $+1$ でない).球座標で表現されているベクトルを微分することに注意しよう,なぜなら (たとえば $(\partial \hat{\mathbf{r}}/\partial \theta = \hat{\boldsymbol{\theta}}$ のように) 単位ベクトルそれ自身が場所の関数であるからである.そして式 1.53 で $\hat{\mathbf{x}}, \hat{\mathbf{y}}, \hat{\mathbf{z}}$ にしたように $\hat{\mathbf{r}}, \hat{\boldsymbol{\theta}}, \hat{\boldsymbol{\phi}}$ らを積分の外に取り出してはいけない.一般に,操作の妥当性が確かでなければ,この困難が生じないデカルト座標を用いて問題を書き直してみよう.

x 方向の無限小の線素が dx であるのとまさに同様に,$\hat{\mathbf{r}}$ 方向の無限小変位は単純に dr である (図 1.38a),

$$dl_r = dr \tag{1.65}$$

一方,$\hat{\boldsymbol{\theta}}$ 方向の無限小の線素 (図 1.38b) は単に $d\theta$ ではなく (これは角度であり,長さに対する正しい単位をもってさえいない),

$$dl_\theta = r\, d\theta \tag{1.66}$$

である.同様にして,$\hat{\boldsymbol{\phi}}$ 方向の無限小の線素 (図 1.38c) は

---

[9] ベクトルはその位置は表していないことを,この章の冒頭で主張したが,ここでもそれを支持しよう.ベクトル自身は"ただそこに"あるもので,座標系の選択にまったく依存せず,曲線座標系においてベクトルを表現するために用いる表記が,問題にしている点に依存するのである.

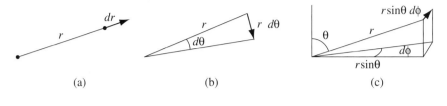

図 1.38

$$dl_\phi = r \sin\theta \, d\phi \tag{1.67}$$

となる.つまり,一般的な無限小ベクトル変位 $d\mathbf{l}$ は

$$d\mathbf{l} = dr\,\hat{\mathbf{r}} + r\,d\theta\,\hat{\boldsymbol{\theta}} + r\sin\theta\,d\phi\,\hat{\boldsymbol{\phi}} \tag{1.68}$$

となる.これが,デカルト座標で $d\mathbf{l} = dx\,\hat{\mathbf{x}} + dy\,\hat{\mathbf{y}} + dz\,\hat{\mathbf{z}}$ が果たしてきた役割を(たとえば線積分において)果たすことになる.

球座標における無限小の体積素 $d\tau$ は三つの無限小変位の積

$$d\tau = dl_r\,dl_\theta\,dl_\phi = r^2 \sin\theta\,dr\,d\theta\,d\phi \tag{1.69}$$

である.面素 $d\mathbf{a}$ についての一般的な表式については,面素が面の向きに依存するため,与えることができない.与えられた場合に対する幾何学を解析する必要がある.(このことはデカルト座標にも曲線座標系にも同様に当てはまる).たとえば,球面にわたって積分をするなら,r は定数である一方で,θ と ϕ は変化する(図 1.39),それゆえ

$$d\mathbf{a}_1 = dl_\theta\,dl_\phi\,\hat{\mathbf{r}} = r^2 \sin\theta\,d\theta\,d\phi\,\hat{\mathbf{r}}$$

である.一方,面が xy 平面内にあるなら,θ は定数(すなわち $\pi/2$)であり,r と ϕ は

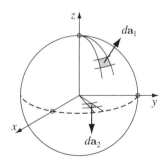

図 1.39

46 第 1 章 ベクトル解析

変化する，よって

$$d\mathbf{a}_2 = dl_r \, dl_\phi \, \hat{\boldsymbol{\theta}} = r \, dr \, d\phi \, \hat{\boldsymbol{\theta}}$$

となる．

　最後に，r は 0 から ∞ までに及び，ϕ は 0 から 2π まで，さらに θ は 0 から π（2π ではない，さもなければすべての点を 2 回数えてしまう）までに及ぶことを注意しておく[10]．

例題 1.13. 半径 R の球の体積を求めよ．

解答

$$
\begin{aligned}
V &= \int d\tau = \int_{r=0}^{R} \int_{\theta=0}^{\pi} \int_{\phi=0}^{2\pi} r^2 \sin\theta \, dr \, d\theta \, d\phi \\
&= \left(\int_0^R r^2 \, dr \right) \left(\int_0^\pi \sin\theta \, d\theta \right) \left(\int_0^{2\pi} d\phi \right) \\
&= \left(\frac{R^3}{3} \right)(2)(2\pi) = \frac{4}{3}\pi R^3
\end{aligned}
$$

（大きな驚きではない．）

　ここまでは，われわれは球座標の幾何学についてだけ話をしてきた．ここからはベクトルの微分（勾配，発散，回転，ラプラシアン）を r, θ, ϕ 表記に "変換" したい．原理的には，これはまったく単純である．勾配

$$\boldsymbol{\nabla} T = \frac{\partial T}{\partial x}\hat{\mathbf{x}} + \frac{\partial T}{\partial y}\hat{\mathbf{y}} + \frac{\partial T}{\partial z}\hat{\mathbf{z}}$$

の場合は，たとえば，偏微分を展開するために鎖則を最初に用いる．

$$\frac{\partial T}{\partial x} = \frac{\partial T}{\partial r}\left(\frac{\partial r}{\partial x}\right) + \frac{\partial T}{\partial \theta}\left(\frac{\partial \theta}{\partial x}\right) + \frac{\partial T}{\partial \phi}\left(\frac{\partial \phi}{\partial x}\right)$$

括弧の中の項は，式 1.62 から，より正確にはこれらの式の逆表示（問題 1.37）から求められるだろう．それから $\partial T/\partial y$ や $\partial T/\partial z$ に対しても同じことを行う．最後に，これらの表式の中で $\hat{\mathbf{x}}$, $\hat{\mathbf{y}}$, $\hat{\mathbf{z}}$ を $\hat{\mathbf{r}}$, $\hat{\boldsymbol{\theta}}$, $\hat{\boldsymbol{\phi}}$ によって置き換える（問題 1.38）．この力ずくのやり方によって，球座標における勾配の表式を見出すのに 1 時間はかかるだろう．たい

---

　[10] そうではなく，ϕ を 0 から π まで動かし（"東半球"），θ をさらに π から 2π まで拡張することにより "西半球" を覆うことができる．しかしながら，これは非常に問題の多い表記である．なぜならば，とりわけ $\sin\theta$ が負の値まで動いてしまい面素と体積素におけるこの項に絶対値記号をつけるはめになるからである．（面積と体積は本質的には正の量である．）

ていの場合，このやり方でまずはやってみることになるだろう．しかしながら，付録 A で説明される遥かに効率的で間接的な手法があり，それはすべての座標系を一度に扱える特別な強みをもつ．あくまで，球座標への変換には，捉えがたいことも不可解なことも全くないことを示すだけのために，この "直接的な" やり方をここで説明した．（勾配，発散，あるいは何でも）同じ量を異なる表記で表しているにすぎない．

よって，球座標におけるベクトルの微分は，

勾配:
$$\nabla T = \frac{\partial T}{\partial r}\hat{\mathbf{r}} + \frac{1}{r}\frac{\partial T}{\partial \theta}\hat{\boldsymbol{\theta}} + \frac{1}{r\sin\theta}\frac{\partial T}{\partial \phi}\hat{\boldsymbol{\phi}} \tag{1.70}$$

発散:
$$\nabla \cdot \mathbf{v} = \frac{1}{r^2}\frac{\partial}{\partial r}(r^2 v_r) + \frac{1}{r\sin\theta}\frac{\partial}{\partial \theta}(\sin\theta v_\theta) + \frac{1}{r\sin\theta}\frac{\partial v_\phi}{\partial \phi} \tag{1.71}$$

回転:
$$\begin{aligned}\nabla \times \mathbf{v} =\ & \frac{1}{r\sin\theta}\left[\frac{\partial}{\partial\theta}(\sin\theta v_\phi) - \frac{\partial v_\theta}{\partial\phi}\right]\hat{\mathbf{r}} + \frac{1}{r}\left[\frac{1}{\sin\theta}\frac{\partial v_r}{\partial\phi} - \frac{\partial}{\partial r}(rv_\phi)\right]\hat{\boldsymbol{\theta}} \\ & + \frac{1}{r}\left[\frac{\partial}{\partial r}(rv_\theta) - \frac{\partial v_r}{\partial\theta}\right]\hat{\boldsymbol{\phi}}\end{aligned} \tag{1.72}$$

ラプラシアン:
$$\nabla^2 T = \frac{1}{r^2}\frac{\partial}{\partial r}\left(r^2\frac{\partial T}{\partial r}\right) + \frac{1}{r^2\sin\theta}\frac{\partial}{\partial\theta}\left(\sin\theta\frac{\partial T}{\partial\theta}\right) + \frac{1}{r^2\sin^2\theta}\frac{\partial^2 T}{\partial\phi^2} \tag{1.73}$$

となる．参照用に，これらの公式が付録 D の「ベクトル場の微分」に掲載してある．

問題 1.37 x, y, z による r, θ, ϕ の表式（言い換えれば，式 1.62 の逆）を導け．

- **問題 1.38** 単位ベクトル $\hat{\mathbf{r}}, \hat{\boldsymbol{\theta}}, \hat{\boldsymbol{\phi}}$ を $\hat{\mathbf{x}}, \hat{\mathbf{y}}, \hat{\mathbf{z}}$ によって表せ（つまり，式 1.64 の導出である）．得られた答えを $(\hat{\mathbf{r}} \cdot \hat{\mathbf{r}} \overset{?}{=} 1,\ \hat{\boldsymbol{\theta}} \cdot \hat{\boldsymbol{\phi}} \overset{?}{=} 0,\ \hat{\mathbf{r}} \times \hat{\boldsymbol{\theta}} \overset{?}{=} \hat{\boldsymbol{\phi}}, \ldots)$ といったいくつかの方法で確かめよ．さらに，$\hat{\mathbf{r}}, \hat{\boldsymbol{\theta}}, \hat{\boldsymbol{\phi}}$（および θ, ϕ）によって $\hat{\mathbf{x}}, \hat{\mathbf{y}}, \hat{\mathbf{z}}$ を与える逆変換公式を導出せよ．

- **問題 1.39**
  (a) 関数 $\mathbf{v}_1 = r^2\hat{\mathbf{r}}$ に対して，原点に中心をもつ半径 R の球を用いて発散定理を確かめよ．
  (b) 関数 $\mathbf{v}_2 = (1/r^2)\hat{\mathbf{r}}$ に対して同じことをせよ．（もし答えが驚くべきものであったら，問題 1.16 を振り返れ．）

問題 1.40 関数
$$\mathbf{v} = (r\cos\theta)\,\hat{\mathbf{r}} + (r\sin\theta)\,\hat{\boldsymbol{\theta}} + (r\sin\theta\cos\phi)\,\hat{\boldsymbol{\phi}}$$
の発散を計算せよ．上下をひっくり返した半径 R の半球ボウルを，原点を中心として xy

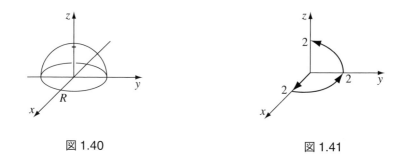

図 1.40　　　　　　　　　図 1.41

平面に置いたもの（図 1.40）を，積分領域としてこの関数に対して発散定理を確かめよ．

問題 1.41 関数 $T = r(\cos\theta + \sin\theta\cos\phi)$ の勾配とラプラシアンを計算せよ．T をデカルト座標に変換して，式 1.42 を用いてラプラシアンを確かめよ．図 1.41 に示された $(0,0,0)$ から $(0,0,2)$ に至る経路を用いて，この関数に対して勾配定理を確かめよ．

1.4.2　円柱座標

点 P の円柱座標 (s,ϕ,z) は図 1.42 に定義されている．ϕ は球座標におけるものと同じ意味をもち，z はデカルト座標と同じであることを注意しておく．球座標の r は原点からの距離であったのに対して，s は z 軸から点 P までの距離である．デカルト座標との関係は

$$x = s\cos\phi, \qquad y = s\sin\phi, \qquad z = z \tag{1.74}$$

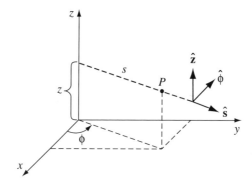

図 1.42

であり，単位ベクトル（問題 1.42）は

$$
\left.\begin{array}{rcl}
\hat{\mathbf{s}} & = & \cos\phi\,\hat{\mathbf{x}} + \sin\phi\,\hat{\mathbf{y}} \\
\hat{\boldsymbol{\phi}} & = & -\sin\phi\,\hat{\mathbf{x}} + \cos\phi\,\hat{\mathbf{y}} \\
\hat{\mathbf{z}} & = & \hat{\mathbf{z}}
\end{array}\right\}
\tag{1.75}
$$

である．無限小変位は

$$
dl_s = ds, \qquad dl_\phi = s\,d\phi, \qquad dl_z = dz
\tag{1.76}
$$

なので，

$$
d\mathbf{l} = ds\,\hat{\mathbf{s}} + s\,d\phi\,\hat{\boldsymbol{\phi}} + dz\,\hat{\mathbf{z}}
\tag{1.77}
$$

となり，体積素は

$$
d\tau = s\,ds\,d\phi\,dz
\tag{1.78}
$$

となる．s の取りうる範囲は $0 \to \infty$，であり，ϕ は $0 \to 2\pi$ を動き，z は $-\infty$ から ∞ まで変化する．

円柱座標におけるベクトル場の微分は：

勾配：

$$
\boldsymbol{\nabla}T = \frac{\partial T}{\partial s}\,\hat{\mathbf{s}} + \frac{1}{s}\frac{\partial T}{\partial \phi}\,\hat{\boldsymbol{\phi}} + \frac{\partial T}{\partial z}\,\hat{\mathbf{z}}
\tag{1.79}
$$

発散：

$$
\boldsymbol{\nabla}\cdot\mathbf{v} = \frac{1}{s}\frac{\partial}{\partial s}(sv_s) + \frac{1}{s}\frac{\partial v_\phi}{\partial \phi} + \frac{\partial v_z}{\partial z}
\tag{1.80}
$$

回転：

$$
\boldsymbol{\nabla}\times\mathbf{v} = \left(\frac{1}{s}\frac{\partial v_z}{\partial \phi} - \frac{\partial v_\phi}{\partial z}\right)\hat{\mathbf{s}} + \left(\frac{\partial v_s}{\partial z} - \frac{\partial v_z}{\partial s}\right)\hat{\boldsymbol{\phi}} + \frac{1}{s}\left[\frac{\partial}{\partial s}(sv_\phi) - \frac{\partial v_s}{\partial \phi}\right]\hat{\mathbf{z}}
\tag{1.81}
$$

ラプラシアン：

$$
\nabla^2 T = \frac{1}{s}\frac{\partial}{\partial s}\left(s\frac{\partial T}{\partial s}\right) + \frac{1}{s^2}\frac{\partial^2 T}{\partial \phi^2} + \frac{\partial^2 T}{\partial z^2}
\tag{1.82}
$$

となり，これらの公式も付録 D の「ベクトル場の微分」に掲載してある．

問題 1.42 円柱座標の単位ベクトル $\hat{\mathbf{s}}, \hat{\boldsymbol{\phi}}, \hat{\mathbf{z}}$ を $\hat{\mathbf{x}}, \hat{\mathbf{y}}, \hat{\mathbf{z}}$ によって表せ（つまり, 式 1.75 の導出）. 求めた公式を $\hat{\mathbf{s}}, \hat{\boldsymbol{\phi}}, \hat{\mathbf{z}}$（および ϕ）によって $\hat{\mathbf{x}}, \hat{\mathbf{y}}, \hat{\mathbf{z}}$ を表すように "逆変換" せよ.

問題 1.43
(a) 以下の関数の発散を求めよ.

$$\mathbf{v} = s(2 + \sin^2 \phi)\hat{\mathbf{s}} + s\sin\phi\cos\phi \, \hat{\boldsymbol{\phi}} + 3z \, \hat{\mathbf{z}}$$

(b) この関数に対して, 図 1.43 に示された（半径 2, 高さ 5 の）1/4 円柱を使って, 発散定理を確かめよ.
(c) $\mathbf{v}$ の回転を求めよ.

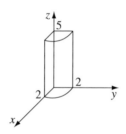

図 1.43

1.5 ディラックのデルタ関数

1.5.1 ベクトル場 $\hat{\mathbf{r}}/r^2$ の発散

以下のベクトル関数を考える.

$$\mathbf{v} = \frac{1}{r^2}\hat{\mathbf{r}} \tag{1.83}$$

すべての場所で, $\mathbf{v}$ は放射状に外側を向いている（図 1.44）. これは確かに大きな発散をもっていると思われる関数であるが, それでも, 式 1.71 を用いて実際にその発散を計算すると, 正確にゼロである結果,

$$\nabla \cdot \mathbf{v} = \frac{1}{r^2}\frac{\partial}{\partial r}\left(r^2 \frac{1}{r^2}\right) = \frac{1}{r^2}\frac{\partial}{\partial r}(1) = 0 \tag{1.84}$$

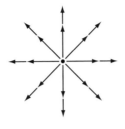

図 1.44

を得る．（問題 1.16 を解いたなら，このパラドックスにすでに出会っているはずである．）この関数に発散定理を用いると，話の筋がややこしくなる．原点を中心に半径 R の球にわたって積分（問題 1.39b）してみると，表面積分は

$$
\begin{aligned}
\oint \mathbf{v} \cdot d\mathbf{a} &= \int \left(\frac{1}{R^2}\hat{\mathbf{r}}\right) \cdot (R^2 \sin\theta \, d\theta \, d\phi \, \hat{\mathbf{r}}) \\
&= \left(\int_0^\pi \sin\theta \, d\theta\right)\left(\int_0^{2\pi} d\phi\right) = 4\pi
\end{aligned}
\tag{1.85}
$$

となる．しかしながら，式 1.84 を本当に信じるなら，体積積分，$\int \boldsymbol{\nabla} \cdot \mathbf{v} \, d\tau$，はゼロである．この結果は発散定理が間違っていることを意味するのであろうか？ いったいどうなっているのか？

問題の原因は $\mathbf{v}$ が発散し（式 1.84 で知らないうちにゼロで割り算していた）点 $r=0$ にある．原点を除くとどこでも $\boldsymbol{\nabla} \cdot \mathbf{v} = 0$ であることはまったく正しいが，ちょうど原点では状況はより複雑になっている．面積分（式 1.85）が R によらないことに注意しよう．もし発散定理が正しいなら（実際，正しいが），原点を中心とした球に対して，その球がたとえどんなに小さくても $\int (\boldsymbol{\nabla} \cdot \mathbf{v}) \, d\tau = 4\pi$ の結果を得る．あきらかに，すべての寄与は点 $r=0$ から来ているに違いない！ よって，$\boldsymbol{\nabla} \cdot \mathbf{v}$ は，1 点を除いてはどこでもゼロになるが，その 1 点を含んでいる体積にわたる積分は 4π であるような奇妙な性質をもつ．普通の関数はこのようには振る舞わない．（一方で，物理的な例が頭に浮かぶ．質点の密度（単位体積あたりの質量）である．質点の位置ぴったりを除くとゼロであるが，その積分は有限で，つまり質点の質量である．）ここでめぐり合ったものは，物理学者には**ディラックのデルタ関数**として知られている数学的対象である．これは理論物理の多くの分野に出てくる．さらには，目下抱えている（関数 $\hat{\mathbf{r}}/r^2$ の発散という）特定の問題は単に謎めいた珍しいものではない——実際，これは電磁気学の理論全体において重要な役割を果たす．よって，ここで小休止し，ディラックのデルタ関数

をいくらか注意して学習することは有用である.

1.5.2 1次元のディラックのデルタ関数

1次元のディラックのデルタ関数 $\delta(x)$ は非常に高く, 無限小に狭い, 面積が 1 の "スパイク" (図 1.45) として描写される. つまり,

$$\delta(x) = \left\{ \begin{array}{ll} 0, & x \neq 0 \text{ のとき} \\ \infty, & x = 0 \text{ のとき} \end{array} \right\} \tag{1.86}$$

および[11]

$$\int_{-\infty}^{\infty} \delta(x)\, dx = 1 \tag{1.87}$$

である.

厳密にいうと, $\delta(x)$ は $x = 0$ での値が有限ではないため, 関数ではまったくない. 数学の文献では, **一般化された関数**, あるいは**超関数**として知られている. いってみれば, これは高さ n で幅が $1/n$ の長方形 $R_n(x)$ や高さ n で底辺が $2/n$ の三角形 $T_n(x)$ といった一連の関数の $n \to \infty$ の極限である (図 1.46).

もし $f(x)$ が "通常の" 関数ならば (つまり, 別のデルタ関数ではないという意味であり, それどころか大事をとって $f(x)$ は連続であるとしておこう), 積 $f(x)\delta(x)$ は $x = 0$ を除くと, どこでもゼロとなる. これより

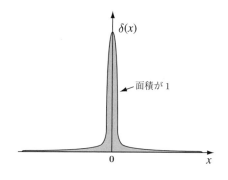

図 1.45

---

[11] $\delta(x)$ の次元は, その関数の引数の次元分の 1 であることに注意せよ. もし x が長さなら, $\delta(x)$ には m^{-1} の単位がついている.

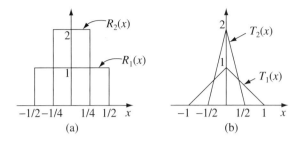

図 1.46

$$f(x)\delta(x) = f(0)\delta(x) \tag{1.88}$$

ということになる．(これはデルタ関数についての最も重要な事実であり，なぜ正しいのかを必ず理解するようにしてほしい．この積は $x=0$ を除いてはどのみちゼロであるので，原点における値によって $f(x)$ を置き換えてもかまわない．)　とくに

$$\int_{-\infty}^{\infty} f(x)\delta(x)\,dx = f(0)\int_{-\infty}^{\infty} \delta(x)\,dx = f(0) \tag{1.89}$$

つまり，積分の際に，デルタ関数は $x=0$ における $f(x)$ の値を"選び出している"．(ここ並びに以下では，積分は $-\infty$ から $+\infty$ までにわたる必要はない．積分範囲はデルタ関数をまたぐように拡がっている領域で十分であり，$-\epsilon$ から $+\epsilon$ でもよい．)

もちろん，スパイクの位置を $x=0$ から別の点，$x=a$（図 1.47）に移すこともできる．

$$\delta(x-a) = \left\{ \begin{array}{ll} 0, & \text{if } x \neq a \\ \infty, & \text{if } x = a \end{array} \right\} \quad \text{ただし} \quad \int_{-\infty}^{\infty} \delta(x-a)\,dx = 1 \tag{1.90}$$

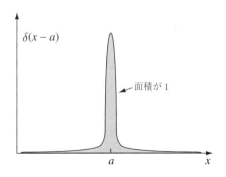

図 1.47

54 第1章 ベクトル解析

式 1.88 は

$$f(x)\delta(x-a) = f(a)\delta(x-a) \tag{1.91}$$

となり, 式 1.89 は

$$\boxed{\int_{-\infty}^{\infty} f(x)\delta(x-a)\,dx = f(a)} \tag{1.92}$$

に一般化できる.

例題 1.14. 以下の積分を計算せよ.

$$\int_0^3 x^3 \delta(x-2)\,dx$$

解答

デルタ関数は $x = 2$ における x^3 の値を選び出すので, 積分値は $2^3 = 8$ となる. しかしながら, 積分の上限が (3 ではなく) 1 であったなら, 積分領域の外側にスパイクがあるため, 答えはゼロになることに注意せよ.

δ 関数自身は正統な関数ではないが, δ 関数を覆う積分は完全に受け入れられる. 実際, 常に積分記号のもとで使うものとしてデルタ関数を考えることが最良である. とくに, デルタ関数を含む二つの表式 (たとえば, $D_1(x)$ と $D_2(x)$ としよう) は, すべての "通常の" 関数 $f(x)$ に対して, もし[12]

$$\int_{-\infty}^{\infty} f(x)D_1(x)\,dx = \int_{-\infty}^{\infty} f(x)D_2(x)\,dx \tag{1.93}$$

であれば, 等しいと考える.

例題 1.15. 以下を示せ.

$$\delta(kx) = \frac{1}{|k|}\delta(x) \tag{1.94}$$

ただし, k は任意の (ゼロでない) 定数である. (とくに, $\delta(-x) = \delta(x)$)

解答

任意の試験関数 $f(x)$ に対して, 積分

$$\int_{-\infty}^{\infty} f(x)\delta(kx)\,dx$$

---

[12]積分値は任意の $f(x)$ に対して等しくなければならないことを強調しておく. 仮に $D_1(x)$ と $D_2(x)$ が, たとえば $x = 17$ の点の近傍で, 実際に異なるとしよう. すると, $x = 17$ の周りで鋭くピークを示す関数 $f(x)$ を選ぶと, 積分は等しくならないだろう.

を考える. 変数を置き換えて, $y \equiv kx$ とすると, その結果 $x = y/k$ および $dx = 1/k\,dy$ を得る. もし k が正なら, 積分範囲は $-\infty$ から $+\infty$ までにわたるが, もし k が負なら, $x = \infty$ は $y = -\infty$ を意味し, $x = -\infty$ は $y = \infty$ を意味するので, 積分の上限下限の順が逆転する. "適切な" 順を取り戻すためにマイナスの符号が必要になる. つまり,

$$\int_{-\infty}^{\infty} f(x)\delta(kx)\,dx = \pm \int_{-\infty}^{\infty} f(y/k)\delta(y)\frac{dy}{k} = \pm\frac{1}{k}f(0) = \frac{1}{|k|}f(0)$$

(k が負のときに $\pm$ 記号の下側の符号が適用されるが, 式に示されたように最後の k に絶対値記号を付けることにより, このことを巧みに説明している.) よって, 積分記号のもとでは, $\delta(kx)$ は $(1/|k|)\delta(x)$ と同じ役目を果たす.

$$\int_{-\infty}^{\infty} f(x)\delta(kx)\,dx = \int_{-\infty}^{\infty} f(x)\left[\frac{1}{|k|}\delta(x)\right]dx$$

それゆえ, 式 1.93 の基準にしたがい, $\delta(kx)$ と $(1/|k|)\delta(x)$ は等しい.

問題 1.44 以下の積分を計算せよ.

(a) $\int_2^6 (3x^2 - 2x - 1)\,\delta(x-3)\,dx$

(b) $\int_0^5 \cos x\,\delta(x-\pi)\,dx$

(c) $\int_0^3 x^3 \delta(x+1)\,dx$

(d) $\int_{-\infty}^{\infty} \ln(x+3)\,\delta(x+2)\,dx$

問題 1.45 以下の積分を計算せよ.

(a) $\int_{-2}^2 (2x+3)\,\delta(3x)\,dx$

(b) $\int_0^2 (x^3 + 3x + 2)\,\delta(1-x)\,dx$

(c) $\int_{-1}^1 9x^2 \delta(3x+1)\,dx$

(d) $\int_{-\infty}^a \delta(x-b)\,dx$

問題 1.46

(a)

$$x\frac{d}{dx}(\delta(x)) = -\delta(x)$$

を示せ. [ヒント: 部分積分を使え.]

(b) $\theta(x)$ を階段関数:

$$\theta(x) \equiv \left\{ \begin{array}{ll} 1, & x > 0 \text{ のとき} \\ \\ 0, & x \leq 0 \text{ のとき} \end{array} \right. \tag{1.95}$$

とし, $d\theta/dx = \delta(x)$ を示せ.

1.5.3 3次元のディラックのデルタ関数

デルタ関数を 3 次元に拡張するのはやさしい.

$$\delta^3(\mathbf{r}) = \delta(x)\,\delta(y)\,\delta(z) \tag{1.96}$$

(いつもの通り, $\mathbf{r} \equiv x\hat{\mathbf{x}} + y\hat{\mathbf{y}} + z\hat{\mathbf{z}}$ は原点から点 (x, y, z) まで達する位置ベクトルである.) この 3 次元のデルタ関数は発散する点 $(0, 0, 0)$ を除くとどこでもゼロであり, その体積積分は 1 となる.

$$\int_{\text{all space}} \delta^3(\mathbf{r})\,d\tau = \int_{-\infty}^{\infty}\int_{-\infty}^{\infty}\int_{-\infty}^{\infty} \delta(x)\,\delta(y)\,\delta(z)\,dx\,dy\,dz = 1 \tag{1.97}$$

さらに, 式 1.92 を 3 次元に拡張して,

$$\int_{\text{all space}} f(\mathbf{r})\delta^3(\mathbf{r} - \mathbf{a})\,d\tau = f(\mathbf{a}) \tag{1.98}$$

となる. 1 次元のデルタ関数のように, δ との積分はスパイクの場所における関数 f の値をつまみ出す.

われわれは 1.5.1 項で紹介したパラドックスを解決するしかるべき位置にいる. 思い出すように, われわれは $\hat{\mathbf{r}}/r^2$ の発散が原点を除いてはどこでもゼロであるが, 原点を含んだ体積にわたる積分は定数 (すなわち 4π) であることを見出した. これらはまさにディラックのデルタ関数を定義する条件であり, あきらかに

$$\nabla \cdot \left(\frac{\hat{\mathbf{r}}}{r^2}\right) = 4\pi\delta^3(\mathbf{r}) \tag{1.99}$$

である. より一般的には,

$$\boxed{\nabla \cdot \left(\frac{\hat{\boldsymbol{\imath}}}{\imath^2}\right) = 4\pi\delta^3(\boldsymbol{\imath})} \tag{1.100}$$

となる.

ここで, いつもの通り, $\boldsymbol{\imath}$ は間隔ベクトル $\boldsymbol{\imath} \equiv \mathbf{r} - \mathbf{r}'$ である. ここでは, $\mathbf{r}'$ を定数に保ったうえで微分操作は $\mathbf{r}$ について行われることを注意しておく. ついでにいえば, (問題 1.13b) より

$$\nabla\left(\frac{1}{\imath}\right) = -\frac{\hat{\boldsymbol{\imath}}}{\imath^2} \tag{1.101}$$

なので,

$$\nabla^2\frac{1}{\imath} = -4\pi\delta^3(\boldsymbol{\imath}) \tag{1.102}$$

ということになる.

1.5. ディラックのデルタ関数 **57**

例題 1.16. 積分

$$J = \int_{\mathcal{V}} (r^2 + 2) \, \boldsymbol{\nabla} \cdot \left(\frac{\hat{\mathbf{r}}}{r^2} \right) d\tau$$

を計算せよ. ここで $\mathcal{V}$ は原点に中心をもつ半径 R の球[13]である.

解答 1

発散を書き換えるために式 1.99 を, 積分を実行するために式 1.98 を用いると:

$$J = \int_{\mathcal{V}} (r^2 + 2) 4\pi \delta^3(\mathbf{r}) \, d\tau = 4\pi(0 + 2) = 8\pi$$

この 1 行の解答はデルタ関数の強力さと美しさを証明している. しかしながら, より面倒であるが部分積分 (1.3.6 項) の方法を例解するのに役立つ二番目のやり方も示しておく.

解答 2

式 1.59 を用いることにより, 微分演算を $\hat{\mathbf{r}}/r^2$ から $(r^2 + 2)$ に移す:

$$J = -\int_{\mathcal{V}} \frac{\hat{\mathbf{r}}}{r^2} \cdot [\boldsymbol{\nabla}(r^2 + 2)] \, d\tau + \oint_{\mathcal{S}} (r^2 + 2) \frac{\hat{\mathbf{r}}}{r^2} \cdot d\mathbf{a}$$

勾配の部分は

$$\boldsymbol{\nabla}(r^2 + 2) = 2r\hat{\mathbf{r}}$$

となるので, 体積積分は

$$\int \frac{2}{r} \, d\tau = \int \frac{2}{r} r^2 \sin\theta \, dr \, d\theta \, d\phi = 8\pi \int_0^R r \, dr = 4\pi R^2$$

となる. その一方で, $r = R$ の球の境界面上では,

$$d\mathbf{a} = R^2 \sin\theta \, d\theta \, d\phi \, \hat{\mathbf{r}}$$

なので, 面積分は

$$\int (R^2 + 2) \sin\theta \, d\theta \, d\phi = 4\pi(R^2 + 2)$$

---

[13]適切な数学用語においては, "球 (sphere)" はその表面を, "球体 (ball)" はそれが包む領域を意味する. しかしながら物理学者は (例の通り) この種の事柄にはずさんであり, このテキストでは "球 (sphere)" の語句を表面と内部の領域の両方に使うことにする. 文脈から意味があきらかでないところでは, "球面" あるいは "球体" と記すことにする. 言語にうるさい人たちは, 前者は冗長であるというが, 物理系の同僚の意識調査によれば, この表現が (われわれには) 標準的であることがあきらかにされている.

58 第 1 章 ベクトル解析

となる. すべてを合わせると,

$$J = -4\pi R^2 + 4\pi(R^2 + 2) = 8\pi$$

となり, 解答 1 と同じ結果を得る.

問題 1.47
(a) $\mathbf{r}'$ にある点電荷 q の体積電荷密度 $\rho(\mathbf{r})$ に対する表式を書き出せ. ρ の体積積分が q に等しいことを確かめよ.
(b) 原点にある $-q$ の点電荷と $\mathbf{a}$ にある $+q$ の点電荷からなる電気双極子の体積電荷密度はどうなるか?
(c) 原点に中心をもつ半径 R の無限小に薄い球殻が一様に電荷 Q で帯電しているとき, その (球座標における) 体積電荷密度はどうなるか? [**注意:** 全空間にわたる積分は Q に等しくなければならない.]

問題 1.48 以下の積分を計算せよ.
(a) $\int (r^2 + \mathbf{r} \cdot \mathbf{a} + a^2) \delta^3(\mathbf{r} - \mathbf{a}) \, d\tau$, ただし $\mathbf{a}$ は固定されたベクトルで, a はその大きさであり, 積分は全空間にわたる.
(b) $\int_{\mathcal{V}} |\mathbf{r} - \mathbf{b}|^2 \delta^3(5\mathbf{r}) \, d\tau$, ただし $\mathcal{V}$ は一辺の長さが 2 の原点に中心をもつ立方体であり, $\mathbf{b} = 4\hat{\mathbf{y}} + 3\hat{\mathbf{z}}$ である.
(c) $\int_{\mathcal{V}} \left[r^4 + r^2(\mathbf{r} \cdot \mathbf{c}) + c^4 \right] \delta^3(\mathbf{r} - \mathbf{c}) \, d\tau$, ただし $\mathcal{V}$ は原点の周りの半径が 6 の球であり, $\mathbf{c} = 5\hat{\mathbf{x}} + 3\hat{\mathbf{y}} + 2\hat{\mathbf{z}}$ で, c はその大きさとする.
(d) $\int_{\mathcal{V}} \mathbf{r} \cdot (\mathbf{d} - \mathbf{r}) \delta^3(\mathbf{e} - \mathbf{r}) \, d\tau$, ただし $\mathbf{d} = (1, 2, 3), \mathbf{e} = (3, 2, 1)$, および $\mathcal{V}$ は $(2, 2, 2)$ に中心をもつ半径が 1.5 の球である.

問題 1.49 積分

$$J = \int_{\mathcal{V}} e^{-r} \left(\boldsymbol{\nabla} \cdot \frac{\hat{\mathbf{r}}}{r^2} \right) d\tau$$

を例題 1.16 と同様に二つの異なる方法で計算せよ. (ここで $\mathcal{V}$ は原点に中心をもつ半径 R の球である.)

1.6 ベクトル場の理論

1.6.1 ヘルムホルツの定理

ファラデー以後ずっと, 電気と磁気の法則は**電場 E** と**磁場 B** によって表現されてきた. 多くの物理法則のように, それらは最も簡潔に微分方程式として表現される. **E** や

B はベクトル場なので, その微分方程式は当然, 発散や回転というベクトル場の微分を含む. 実際, マクスウェルは **E** と **B** について発散と回転をそれぞれ指定して, 理論全体を四つの方程式にまとめた.

マクスウェルの定式化は「ベクトル関数はその発散と回転によりどの程度まで決定されるのか？」という重要な数学的疑問を提起する. 言い換えれば, (場合に応じて **E** や **B** を表す) ベクトル関数 **F** の発散が

$$\nabla \cdot \mathbf{F} = D$$

によって指定されたスカラー関数 D であり, **F** の回転が

$$\nabla \times \mathbf{F} = \mathbf{C}$$

によって指定されたベクトル関数 **C** であるとすると, これらの情報からベクトル関数 **F** を決めることはできるか？ということである. (なお, 任意のベクトル関数の回転の発散は常にゼロであるため, **C** はゼロ発散の場, $\nabla \cdot \mathbf{C} = 0$, でなければならない).

おそらく · · · 一意的ではないだろう. たとえば, 問題 1.20 で見出したように, すべての場所で, その発散と回転がゼロになる関数は数多くある──もちろん自明なケースは $\mathbf{F} = \mathbf{0}$ があるが, $\mathbf{F} = yz\,\hat{\mathbf{x}} + zx\,\hat{\mathbf{y}} + xy\,\hat{\mathbf{z}}$, $\mathbf{F} = \sin x \cosh y\,\hat{\mathbf{x}} - \cos x \sinh y\,\hat{\mathbf{y}}$ などもある. 微分方程式を解くためには, 適切な**境界条件**が与えられることも必要である. 電磁気学においては, すべての電荷から遠く離れた "無限遠方で" 場がゼロになることをが概して求められる[14]. そのような付加情報により, **ヘルムホルツの定理**はベクトル場はその発散と回転により一意的に定められることを保証している. (ヘルムホルツの定理は付録 B で議論されている.)

1.6.2 ポテンシャル

もしベクトル場 (**F**) の回転がどこでもゼロならば, **F** はスカラーポテンシャル (V) の勾配で書くことができる.

$$\nabla \times \mathbf{F} = 0 \iff \mathbf{F} = -\nabla V \tag{1.103}$$

これは以下の定理の本質的な要点である. (ここでマイナスの符号は純粋に慣例による.)

---

[14] 電磁気の教科書の演習問題の中には, 電荷自身が無限遠方まで伸びているものがある. (たとえば, 無限に広い帯電平面の電荷や無限に長い導線の磁場について言及されている.) そのような場合は, 通常の境界条件は当てはまらず, 場を一意的に定めるために対称性の議論を援用する必要がある.

60　第1章　ベクトル解析

定理 1

ゼロ回転（あるいは "渦なし"）**場**. 以下の四つの条件は等価である（つまり **F** が条件の一つを満足するなら，他の条件すべてを満足する）

(a) どこでも $\nabla \times \mathbf{F} = \mathbf{0}$ である.

(b) 与えられた任意の始点，終点に対して $\int_{\mathbf{a}}^{\mathbf{b}} \mathbf{F} \cdot d\mathbf{l}$ はその経路に依存しない.

(c) 任意の閉じた経路に対しては $\oint \mathbf{F} \cdot d\mathbf{l} = 0$ である.

(d) **F** はあるスカラー関数の勾配である．$\mathbf{F} = -\nabla V$.

このポテンシャルは一意的ではなく，その勾配には影響しないため，何のとがめもなく V に任意の定数を加えることができる.

　もしベクトル場 (**F**) の発散がどこでもゼロなら，**F** はベクトルポテンシャル (**A**) の回転として表現される.

$$\nabla \cdot \mathbf{F} = 0 \Longleftrightarrow \mathbf{F} = \nabla \times \mathbf{A} \tag{1.104}$$

これは以下の定理の主な結論である.

定理 2

ゼロ発散（あるいは "管状"）**場**. 以下の四つの条件は等価である

(a) どこでも $\nabla \cdot \mathbf{F} = 0$ である.

(b) 与えられた任意のループに対して，面積分 $\int \mathbf{F} \cdot d\mathbf{a}$ はそのループを端にもつ曲面に依存しない.

(c) 任意の閉曲面に対する面積分は $\oint \mathbf{F} \cdot d\mathbf{a} = 0$ である.

(d) **F** はあるベクトル関数の回転である．$\mathbf{F} = \nabla \times \mathbf{A}$.

勾配の回転は恒等的にゼロであるため，任意のスカラー関数の勾配を **A** にその回転に影響することなく加えることができ，ベクトルポテンシャルは一意的ではない.

　これらの定理におけるすべての関連を証明することが，((a), (b), あるいは (c) であることが (d) を意味するということを除いては）もうできるはずである．この除いた関連の証明はより微妙であり，後で出てくる．ついでにいえば，その回転と発散が何であれ，すべての場合にベクトル場 **F** はスカラー場の勾配とベクトルの回転の和として書くことができる[15].

---

[15]物理学において，場という用語は場所 (x, y, z) と時間 (t) の任意の関数を一般には意味する．しかし，電磁気学においては二つの特別な場（**E** と **B**）が，この用語の取り決めを無効にしてしまうほどに最も重要になっている．よって厳密にいえばポテンシャルも同様に "場" であるが，このテキストではそうよばないこととする.

1.6. ベクトル場の理論　**61**

$$\mathbf{F} = -\boldsymbol{\nabla}V + \boldsymbol{\nabla} \times \mathbf{A} \qquad (常に) \tag{1.105}$$

問題 1.50

(a) $\mathbf{F}_1 = x^2\,\hat{\mathbf{z}}$ および $\mathbf{F}_2 = x\,\hat{\mathbf{x}} + y\,\hat{\mathbf{y}} + z\,\hat{\mathbf{z}}$ であるとする. $\mathbf{F}_1$ および $\mathbf{F}_2$ の発散と回転を計算せよ. どちらのベクトル場がスカラー関数の勾配として書き表されるか? その目的を果たすスカラーポテンシャルを求めよ. どちらのベクトル場がベクトル関数の回転として書き表されるか? 適切なベクトルポテンシャルを求めよ.

(b) $\mathbf{F}_3 = yz\,\hat{\mathbf{x}} + zx\,\hat{\mathbf{y}} + xy\,\hat{\mathbf{z}}$ がスカラー関数の勾配ならびにベクトル関数の回転の両方として書き表されることを示せ. このベクトル関数に対するスカラーポテンシャルならびにベクトルポテンシャルを求めよ.

問題 1.51　定理 1 に対して, (d) ⇒ (a), (a) ⇒ (c), (c) ⇒ (b), (b) ⇒ (c), および (c) ⇒ (a) を示せ.

問題 1.52　定理 2 に対して, (d) ⇒ (a), (a) ⇒ (c), (c) ⇒ (b), (b) ⇒ (c), および (c) ⇒ (a) を示せ.

問題 1.53

(a) 問題 1.15 にあるベクトル関数のどれが, スカラー関数の勾配として表されるか? その目的を果たすスカラー関数を求めよ.

(b) 同様に, どの関数がベクトル関数の回転として表されるか? そのようなベクトル関数を求めよ.

1 章の追加問題

問題 1.54　発散定理をベクトル関数

$$\mathbf{v} = r^2 \cos\theta\,\hat{\mathbf{r}} + r^2 \cos\phi\,\hat{\boldsymbol{\theta}} - r^2 \cos\theta\sin\phi\,\hat{\boldsymbol{\phi}}$$

について, 図 1.48 にある半径 R の 1/8 球の体積を用いて確かめよ (体積を囲むすべての表面を含めること). [答え: $\pi R^4/4$]

問題 1.55　ストークスの定理をベクトル関数 $\mathbf{v} = ay\,\hat{\mathbf{x}} + bx\,\hat{\mathbf{y}}$ (a と b は定数) および原点を中心とした xy 平面上にある半径 R の円形の経路を用いて確かめよ. [答え: $\pi R^2(b-a)$]

問題 1.56　ベクトル関数

$$\mathbf{v} = 6\,\hat{\mathbf{x}} + yz^2\,\hat{\mathbf{y}} + (3y + z)\,\hat{\mathbf{z}}$$

の線積分を, 図 1.49 に示された三角形の経路に沿って計算せよ. その答えをストークスの定理で確認せよ. [答え: 8/3]

問題 1.57　ベクトル関数

$$\mathbf{v} = (r\cos^2\theta)\,\hat{\mathbf{r}} - (r\cos\theta\sin\theta)\,\hat{\boldsymbol{\theta}} + 3r\,\hat{\boldsymbol{\phi}}$$

の線積分を図 1.50 に示された経路に沿って計算せよ. (経路上の点がデカルト座標によ

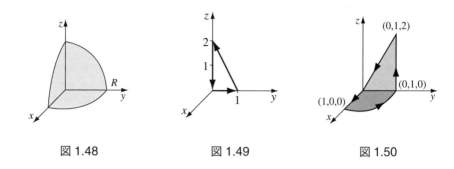

図 1.48　　　　　　図 1.49　　　　　　図 1.50

り表示されている.) 計算は円柱座標または球座標で行うこと. さらにストークスの定理を使ってその答えを確認せよ. [答え: $3\pi/2$]

問題 1.58 ストークスの定理をベクトル関数 $\mathbf{v} = y\hat{\mathbf{z}}$, について, 図 1.51 に示された三角形の面を使って確かめよ. [答え: a^2]

問題 1.59 発散定理をベクトル関数

$$\mathbf{v} = r^2 \sin\theta\,\hat{\mathbf{r}} + 4r^2 \cos\theta\,\hat{\boldsymbol{\theta}} + r^2 \tan\theta\,\hat{\boldsymbol{\phi}}$$

について, 図 1.52 にある "アイスクリームコーン" の領域を用いて確かめよ (ただし, 上面は原点に中心をもつ半径 R の球面である). [答え: $(\pi R^4/12)(2\pi + 3\sqrt{3})$]

問題 1.60 以下はベクトル場の積分定理の二つの魅力的な点検である:
(a) 勾配定理の系 2 をストークスの定理と組み合わせよ (この場合は, $\mathbf{v} = \boldsymbol{\nabla} T$) 得られた結果が 2 階微分についてすでに知っていることと一致することを示せ.
(b) ストークスの定理の系 2 を発散定理と組み合わせよ. 得られた結果がすでに知っていることと一致することを示せ.

• **問題 1.61** 勾配定理, 発散定理および回転定理はベクトル解析の基本的な積分定理ではあるが, それらから多くの系を導出することが可能である. 以下を示せ:

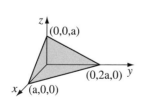 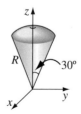

図 1.51　　　　　　　　　　　　図 1.52

1.6. ベクトル場の理論　　*63*

(a) $\int_{\mathcal{V}}(\boldsymbol{\nabla}T)\,d\tau = \oint_{\mathcal{S}} T\,d\mathbf{a}$. [ヒント: $\mathbf{c}$ を定数として, 発散定理において $\mathbf{v}=\mathbf{c}T$ とおき, 積の微分則を使え.]

(b) $\int_{\mathcal{V}}(\boldsymbol{\nabla}\times\mathbf{v})\,d\tau = -\oint_{\mathcal{S}}\mathbf{v}\times d\mathbf{a}$. [ヒント: 発散定理において $\mathbf{v}$ を $(\mathbf{v}\times\mathbf{c})$ によって置き換えよ.]

(c) $\int_{\mathcal{V}}[T\nabla^2 U + (\boldsymbol{\nabla}T)\cdot(\boldsymbol{\nabla}U)]\,d\tau = \oint_{\mathcal{S}}(T\boldsymbol{\nabla}U)\cdot d\mathbf{a}$. [ヒント: 発散定理において $\mathbf{v}=T\boldsymbol{\nabla}U$ とおけ.]

(d) $\int_{\mathcal{V}}(T\nabla^2 U - U\nabla^2 T)\,d\tau = \oint_{\mathcal{S}}(T\boldsymbol{\nabla}U - U\boldsymbol{\nabla}T)\cdot d\mathbf{a}$. [注釈: これは時にグリーンの第二恒等式とよばれる. これはグリーンの恒等式として知られる (c) から導出される.]

(e) $\int_{\mathcal{S}}\boldsymbol{\nabla}T\times d\mathbf{a} = -\oint_{\mathcal{P}} T\,d\mathbf{l}$. [ヒント: ストークスの定理において $\mathbf{v}=\mathbf{c}T$ とおけ.]

- **問題 1.62**　積分

$$\mathbf{a}\equiv\int_{\mathcal{S}} d\mathbf{a} \tag{1.106}$$

はときに表面 $\mathcal{S}$ のベクトル**面積**とよばれる. もし $\mathcal{S}$ がたまたま平面なら, $|\mathbf{a}|$ はいうまでもなく, 通常の (スカラー量の) 面積となる.

(a) 半径 R の半球の面積ベクトルを求めよ.

(b) 任意の閉曲面に対して, $\mathbf{a}=\mathbf{0}$ であることを示せ. [ヒント: 問題 1.61a を使え.]

(c) 同じ縁を共有するすべての曲面に対して, $\mathbf{a}$ が同じであることを示せ.

(d) 以下の関係式を示せ.

$$\mathbf{a}=\tfrac{1}{2}\oint\mathbf{r}\times d\mathbf{l} \tag{1.107}$$

ここで線積分は面の縁に沿って計算される. [ヒント: 一つの方法は原点からループを見込む円錐を描くことである. その円錐の表面を (原点に頂点をもち, $d\mathbf{l}$ の反対の辺をもつ) 無限小の三角型のクサビに分割し, 外積 (図 1.8) の幾何学的な解釈を利用せよ.]

(e) 関係式

$$\oint(\mathbf{c}\cdot\mathbf{r})\,d\mathbf{l} = \mathbf{a}\times\mathbf{c} \tag{1.108}$$

を, 任意の定数ベクトル $\mathbf{c}$ について示せ. [ヒント: 問題 1.61e において $T=\mathbf{c}\cdot\mathbf{r}$ とおけ.]

- **問題 1.63**

(a) ベクトル関数

$$\mathbf{v}=\frac{\hat{\mathbf{r}}}{r}$$

の発散を計算せよ. 最初に, 式 1.84 で行ったように, 直接計算せよ. その結果を発散定理を使って, 式 1.85 で行ったように, 検証せよ. $\hat{\mathbf{r}}/r^2$ の場合と同様に, 原点にデルタ関数の寄与があるか? $r^n\hat{\mathbf{r}}$ の発散に対する一般的な公式はどうなるか? [答え: $\boldsymbol{\nabla}\cdot(r^n\hat{\mathbf{r}}) = (n+2)r^{n-1}$, ただし $n=-2$ の場合は除き $4\pi\delta^3(\mathbf{r})$ となる. $n<-2$ に対しては, その発散は原点で明確に定義されない.]

(b) $r^n\hat{\mathbf{r}}$ の回転を求めよ. 問題 1.61b を使って, 結果を確かめよ. [答え: $\boldsymbol{\nabla}\times(r^n\hat{\mathbf{r}}) = \mathbf{0}$]

64 第 1 章 ベクトル解析

問題 1.64　（簡単のため, 式 1.102 において $\mathbf{r}' = \mathbf{0}$ とおいた）$\nabla^2(1/r) = -4\pi\delta^3(\mathbf{r})$ が納得できない場合には, r を $\sqrt{r^2 + \epsilon^2}$ で置き換えて, $\epsilon \to 0$ のときに何が起こるかを, とくに

$$D(r, \epsilon) \equiv -\frac{1}{4\pi}\nabla^2 \frac{1}{\sqrt{r^2 + \epsilon^2}}$$

とおいて見てみよう[16].

$\epsilon \to 0$ のときに, これが $\delta^3(\mathbf{r})$ に近づいていくことをあきらかにするために
(a) $D(r, \epsilon) = (3\epsilon^2/4\pi)(r^2 + \epsilon^2)^{-5/2}$ を示せ.
(b) $\epsilon \to 0.$ のとき, $D(0, \epsilon) \to \infty$ を確かめよ.
(c) $r \neq 0$ のすべてに対して, $\epsilon \to 0.$ のとき, $D(r, \epsilon) \to 0$ を確かめよ.
(d) 全空間にわたる $D(r, \epsilon)$ の積分は 1 であることを確かめよ.

---

[16]この問題は Frederick Strauch 氏によって提案された.

第2章 静電気学

2.1 電場

2.1.1 導入

電磁気学が解き明かしたい根本的な問題は，図 2.1 に示されたように，「(ソース電荷とよばれる) $q_1, q_2, q_3, \ldots$ といった電荷が，(試験電荷とよばれる) 別の電荷 Q にどのような力をもたらすか？」ということである．ソース電荷の位置は時間の関数として与えられていて，試験電荷の軌道が計算されることになる．ここで一般には，ソース電荷も試験電荷も動いているものとする．

この問題の解決は，二つの電荷の間の相互作用は他の電荷によってまったく影響されないことを述べている**重ね合わせの原理**によってうまく進めることができる．つまり，Q に働く力を決めるために最初に他の電荷をすべて無視して q_1 だけによる力 $\mathbf{F}_1$ を計算し，次に q_2 だけによる力 $\mathbf{F}_2$ を計算し，さらにその手続きをくり返して最終的にこれらの個々の力のベクトル和 $\mathbf{F} = \mathbf{F}_1 + \mathbf{F}_2 + \mathbf{F}_3 + \ldots$ をとることができるということである．よって，一つのソース電荷 q だけによる Q に働く力を見出すことがで

図 2.1　　　　　　　　　　　　　　図 2.2

66 第 2 章 静電気学

きれば, 後は同じ手続きをひたすらくり返して足しあげるだけなので, 原理的にはこの問題を解決したことになる[1].

さて, このことは一見すると非常に簡単なように思えるが, ソース電荷 q により試験電荷 Q に働く力の法則をあえてここでは書き出さないことにする. 10 章で実際に書き出してみるが, いまここでそれを見るとおそらくショックを受けるだろう. なぜなら, Q に働く力がソース電荷と試験電荷の間の距離 $\boldsymbol{\imath}$ (図 2.2) に依存するだけでなく, ソース電荷 q の速度および加速度にも依存するからである. さらには, それらは問題にしているソース電荷 q の現在における位置でも速度でも加速度でもない. 電磁 "信号" は光の速度で届くため, 試験電荷 Q に影響を与えるものは, ソース電荷から電磁信号が放たれた過去の時点におけるソース電荷 q の位置, 速度, 加速度なのである.

それゆえ, "ソース電荷 q により試験電荷 Q に作用する力はどうなるか?" という基本的な問いを述べることは簡単であるが, 正面からこの問題に立ち向かうのは割に合わない. むしろ, 休み休みしながらこれに取り組むことにしよう. その間に, このような基本的な問いでは表すことができない, より精緻な電磁気学の問題をこれから展開する理論によって解くことができるだろう. 初めに (試験電荷は動いていても構わないが) すべてのソース電荷が静止している**静電気学**という特別な場合を考えることにする.

2.1.2 クーロンの法則

静止している 1 個の点電荷 q が, 距離 $\boldsymbol{\imath}$ だけ離れている試験電荷 Q に及ぼす力はどうなるか? その (実験に基づく) 答えは**クーロンの法則**

$$\boxed{\mathbf{F} = \frac{1}{4\pi\epsilon_0} \frac{qQ}{\imath^2} \hat{\boldsymbol{\imath}}} \tag{2.1}$$

によって与えられる. 定数 ϵ_0 は (馬鹿げたことに) **真空の誘電率**とよばれ, 力をニュートン (N), 距離をメートル (m), 電荷量をクーロン (C) で表す SI 単位系では,

$$\epsilon_0 = 8.85 \times 10^{-12} \frac{\mathrm{C}^2}{\mathrm{N \cdot m^2}}$$

となる. 言い換えれば, その力はそれらの電荷の積に比例し, 間隔距離の 2 乗に逆比例する. いつものように, $\boldsymbol{\imath}$ は電荷 q の位置 $\mathbf{r}'$ から電荷 Q の位置 $\mathbf{r}$ までの間隔ベクトル

$$\boldsymbol{\imath} = \mathbf{r} - \mathbf{r}' \tag{2.2}$$

---

[1]重ね合わせの原理は "自明である" と思えるかもしれないが, それほど単純ではない. たとえば, (実際はそうではないが) 電磁気力がソース電荷の 2 乗に比例するとしたならば, 重ね合わせの原理は成り立たない. それは $(q_1 + q_2)^2 \neq q_1^2 + q_2^2$ にあるように考慮すべき "交差項" があるためである. 重ね合わせの原理は論理的必然性から来るものではなく実験事実である.

2.1. 電 場   **67**

である. $\boldsymbol{z}$ はその大きさであり, $\hat{\boldsymbol{z}}$ はその単位ベクトルである. 力は q から Q への直線に沿った方向を向き, もし q と Q が同符号なら斥力に, 異符号なら引力になる.

　クーロンの法則と重ね合わせの原理が静電気学に対する物理的な構成要素となる. 残りは (物質のいくらかの特別な性質を除けば) これらの基本則の数学的な詳述となる.

問題 2.1

(a) 12 個の等しい電荷 q が正 12 角形の頂点に (たとえば時計の文字盤の数字の上に 1 個ずつ) 置かれている. 中心に置かれた試験電荷 Q に働く正味の力はどうなるか?

(b) 12 個の電荷 q の一つが (たとえば "6 時の" 位置にある電荷が) 取り除かれたら, Q に働く力はどうなるか? その理由を注意深く説明せよ.

(c) 13 個の等しい電荷 q が正 13 角形の頂点に置かれている. 中心に置かれた試験電荷 Q に働く正味の力はどうなるか?

(d) 13 個の電荷 q の一つが取り除かれたら, Q に働く正味の力はどうなるか? その理由を説明せよ.

2.1.3 電 場

　電荷 Q からの距離 $\boldsymbol{z}_1, \boldsymbol{z}_2, \ldots, \boldsymbol{z}_n$ に複数の点電荷 $q_1, q_2, \ldots, q_n$ があるとき, Q に働く合計の力は, あきらかに

$$
\begin{aligned}
\mathbf{F} &= \mathbf{F}_1 + \mathbf{F}_2 + \ldots = \frac{1}{4\pi\epsilon_0}\left(\frac{q_1 Q}{\boldsymbol{z}_1^2}\hat{\boldsymbol{z}}_1 + \frac{q_2 Q}{\boldsymbol{z}_2^2}\hat{\boldsymbol{z}}_2 + \ldots\right) \\
&= \frac{Q}{4\pi\epsilon_0}\left(\frac{q_1}{\boldsymbol{z}_1^2}\hat{\boldsymbol{z}}_1 + \frac{q_2}{\boldsymbol{z}_2^2}\hat{\boldsymbol{z}}_2 + \frac{q_3}{\boldsymbol{z}_3^2}\hat{\boldsymbol{z}}_3 + \ldots\right)
\end{aligned}
$$

あるいは

$$\boxed{\mathbf{F} = Q\mathbf{E}} \tag{2.3}$$

となる. ここで

$$\mathbf{E}(\mathbf{r}) \equiv \frac{1}{4\pi\epsilon_0}\sum_{i=1}^{n}\frac{q_i}{\boldsymbol{z}_i^2}\hat{\boldsymbol{z}}_i \tag{2.4}$$

は, これらのソース電荷がつくる**電場**とよばれる. 間隔ベクトル $\boldsymbol{z}_i$ は**場の点** P (図 2.3) に依存するので, 電場は位置 $(\mathbf{r})$ の関数であることを注意しておく. ただし, 電場は試験電荷 Q には関係しない. 電場は点から点で変化するベクトル量であり, ソース電荷の配置により定まる. 物理的には, 電場 $\mathbf{E}(\mathbf{r})$ は場の点 P に置かれた試験電荷に作用する単位電荷あたりの力である.

　そもそも電場とはいったい何なのか? ここまでは電気力を計算するための中間ステップとして, 電場 $\mathbf{E}$ の "最小限の" 説明から努めて始めてきたが, 電荷の周りの空間

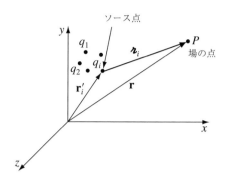

図 2.3

を埋めつくしている "現実の" 物理的実体として電場を考えてほしい．マクスウェル自身は電磁場を目に見えない原始的なゼリー状の "エーテル" における応力と歪みと信じるに至っていたが，特殊相対論はエーテルの概念ならびにその概念を用いた電磁場に対するマクスウェルの力学的解釈を捨て去ることを迫った（古典電磁気学を "遠隔相互作用理論" で構成し，場の概念を不要にすることは，面倒であるが可能である）．よって，この時点では電場とは何かについて伝えることはできない．いえることはその計算の仕方と得られた電場によって何がわかるかだけとなる．

例題 2.1. 距離 d だけ離れた二つの同じ電荷 (q) の間の中間点から距離 z だけ離れた場所での電場を求めよ（図 2.4a）．

解答
左側の電荷だけによる電場を $\mathbf{E}_1$ とし，右側の電荷だけによる電場を $\mathbf{E}_2$ としよう（図2.4b）．両者をベクトル的に足し合わせると，水平成分は打ち消し合い，垂直成分は重なり合い生き残るので，

$$E_z = 2\frac{1}{4\pi\epsilon_0}\frac{q}{\mathscr{r}^2}\cos\theta$$

となる．ここで $\mathscr{r} = \sqrt{z^2 + (d/2)^2}$ であり，$\cos\theta = z/\mathscr{r}$ である．よって

$$\mathbf{E} = \frac{1}{4\pi\epsilon_0}\frac{2qz}{[z^2 + (d/2)^2]^{3/2}}\hat{\mathbf{z}}$$

を得る．

計算の点検: $z \gg d$ のとき，場の点は電荷分布から非常に離れていて，電荷分布は電荷量 $2q$ の点電荷のように見えるために電場の表式は $\mathbf{E} = \frac{1}{4\pi\epsilon_0}\frac{2q}{z^2}\hat{\mathbf{z}}$ に帰着するはずで

ある.実際に求められた電場の表式において $d \to 0$ としてみると,確かにそうなっている.

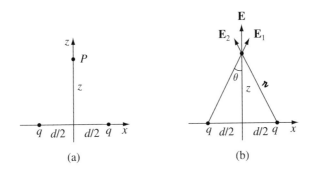

図 2.4

問題 2.2 距離 d だけ離れた大きさが同じであるが符号が異なる二つの電荷 ($\pm q$) の間の中間点から距離 z だけ離れた場所での電場(大きさと向き)を求めよ.($x = +d/2$ の電荷が $-q$ であることを除けば,例題 2.1 と同じである.)

2.1.4 連続的な電荷分布

式 2.4 による電場の定義では離散的な点電荷 q_i の集合を前提としていたが,もし電荷がある領域にわたって連続的に分布しているなら,式 2.4 における和は積分になる(図 2.5a).

$$\mathbf{E}(\mathbf{r}) = \frac{1}{4\pi\epsilon_0} \int \frac{1}{\mathcal{r}^2} \hat{\mathcal{r}} dq \tag{2.5}$$

電荷が図 2.5b のように曲線に沿って単位長さあたりの電荷(線電荷密度)λ で拡がっているなら $dq = \lambda dl'$ となる(ここで dl' は曲線に沿った線素である).電荷が図 2.5c のように曲面に沿って単位面積あたりの電荷(面電荷密度)σ で拡がっているなら $dq = \sigma da'$ となる(ここで da' は曲面上の面素である).電荷が図 2.5d のように体積にわたって単位体積あたりの電荷(体積電荷密度)ρ で拡がっているなら $dq = \rho d\tau'$ となる(ここで $d\tau'$ は体積素である).

$$dq \to \lambda dl' \sim \sigma da' \sim \rho d\tau'$$

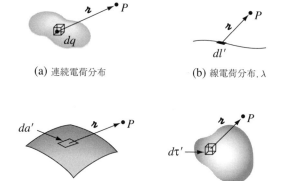

(a) 連続電荷分布 (b) 線電荷分布, λ

(c) 面電荷分布, σ (d) 体積電荷分布, ρ

図 2.5

よって，線電荷分布のつくる電場は

$$\mathbf{E}(\mathbf{r}) = \frac{1}{4\pi\epsilon_0} \int \frac{\lambda(\mathbf{r}')}{\mathit{r}^2} \hat{\mathit{r}} dl' \tag{2.6}$$

となり，面電荷分布については，

$$\mathbf{E}(\mathbf{r}) = \frac{1}{4\pi\epsilon_0} \int \frac{\sigma(\mathbf{r}')}{\mathit{r}^2} \hat{\mathit{r}} da' \tag{2.7}$$

となり，体積電荷分布については，

$$\boxed{\mathbf{E}(\mathbf{r}) = \frac{1}{4\pi\epsilon_0} \int \frac{\rho(\mathbf{r}')}{\mathit{r}^2} \hat{\mathit{r}} d\tau'} \tag{2.8}$$

となる．式2.8自身はしばしば "クーロンの法則" として参照される．なぜならば，式2.1から短い変形過程しか踏んでいないことばかりでなく，ある意味で体積電荷分布が最も一般的であり現実的な設定になっているからである．これらの表式における r の意味に注意しよう．元々，式2.4において r_i はソース電荷 q_i の場所から場の点 $\mathbf{r}$ へのベクトルを表している．対応して式2.5から式2.8までにおいて，r は dq（それゆえ，dl', da' あるいは $d\tau'$）から場の点 $\mathbf{r}$ へのベクトルを表している[2]．

---

[2]注意: 単位ベクトル $\hat{\mathit{r}}$ の方向は $\mathbf{r}'$ に依存するため一定ではなく，式2.5-2.8 にある積分計算の外に出すことはできない．(円柱座標や球座標といった) 曲線座標系を用いている場合でも，実際には (その基底 $\hat{\mathbf{x}}, \hat{\mathbf{y}}, \hat{\mathbf{z}}$ が定数ベクトルで積分の外に出せる) デカルト座標の各成分ごとに積分計算をしなければならない．

例題 2.2. λ の一様な線電荷分布をもつ長さ $2L$ の直線の中間点から距離 z だけ離れた場所での電場を求めよ（図 2.6）．

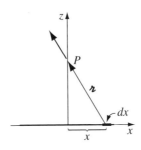

図 2.6

解答
最も簡単な方法は，線電荷分布を $\pm x$ の左右対称な位置にある線素片の対に切り出して，例題 1 の結果を（$d/2 \to x$ と置き換え $q \to \lambda\, dx$ と読み替えて）引用して，x について $0 \to L$ の範囲で積分することである．しかしながら，ここではより一般的な手法を示す[3]．

$$\mathbf{r} = z\hat{\mathbf{z}}, \quad \mathbf{r}' = x\hat{\mathbf{x}}, \quad dl' = dx$$

$$\boldsymbol{\imath} = \mathbf{r} - \mathbf{r}' = z\hat{\mathbf{z}} - x\hat{\mathbf{x}}, \quad \imath = \sqrt{z^2 + x^2}, \quad \hat{\boldsymbol{\imath}} = \frac{\boldsymbol{\imath}}{\imath} = \frac{z\hat{\mathbf{z}} - x\hat{\mathbf{x}}}{\sqrt{z^2 + x^2}}$$

$$\begin{aligned}
\mathbf{E} &= \frac{1}{4\pi\epsilon_0} \int_{-L}^{L} \frac{\lambda}{z^2 + x^2} \frac{z\hat{\mathbf{z}} - x\hat{\mathbf{x}}}{\sqrt{z^2 + x^2}} dx \\
&= \frac{\lambda}{4\pi\epsilon_0} \left[z\hat{\mathbf{z}} \int_{-L}^{L} \frac{1}{(z^2 + x^2)^{3/2}} dx - \hat{\mathbf{x}} \int_{-L}^{L} \frac{x}{(z^2 + x^2)^{3/2}} dx \right] \\
&= \frac{\lambda}{4\pi\epsilon_0} \left[z\hat{\mathbf{z}} \left(\frac{x}{z^2\sqrt{z^2 + x^2}} \right) \Big|_{-L}^{L} - \hat{\mathbf{x}} \left(-\frac{1}{\sqrt{z^2 + x^2}} \right) \Big|_{-L}^{L} \right] \\
&= \frac{1}{4\pi\epsilon_0} \frac{2\lambda L}{z\sqrt{z^2 + L^2}} \hat{\mathbf{z}}.
\end{aligned}$$

線電荷分布から離れた場の点 $(z \gg L)$ では，

$$E \cong \frac{1}{4\pi\epsilon_0} \frac{2\lambda L}{z^2}$$

---
[3] 通常はソース座標にはプライム（$'$）記号をつけるが，とくに混乱がない場合には表記を簡素化するためにプライム（$'$）記号を除くことにする．

となるが，これは長さ $2L$ の線電荷分布が $q = 2\lambda L$ の点電荷分布に見えるという意味づけができる．一方で $L \to \infty$ の極限では無限長の線電荷分布の表式

$$E = \frac{1}{4\pi\epsilon_0}\frac{2\lambda}{z} \tag{2.9}$$

を得る．

問題 2.3 線電荷密度 λ をもつ長さ L の直線の一方の端から垂直距離 z だけ離れた点 P での電場を求めよ（図 2.7）．さらに得られた表式が $z \gg L$ に対して期待されるものと一致することを確かめよ．

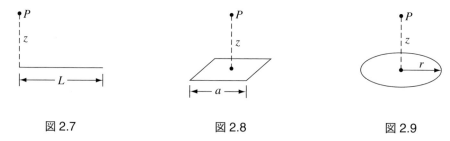

図 2.7　　　　　　　　　図 2.8　　　　　　　　　図 2.9

問題 2.4 線電荷密度 λ をもつ一辺の長さが a の正方ループの中心から垂直距離 z だけ離れた点 P での電場を求めよ（図 2.8）．[ヒント: 例題 2.2 の結果を使うこと.]

問題 2.5 線電荷密度 λ をもつ半径が r の円ループの中心から垂直距離 z だけ離れた点 P での電場を求めよ（図 2.9）．

問題 2.6 一様な面電荷密度 σ をもつ半径が a の円板の中心から垂直距離 z だけ離れた点 P での電場を求めよ（図 2.10）．求められた表式は $R \to \infty$ の極限でどうなるか？ さらに，$z \gg R$ の場合はどうなるかを確かめよ．

問題 2.7 一様な面電荷密度 σ をもつ半径が R の球殻の中心から距離 z だけ離れた点 P での電場を求めよ（図 2.11）．ただし，$z < R$（球殻の内側）および $z > R$（球殻の外側）の場合について分けて扱い，球殻の全電荷量 q を用いて表すこと．[ヒント: 余弦定理を用いて $\imath$ を R と θ で表せ．$R > z$ の場合は $\sqrt{R^2 + z^2 - 2Rz} = (R - z)$ であるが，$R < z$ の場合は $(z - R)$ であることに注意すること.]

問題 2.8 問題 2.7 の結果を用いて，一様な体積電荷密度 ρ をもつ半径が R の球の内側および外側の電場を求めよ．球の全電荷量 q を用いて結果を表し，中心からの距離の関数として $|\mathbf{E}|$ のグラフを描くこと．

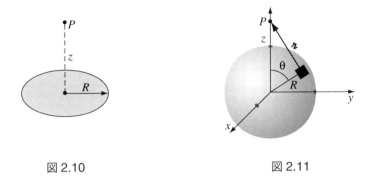

図 2.10　　　　　　　図 2.11

2.2 静電場の発散と回転

2.2.1 電気力線，電場フラックス，ガウスの法則

　原理的には，すでにわれわれは静電気学の主題の説明を終えている．式 2.8 は電荷分布のつくる電場の計算の仕方を教えてくれ，式 2.3 はその電場中に置かれた電荷 Q にどのように力が働くかを教えてくれる．残念ながら，問題 2.7 を解く際に気づいたように，電場 $\mathbf{E}$ を計算するのに必要な積分は，かなり単純な電荷分布に対してさえも手ごわいことがある．静電気学の残りの多くは，それらの積分を避けるための多くの手段やトリックを集めて整理することに当てられる．すべての基礎となるのは電場 $\mathbf{E}$ の発散と回転である．次の 2.2.2 項で式 2.8 から直接 $\mathbf{E}$ の発散を計算するが，より定性的でたぶんより理解の助けになる直感的なアプローチを最初に示したい．

　最も簡単な原点に置かれた 1 個の点電荷 q の場合から始めよう．

$$\mathbf{E}(\mathbf{r}) = \frac{1}{4\pi\epsilon_0}\frac{q}{r^2}\hat{\mathbf{r}} \tag{2.10}$$

この場に対するイメージをつかむために，図 2.12(a) にあるようにいくつかの代表的なベクトルを描いてみた．電場は $1/r^2$ のように減少するので，原点から離れるにしたがい電場ベクトルは短くなり，常に放射状に外向きを向いている．しかしながらこの電場を表現するもっとよいやり方がある．それは電場ベクトルの矢を結んで**電気力線**を構成することである（図 2.12(b)）．そうすることにより（矢の長さの中に含まれていた）電場の強さの情報を捨て去ったと思うかもしれないが，実際はそうではない．電場の大きさは電気力線の密度によって示されている．たとえば，電気力線が密集した原点近くでは強いし，相対的に離れているところではより弱くなる．

　2 次元の紙の上に電気力線を描いた場合は，その図はじつは誤解を招きやすい．なぜな

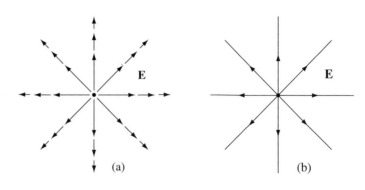

図 2.12

らば，半径 r の円を通り抜ける力線の密度は，力線の総数を円周で割ったもの $(n/2\pi r)$ であり，$(1/r^2)$ ではなく $(1/r)$ のように変化するためである．しかしながら，（すべての方向に広がっている針が刺さった裁縫用の針山のような）3次元でのモデルを想像すれば，力線の密度は球の面積で力線の総数を割ったもの $(n/4\pi r^2)$ になり $(1/r^2)$ のように変化する．

このような図はより複雑な電場を表現するためにも便利である．場の正確な感じを得るに十分な本数の力線を含めるべきであるが，描く力線の数は描く人がどのくらい怠惰であるか（そして用いる鉛筆がどのくらい尖っているか）に，もちろん依存するだろう．また q の電荷の力線が 8 本であれば，$2q$ の電荷には当然 16 本というふうに首尾一貫していなければならない．さらに，力線は点電荷からすべての方向に向かって対称的に出るため，力線を一定の間隔で置かなければならない．電気力線は正の電荷から始まり負の電荷で終わり，無限遠方に拡がることはあっても，途中で途切れることはない[4]．さらには，力線は決して交差しない．（さもなければ，交点で電場は二つの異なる方向を一度にもつことになってしまう！）これらすべてを念頭に置けば，点電荷からなる簡単な電荷配置による電場を描くことは簡単である．それぞれの電荷の周辺で力線を描き始め，それらを繋ぐか，あるいは無限遠方に延長してみよう（図 2.13 および図 2.14）．

このモデルでは，面 $\mathcal{S}$ を貫く電場フラックス

$$\Phi_E \equiv \int_{\mathcal{S}} \mathbf{E} \cdot d\mathbf{a} \tag{2.11}$$

は面 $\mathcal{S}$ を貫く"力線の数"の目安になっている．もちろん，（力線の総数は無限になるか

---

[4] もし電気力線が途中で途切れるなら，電場 $\mathbf{E}$ の発散はゼロではなくなり，（すぐ後にわかるように）このことは電荷のない空間では起こり得ない．

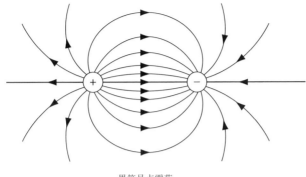

異符号点電荷

図 2.13

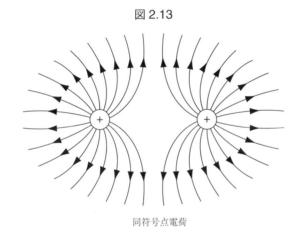

同符号点電荷

図 2.14

もしれず）力線の代表的なサンプルしか描くことができないので, "力線の数" のように "..." をつけた. しかしながら, 電場の強さは力線の密度（単位面積あたりの力線の数）に比例するので, ある決まった割合で力線をサンプリングしたときは, 電場フラックスは描かれた力線の数に比例する. よって $\mathbf{E} \cdot d\mathbf{a}$ は無限小のベクトル面素 $d\mathbf{a}$ を通過する力線の数に比例する.（この内積は, 図 2.15 に示されたように, $\mathbf{E}$ の方向に沿った $d\mathbf{a}$ の成分を取り出している. これは,「力線の密度は単位面積あたりの力線の数である」と述べる際に想定している電場 $\mathbf{E}$ に垂直な面内に射影した面積である.）

このことは, 任意の閉曲面を貫いて出るフラックスが閉曲面の内側にある全電荷量

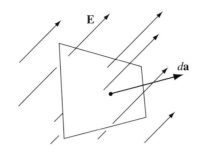

図 2.15

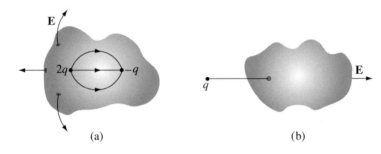

(a)   (b)

図 2.16

の目安になっていることを示唆する．正の点電荷から発する力線は，図 2.16a のように，その閉曲面の外に出るかあるいは負の電荷で終端しなければならない．一方で，図 2.16b のように，その力線が閉曲面の一方から入って他方から出て行くため，その閉曲面の外側にある電荷は総フラックスには寄与しない．これが**ガウスの法則**の本質である．では以下でこれを定量化しよう．

原点に置かれた点電荷 q の場合には，半径 r の球面を通過する $\mathbf{E}$ のフラックスは

$$\oint \mathbf{E} \cdot d\mathbf{a} = \int \frac{1}{4\pi\epsilon_0} \left(\frac{q}{r^2} \hat{\mathbf{r}} \right) \cdot (r^2 \sin\theta \, d\theta \, d\phi \, \hat{\mathbf{r}}) = \frac{1}{\epsilon_0} q \tag{2.12}$$

となる．球面の面積が r^2 のように増加する一方で，電場は $1/r^2$ のように減少してその積は一定になるため，上記の表式において球の半径が相殺されていることに注意しよう．このことは，力線の描像によれば，原点を中心とする球をその球の半径に関係なく同じ数の力線が通り抜けるので，理に適っている．実際，閉曲面は球である必要はない．どんな形の閉曲面であっても同じ数の力線によって突き通されるだろう．あきらかに，点電荷 q を包む任意の閉曲面を通るフラックスは q/ϵ_0 に等しい．

2.2. 静電場の発散と回転　77

　今度は，原点におかれた 1 個の電荷ではなく，原点の周りに点在しているたくさんの電荷を考えよう．重ね合わせの原理にしたがえば，全体の電場は

$$\mathbf{E} = \sum_{i=1}^{n} \mathbf{E}_i$$

のように，個々の電荷のつくる電場のベクトル総和である．よって，個々の電荷すべてを包む閉曲面を通るフラックスは

$$\oint \mathbf{E} \cdot d\mathbf{a} = \sum_{i=1}^{n} \left(\oint \mathbf{E}_i \cdot d\mathbf{a} \right) = \sum_{i=1}^{n} \left(\frac{1}{\epsilon_0} q_i \right)$$

となり，任意の閉曲面に対して，

$$\boxed{\oint \mathbf{E} \cdot d\mathbf{a} = \frac{1}{\epsilon_0} Q_{\mathrm{enc}}} \tag{2.13}$$

の関係式を得る．ただしここで Q_{enc} はその閉曲面内に包まれる総電荷量である．これがガウスの法則の定量的な記述である．このガウスの法則はクーロンの法則および重ね合わせの原理にはなかった新しい情報をまったく含んでいないが，2.3 節で見るように，ほとんど魔法のように強力である．すべてはクーロンの法則の $1/r^2$ 特性によっていることに注意しよう．この特性がなければ，式 2.12 において r が打ち消し合うこともなかったし，$\mathbf{E}$ の総フラックスは閉曲面に包まれた総電荷量だけでなく，選択する閉曲面にも依存してしまうだろう．（重力といった）別の $1/r^2$ 則の力はそれ自身の “ガウスの法則” にしたがい，ここで展開するその応用を直接引き継ぐことができる．
　このままでは，ガウスの法則は積分方程式であるが，発散定理

$$\oint_{\mathcal{S}} \mathbf{E} \cdot d\mathbf{a} = \int_{\mathcal{V}} (\boldsymbol{\nabla} \cdot \mathbf{E}) \, d\tau$$

を当てはめることにより簡単に微分方程式に変えることができる．Q_{enc} を電荷密度 ρ により書き換えると，

$$Q_{\mathrm{enc}} = \int_{\mathcal{V}} \rho \, d\tau$$

となり，よってガウスの法則は

$$\int_{\mathcal{V}} (\boldsymbol{\nabla} \cdot \mathbf{E}) \, d\tau = \int_{\mathcal{V}} \left(\frac{\rho}{\epsilon_0} \right) d\tau$$

となる．この関係式は任意の体積に対して成り立つので，被積分関数は等しい必要があり

$$\nabla \cdot \mathbf{E} = \frac{1}{\epsilon_0} \rho \tag{2.14}$$

を得る.この式 2.14 は式 2.13 と同じメッセージを伝えており,**微分型のガウスの法則**である.微分型の方がより整然としているが,積分型は点電荷,線電荷および面電荷に対してよりうまく対応できるという強みをもっている.

問題 2.9 ある領域における電場が,極座標表示で $\mathbf{E} = kr^3\hat{\mathbf{r}}$ であったとする (k はある定数).
(a) その電場をつくり出している電荷密度 ρ を求めよ.
(b) 原点を中心とする半径 R の球に含まれる総電荷量を求めよ (二つの異なる方法で求めること).

問題 2.10 図 2.17 に示されたように,立方体の背面の隅に電荷 q がおいてある.影をつけた面を通る電場フラックスはいくらか?

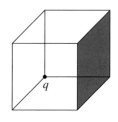

図 2.17

2.2.2 電場の発散

さて,元に戻って $\mathbf{E}$ の発散を式 2.8 から直接計算してみよう.

$$\mathbf{E}(\mathbf{r}) = \frac{1}{4\pi\epsilon_0} \int_{\text{全空間}} \frac{\hat{\boldsymbol{\imath}}}{\imath^2} \rho(\mathbf{r}') \, d\tau' \tag{2.15}$$

(元々,式 2.8 では電荷が占めている体積にわたって積分されていたが,それ以外の領域ではどのみち $\rho = 0$ なので,積分範囲を全空間に拡張しても構わない.) $\mathbf{r}$ 依存性が $\boldsymbol{\imath} = \mathbf{r} - \mathbf{r}'$ の中に含まれていることに注意すると,

$$\nabla \cdot \mathbf{E} = \frac{1}{4\pi\epsilon_0} \int \nabla \cdot \left(\frac{\hat{\boldsymbol{\imath}}}{\imath^2} \right) \rho(\mathbf{r}') \, d\tau'$$

を得る．この発散はまさに式 1.100 で計算したものであり，

$$\nabla \cdot \left(\frac{\hat{\boldsymbol{\imath}}}{\imath^2}\right) = 4\pi\delta^3(\boldsymbol{\imath})$$

であるので，

$$\nabla \cdot \mathbf{E} = \frac{1}{4\pi\epsilon_0}\int 4\pi\delta^3(\mathbf{r}-\mathbf{r}')\rho(\mathbf{r}')\,d\tau' = \frac{1}{\epsilon_0}\rho(\mathbf{r}) \tag{2.16}$$

となり，これは微分型のガウスの法則（式 2.14）である．その積分型（式 2.13）を取り戻すためには以前の議論を逆にたどる．つまり

$$\int_\mathcal{V}\nabla\cdot\mathbf{E}\,d\tau = \oint_\mathcal{S}\mathbf{E}\cdot d\mathbf{a} = \frac{1}{\epsilon_0}\int_\mathcal{V}\rho\,d\tau = \frac{1}{\epsilon_0}Q_\mathrm{enc}$$

のように体積積分をして発散定理を用いる．

2.2.3 ガウスの法則の応用

ガウスの法則（積分型）のもつずば抜けた力を示すために，ここで理論的な展開を中断しよう．対称性を利用すれば，ガウスの法則が圧倒的に早く，かつ簡単に電場を計算できる．一連の例題を用いて，その方法を解説しよう．

例題 2.3. 総電荷量 q で一様に帯電した半径 R の球の外側にできる電場を求めよ．

解答
半径 $r(>R)$ の球面を想像しよう（図 2.18）．この球面は慣習として**ガウス面**とよばれる．ガウスの法則によると

$$\oint_\mathcal{S}\mathbf{E}\cdot d\mathbf{a} = \frac{1}{\epsilon_0}Q_\mathrm{enc}$$

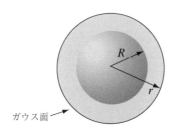

図 2.18

80 第2章 静電気学

であり, この問題の場合は $Q_{enc} = q$ である. 一見したところでは, 求めたい量 ($\mathbf{E}$) が面積分の中に埋もれているので, うまくいきそうにない. 幸いにも, 対称性により積分記号のもとから $\mathbf{E}$ を抜き出すことが可能になる. つまり, $\mathbf{E}$ は放射状外向き[5]を確かに向いて, $d\mathbf{a}$ も同じ向きなので内積を落とすことができ,

$$\int_{\mathcal{S}} \mathbf{E} \cdot d\mathbf{a} = \int_{\mathcal{S}} |\mathbf{E}|\, da$$

となる. さらに $\mathbf{E}$ の大きさはガウス面上では一定なので, 積分の外側に出てくる.

$$\int_{\mathcal{S}} |\mathbf{E}|\, da = |\mathbf{E}| \int_{\mathcal{S}} da = |\mathbf{E}|\, 4\pi r^2$$

つまり

$$|\mathbf{E}|\, 4\pi r^2 = \frac{1}{\epsilon_0} q$$

あるいは

$$\mathbf{E} = \frac{1}{4\pi\epsilon_0} \frac{q}{r^2} \hat{\mathbf{r}}$$

この結果の驚くべき特徴「球の外側の電場は, すべての電荷が原点に集中したときのものと厳密に等しい」に注目しよう.

ガウスの法則は常に正しいが, いつも役に立つわけではない. もし ρ が一様ではなかった (あるいは少なくとも球対称ではなかった) としたら, あるいはガウス面として球以外の他の形を選んでいたら, $\mathbf{E}$ の総フラックスは q/ϵ_0 であることは正しいが, $\mathbf{E}$ は $d\mathbf{a}$ と同じ方向を向かないし, その大きさも表面上で一定ではなくなり, その結果, 積分の外に $|\mathbf{E}|$ を出すことはできない. 対称性がガウスの法則を用いるうえできわめて重要なのである. 知られ得る限り, ガウスの法則がうまく使える対称性は 3 種類しかない.

1. 球対称性. ガウス面を同心球にとる.
2. 円柱対称性. ガウス面を同心円柱にとる (図 2.19).
3. 平面対称性. 面にまたがる "箱" をガウス面としてとる (図 2.20).

(2) および (3) は厳密にいうと無限に長い円柱および無限に拡がった平面を必要とするが, "長い" 円柱や "大きい" 面に対して, その端から離れた中央の点における近似的な答えを得るために, われわれはこれらをしばしば用る.

---

[5] もし電場 $\mathbf{E}$ が放射状であることを疑うなら, その逆を考えてみよう. たとえば, 電場 $\mathbf{E}$ ベクトルが "赤道上で" 東向きであるとしよう. でも地球のように "南北軸" の周りに回転しているわけではないので, 赤道の取り方はまったく任意であり, それゆえ電場が電気力線が東向きであると主張する論点は, 西向きである, 北向きである, あるいは他の任意の向きだけであることを示す際にも同様に用いることができてしまう. 球面上における一意的な方向は動径方向である.

2.2. 静電場の発散と回転 **81**

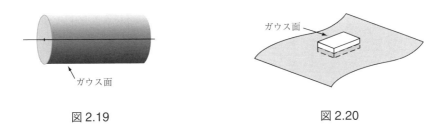

図 2.19　　　　　　　　　図 2.20

例題 2.4. 長い円柱（図 2.21）が中心軸からの距離 s に比例した電荷密度 $\rho = ks$（k は定数）で帯電している．円柱の内側の電場を求めよ．

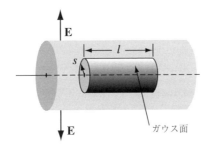

図 2.21

解答
長さ l で半径が s の円柱をガウス面として描いてみよう．この面に対してガウスの法則は

$$\oint_{\mathcal{S}} \mathbf{E} \cdot d\mathbf{a} = \frac{1}{\epsilon_0} Q_{\text{enc}}$$

であり，面に囲まれた電荷は

$$Q_{\text{enc}} = \int \rho \, d\tau = \int (ks')(s' \, ds' \, d\phi \, dz) = 2\pi k l \int_0^s s'^2 \, ds' = \tfrac{2}{3}\pi k l s^3$$

となる．（ここで，式 1.78 の円柱座標の体積素を用いて，ϕ について 0 から 2π まで，z について 0 から l まで積分した．さらに積分変数 s' には，ガウス面の半径 s と区別するために $'$ 記号がつけてある．）

対称性により $\mathbf{E}$ は（円柱中心軸から）放射状外向きを向いていなければならない．よって，ガウス面の曲がっている側面部分に対しては

$$\int \mathbf{E} \cdot d\mathbf{a} = \int |\mathbf{E}| \, da = |\mathbf{E}| \int da = |\mathbf{E}| \, 2\pi s l$$

を得る一方で，ガウス面の両端は（$\mathbf{E}$ が $d\mathbf{a}$ と垂直なので）積分に寄与しない．よって，

$$|\mathbf{E}|\,2\pi sl = \frac{1}{\epsilon_0}\frac{2}{3}\pi kls^3$$

あるいは最終的に，

$$\mathbf{E} = \frac{1}{3\epsilon_0}ks^2\hat{\mathbf{s}}$$

を得る．

例題 2.5. 無限に広い平面が一様な表面電荷密度 σ で帯電している．その平面がつくる電場を求めよ．

解答
その平面の上側と下側に同じ距離だけ伸びている "箱型のガウス面"（図 2.22）を描いて，これにガウスの法則

$$\oint \mathbf{E}\cdot d\mathbf{a} = \frac{1}{\epsilon_0}Q_{\text{enc}}$$

を当てはめよう．この問題の場合には，$Q_{\text{enc}} = \sigma A$ となる，ここで A は箱型のガウス面のふたの面積である．対称性により，$\mathbf{E}$ は面から離れる方向を向く（面の上側の点では上向きに，面の下側の点では下向きに）．よって，箱の上面と下面の積分は

$$\int \mathbf{E}\cdot d\mathbf{a} = 2A|\mathbf{E}|$$

となる一方で，箱の側面は積分にまったく寄与しない．つまり

$$2A\,|\mathbf{E}| = \frac{1}{\epsilon_0}\sigma A$$

あるいは

$$\mathbf{E} = \frac{\sigma}{2\epsilon_0}\hat{\mathbf{n}} \qquad (2.17)$$

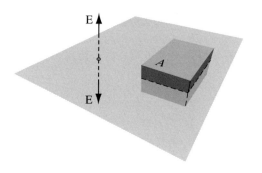

図 2.22

を得る．ここで $\hat{\mathbf{n}}$ は面から遠ざかる方向を向いた単位ベクトルである．問題 2.6 において，ずっと面倒な方法によって同じ結果を得ていたことを思い出そう．

無限に広い面がつくる電場が，面からどのくらい離れているかに依存しないという結果は，最初は意外なように思える．クーロンの法則における $1/r^2$ はどうなったのだろうか？ 要点はこうである．平面からどんどん遠くに離れていくにつれて，（場の点から拡がる円錐型をした）"視野" の中にますます多くの電荷が入ってきて，ある特定の電荷素片の（電場をつくるという意味での）影響の減少を補っているのである．球がつくる電場は $1/r^2$ のように減少し，無限長の線がつくる電場は $1/r$ のように減少し，無限に広い面がつくる電場はまったく減少しない（無限の面からは逃れられない！）．

電場を計算するためにガウスの法則を直接使うことは，球，円柱，面の対称性をもつ場合のみに限定されるが，全体としては対称ではない電荷分布であっても，これらの対称性を呈する物体の組み合わせとしてまとめることができる．たとえば，重ね合わせの原理を用いて，一様に帯電した平行 2 本の円柱の近傍の電場や，無限に広い帯電平面の近くにある帯電球のつくる電場を求めることができる．

例題 2.6. 無限に広い平行な二つの面が大きさが等しく逆の符号の一様な面電荷密度 $\pm\sigma$ で帯電している（図 2.23）．三つの領域，(i) 2 面の左側，(ii) 2 面の間，(iii) 2 面の右側，における電場を求めよ．

解答
左側の面はそこから遠ざかる向きの電場 $(1/2\epsilon_0)\sigma$（図 2.24）を，領域 (i) では左向きに，領域 (ii) および (iii) では右向きにつくる．右側の面は，負に帯電しているので，面に向かう方向の電場 $(1/2\epsilon_0)\sigma$ を，領域 (i) および (ii) では右向きに，領域 (iii) では左向きにつくる．領域 (i) と (iii) では二つの電場が相殺し，領域 (ii) では重なり合い生き残る．

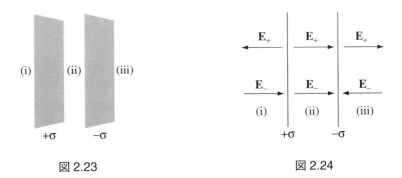

図 2.23   図 2.24

84 第 2 章 静 電 気 学

結論: 面の間の電場の大きさは σ/ϵ_0 で右を向いており, それ以外の場所では電場はゼロとなる.

問題 2.11 ガウスの法則を用いて, 一様な面電荷密度 σ で帯電した半径 R の球殻の内側および外側の電場を求めよ. 結果を問題 2.7 と比較せよ.

問題 2.12 ガウスの法則を用いて, 体積電荷密度 ρ で一様に帯電した半径 R の球の内側の電場を求めよ. 結果を問題 2.8 と比較せよ.

問題 2.13 線電荷密度 λ で一様に帯電した無限長の直線から (垂直) 距離 s にある電場を求めよ. 結果を式 2.9 と比較せよ.

問題 2.14 原点からの距離 r に比例した体積電荷密度 $\rho = kr$ (k は定数) で帯電している球の内側における電場を求めよ. [ヒント: この電荷密度は一様でなく, Q_{enc} を得るためには積分する必要がある.]

問題 2.15 (内半径が a で外半径が b の) 厚みのある球殻 (図 2.25) が電荷密度
$$\rho = \frac{k}{r^2} \quad (a \leq r \leq b)$$
で帯電している. 三つの領域, (i) $r < a$, (ii) $a < r < b$, (iii) $r > b$ における電場を求めよ. $|\mathbf{E}|$ を r の関数として, $b = 2a$ の場合について, グラフに描け.

問題 2.16 長い同軸ケーブル (図 2.26) があり, 半径 a の内側の円柱が一様な体積電荷密度 ρ で正に帯電し, 半径 b の外側の円柱殻が一様な表面電荷密度で負に (ケーブルが全体として電気的に中性となるように) 帯電している. 三つの領域, (i) 内側の円柱の内部 ($s < a$), (ii) 内側の円柱と外側の円柱殻との間 ($a < s < b$), (iii) ケーブルの外側 ($s > b$) における電場を求めよ. s の関数として $|\mathbf{E}|$ のグラフを描け.

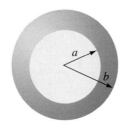

図 2.25

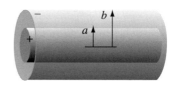

図 2.26

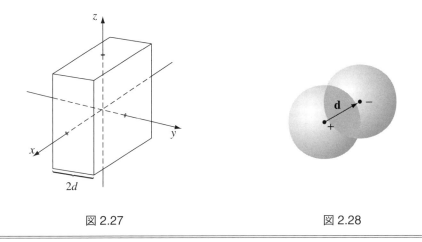

図 2.27　　　　　　　　　　　　　図 2.28

問題 2.17　厚さが $2d$ の無限に広い厚板が，一様な体積電荷密度 ρ で帯電している（図 2.27）．電場を y の関数として求めよ．ただし $y = 0$ を厚板の中心にとる．電場が $+y$ 方向を向いているときに E を正とし，$-y$ 方向を向いているときに E を負とすることにして，E 対 y のグラフを描け．

- **問題 2.18**　半径 R の一様な体積電荷密度 $+\rho$ および $-\rho$ でそれぞれ帯電した二つの球が，部分的に重なっておかれている（図 2.28）．正に帯電した球の中心から負に帯電した球の中心へ向かうベクトルを **d** とよぶことにする．重なった領域の電場は一定であることを示し，その値を求めよ．[ヒント: 問題 2.12 の答えを使え．]

2.2.4　静電場 E の回転

2.2.1 項で発散の計算をしたように，原点におかれた点電荷という最も単純な電荷配置を最初に調べることにより，電場 **E** の回転を計算しよう．この場合

$$\mathbf{E} = \frac{1}{4\pi\epsilon_0} \frac{q}{r^2} \hat{\mathbf{r}}$$

である．いま，図 2.12 を一目見るだけで，この電場の回転はゼロであると納得できるはずだが，われわれはもう少し厳密なことを考えるべきであろう．点 **a** から別の点 **b** までの電場の線積分

$$\int_{\mathbf{a}}^{\mathbf{b}} \mathbf{E} \cdot d\mathbf{l}$$

を計算してみるとどうなるだろうか？（図 2.29）球座標では $d\mathbf{l} = dr\,\hat{\mathbf{r}} + r\,d\theta\,\hat{\boldsymbol{\theta}} + r\sin\theta\,d\phi\,\hat{\boldsymbol{\phi}}$ なので

$$\mathbf{E} \cdot d\mathbf{l} = \frac{1}{4\pi\epsilon_0}\frac{q}{r^2}dr$$

となり，よって

$$\int_{\mathbf{a}}^{\mathbf{b}} \mathbf{E} \cdot d\mathbf{l} = \frac{1}{4\pi\epsilon_0}\int_{\mathbf{a}}^{\mathbf{b}} \frac{q}{r^2}dr = \left.\frac{-1}{4\pi\epsilon_0}\frac{q}{r}\right|_{r_a}^{r_b} = \frac{1}{4\pi\epsilon_0}\left(\frac{q}{r_a} - \frac{q}{r_b}\right) \tag{2.18}$$

を得る．ここで r_a は原点から点 **a** までの距離であり，r_b は原点から点 **b** までの距離である．閉じた経路を回る積分は ($r_a = r_b$ となるので) あきらかにゼロである．

$$\boxed{\oint \mathbf{E} \cdot d\mathbf{l} = 0} \tag{2.19}$$

したがってストークの定理を当てはめて，

$$\boxed{\nabla \times \mathbf{E} = \mathbf{0}} \tag{2.20}$$

を得る．

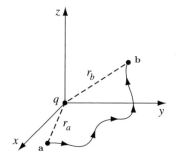

図 2.29

ここまでは，原点におかれた点電荷に対してのみ，式 2.19 および式 2.20 を証明した．しかしながら，これらの結果は座標の選び方がまったく任意であることには結局は触れていない．つまり，点電荷がどこにあっても成り立つ．さらには，多くの点電荷があるときは，全体の電場は重ね合わせの原理によりそれらの個々の電場のベクトル和

$$\mathbf{E} = \mathbf{E}_1 + \mathbf{E}_2 + \ldots$$

であるので,

$$\nabla \times \mathbf{E} = \nabla \times (\mathbf{E}_1 + \mathbf{E}_2 + \ldots) = (\nabla \times \mathbf{E}_1) + (\nabla \times \mathbf{E}_2) + \ldots = \mathbf{0}$$

となる. つまり, 式 2.19 および式 2.20 はどんな静電荷分布に対しても成り立つ.

問題 2.19 2.2.2 項の方法により, 式 2.8 から直接 $\nabla \times \mathbf{E}$ を計算せよ. もし行き詰まったら問題 1.63 を参照せよ.

2.3 静電ポテンシャル

2.3.1 静電ポテンシャルの導入

電場 $\mathbf{E}$ はどんなベクトル関数でもよいわけではない. その回転がゼロであるという非常に特別な種類のベクトル関数である. たとえば, $\mathbf{E} = y\hat{\mathbf{x}}$ は静電場ではあり得ない. その大きさや位置にかかわらず, どんな電荷の組み合わせでも, そのような場をつくることはできない. われわれは, ($\mathbf{E}$ を求めるという)「ベクトルの問題」をはるかに簡単な「スカラーの問題」に還元するために, この静電場の特別な性質を活用するつもりである. 1.62 節の定理 1 は, 回転がゼロである任意のベクトル場はあるスカラー場の勾配に等しいことを主張する. いまからしようとしていることは, 要するに静電場の文脈におけるその主張の証明となる.

$\nabla \times \mathbf{E} = \mathbf{0}$ なので, 任意の閉じたループの周りの $\mathbf{E}$ の線積分は (ストークスの定理から当然そうなるように) ゼロになる. $\oint \mathbf{E} \cdot d\mathbf{l} = 0$ なので, 点 $\mathbf{a}$ から点 $\mathbf{b}$ への $\mathbf{E}$ の線積分はすべての経路に対して同じになる (さもなければ, 図 2.30 のように, 経路 (i) に沿って出発し, 経路 (ii) に沿って戻ってくると, $\oint \mathbf{E} \cdot d\mathbf{l} \neq 0$ の結果を得てしまう). この線積分が経路によらないため, われわれは関数[6]

$$\boxed{V(\mathbf{r}) \equiv -\int_{\mathcal{O}}^{\mathbf{r}} \mathbf{E} \cdot d\mathbf{l}} \tag{2.21}$$

---

[6]あいまいさを避けるためにはおそらく

$$V(\mathbf{r}) = -\int_{\mathcal{O}}^{\mathbf{r}} \mathbf{E}(\mathbf{r}') \cdot d\mathbf{l}'$$

のように積分変数にプライム (′) 記号をつけるべきであるが, 面倒な表記を生み出してしまう. よって, このプライム (′) 記号をソース点を表すために可能な限り残しておくことにする. もちろん, 例題 2.7 のように積分を具体的に行う場合は, 積分変数にプライム (′) 記号をつけることにする.

図 2.30

を定義することができる．ここで $\mathcal{O}$ はあらかじめ決めたある基準となる参照点（基準点）である．よって V は点 $\mathbf{r}$ だけに依存する．この関数は**静電ポテンシャル**とよばれる．

二つの点 $\mathbf{a}$ と $\mathbf{b}$ の間のポテンシャルの差は

$$\begin{aligned}V(\mathbf{b}) - V(\mathbf{a}) &= -\int_{\mathcal{O}}^{\mathbf{b}} \mathbf{E} \cdot d\mathbf{l} + \int_{\mathcal{O}}^{\mathbf{a}} \mathbf{E} \cdot d\mathbf{l} \\ &= -\int_{\mathcal{O}}^{\mathbf{b}} \mathbf{E} \cdot d\mathbf{l} - \int_{\mathbf{a}}^{\mathcal{O}} \mathbf{E} \cdot d\mathbf{l} = -\int_{\mathbf{a}}^{\mathbf{b}} \mathbf{E} \cdot d\mathbf{l}\end{aligned} \quad (2.22)$$

となる．さて，勾配の基本定理によると

$$V(\mathbf{b}) - V(\mathbf{a}) = \int_{\mathbf{a}}^{\mathbf{b}} (\boldsymbol{\nabla} V) \cdot d\mathbf{l}$$

であるので，

$$\int_{\mathbf{a}}^{\mathbf{b}} (\boldsymbol{\nabla} V) \cdot d\mathbf{l} = -\int_{\mathbf{a}}^{\mathbf{b}} \mathbf{E} \cdot d\mathbf{l}$$

となる．最終的に，この関係式は任意の点 $\mathbf{a}$ と $\mathbf{b}$ に対して正しいので，両辺の被積分関数は等しくなければならない．よって

$$\boxed{\mathbf{E} = -\boldsymbol{\nabla} V} \quad (2.23)$$

を得る．式 2.23 は式 2.21 の微分型であり，電場はスカラーポテンシャルの勾配であることを述べていて，これはまさに証明しようとしていたことである．

経路によらないという性質（あるいは等価である $\boldsymbol{\nabla} \times \mathbf{E} = \mathbf{0}$ という事実）がこの議論で果たしている目立たないが非常に重要な役割に注目してほしい．もし仮に $\mathbf{E}$ の線積分が用いる経路に依存するならば，式 2.21 の V の "定義" は意味をなさなくなってしまう．経路を変えてしまうと $V(\mathbf{r})$ の値が変わるので，式 2.21 は関数をまったく定義しない．ところで，式 2.23 にある負符号には悩まされないようにしてほしい．この負号は式 2.21 から来たものでおもに慣例の問題である．

2.3. 静電ポテンシャル 89

問題 2.20 以下の (a), (b) のうち一つはあり得ない静電場である. どちらか?
(a) $\mathbf{E} = k[xy\,\hat{\mathbf{x}} + 2yz\,\hat{\mathbf{y}} + 3xz\,\hat{\mathbf{z}}]$
(b) $\mathbf{E} = k[y^2\,\hat{\mathbf{x}} + (2xy + z^2)\,\hat{\mathbf{y}} + 2yz\,\hat{\mathbf{z}}]$

ここで k は適当な単位をもつ定数である. あり得る方の電場に対しては, 基準点として原点を用いてそのポテンシャルを求めよ. さらに求めた答えを ∇V を計算することにより確かめよ. [ヒント: 積分を実行する特定の経路を選ばなくてはならない. どんな経路を選んでも構わない, なぜならば答えは経路に依存しないからである. ただし, 明確な経路を念頭におかない限り, まったく積分できない.]

2.3.2 ポテンシャルについての注釈

(i) **名前.** "ポテンシャル" という言葉はいまわしい誤称である. なぜならそれが必然的にポテンシャルエネルギーを想起させるからである. 2.4 節で見るように "ポテンシャル" と "ポテンシャルエネルギー" の間には関連があるため, このことはとくに油断ならない. 残念ながら, この言葉を避けることはできない. できることは, "ポテンシャル" と "ポテンシャルエネルギー" はまったく異なる術語で, 本来なら異なる名前をもつべきであることをきっぱりと強くいうことである. ついでにいえば, ポテンシャルが一定の面は**等ポテンシャル面**とよばれる.

(ii) **ポテンシャル定式化の利点.** もし V がわかっていれば, その勾配を $\mathbf{E} = -\nabla V$ のようにとるだけで, 簡単に電場 $\mathbf{E}$ を得ることができる. このことはじっくり考えると非常に驚くべきことである. なぜならば $\mathbf{E}$ は三つの成分をもつベクトル量であるが V は一つの成分だけをもつスカラー量であるからだ. どうやって一つの関数が三つの独立な関数のもつ情報すべてを含むことができるのだろうか? 答えは, $\mathbf{E}$ の三つの成分は本当は見た目のようには独立ではないということである. 実際, 三つの成分は, $\nabla \times \mathbf{E} = 0$ というまさに議論の出発時の条件によって, あからさまに相互に関連している. これを成分表示すれば,

$$\frac{\partial E_x}{\partial y} = \frac{\partial E_y}{\partial x}, \qquad \frac{\partial E_z}{\partial y} = \frac{\partial E_y}{\partial z}, \qquad \frac{\partial E_x}{\partial z} = \frac{\partial E_z}{\partial x}$$

となり, 2.3.1 項の冒頭での「$\mathbf{E}$ は非常に特別な種類のベクトルである」という記述に立ち返らせる. ポテンシャル定式化がしていることはこの特徴を最大限に活用してベクトル問題をスカラー問題に還元していることであり, 成分を扱う心配をする必要はない.

90 第2章 静電気学

(iii) 基準点 $\mathcal{O}$. 基準点 $\mathcal{O}$ の選択が任意であるため, ポテンシャルの定義には本質的なあいまいさがある. 基準点を変更することはポテンシャルに定数 K を加えることに等しい.

$$V'(\mathbf{r}) = -\int_{\mathcal{O}'}^{\mathbf{r}} \mathbf{E} \cdot d\mathbf{l} = -\int_{\mathcal{O}'}^{\mathcal{O}} \mathbf{E} \cdot d\mathbf{l} - \int_{\mathcal{O}}^{\mathbf{r}} \mathbf{E} \cdot d\mathbf{l} = K + V(\mathbf{r})$$

ここで K は古い基準点 $\mathcal{O}$ から新しい基準点 $\mathcal{O}'$ までの $\mathbf{E}$ の線積分である. もちろん, 定数を V に加えることは,

$$V'(\mathbf{b}) - V'(\mathbf{a}) = V(\mathbf{b}) - V(\mathbf{a})$$

のように, K が相殺するため2点の間のポテンシャル差に影響しない. (実際, ポテンシャル差が $\mathcal{O}$ に依存しないことは式 2.22 からすでにあきらかである. なぜならば, ポテンシャル差が $\mathcal{O}$ を参照することなく $\mathbf{a}$ から $\mathbf{b}$ までの $\mathbf{E}$ の線積分として書くことができるからである.) 定数の微分はゼロなので,

$$\boldsymbol{\nabla} V' = \boldsymbol{\nabla} V$$

のように, このあいまいさは V の勾配にもまた同様に影響しない. それゆえ, 基準点の選び方だけが違うすべての V' は同じ電場 $\mathbf{E}$ に対応する.

ポテンシャルそれ自体は本当の物理的な重要性をもたない. なぜならば $\mathcal{O}$ を適当に動かすことによって任意の点におけるその値を意のままに調整することができるからだ. この意味で, ポテンシャルは海抜のようなものであるといえる. デンバーの高度を尋ねられたら, おそらく海面からの高さを答えるだろう. なぜなら, それが使いやすく伝統的な基準点であるためである. しかしながら, われわれは高度をワシントン DCあるいはグリニッジあるいはその他どこからでも測るように取り決めることもできる. そのためには海抜の測定値から一定量を加えたり (むしろ引いたり) することになるだろう. しかしながら実際には何も変わったりはしない. 2点の間の高度の差が本質的に関心のある唯一の量であり, どんな基準点であってもその差は同じになる.

しかしながら, そうはいっても静電気学において $\mathcal{O}$ として使うべき "自然な" 点が高度に対する海抜と同様に存在して, それは電荷から無限遠方に離れた点になる. そうすると, 普通は "ポテンシャルのゼロを無限遠方にとる" ことになる. ($V(\mathcal{O}) = 0$ なので, 基準点を選ぶことは V がゼロになる場所を選ぶことと同じことになる.) しかしながら, この取り決めがうまくいかない (電荷分布自身が無限遠方まで伸びているという) 特別な状況があることを注意しておかなければならない. そのような場合でのトラブルの症状はポテンシャルが発散することである. たとえば, 例題 2.5 で求めたように一様に帯電した無限に広い面の電場は $(\sigma/2\epsilon_0)\hat{\mathbf{n}}$ であるが, 単純に $\mathcal{O} = \infty$ とすると面からの高さ z の位置でのポテンシャルは

$$V(z) = -\int_\infty^z \frac{1}{2\epsilon_0}\sigma\,dz = -\frac{1}{2\epsilon_0}\sigma(z-\infty)$$

となってしまう．これへの対策は単純に別の基準点を選ぶことである（この例では面上の点を選ぶとよい）．この困難は教科書の演習問題だけに起きることを注意しておく．"現実の世界"では電荷分布が延々と続いているといったことはありえず，それゆえわれわれは基準点として無限遠方を常に用いることができる．

(iv) ポテンシャルは重ね合わせの原理にしたがう． 重ね合わせの原理は元々試験電荷 Q に働く力に関するものであり，Q に働く全体の力は個々のソース電荷に起因する力のベクトル和

$$\mathbf{F} = \mathbf{F}_1 + \mathbf{F}_2 + \ldots$$

であるというものである．両辺を Q で割ることにより，電場も重ね合わせの原理にしたがうこと

$$\mathbf{E} = \mathbf{E}_1 + \mathbf{E}_2 + \ldots$$

がわかり，共通の基準点から $\mathbf{r}$ まで線積分することにより，ポテンシャルも重ね合わせの原理

$$V = V_1 + V_2 + \ldots$$

を満たすということになる．つまり，ある指定された点におけるポテンシャルは，個々のソース電荷に起因するポテンシャルの和となる．これは普通の和でありベクトル和ではないため，取り扱いがずっと簡単になる．

(v) ポテンシャルの単位． 用いている SI 単位系では，力はニュートン単位で，電荷はクーロン単位で測られるので，電場はニュートン/クーロン単位となる．対応してポテンシャルはニュートン・メートル/クーロン単位あるいはジュール/クーロン単位になる．ジュール/クーロンは**ボルト**である．

例題 2.7. 一様に帯電している半径 R の球殻（図 2.31）の内側と外側のポテンシャル

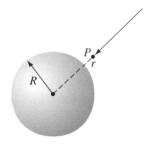

図 2.31

92 第 2 章 静 電 気 学

を求めよ. 基準点を無限遠方にとること.

解答

ガウスの法則より, 外側の電場は

$$\mathbf{E} = \frac{1}{4\pi\epsilon_0}\frac{q}{r^2}\hat{\mathbf{r}}$$

となり, 内側の電場はゼロとなる. ここで, q は球殻上の全電荷量である. 球殻の外側の点 $(r > R)$ に対しては,

$$V(r) = -\int_{\mathcal{O}}^{\mathbf{r}}\mathbf{E}\cdot d\mathbf{l} = \frac{-1}{4\pi\epsilon_0}\int_\infty^r \frac{q}{r'^2}\,dr' = \frac{1}{4\pi\epsilon_0}\frac{q}{r'}\Big|_\infty^r = \frac{1}{4\pi\epsilon_0}\frac{q}{r}$$

となる. 球殻の内側 $(r < R)$ のポテンシャルを求めるためには, 内側および外側における電場を用いて積分を

$$V(r) = \frac{-1}{4\pi\epsilon_0}\int_\infty^R \frac{q}{r'^2}\,dr' - \int_R^r (0)\,dr' = \frac{1}{4\pi\epsilon_0}\frac{q}{r'}\Big|_\infty^R + 0 = \frac{1}{4\pi\epsilon_0}\frac{q}{R}$$

のように, 二つに分割する必要がある.

　球殻の内側では電場はゼロであってもポテンシャルはゼロでないことを注意しておく. V はこの領域では定数であり, 確かにその結果 $\boldsymbol{\nabla}V = \mathbf{0}$ となる. このことは大事な点である. この種の問題では常にポテンシャルが "釘づけ" されている基準点からポテンシャルを求めたい点にまで積分を実行する必要がある. 球殻の内側のポテンシャルをその場所の電場だけにより求めることができると思いたくなるが, それは間違っている. 球殻の内側のポテンシャルは球殻の外側がどうなっているかにも敏感である. 一様に帯電した半径が $R'(> R)$ の二番目の球殻を外におくと, たとえその場所の電場がゼロのままであっても, R の内側のポテンシャルは変化する. 考えている点の外側にある電荷分布が球対称あるいは円柱対称であればその点には正味の電場をつくらないということがガウスの法則によって保証されているが, 基準点として無限遠方を用いている場合には, ポテンシャルに対してはそのような法則はない.

問題 2.21 一様に帯電した半径 R の球の内部と外側のポテンシャルを求めよ. 基準点として無限遠方を使え. 各領域で V の勾配を計算し, 正しい電場を与えることを確かめよ. $V(r)$ のグラフを描け.

問題 2.22 一様な線電荷密度 λ で帯電した無限長の直線から垂直距離 s の場所のポテンシャルを求めよ. 求めたポテンシャルの勾配を計算し, 正しい電場を与えることを確かめよ.

問題 2.23 問題 2.15 の電荷分布に対して, 基準点として無限遠方を用いて中心における
ポテンシャルを求めよ.

問題 2.24 問題 2.16 の電荷分布に対して, 中心軸上の点と外側の円柱殻上の点の間のポ
テンシャル差を求めよ. 式 2.22 を用いるなら, 特定の基準点にこだわる必要がないことを
注意しておく.

2.3.3 ポアソン方程式とラプラス方程式

われわれは 2.3.1 項で電場はスカラーポテンシャルの勾配として

$$\mathbf{E} = -\nabla V$$

のように書くことができることをあきらかにした. すると「電場 $\mathbf{E}$ の発散と回転を与
える $\nabla \cdot \mathbf{E} = \rho/\epsilon_0$ および $\nabla \times \mathbf{E} = \mathbf{0}$ は V を用いるとどうなるか?」という疑問が
生じる. まず, $\nabla \cdot \mathbf{E} = \nabla \cdot (-\nabla V) = -\nabla^2 V$ なので, 残っている負号を別にすれば $\mathbf{E}$
の発散は V のラプラシアンである. よってガウスの法則は

$$\boxed{\nabla^2 V = -\frac{\rho}{\epsilon_0}} \tag{2.24}$$

となる. これは**ポアソン方程式**として知られている. 電荷がない領域においては $\rho = 0$
なので, ポアソン方程式はラプラス方程式,

$$\nabla^2 V = 0 \tag{2.25}$$

に帰着する. この方程式については第 3 章で詳しく説明する.

ガウスの法則 (発散) についてはこれでおしまいであるが, 回転についてはどうであ
ろうか? これについては,

$$\nabla \times \mathbf{E} = \nabla \times (-\nabla V) = \mathbf{0}$$

となり, 勾配の回転は常にゼロであるため, V についての条件は何も出てこない. も
ちろん, われわれはこの回転の場の方程式を, $\mathbf{E}$ がスカラー関数の勾配として表現で
きることを示すために用いている. よってこの結果になることは驚くに当たらない.
$\nabla \times \mathbf{E} = \mathbf{0}$ は $\mathbf{E} = -\nabla V$ を許可し, そのお返しに $\mathbf{E} = -\nabla V$ は $\nabla \times \mathbf{E} = \mathbf{0}$ を保証
する. V を決めるのは, たった一つの微分方程式 (ポアソン方程式) であり, それは V
がスカラー場であるためである. ベクトル場である $\mathbf{E}$ に対しては, 発散と回転の二つ
が必要になる.

2.3.4 局在電荷分布のポテンシャル

式 2.21 では V を $\mathbf{E}$ によって定義した. だが, われわれが求めようとしているのはたいていは $\mathbf{E}$ である. (もしすでに $\mathbf{E}$ がわかっていたなら, V を計算することに意味がないだろう.) 背後にある狙いは, 最初に V を求めてからその勾配をとって $\mathbf{E}$ を計算する方がおそらく簡単だろうということである. 一般的には, われわれは電荷がどこにあるか (つまり ρ) をわかったうえで V を求めたい. さてポアソン方程式は V と ρ を関係づけるが, 残念なことに "あべこべ" になっている. V がわかっているとポアソン方程式は ρ を与えてくれるが, われわれは ρ を知って V を求めたいのである. よってすべきことはポアソン方程式を "逆にする" ことである. これがこの項の予定であり, 遠回りにはなるがいつもの通り最初は原点においた点電荷から始める.

その電場は $\mathbf{E} = (1/4\pi\epsilon_0)(1/r^2)\hat{\mathbf{r}}$ であり線素は $d\mathbf{l} = dr\,\hat{\mathbf{r}} + r\,d\theta\,\hat{\boldsymbol{\theta}} + r\sin\theta\,d\phi\,\hat{\boldsymbol{\phi}}$ であるので

$$\mathbf{E} \cdot d\mathbf{l} = \frac{1}{4\pi\epsilon_0}\frac{q}{r^2}\,dr$$

となり, 基準点を無限遠方にとると, 原点におかれた点電荷 q のポテンシャルは

$$V(r) = -\int_{\mathcal{O}}^{\mathbf{r}} \mathbf{E} \cdot d\mathbf{l} = \frac{-1}{4\pi\epsilon_0}\int_{\infty}^{r}\frac{q}{r'^2}\,dr' = \frac{1}{4\pi\epsilon_0}\frac{q}{r'}\bigg|_{\infty}^{r} = \frac{1}{4\pi\epsilon_0}\frac{q}{r}$$

となる. (読者は基準点に無限遠方を用いた利点に気がつくだろう. 積分における下限が消えている.) V の符号に注意してほしい. 式 2.21 の V の定義における慣習的な負号はおそらく正電荷のポテンシャルが正となるように選ばれていたのである. 正電荷の領域はポテンシャルの "丘" であり, 負電荷の領域はポテンシャルの "谷" であり, さらに電場はポテンシャルの正から負に向かう "下り方向" を向いていることを覚えておくと便利である.

一般には点電荷 q のポテンシャルは

$$V(\mathbf{r}) = \frac{1}{4\pi\epsilon_0}\frac{q}{\imath} \tag{2.26}$$

であり, $\imath$ はいつものように q から $\mathbf{r}$ までの距離である (図 2.32). 重ね合わせの原理を用いて, 点電荷の集まりに対するポテンシャルは,

$$V(\mathbf{r}) = \frac{1}{4\pi\epsilon_0}\sum_{i=1}^{n}\frac{q_i}{\imath_i} \tag{2.27}$$

となり, 連続電荷分布に対しては,

$$V(\mathbf{r}) = \frac{1}{4\pi\epsilon_0}\int\frac{1}{\imath}dq \tag{2.28}$$

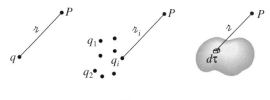

図 2.32

となる.とくに体積電荷分布に対しては,そのポテンシャルは

$$V(\mathbf{r}) = \frac{1}{4\pi\epsilon_0} \int \frac{\rho(\mathbf{r}')}{\scriptstyle\mathcal{r}} \, d\tau' \tag{2.29}$$

となる.これがわれわれが求めていた表式であり,ρ がわかっているときに V の計算の仕方を教えてくれる.これは,いってみれば局在した電荷分布に対するポアソン方程式の"解"である[7].この式 2.29 を対応する ρ による電場の表式(式 2.8)

$$\mathbf{E}(\mathbf{r}) = \frac{1}{4\pi\epsilon_0} \int \frac{\rho(\mathbf{r}')}{\scriptstyle\mathcal{r}^2} \hat{\mathcal{r}} d\tau'$$

と比較してみよう.注意すべき点は,厄介な単位ベクトル $\hat{\mathcal{r}}$ が消えていることであり,よって成分計算に手間をかける必要はない.線電荷と面電荷分布に対するポテンシャルは

$$V = \frac{1}{4\pi\epsilon_0} \int \frac{\lambda(\mathbf{r}')}{\scriptstyle\mathcal{r}} \, dl' \quad \text{および} \quad V = \frac{1}{4\pi\epsilon_0} \int \frac{\sigma(\mathbf{r}')}{\scriptstyle\mathcal{r}} \, da' \tag{2.30}$$

になる.

この節におけるすべての結果は基準点が無限遠方にあるという前提に基づいていることを注意しておきたい.このことは式 2.29 においてはほとんどあきらかではないが,この式のもとになっている原点におかれた点電荷のポテンシャル $(1/4\pi\epsilon_0)(q/r)$ は $\mathcal{O} = \infty$ の場合にだけ正しい表式であることを思い出そう.もし電荷分布自身が無限遠方まで広がっているような人工的な問題にこれらの表式を適用しようとすると,積分は発散する.

例題 2.8. 一様に帯電している半径 R の球殻のポテンシャルを求めよ(図 2.33).

解答
これは例題 2.7 で解いたものと同じ問題であるが,今回は式 2.30

---

[7]式 2.29 は付録 B にあるヘルムホルツの定理の例題になっている.

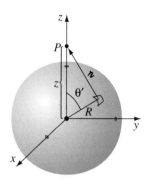

図 2.33

$$V(\mathbf{r}) = \frac{1}{4\pi\epsilon_0}\int \frac{\sigma}{\mathscr{r}}\,da'$$

を用いて解くことにする．z 軸上に点 P を同様にとり，$\mathscr{r}$ を表すために余弦定理

$$\mathscr{r}^2 = R^2 + z^2 - 2Rz\cos\theta'$$

を用いる．
球殻上の面素は $R^2\sin\theta'\,d\theta'\,d\phi'$ なので

$$\begin{aligned}
4\pi\epsilon_0 V(z) &= \sigma\int \frac{R^2\sin\theta'\,d\theta'\,d\phi'}{\sqrt{R^2+z^2-2Rz\cos\theta'}} \\
&= 2\pi R^2\sigma\int_0^\pi \frac{\sin\theta'}{\sqrt{R^2+z^2-2Rz\cos\theta'}}\,d\theta' \\
&= 2\pi R^2\sigma\left(\frac{1}{Rz}\sqrt{R^2+z^2-2Rz\cos\theta'}\right)\bigg|_0^\pi \\
&= \frac{2\pi R\sigma}{z}\left(\sqrt{R^2+z^2+2Rz}-\sqrt{R^2+z^2-2Rz}\right) \\
&= \frac{2\pi R\sigma}{z}\left[\sqrt{(R+z)^2}-\sqrt{(R-z)^2}\right]
\end{aligned}$$

を得る．この段階では，われわれは正の平方根をとるように十分に気をつける必要がある．球殻の外側の点に対しては，z は R より大きいので，$\sqrt{(R-z)^2}=z-R$ となるが，球殻の内側の点に対しては $\sqrt{(R-z)^2}=R-z$ となる．よって，

$$\begin{aligned}
V(z) &= \frac{R\sigma}{2\epsilon_0 z}[(R+z)-(z-R)] = \frac{R^2\sigma}{\epsilon_0 z} \quad \text{(外側)} \\
V(z) &= \frac{R\sigma}{2\epsilon_0 z}[(R+z)-(R-z)] = \frac{R\sigma}{\epsilon_0} \quad \text{(内側)}
\end{aligned}$$

を得る. r と球殻の総電荷量 $q = 4\pi R^2 \sigma$ を用いると

$$V(r) = \begin{cases} \dfrac{1}{4\pi\epsilon_0}\dfrac{q}{r} & (r \geq R) \\ \dfrac{1}{4\pi\epsilon_0}\dfrac{q}{R} & (r \leq R) \end{cases}$$

となる.

もちろん, この特定の例においては, 式 2.30 ではなく式 2.21 を用いて V を求めた方が (ガウスの法則によりほとんど努力せずに $\mathbf{E}$ を得られたために) 簡単であった. しかしながら例題 2.8 を問題 2.7 と比べるとポテンシャルによる定式化のもつ力がよくわかるであろう.

問題 2.25 式 2.27 および式 2.30 を用いて, 図 2.34 に示された各電荷分布の中心から z の距離の点 P におけるポテンシャルを求めよ. 各々の電荷分布について $\mathbf{E} = -\boldsymbol{\nabla}V$ を計算し, その結果を例題 2.1, 例題 2.2, 問題 2.6 とそれぞれ比較せよ. 図 2.34(a) の右側の電荷を $-q$ に変えると, 点 P におけるポテンシャルはどうなるか? またその電場はどうなるか? その結果を問題 2.2 と比較し, 矛盾点について注意深く説明せよ.

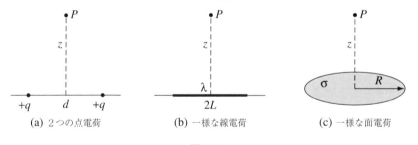

図 2.34

問題 2.26 (中身が入っていないアイスクリームコーンのような) 円錐の表面が一様な面電荷密度 σ で帯電している. この円錐の頂点から上部までの高さは h である. 下側の頂点 **a** と上側の中心点 **b** の間のポテンシャル差を求めよ.

問題 2.27 一様に帯電した円柱の中心軸上で中心から z の距離のポテンシャルを求めよ. 円柱の長さが L で, 半径が R であり, その体積電荷密度が ρ とする. 得られた結果を, その点における電場の計算に用いよ. (ただし, $z > L/2$ を仮定すること.)

問題 2.28 総電荷量 q で一様に帯電している半径 R の球の内側のポテンシャルを計算するために式 2.29 を用いよ. 得られた結果を問題 2.21 と比較せよ.

問題 2.29 式 2.29 がポアソンの方程式を満たすことを, ラプラシアンを作用させることにより確かめよ.

2.3.5 境界条件

典型的な静電気学の問題においてはソース電荷分布 ρ が与えられ, それがつくり出す $\mathbf{E}$ 電場を求めることになる. 問題における対称性を利用してガウスの法則により解を得ることができなければ, 一般には最初に中間ステップとしてポテンシャルを計算するのが得策である. 静電気学には $\rho, \mathbf{E}$ および V という三つの基本的な量がある. われわれはこれまでの議論の過程でこれらを相互に関係づける六つの関係式すべてを導出してきた. それらの関係式は図 2.35 にすっきりとまとめられている. われわれはたった二つの実験事実 (1) 重ね合わせの原理 (すべての電磁力に適用される広範囲におよぶ一般的な法則) と (2) クーロンの法則 (静電気学の基本) からスタートした. これらから, 残り全部が導かれた.

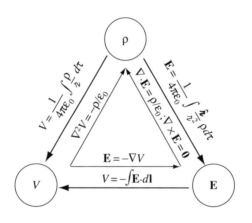

図 2.35

例題 2.5, 2.6 を学習した際に, あるいは問題 2.7, 2.11, 2.16 のような問題を解いた際に, 表面電荷 σ を横切るときに電場が不連続に変化することに読者は気がついたであろう. 実際, そのような境界で $\mathbf{E}$ が変化する量を求めることはたやすい. ウェハースのような薄い (境界面の上下にかろうじて突き出ている) 箱型ガウス面を描いてみよう (図 2.36). ガウスの法則によると

$$\oint_S \mathbf{E} \cdot d\mathbf{a} = \frac{1}{\epsilon_0} Q_{\text{enc}} = \frac{1}{\epsilon_0} \sigma A$$

となる. ここで A は箱の蓋の部分の面積である. (もし σ が点から点で変化するか, あるいは面が曲がっているなら, A をきわめて小さくとらなければならない.) 箱の厚さ

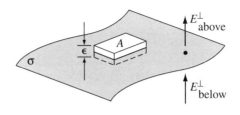

図 2.36

ϵ がゼロになる極限では, 箱の側面は電場フラックスに寄与しないので,

$$E^{\perp}_{\text{above}} - E^{\perp}_{\text{below}} = \frac{1}{\epsilon_0}\sigma \tag{2.31}$$

が残る. ここで, $E^{\perp}_{\text{above}}$ は面の直上における電場の面に垂直な成分を表しており, $E^{\perp}_{\text{below}}$ は面の直下における電場の面に垂直な成分を表している. 一貫性のため, 両者に対して "上向き" を正の方向とした. **結論:** 電場 **E** の垂直成分は境界において σ/ϵ_0 だけ不連続になる. たとえば一様な球電荷分布の表面のように, とくに表面電荷がないところでは $E^{\perp}$ は連続である.

対照的に, **E** の接線成分は次の理由により常に連続である. もし式 2.19

$$\oint \mathbf{E} \cdot d\mathbf{l} = 0$$

を図 2.37 に示した薄い長方形のループに当てはめると, ループの両端は ($\epsilon \to 0$ の極限で) 寄与せず, ループの両辺は $(E^{\parallel}_{\text{above}} l - E^{\parallel}_{\text{below}} l)$ の寄与を与えるので,

$$E^{\parallel}_{\text{above}} = E^{\parallel}_{\text{below}} \tag{2.32}$$

を得る. ここで $E^{\parallel}$ は **E** の面に平行な成分である. **E** に課せられる境界条件（式 2.31 と 2.32) は一つの関係式

$$\mathbf{E}_{\text{above}} - \mathbf{E}_{\text{below}} = \frac{\sigma}{\epsilon_0}\hat{\mathbf{n}} \tag{2.33}$$

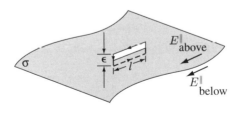

図 2.37

図 2.38

にまとめられる.ここで,$\hat{\mathbf{n}}$ は面に垂直な単位ベクトルで"下側"から"上側"を向いている[8].

一方では,静電ポテンシャルはどのような境界を越えても連続である(図 2.38).なぜならば

$$V_{\text{above}} - V_{\text{below}} = -\int_{\mathbf{a}}^{\mathbf{b}} \mathbf{E} \cdot d\mathbf{l}$$

において,(点 a から点 b に至る)経路の長さをゼロに縮小すると積分値もゼロとなり

$$V_{\text{above}} = V_{\text{below}} \tag{2.34}$$

を得るからである.しかしながら,V の勾配ベクトル場は $\mathbf{E}$ に内在する不連続性を受け継ぐことになる.つまり,$\mathbf{E} = -\nabla V$ であるため,式 2.33 は

$$\nabla V_{\text{above}} - \nabla V_{\text{below}} = -\frac{1}{\epsilon_0}\sigma\hat{\mathbf{n}} \tag{2.35}$$

あるいは,より使いやすい

$$\frac{\partial V_{\text{above}}}{\partial n} - \frac{\partial V_{\text{below}}}{\partial n} = -\frac{1}{\epsilon_0}\sigma \tag{2.36}$$

の関係式を意味する.ここで,

$$\frac{\partial V}{\partial n} = \nabla V \cdot \hat{\mathbf{n}} \tag{2.37}$$

は V の**垂直微分**(つまり,面の垂直方向の変化率)を示している.

これらの境界条件は面の直上と直下の場を関係づけていることに注意してほしい.たとえば,式 2.36 の二つの微分は面の上側または下側から近づいたときのそれぞれの極

---

[8] 面のどちら側を"上側"あるいは"下側"とよぶかは,上下反転しても $\hat{\mathbf{n}}$ の向きを変えるだけなので,大した問題ではないことを注意しておく.ついでにいえば,もし表面電荷の(本質的には平面とみなせる)局所的な一部分がその場所につくる電場だけに関心があるなら,答えは面の直上で $(\sigma/2\epsilon_0)\hat{\mathbf{n}}$ であり,面の直下で $-(\sigma/2\epsilon_0)\hat{\mathbf{n}}$ となる.このことは,例題 2.5 で見たように,(有限の半径 R の面電荷分布という)局所的な表面電荷の一部分に十分近づくと,それは無限に広い面のように"見える"ことによっている.あきらかに,$\mathbf{E}$ に見られた不連続性のすべては表面電荷の局所的な一部分に起因する.

限値である.

問題 2.30
(a) 例題 2.5, 2.6 および問題 2.11 の結果が式 2.33 を満たすかを確かめよ.
(b) 一様な表面電荷密度 σ で帯電した長い円柱空洞型のチューブの内側と外側の電場をガウスの法則を用いて求めよ. 得られた結果が式 2.33 を満たすかを確かめよ.
(c) 例題 2.8 の結果が境界条件 (式 2.33 および式 2.36) を満たすかを確かめよ.

2.4 静電場における仕事とエネルギー

2.4.1 電荷移動による仕事

図 2.39 に示されたように, $q_1, q_2, \ldots$ といったソース電荷の定常的な配置があり, それらがつくる電場のもとで試験電荷 Q を点 **a** から点 **b** まで動かしたいとしよう. **疑問:** どれだけの仕事をしなければならないのだろうか? 経路に沿った点において試験電荷 Q に働く電気力は $\mathbf{F} = Q\mathbf{E}$ である. つまり, この電気力に抗して加えなければならない力は $-Q\mathbf{E}$ である. (もし符号が気になるようであれば, レンガをもち上げることを考えてみよう. 重力により下向きに mg の力がかかるが, それに抗して mg の力を上向きにかけることになる. もちろんより大きな力を加えることができるが, そうするとレンガは加速してしまい力の一部は運動エネルギーをつくり出すことに "浪費" されることになる. ここでわれわれの関心は, 試験電荷を動かすために加えなければならない最小の力である.) それゆえ, 行うべき仕事は

$$W = \int_\mathbf{a}^\mathbf{b} \mathbf{F} \cdot d\mathbf{l} = -Q \int_\mathbf{a}^\mathbf{b} \mathbf{E} \cdot d\mathbf{l} = Q[V(\mathbf{b}) - V(\mathbf{a})]$$

となる. 上記の質問に対する答えが点 **a** から点 **b** に向かう経路に依存しないことを注意しておく. 力学の文脈ではわれわれはこの静電気力を "保存力" とよぶ. 両辺を Q で割って,

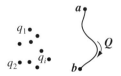

図 2.39

102 第2章 静電気学

$$V(\mathbf{b}) - V(\mathbf{a}) = \frac{W}{Q} \tag{2.38}$$

を得る.つまり,点 a と点 b の間の静電ポテンシャルの差は,点 a から点 b まで荷電粒子を運ぶために必要な単位電荷あたりの仕事に等しい.とくに,電荷 Q をはるか遠くから連れてきて点 r におきたいなら,すべき仕事は

$$W = Q[V(\mathbf{r}) - V(\infty)]$$

となる.よって,無限遠方を基準点にとるなら,

$$W = QV(\mathbf{r}) \tag{2.39}$$

となる.この意味で,(ちょうど電場が単位電荷あたりの力であるように)静電ポテンシャルは単位電荷あたりのポテンシャルエネルギー(系をつくるために必要とする仕事)である.

2.4.2 点電荷分布のエネルギー

点電荷の集まり全体を組み立てるためにどのくらいの仕事が必要となるだろうか?図 2.40 にあるように,はるか遠方から電荷を一つずつ連れていくことを想像してみよう.一番目の電荷 q_1 は,立ち向かうべき電場がまだないため仕事を必要としない.次に,電荷 q_2 を無限遠方から連れて来ると,式 2.39 によれば $q_2 V_1(\mathbf{r}_2)$ の仕事を必要とする.ここで V_1 は電荷 q_1 による静電ポテンシャルであり,$\mathbf{r}_2$ は電荷 q_2 をおく場所である.つまり仕事は,

$$W_2 = \frac{1}{4\pi\epsilon_0} q_2 \left(\frac{q_1}{\imath_{12}} \right)$$

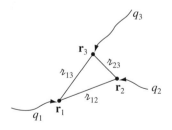

図 2.40

となる．（$\bm{\imath}_{12}$ は電荷 q_1 と電荷 q_2 が所定の場所におかれたときの電荷間の距離である）．個々の電荷を連れて来たらその最終位置に固定して，次の電荷を連れて来ても動かさないことにする．次に，電荷 q_3 を連れて来ると $q_3 V_{1,2}(\mathbf{r}_3)$ の仕事が必要になる．ここで $V_{1,2}$ は電荷 q_1 と電荷 q_2 による静電ポテンシャルであり，すなわち $(1/4\pi\epsilon_0)(q_1/\bm{\imath}_{13} + q_2/\bm{\imath}_{23})$ である．よって仕事は

$$W_3 = \frac{1}{4\pi\epsilon_0} q_3 \left(\frac{q_1}{\bm{\imath}_{13}} + \frac{q_2}{\bm{\imath}_{23}} \right)$$

となる．同様にして電荷 q_4 を連れて来るためにさらに必要な仕事は

$$W_4 = \frac{1}{4\pi\epsilon_0} q_4 \left(\frac{q_1}{\bm{\imath}_{14}} + \frac{q_2}{\bm{\imath}_{24}} + \frac{q_3}{\bm{\imath}_{34}} \right)$$

となる．よって，最初から四つの電荷を組み上げるために必要な全仕事は

$$W = \frac{1}{4\pi\epsilon_0} \left(\frac{q_1 q_2}{\bm{\imath}_{12}} + \frac{q_1 q_3}{\bm{\imath}_{13}} + \frac{q_1 q_4}{\bm{\imath}_{14}} + \frac{q_2 q_3}{\bm{\imath}_{23}} + \frac{q_2 q_4}{\bm{\imath}_{24}} + \frac{q_3 q_4}{\bm{\imath}_{34}} \right)$$

となる．

よって次のような一般的な規則があることがわかるであろう．（2 個の電荷の組を選んで）その電荷の積をその間隔距離で割り，それをすべての組み合わせについて足し合わせる

$$W = \frac{1}{4\pi\epsilon_0} \sum_{i=1}^{n} \sum_{j>i}^{n} \frac{q_i q_j}{\bm{\imath}_{ij}} \tag{2.40}$$

という規則である．ここで条件 $j > i$ は同じ電荷の組を 2 回数えないことを表すためのものである．よりうまい表し方は意図的に電荷の組を 2 回数えて後で 2 で割ることで，

$$W = \frac{1}{8\pi\epsilon_0} \sum_{i=1}^{n} \sum_{j\neq i}^{n} \frac{q_i q_j}{\bm{\imath}_{ij}} \tag{2.41}$$

となる．（もちろん，$i = j$ は避けなければならない．）この表式においては，すべての組が和の計算に出てくるため，あきらかに答えが点電荷分布を組み上げる順番には依存しないことに注意しよう．

最終的に，因子 q_i を前に引っ張り出して，

$$W = \frac{1}{2} \sum_{i=1}^{n} q_i \left(\sum_{j\neq i}^{n} \frac{1}{4\pi\epsilon_0} \frac{q_j}{\bm{\imath}_{ij}} \right)$$

を得る．括弧の中の項は（電荷 q_i の位置である）点 $\mathbf{r}_i$ における（電荷 q_i 以外の）他のすべての電荷に起因する静電ポテンシャルであり，電荷分布を組み上げる途中の段

階において現れていた静電ポテンシャルではない.よって,

$$W = \frac{1}{2}\sum_{i=1}^{n} q_i V(\mathbf{r}_i) \tag{2.42}$$

となる.これが点電荷分布を組み上げるために必要な仕事量であり,この点電荷分布を解体すると取り戻される仕事量でもある.一方で,この仕事量は電荷配置に蓄えられたエネルギーを表している.(どうしてもというなら"ポテンシャルエネルギーを表している"と表現しよう,この文脈においてこの表現を避けるべき理由はあきらかであるが.)

問題 2.31
(a) 図 2.41 に示されたように,一片が a の正方形の角に三つの電荷がおかれている.別の電荷 $+q$ をはるか遠くから連れてきて 4 番目の角におくために必要な仕事はいくらか?
(b) 四つの電荷の配置全体を組み上げていくために必要な仕事はいくらか?

図 2.41

問題 2.32 電荷が q_A と q_B をもち,その質量がそれぞれ m_A と m_B である二つの正の点電荷が質量のない長さ a の糸で結ばれて静止している.その糸を切断すると,その二つの電荷は逆の方向へ飛び散った.二つの電荷が遠く離れたときに,それらはどのくらいの速さで動いているか?

問題 2.33 $\pm q$ の点電荷が x 軸に沿って間隔 a で交互に並んだ無限長の配列を考える.この電荷配列を組み上げるために必要な電荷 1 個あたりの仕事を求めよ.[**部分的な答え**: 無次元の数 α を用いて,解答は $-\alpha q^2/(4\pi\epsilon_0 a)$ と書ける.この**マーデルング定数**として知られる α を求めることが問題である.2 次元あるいは 3 次元の電荷配列に対するマーデルング定数を計算することは 1 次元配列の場合よりもはるかに微妙で困難である.]

2.4.3 連続電荷分布のエネルギー

体積電荷密度 ρ の分布に対しては,式 2.42 は

$$W = \frac{1}{2}\int \rho V \, d\tau \tag{2.43}$$

2.4. 静電場における仕事とエネルギー　*105*

となる.（線電荷分布と面電荷分布に対しては, 対応する積分は $\int \lambda V \, dl$ および $\int \sigma V \, da$ となる.）この結果を ρ と V を消去して $\mathbf{E}$ を用いて書き換えるすばらしい方法がある. 最初に ρ を $\mathbf{E}$ によって表現するためにガウスの法則（微分型）$\rho = \epsilon_0 \boldsymbol{\nabla} \cdot \mathbf{E}$ を用いると

$$W = \frac{\epsilon_0}{2} \int (\boldsymbol{\nabla} \cdot \mathbf{E}) V \, d\tau$$

となり, 部分積分を用いて微分を $\mathbf{E}$ から V に移すと,

$$W = \frac{\epsilon_0}{2} \left[-\int \mathbf{E} \cdot (\boldsymbol{\nabla} V) \, d\tau + \oint V \mathbf{E} \cdot d\mathbf{a} \right]$$

を得る. さらに $\boldsymbol{\nabla} V = -\mathbf{E}$ なので

$$W = \frac{\epsilon_0}{2} \left(\int_{\mathcal{V}} E^2 \, d\tau + \oint_{\mathcal{S}} V \mathbf{E} \cdot d\mathbf{a} \right) \tag{2.44}$$

を得る.

　しかしながら, 積分を実行するのはどの領域にわたってだろうか? われわれが出発した式 2.43 の表式に戻ろう. この式の導出から, 電荷分布が存在する領域にわたって積分すべきことはあきらかである. しかしながらじつは, より大きい任意の体積でも差し支えないだろう. なぜならば, 投入した "余分な" 積分領域は $\rho = 0$ なので積分に寄与しないからである. このことを踏まえて, 式 2.44 に戻ろう. 電荷分布全体を捕まえるのに必要な最小体積を超えて積分する領域を拡げたときに何が起こるであろうか? E^2 の積分は（被積分関数が正なので）増加するしかない. 一方, あきらかに表面積分は式 2.44 における和を保つことに対応して減少しているはずである（実際, 電荷分布から遠方では, E は $1/r^2$ のように, V は $1/r$ のように減衰し, 表面積は r^2 のように増加する. よって大まかにいうと, 表面積分は $1/r$ のように減衰する.）どのような積分領域を使おうとも電荷分布全体を包んでいる限り, 式 2.44 が正しいエネルギー W を与えることを理解してほしい. より大きい領域をとるにしたがい, 体積積分は増加し面積分は減少する. とくに, 全空間にわたって積分すると, 表面積分はゼロになり,

$$\boxed{W = \frac{\epsilon_0}{2} \int E^2 \, d\tau}　\text{（全空間）} \tag{2.45}$$

が得られる.

例題 2.9. 電荷量 q が一様に帯電している半径 R の球殻の静電エネルギーを求めよ.

解答 1
　式 2.43 を表面電荷分布に適する形

$$W = \frac{1}{2} \int \sigma V \, da$$

106　第 2 章　静電気学

で用いる．この球殻の表面における静電ポテンシャルは（例題 2.7 で求めたように定数）$(1/4\pi\epsilon_0)q/R$ であり，よって

$$W = \frac{1}{8\pi\epsilon_0}\frac{q}{R}\int \sigma\, da = \frac{1}{8\pi\epsilon_0}\frac{q^2}{R}$$

を得る．

解答 2

式 2.45 を用いる．球殻の内側では $\mathbf{E} = \mathbf{0}$ であり，球殻の外側では，

$$\mathbf{E} = \frac{1}{4\pi\epsilon_0}\frac{q}{r^2}\hat{\mathbf{r}} \quad \text{つまり} \quad E^2 = \frac{q^2}{(4\pi\epsilon_0)^2 r^4}$$

である．それゆえ，

$$
\begin{aligned}
W_{\text{tot}} &= \frac{\epsilon_0}{2(4\pi\epsilon_0)^2}\int_{\text{外側}}\left(\frac{q^2}{r^4}\right)(r^2\sin\theta\, dr\, d\theta\, d\phi) \\
&= \frac{1}{32\pi^2\epsilon_0}q^2 4\pi\int_R^\infty \frac{1}{r^2}\, dr = \frac{1}{8\pi\epsilon_0}\frac{q^2}{R}
\end{aligned}
$$

となる．

問題 2.34　電荷 q が一様に帯電している半径 R の球に蓄積されたエネルギーを，以下の三つの異なる方法で求めよ．

(a) 式 2.43 を用いよ．問題 2.21 ですでに静電ポテンシャルを求めている．

(b) 式 2.45 を用いよ．全空間にわたって積分することを忘れないこと．

(c) 式 2.44 を用いよ．半径 $a(>R)$ の球の体積を積分領域としてとれ．$a \to \infty$ のとき，何が起こるか？

問題 2.35　一様に帯電している球に蓄積されたエネルギーを計算する 4 番目の方法がある．遠方から無限小の電荷 dq を連れてきて表面に一様に塗りつけて半径を増しながら，1 層ずつ雪だるまのように帯電球を組み上げる．半径を dr だけ増やすためにどれだけの仕事 dW がかかるだろうか？　全電荷量が q で半径が R の球電荷分布をつくるために必要な仕事を求めるために，この dW を積分せよ．

2.4.4　静電エネルギーについての注釈

(i) 込み入った "矛盾"　式 2.45 は定常的な電荷分布のエネルギーは常に正であることをあきらかに示唆している．一方で，式 2.45 を実際に導出する際にもととなった式 2.42 は，正にも負にもなりうる．たとえば，大きさが同じ q で符号が反対の距離 $\imath$ だけ

2.4. 静電場における仕事とエネルギー **107**

離れている二つの電荷のエネルギーは，式 2.42 によれば，$-(1/4\pi\epsilon_0)(q^2/\imath)$ と負にな
る．何が間違っていたのか？ どちらの式が正しいのだろうか？

答えは両方の式とも正しいが，それぞれわずかに異なる問題に関して言及している．
式 2.42 はまず第一に点電荷自身をつくるに必要な仕事を考慮していない．つまり，点
電荷ありきから始めて，それらを集めるために必要な仕事を単純に求めただけである．
点電荷のエネルギーが実際は

$$W = \frac{\epsilon_0}{2(4\pi\epsilon_0)^2} \int \left(\frac{q^2}{r^4}\right)(r^2 \sin\theta \, dr \, d\theta \, d\phi) = \frac{q^2}{8\pi\epsilon_0} \int_0^\infty \frac{1}{r^2} \, dr = \infty$$

のように無限大であることを式 2.45 が示しているので，式 2.42 は賢明な方略である
といえる．式 2.45 は電荷分布に蓄えられた全エネルギーを与えてくれるという意味で
より完全であるといえるが，式 2.42 は点電荷分布を扱う際にはより適している．なぜ
ならば，全エネルギーから点電荷自身をつくることに起因する一部のエネルギーを除
く方が（もっともな理由より）好ましいからである．とにかく，実際問題として，点電
荷（たとえば電子）はある意味で「既製品」として与えられる．できることはそれら
の点電荷を動かすだけである．点電荷をくっつけたり分解したりしないので，そういっ
た操作がどれだけの仕事を必要とするかは重要ではない．（それでもなお，点電荷の無
限大のエネルギーは電磁気学に対して頻発する困難の種であり，古典電磁気学ばかり
でなく量子力学バージョンにおいても悩みの種である．）われわれは第 II 巻 11 章でこ
の問題を再考する．

あきらかにすきのない導出の中のいったいどこでこの矛盾が入り込んだのかと思う
かもしれないが，"不備" は式 2.42 と式 2.43 の間にある．前者の表式では $V(\mathbf{r}_i)$ は q_i 以
外のすべての電荷に起因するポテンシャルを表しているが，後者の表式では $V(\mathbf{r})$ はす
べての電荷の寄与をフルに扱ったポテンシャルである．連続電荷分布に対しては，これ
らの差異はない．なぜならば，ちょうど点 $\mathbf{r}$ の場所にある電荷量は極端に小さくポテン
シャルへの寄与はゼロになるためである．しかし，点電荷がある場合はそのまま式 2.42
を使うべきである．

(ii) どこにエネルギーは蓄えられるのか？ 式 2.43 と式 2.45 は同じものを計算する
異なる二つの方法を提供している．一つ目は電荷分布にわたる積分であり，二つ目は場
にわたる積分である．これらはまったく異なる領域を必要とする．たとえば，例題 2.9
の球殻の場合では電荷は表面に限定されるが，電場は表面の外側のどこにでも存在す
る．では，エネルギーはどこに存在するのだろうか？ 式 2.45 が示唆しているように場
に蓄えられているのか？ あるいは式 2.43 が暗示しているように電荷分布に蓄えられて
いるのか？ 現時点では単純に，答えようのない質問である．全エネルギーがいくらであ

108 第 2 章 静 電 気 学

るかを, さらにはそれを計算する異なる複数の方法を示すことはできるが, エネルギーがどこにあるのかについて気をもむことは適切ではない. 輻射論の文脈では, エネルギーがエネルギー密度

$$\frac{\epsilon_0}{2} E^2 = 単位体積あたりのエネルギー \tag{2.46}$$

で場の中に蓄えられているとみなすことが有用である (一般相対論においては本質的でさえある). しかしながら静電気学においてはエネルギーが密度 $\frac{1}{2}\rho V$ で電荷分布に蓄積されているともいうことができ, その違いはあくまでも表記の問題である.

(iii) 重ね合わせの原理 静電エネルギーは場について **2 次式**であるため, 重ね合わせの原理にしたがわない. 複合系のエネルギーはその部分を別々に考えたエネルギーの和ではなく,

$$
\begin{aligned}
W_{\text{tot}} &= \frac{\epsilon_0}{2} \int E^2 \, d\tau = \frac{\epsilon_0}{2} \int (\mathbf{E}_1 + \mathbf{E}_2)^2 \, d\tau \\
&= \frac{\epsilon_0}{2} \int \left(E_1^2 + E_2^2 + 2\mathbf{E}_1 \cdot \mathbf{E}_2 \right) d\tau \\
&= W_1 + W_2 + \epsilon_0 \int \mathbf{E}_1 \cdot \mathbf{E}_2 \, d\tau
\end{aligned}
\tag{2.47}
$$

のように "交差項" も存在する. たとえば, 電荷量をすべて 2 倍にすると, 全エネルギーは 4 倍になってしまう.

問題 2.36 同じ中心をもつ半径 a と b の二つの球殻を考える. 内側の球殻が電荷 q をもち, 外側の球殻が電荷 $-q$ をもち, 両者とも表面にわたって一様に電荷が分布しているとする. この電荷配置のエネルギーを (a) 式 2.45 を用いて, (b) 式 2.47 および例題 2.9 の結果を使って求めよ.

問題 2.37 距離 a だけ離れた二つの点電荷 q_1 および q_2 からなる系に対して, 式 2.47 における交差項 $\epsilon_0 \int \mathbf{E}_1 \cdot \mathbf{E}_2 \, d\tau$ を求めよ. [ヒント: 球座標の原点に q_1 を置き, q_2 をその z 軸上に置いて, 動径変数 r についての積分を最初に実行せよ.]

2.5 導 体

2.5.1 基本的な性質

ガラスやゴムといった**絶縁体**においては, 電子は束縛されていて特定の原子に属している. 対照的に, 金属**導体**においては, 1 原子あたり一つやそれ以上の電子が自由に

動き回る.（塩水といった液体導体においては,移動しているのはイオンである.）もしも完全導体が存在するならば,それは自由電荷を無制限に与える供給源を含んでいるだろう.現実には完全導体は存在しないが,金属がほとんどの場合においては完全導体にかなり近い.

この定義から,ただちに理想的な導体の基本的な静電気学的性質が以下のように導かれる.

(i) 導体の内部では電場 E はゼロである． なぜかといえば,もし仮に電場が存在すると導体の自由電荷は移動してしまい,もはや静電気学的状態ではなくなってしまうからである.うーん……でも,これではとうてい満足の行く説明ではないだろう.たぶん,この説明が示していることは導体が存在すると静電気学的状態を保てないということだろう.図 2.42 に示したように外電場 E_0 の中に導体をおくと何が起こるかを調べるべきである.最初は,電場は正の自由電荷を右側に駆動し,負の自由電荷を左側に駆動するだろう.（実際において動くのは負の電荷である電子であり,右側には動かない原子核である正の電荷が正味として残される.つまり正負のどちらの電荷が動くかは問題ではなく,その効果は同じである.）次に,それらの電荷が物質の端に来ると,右側には正の電荷が,左側には負の電荷がそれぞれ堆積する.そうすると,それらの誘導された電荷は図からあきらかなように E_0 と逆向きのそれ自身の電場 E_1 をつくり出す.逆向きであるということは誘導電荷のつくり出す電場が外電場を相殺することを意味する.この電場の相殺が完了するまで電荷は流れ続け,導体内部の合成された電場は正確にゼロとなる[9].これらの全部の過程は事実上は瞬時に起こる.

(ii) 導体の内部では電荷密度 ρ はゼロである． これはガウスの法則 $\nabla \cdot \mathbf{E} = \rho/\epsilon_0$

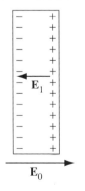

図 2.42

---

[9]導体の外側では E_0 および E_1 は相殺しないため,電場はゼロではない.

から導かれる．電場 E がゼロなら ρ もゼロである．もちろん電荷はまだあちらこちらにいるが，厳密に正の電荷と負の電荷の量が同じで導体の内部の正味の電荷密度はゼロになる．

(iii) **正味の電荷は導体の表面上にある．** 唯一残された場所が表面である．

(iv) **導体は等ポテンシャルをもつ．** a と b を与えられた導体の内部あるいは表面上の任意の 2 点だとすると，電場がゼロであるので，$V(\mathbf{b}) - V(\mathbf{a}) = -\int_{\mathbf{a}}^{\mathbf{b}} \mathbf{E} \cdot d\mathbf{l} = 0$ となり，したがって $V(\mathbf{a}) = V(\mathbf{b})$ となる．

(v) **導体表面のすぐ外側の電場 E は表面に垂直である．** さもなければ (i)，で説明したように，電場の接線成分を消滅させるまで，電荷は表面をただちに流れることになる（図 2.43）．（電荷は導体内に制限されているので，もちろん表面に垂直方向には流れない．）

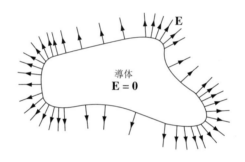

図 2.43

導体の表面に向かって電荷が流れることには驚嘆する．電荷間の反発のため電荷ができるだけ広がろうとするのが自然であるが，すべての電荷が表面に移動するのは導体内側の空間の無駄のように思われる．個々の電荷をできるだけ離そうする観点からは，電荷のいくらかを導体内側に散りばめることが確かによいようだが，実際は単純にそうではない．すべての電荷を表面に押しやることが最善なのであり，このことは導体の大きさや形によらず正しい[10]．

この問題をエネルギーの観点からいい表すこともできるだろう．他の自由な力学系のように，導体上の電荷はその静電エネルギーを最小にするような電荷配置を探して

---

[10]ちなみに，1 次元および 2 次元においては事情はまったく異なる．導体円盤上の電荷はすべてが周辺に行くわけではないし (R. Friedberg, *Am. J. Phys.* **61**, 1084 (1993))，導体針上の電荷も両端に行くわけではない (D. J. Griffiths and Y. Li, *Am. J. Phys.* **64**, 706 (1996))．問題 2.57 を参照せよ．さらには，仮にクーロンの法則における r のべき指数が正確に 2 ではなかったら，導体上の電荷はすべてが表面には行かないことになる (D. J. Griffiths and D. Z. Uvanovic, *Am. J. Phys.* **69**, 435 (2001)，および問題 2.54(g) を参照せよ)．

いる. 上記の性質 (iii) が主張していることは, 電荷が導体表面に分布したときに（全電荷量とその形が指定された）物体の静電エネルギーが最小になることである. たとえば, 例題 2.9 で見たように, 電荷が表面にわたって一様に分布していると球体のエネルギーは $(1/8\pi\epsilon_0)(q^2/R)$ であるが, 電荷が球体の体積にわたって一様に分布しているとエネルギーはより大きく $(3/20\pi\epsilon_0)(q^2/R)$ となる（問題 2.34 を参照）.

2.5.2 誘導電荷

図 2.44 に示したように, 最初に帯電していなかった導体の近くに $+q$ の電荷を置くと, 相互に引き合う. その理由は電荷 q が負の電荷を導体の手前側に引きつけ, 正の電荷を導体の反対側に押しやるためである. (別の考え方は, 電荷 q による電場を導体内において相殺し導体内の電場をゼロにするように, 導体内の電荷が動き回るというものである.) 誘導された負の電荷が電荷 q に近いため, 正味で働く力は引力になる. (3 章では, この力を球導体の場合に対して具体的に計算する.)

導体の"内側"の電場, 電荷あるいはポテンシャルというときは, 導体の"実の部分"に限っている. もし空っぽの空洞が導体の中にあり, その空洞内に電荷をおいたなら空洞内の電場はゼロにはならない. しかしながら驚くべき方法で, 空洞とその内部の電荷は空洞を包んでいる導体によって外界から電気的に隔離されることになる（図 2.45 を参照）. 外電場は導体の外表面に誘導された電荷により相殺され導体内には入り込めない. それと同様に, 空洞内の点電荷 q に起因する電場は空洞内壁に誘導された電荷分布によって空洞より外側のすべての点で相殺される. しかしながら, 導体の外表面に残された"埋め合わせの"電荷が空洞内の点電荷 q の存在を外界に実際には"伝達"していることになる. 空洞内壁に誘導された電荷分布の総量 q_{induced} は空洞内におかれた

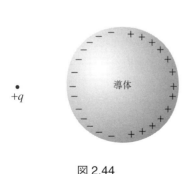

図 2.44

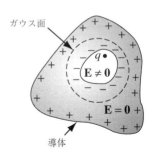

図 2.45

点電荷の大きさに等しく反対の符号をもつ．なぜならば，図 2.45 に示したように空洞をガウス面ですっぽり囲んでみると，ガウス面上の電場は導体内ではゼロであるため $\oint \mathbf{E} \cdot d\mathbf{a} = 0$ となり，ガウスの法則によりガウス面により包まれた正味の電荷量 Q_{enc} はゼロでなければならないが，$Q_{\text{enc}} = q + q_{\text{induced}}$ であるので，$q_{\text{induced}} = -q$ となるからである．よって，導体が全体として電気的に中性であるなら総量 $+q$ の電荷が導体の外表面上に分布していることになる．

例題 2.10. 原点に中心をもつ帯電していない球状の導体に奇妙な形に彫り出された空洞があるとする（図 2.46 を参照）．その空洞内のどこかに q の点電荷がある．**疑問:** 球導体の外側の電場はどうなるだろうか？

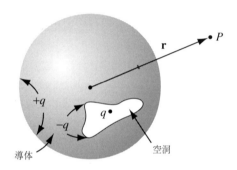

図 2.46

解答
一見すると答えは空洞の形および点電荷の位置に依存するように思えるが，それは正しくない．答えはそれでもやはり

$$\mathbf{E} = \frac{1}{4\pi\epsilon_0} \frac{q}{r^2} \hat{\mathbf{r}}$$

となる．導体は空洞の性質に関するすべての情報を（空洞内の総電荷量だけはわかるが）隠してしまう．なぜそうなるのだろうか？ まず，点電荷 $+q$ は空洞の壁に逆符号の総量 $-q$ の電荷を誘導し，それが点電荷 $+q$ のつくる電場を空洞の外側のすべての点で相殺するように分布する．導体は元々帯電しておらず正味の電荷をもたないので，総量 $+q$ の電荷が球導体の外側の表面にわたって「一様に」分布する．（点電荷 $+q$ の非対称的な影響は空洞内壁に誘導された $-q$ の電荷分布により無効にされるために，「一様に」なるのである．）よって，球導体の外側の点に対しては，生き残る唯一のものは球

導体の外表面にわたって一様に分布した残り物の $+q$ の電荷のつくる電場となる.

ある点においてこの議論は挑戦の余地があることに気がつくかもしれない. ここでは実際には $\mathbf{E}_q$, $\mathbf{E}_{\text{induced}}$, および $\mathbf{E}_{\text{leftover}}$ の三つの作用している電場がある. 確実にわかっていることはこれら三つの合計は導体の中ではゼロになることだけである. それにもかかわらず, 三番目の電場が単独でゼロになる一方で, 最初の二つの電場だけで相殺していることを筆者は主張する. さらには, 最初の二つの電場が導体内部で相殺するとしても, 導体の外部の点に対してもさらに相殺するといえるのだろうか? 結局のところ空洞の内側の点に対しては二つの電場は相殺しない. いまのところ, 完全に満足のゆく答えを与えることができないが, これは少なくとも正しい. 空洞の外のすべての点で電荷 q による電場を相殺するように, 導体の内壁にわたって $-q$ の電荷を分布させるやり方は存在する. というのも, 27 マイルあるいは 1 光年といった半径をもつ巨大な球状導体から, 同じ空洞が彫り出されたとする. この場合は, 導体球の外側の表面に残された電荷 $+q$ はかなりの大きさの電場をつくり出すには単純に離れすぎていて, 残りの二つの電場がそれら自身で相殺することになるだろう. そういうわけで, 相殺することができることはわかったが・・・・・・ しかしそうなるかは確かであろうか? もしかすると, 小さな導体球に対しては複雑な 3 者による相殺を自然は選択するかもしれない. いや, 3 章の一意性定理でわかるように, 静電気学は選択肢を出し惜しみするのである. つまり, 導体の内側の電場がゼロになるように導体上の電荷を分布させるやり方は常にただ一つだけ (それ以上はない) 存在する. 可能なやり方を一つ見つけたら, 代わりとなるものは原理的にさえも存在しないことが保証される.

導体によって囲まれている空洞それ自身が空っぽで電荷がなければ, 空洞内の電場はゼロとなる. 電気力線は空洞壁から始まり空洞壁で終わらなければならないので, 図 2.47 のように電気力線は正の電荷から負の電荷に至る. この電気力線を閉曲線の一部

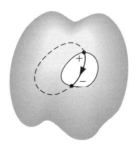

図 2.47

とすると，閉曲線の残りの部分は完全に導体内部（そこでは $\mathbf{E} = \mathbf{0}$ である）にあるため，$\oint \mathbf{E} \cdot d\mathbf{l}$ はあきらかに正となり，式 2.19 に違反してしまう．よって電荷が空っぽの空洞の内部では $\mathbf{E} = \mathbf{0}$ であるということになり，実際には空洞の表面に電荷は存在しない．（これが金属製の車の中に居れば，激しい雷雨でも比較的安全である理由である．もちろん稲妻が直撃すれば調理されてしまうかもしれないが，感電することはない．）同じ原理は，漏れ電場を遮蔽するために接地された**ファラデーケージ**内に感度の高い装置を配置することにも当てはまる．実用上は，囲いは導体の塊である必要はなく，多くの場合は鶏小屋の金網で十分である．

問題 2.38 電荷 q で帯電している半径 R の金属球が（図 2.48 に示されたように，内半径 a, 外半径 b をもつ）厚みのある金属殻によって同心状に囲まれている．金属殻は正味の電荷をもたないとする．
(a) 半径が R, a および b の位置における表面電荷密度 σ を求めよ．
(b) 無限遠方を基準点として中心におけるポテンシャルを求めよ．
(c) 次に，金属殻の外側の表面を接地し，これにより余計な電荷を流し出しそのポテンシャルを（無限遠方と同じく）ゼロに下げた．問い (a) および (b) に対する答えはどのように変わるだろうか？

問題 2.39 半径 a および b の二つの球形の空洞が半径 R の（中性の）導体球の内側にくり抜いてつくられている（図 2.49 を参照）．それぞれの空洞の中心に点電荷がおかれており，これらを q_a および q_b とよぶことにする．
(a) 表面電荷密度 σ_a, σ_b および σ_R を求めよ．
(b) 導体の外側の電場はどうなるか？
(c) 空洞内の電場はどうなるか？
(d) 電荷 q_a と q_b の間に働く力はどうなるか？
(e) 3 番目の点電荷 q_c を導体の近くにもってくると，どの問いの答えが変わることになるか？

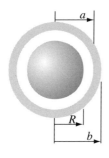

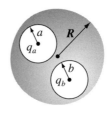

図 2.48　　　　　　　　　図 2.49

2.5. 導体 *115*

問題 **2.40**

(a) 図 2.45 のように, 帯電していない導体の空洞内に点電荷 q がある. 点電荷 q に働く力は必然的にゼロとなるか[11]?

(b) 点電荷とその近くにある帯電していない導体の間に働く力は常に引力となるか[12]?

2.5.3 表面電荷と導体に働く力

導体の内側の電場はゼロであるため, 式 2.33 の境界条件は導体のすぐ外側の電場が

$$\mathbf{E} = \frac{\sigma}{\epsilon_0}\hat{\mathbf{n}} \tag{2.48}$$

であり, 電場が導体の表面に垂直であるという初期の結論と一致する. ポテンシャルを用いると, 式 2.36 は

$$\sigma = -\epsilon_0 \frac{\partial V}{\partial n} \tag{2.49}$$

を与える. $\mathbf{E}$ あるいは V を求めることができれば, これらの式によって導体上の表面電荷を計算することができる.

電場の存在下では, 表面電荷は力を受け, 単位面積あたりの力 $\mathbf{f}$ は $\sigma\mathbf{E}$ である. しかしながら, 表面電荷のところで電場が不連続であるため, 電場として何を使えばよいのか? という問題がある. $\mathbf{E}_{above}$ なのか, $\mathbf{E}_{below}$ なのか? あるいはそれらの中間なのか? 正解は両者の平均

$$\mathbf{f} = \sigma\mathbf{E}_{average} = \frac{1}{2}\sigma(\mathbf{E}_{above} + \mathbf{E}_{below}) \tag{2.50}$$

を用いることである. どうして平均であるかという理由は, 言葉で伝えようとすると複雑に聞こえてしまうが, 非常に簡単である. 図 2.50 にあるように問題にしている点を囲んでいる表面の小さな「断片」に着目しよう. (断片が本質的には平面であり, 断片上の電荷は一様とみなせるくらいに断片を十分小さくとる.) 全電場は二つの部分からなり, 一つは断片自身の電荷によるものであり, もう一つはそれ以外のすべて (存在するかもしれない外部電荷ばかりでなく表面上の「断片」部分以外の電荷によるもの) である.

$$\mathbf{E} = \mathbf{E}_{patch} + \mathbf{E}_{other}$$

さて, カゴの中に立ってそのカゴの取っ手を引き上げることによって自分自身をもち上げることができないように, 「断片」は断片自身に力を及ぼすことができない. よって, 「断片」に作用する力は $\mathbf{E}_{other}$ だけによるものであり, 不連続性をもたない (も

---

[11] この問題は Nelson Christensen 氏により提案された.

[12] M. Levin and S. G. Johnson, *Am. J. Phys.* **79**, 843 (2011). を参照せよ.

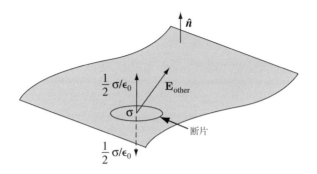

図 2.50

し「断片」を取り去ってしまえば，"穴" の部分の電場は完全になめらかになるだろう）．この不連続性は完全に「断片」の電荷によるものであり，表面のどちら側にも表面から離れる方向を向いた $(\sigma/2\epsilon_0)$ の場を与える．つまり，

$$\mathbf{E}_{\text{above}} = \mathbf{E}_{\text{other}} + \frac{\sigma}{2\epsilon_0}\hat{\mathbf{n}}$$
$$\mathbf{E}_{\text{below}} = \mathbf{E}_{\text{other}} - \frac{\sigma}{2\epsilon_0}\hat{\mathbf{n}}$$

となり，

$$\mathbf{E}_{\text{other}} = \frac{1}{2}(\mathbf{E}_{\text{above}} + \mathbf{E}_{\text{below}}) = \mathbf{E}_{\text{average}}$$

を得る．平均操作はまさに「断片」自身の寄与を除去するための手法といえる．

この議論はどのような表面電荷についても用いることができる．とくに導体の場合には，電場は内側ではゼロであり外側では $(\sigma/\epsilon_0)\hat{\mathbf{n}}$（式 2.48）であるので，平均値は $(\sigma/2\epsilon_0)\hat{\mathbf{n}}$ となり，単位面積あたりの力は

$$\mathbf{f} = \frac{1}{2\epsilon_0}\sigma^2\hat{\mathbf{n}} \tag{2.51}$$

となる．これは表面に働く外向きの**静電圧力**になり，σ の符号に関係なく導体を電場の方へ引っ張る傾向がある．導体表面のすぐ外側の電場により，この圧力を表すと

$$P = \frac{\epsilon_0}{2}E^2 \tag{2.52}$$

となる．

問題 2.41 面積 A の 2 枚の大きな金属板が小さな距離 d だけ離れて保たれている．それぞれの金属板に電荷 Q を与えたとすると，金属板に働く静電圧力はいくらになるか？

問題 2.42 半径 R の金属球が全電荷量 Q で帯電している．"北半球"と"南半球"の間に働く反発力はいくらか？

2.5.4 電気容量

図 2.51 にあるように二つの導体の片方に $+Q$ の電荷を与え，もう一方に $-Q$ の電荷を与える．導体にわたって V は一定であるので，両導体の間のポテンシャル差

$$V = V_+ - V_- = -\int_{(-)}^{(+)} \mathbf{E} \cdot d\mathbf{l}$$

について明確に語ることができる．二つの導体にわたって電荷がどのように分布するか不明であり，導体の形が複雑であるなら電場を計算することは悪夢であろう．しかしながら電場 $\mathbf{E}$ が電荷 Q に比例することだけはわかる．電場 $\mathbf{E}$ はクーロンの法則

$$\mathbf{E} = \frac{1}{4\pi\epsilon_0} \int \frac{\rho}{\imath^2} \hat{\boldsymbol{\imath}} d\tau$$

によって与えられるので，ρ を 2 倍にすると，$\mathbf{E}$ は 2 倍になる．[ちょっと待ってみよう．総電荷量 Q を（もちろん $-Q$ も）2 倍にすると単純に電荷分布 ρ が 2 倍になるとどうしてわかるのだろうか？ もしかすると，電荷がまったく異なる配置に動いて，ある場所の ρ が 4 倍になり別の場所で半分に減ってしまうが，個々の導体の総電荷量はそのまま 2 倍になっているかもしれない．じつは，このような懸念は不要であり，Q を 2 倍にすればすべての場所で ρ は 2 倍になり，電荷をあちらこちらに移動させることはないのである．]

図 2.51

$\mathbf{E}$ は Q に比例するので，V も Q に比例する．この比例定数

$$C \equiv \frac{Q}{V} \tag{2.53}$$

は導体配置の電気容量とよばれる.電気容量は二つの導体の大きさ,形および間隔により定まる純粋に幾何学的な量である.SI 単位系では,C はファラッド (F) で示される(1 ファラッドは 1 クーロン/ボルトである).実際のところファラッドは大きすぎて不便である.より実用的な単位はマイクロファラッド (10^{-6} F) やピコファラッド (10^{-12} F) である.

V はその定義から,負に帯電した導体のポテンシャルを差し引いた,正に帯電した導体のポテンシャルであることを注意しておく.同様に,Q は正に帯電した導体の電荷である.したがって,電気容量は本質的に正の量である.(ところで一つの導体の電気容量について言及されるのをたまに聞くことがあるだろう.この場合は負の電荷をもつ"二番目の導体"は一つ目の導体を囲んでいる無限大の半径の仮想の球殻である.その二番目の導体は電場には何も寄与せず,よって電気容量は式 2.53 により与えられ,その V は基準点として無限遠方をとった一つ目の導体のポテンシャルになる.)

例題 2.11. 図 2.52 にあるように面積 A で距離が d だけ離れている 2 枚の金属板からなる**平行板コンデンサー**の電気容量を求めよ.

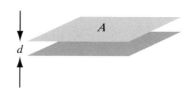

図 2.52

解答

上側の金属板に電荷 $+Q$ を,下側の金属板に電荷 $-Q$ を与えると,面積が十分大きく間隔が小さいならば,それらの電荷は金属板の表面にわたって一様に拡がるだろう[13].そうすると,上側の金属板の表面電荷密度は $\sigma = Q/A$ となり,例題 2.6 によれば電場は $(1/\epsilon_0)Q/A$ となる.金属板間のポテンシャル差はそれゆえ

$$V = \frac{Q}{A\epsilon_0}d$$

となり,電気容量は

$$C = \frac{A\epsilon_0}{d} \tag{2.54}$$

---

[13]厳密な解はより簡単な円板の場合でさえも簡単ではない.G. T. Carlson and B. L. Illman, *Am. J. Phys.* **62**, 1099 (1994) を参照せよ.

2.5. 導 体 **119**

となる. たとえば, 一辺が 1cm の正方形の電極板が 1mm 離されていると, その電気容量は 9×10^{-13} F となる.

例題 2.12. 半径 a と b をもつ二つの同心金属球殻が構成するコンデンサーの電気容量を求めよ.

解答
半径 a の内側の金属球殻に電荷 $+Q$ を与え, 半径 b の外側の金属球殻に電荷 $-Q$ を与える. 球殻の間の電場は

$$\mathbf{E} = \frac{1}{4\pi\epsilon_0} \frac{Q}{r^2} \hat{\mathbf{r}}$$

となるので, 球殻の間のポテンシャル差は

$$V = -\int_b^a \mathbf{E} \cdot d\mathbf{l} = -\frac{Q}{4\pi\epsilon_0} \int_b^a \frac{1}{r^2} \, dr = \frac{Q}{4\pi\epsilon_0} \left(\frac{1}{a} - \frac{1}{b} \right)$$

となり, 見込み通り V は Q に比例していて, 電気容量は

$$C = \frac{Q}{V} = 4\pi\epsilon_0 \frac{ab}{(b-a)}$$

と求められる.

コンデンサーを "充電" するためには, 正の極板から電子を取り去り負の極板に運ばなければならない. そうする際には, 正電極に向かってその電子を撤退させて負電極から遠ざける電場に立ち向かうことになる. コンデンサーを目的の電荷量 Q まで充電するために, どのくらいの仕事が必要であろうか? 充電過程の中間段階で正電極の電荷が q であり, その結果ポテンシャル差が q/C であるとしよう. 式 2.38 によれば, 電荷素片 dq をさらに移動させるためにしなければならない仕事は

$$dW = \left(\frac{q}{C} \right) dq$$

である. よって, $q = 0$ から $q = Q$ まで充電するために必要な全仕事量は

$$W = \int_0^Q \left(\frac{q}{C} \right) dq = \frac{1}{2} \frac{Q^2}{C}$$

あるいは, $Q = CV$ なので

$$W = \frac{1}{2} CV^2 \tag{2.55}$$

となる. ここで V はコンデンサーの充電完了時のポテンシャルである.

問題 2.43 図 2.53 に示された半径 a と b をもつ二つの同軸金属円筒から構成されるコンデンサーの単位長さあたりの電気容量を求めよ.

図 2.53

問題 2.44 平行板コンデンサーの極板が極板相互の引力により無限小距離 ϵ だけ近づいたとする.
(a) 式 2.52 を用いて,静電気力によってなされた仕事を,電場 E と極板面積 A により表せ.
(b) 式 2.46 を用いて,この過程で電場が失ったエネルギーを表せ.
(この問題は簡単そうに思えるが,式 2.52 の別の導出方法としてエネルギー保存則を用いたものの原型を含んでいる.)

2 章の追加問題

問題 2.45 一様な表面電荷密度 σ をもつ一辺が a の正方形のシートの中心から z の高さにおける電場を求めよ.得られた結果を $a \to \infty$ と $z \gg a$ の両極限を考えて点検せよ.
$\left[\text{答え}:(\sigma/2\epsilon_0)\left\{(4/\pi)\tan^{-1}\sqrt{1+(a^2/2z^2)}-1\right\}\right]$

問題 2.46 球座標による電場の表式が
$$\mathbf{E}(\mathbf{r}) = \frac{k}{r}\left[3\hat{\mathbf{r}} + 2\sin\theta\cos\theta\sin\phi\,\hat{\boldsymbol{\theta}} + \sin\theta\cos\phi\,\hat{\boldsymbol{\phi}}\right]$$
のように,ある領域で与えられているとする.この電場を与える電荷密度を求めよ.ここで k は定数である. [答え: $3k\epsilon_0(1+\cos 2\theta\sin\phi)/r^2$]

問題 2.47 一様に帯電した球の南半球部分が,その北半球部分に及ぼす正味の力を求めよ.答えを球の半径 R と全電荷量 Q によって表せ. [答え: $(1/4\pi\epsilon_0)(3Q^2/16R^2)$]

問題 2.48 一様な表面電荷密度 σ で帯電した半径 R の球殻の北半球部分を取り出し,上下をひっくり返した半球状のボウルを考える.その "北極" と中心の間の静電ポテンシャルの差を求めよ. [答え: $(R\sigma/2\epsilon_0)(\sqrt{2}-1)$]

問題 2.49 体積電荷密度 $\rho(r)=kr$(ここで k は定数)をもつ半径 R の球を考える.この電荷配置のもつエネルギーを求めよ.ただし,最低二つの異なる方法でエネルギーを計算することにより,得られた結果を点検せよ. [答え: $\pi k^2 R^7/7\epsilon_0$]

問題 **2.50** ある電荷分布の静電ポテンシャルの表式が，A と λ をある定数として，
$$V(\mathbf{r}) = A\frac{e^{-\lambda r}}{r}$$
のように表されている．その電場 $\mathbf{E}(\mathbf{r})$，電荷密度分布 $\rho(r)$，および全電荷量 Q を求めよ．
[答え： $\rho = \epsilon_0 A(4\pi\delta^3(\mathbf{r}) - \lambda^2 e^{-\lambda r}/r)$]

問題 **2.51** 表面電荷密度 σ で帯電している半径 R の円板の淵の静電ポテンシャルを求めよ．[ヒント：最初に無次元の数 k を用いて $V = k(\sigma R/\pi\epsilon_0)$ と書けることを示して，k を積分で表せ．その後に，この k を可能なら解析的にあるいはコンピューターを用いて数値的に評価せよ．]

! 問題 **2.52** 図 2.54 のように，一様な線電荷密度 $+\lambda$ と $-\lambda$ をもつ x に平行に走る 2 本の無限に長い電線を考える．
(a) 基準点として原点を用いて，任意の点 (x,y,z) における静電ポテンシャルを求めよ．
(b) その等ポテンシャル面が円筒であることを示し，与えられたポテンシャル値 V_0 に対応した円筒の半径と中心軸を見つけよ．

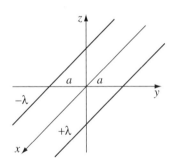

図 2.54

! 問題 **2.53** 二極真空管において，電子はゼロポテンシャルにある熱せられた**陰極**から "沸き立ち"，正のポテンシャル V_0 に保たれた**陽極**まで電極間で加速される．**空間電荷**とよばれる電極間の隙間を動いている電子の雲は，陰極の表面における電場をゼロに減少させる場所に速やかに蓄積し，それ以降は定常電流 I が極板間に流れる．

図 2.55 にあるように，電極板がその間隔に比べて大きく ($A \gg d^2$)，端の効果が無視できるとする．そうすると，V，ρ および電子の速さ v はすべて x だけの関数になる．
(a) 極板間の領域に対してポアソンの方程式を書き出せ．
(b) 電子が陰極で静止しているところから加速されると仮定し，静電ポテンシャルを $V(x)$ とすると，場所 x における電子の速さはどうなるか？

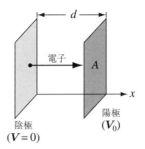

図 2.55

(c) 定常状態において,電流 I は場所 x に依存しない.そうすると ρ と v の関係はどうなるか?
(d) これら三つの結果 ((a)〜(c)) から ρ と v を消去することによって,V に対する微分方程式を求めよ.
(e) V に対するこの微分方程式を x, V_0,および d の関数として解け.$V(x)$ をグラフにプロットし,空間電荷がない場合のポテンシャルと比較せよ.さらに ρ および v を x の関数として求めよ.
(f) 関係式
$$I = KV_0^{3/2} \tag{2.56}$$
が成り立つことを示し,定数 K を求めよ.(式 2.56 はチャイルド・ラングミュアの法則とよばれ,空間電荷が電流を制限しているとき(空間電荷制限領域)には,他の電極配置に対しても同様に成り立つ.)空間電荷制限領域にある真空二極管は非線形であり,オームの法則にしたがわないことを注意しておく.

! **問題 2.54** 新しいずば抜けた精度の実験がクーロンの法則における誤差をあきらかにしたことを想像してみよう.二つの点電荷の間の実際の相互作用力が

$$\mathbf{F} = \frac{1}{4\pi\epsilon_0} \frac{q_1 q_2}{\ell^2} \left(1 + \frac{\ell}{\lambda}\right) e^{-(\ell/\lambda)} \hat{\boldsymbol{\ell}}$$

であることが見出された.ここで,λ は新しい物理定数であり,あきらかに長さの次元をもち(たとえば知られている宇宙の半径の半分といった)非常に大きい値をもち,その結果,クーロンの法則への補正は小さく,それゆえ以前は誰もその差異に気がつかなかった.この新しい発見に対応するように静電気学を再定式化しなければならない.重ね合わせの原理はまだ成り立っているとして,以下の問いに答えよ.

(a) 電荷分布 ρ のつくる電場の表式は(式 2.8 の代わりに)どうなるか?
(b) この電場はスカラーポテンシャルで表すことができるか? 結論にどのように到達したかを手短に説明せよ(きちんと証明する必要はなく,説得力のある議論ができればよい).

2.5. 導 体 **123**

(c) 式 2.26 の類似として, 点電荷 q のポテンシャルを求めよ. ただし, 無限遠方を基準点とせよ.（もし (b) での答えが "いいえ" ならば戻って再考すべきである）

(d) 原点にある点電荷 q に対して,

$$\oint_{\mathcal{S}} \mathbf{E} \cdot d\mathbf{a} + \frac{1}{\lambda^2} \int_{\mathcal{V}} V \, d\tau = \frac{1}{\epsilon_0} q$$

を示せ. ここで, 電荷 q を中心にした任意の球の表面を $\mathcal{S}$, 球内の領域を $\mathcal{V}$ とする.

(e) この結果は任意の電荷分布に対して

$$\oint_{\mathcal{S}} \mathbf{E} \cdot d\mathbf{a} + \frac{1}{\lambda^2} \int_{\mathcal{V}} V \, d\tau = \frac{1}{\epsilon_0} Q_{\text{enc}}$$

のように一般化することができることを示せ.（"新しい静電気学" において, これはガウスの法則に匹敵するものである）

(f) 図 2.35 のように, 適切な表式すべてを入れて, この新しい静電気学における三角図を描け.（ポアソン方程式を V によって ρ を表す表式であるとみなし, さらに, 微分型のガウスの法則を $\mathbf{E}$ により ρ を表す表式であるとみなすこと.）

(g) 電荷の一部は導体内部の領域に（一様に！）分布し, 残りは表面に分布することを示せ. [ヒント：導体の内部では $\mathbf{E}$ は依然としてゼロである.]

問題 2.55 a を定数として, 電場 $\mathbf{E}(x, y, z)$ が

$$E_x = ax, \qquad E_y = 0, \qquad E_z = 0$$

の表式をもつとする. この電場を与える電荷密度を求めよ. 電荷密度が一様なときに, 電場が特定の方向を向くということを, どうやって説明できるだろうか？ [これは見かけより巧妙な問題であり, 考慮に値する.]

問題 2.56 静電気学のすべては重ね合わせの原理とともにクーロンの法則の $1/r^2$ 特性の結果である. それゆえ, 類似した理論を万有引力のニュートンの法則に対して構築することができる. 半径が R で質量が M の球体に蓄えられた重力エネルギーは, その質量密度が一様であると仮定するとどうなるであろうか？ 得られた表式を, 太陽の重力エネルギーを見積もるために（関連する数値を調べて）使ってみよう. 重力エネルギーは負であることを注意しておく（同符号の電荷が反発するのと逆に質量は引き合う）. 太陽を形成するために物質が "落ち込む" 際に, そのエネルギーが他の形態（典型的には熱）に変換され, ただちに輻射の形で放出される. 太陽は 3.86×10^{26} W の割合で輻射するが, もしこの輻射のすべてが重力エネルギーで担われるなら太陽はどのくらい持続するだろうか？ [実際には太陽はその見積もりよりもずっと高齢であり, よってあきらかに重力エネルギーは太陽エネルギーの源ではない[14].]

---

[14]Lord Kelvin はこの議論をもっと高齢の地球を必要とするダーウインの進化論に反撃するために用いた. 今日ではもちろん太陽のエネルギーの源が核分裂であり重力ではないことがわかっている.

124 第 2 章 静 電 気 学

! **問題 2.57** 導体にある電荷はその表面に移ることはわかっているが, 表面上にどのように分布するかを決定することは簡単ではない. 表面電荷密度分布が明確に計算できる一つの知られた例題は楕円である.

$$\frac{x^2}{a^2} + \frac{y^2}{b^2} + \frac{z^2}{c^2} = 1$$

この場合には[15]

$$\sigma = \frac{Q}{4\pi abc} \left(\frac{x^2}{a^4} + \frac{y^2}{b^4} + \frac{z^2}{c^4} \right)^{-1/2} \tag{2.57}$$

となる. ここで Q は全電荷である. 式 2.57 における a, b, および c の値を適切に選んで, 以下を求めよ. (a) 半径 R の円板上の (両面にわたる) 正味の表面電荷密度 $\sigma(r)$, (b) xy 面内で $x = -a$ から $x = a$ まで y 軸に跨っている無限長の "リボン" 状の導体の正味の表面電荷密度 $\sigma(x)$(ここで Λ をリボンの単位長さあたりの全電荷量とする), (c) $x = -a$ から $x = a$ までにわたる "針" 状の導体の単位長さあたりの正味の電荷量 $\lambda(x)$. それぞれの場合について, 結果のグラフの概略を描け.

問題 2.58

(a) 半径 a の円に内接し, その各頂点に点電荷 q がある正三角形を考える. 円の中心での電場はあきらかにゼロであるが, 意外にも電場がゼロになる別の三つの点が正三角形の内側にある. その場所はどこか? [答え: $r = 0.285\,a$ この結果を得るためにおそらくコンピュータが必要になる.]

(b) 正 n 辺多角形に対しては, 電場がゼロになる点が, 中心に加えて n 点, 存在する[16]. その点の中心からの距離を, $n = 4$ と $n = 5$ の場合について求めよ. $n \to \infty$ の場合はどうなると予想するか?

問題 2.59 以下の定理を証明するか, あるいは反例を挙げて間違っていることを示せ.

定理 正味の電荷 Q をもつ導体が, 外電場 $\mathbf{E}_e$ のもとで力 $\mathbf{F}$ を感じているとする. もし外電場が $\mathbf{E}_e \to -\mathbf{E}_e$ のように逆転したとすると, その力も $\mathbf{F} \to -\mathbf{F}$ のように逆転する.

外電場が一様であるとしたならば, どうなるか?

問題 2.60 内半径が a, 外半径が b の帯電していない (厚みのある) 導体球殻の中心に点電荷 q がある. 疑問: この点電荷を (導体球殻にあけた小さな穴を通して) 無限遠方に移動させるためにどれだけの仕事が必要になるだろうか? [答え: $(q^2/8\pi\epsilon_0)(1/a - 1/b)$]

---

[15] その導出については (かなり離れ業であるが), W. R. Smythe, *Static and Dynamic Electricity,* 3rd ed. (New York: Hemisphere, 1989), Sect. 5.02. を参照せよ.

[16] S. D. Baker, *Am. J. Phys.* **52**, 265 (1984); D. Kiang and D. A. Tindall, *Am. J. Phys.* **53**, 593 (1985).

2.5. 導 体 **125**

問題 2.61 N 個の等しい点電荷を半径 R の円の内側あるいは円周上に配置することを
考えたとき，最低エネルギーをもつ配置はどのようなものか？ 導体上の電荷はその表面
に移動するので，N 個の電荷がその円周上に一様に配列すると考えるかもしれない．その
予想に反して，$N = 12$ の場合は 11 個の電荷を円周上に配置し 1 個の電荷を円の中心に
配置するほうがよいことを示せ．$N = 11$ の場合はどうであろうか？（11 個の電荷全部を
円周上に配置した場合と，10 個の電荷を円周上に配置し 1 個の電荷を円の中心に配置す
る場合のどちらがより低いエネルギーになるのか[17]？）[ヒント：数値的に示せ—少なく
とも 4 桁の有効数字が必要である．すべての電荷配置に対するエネルギーを $q^2/4\pi\epsilon_0 R$ を
単位として表せ]

---

[17]M. G. Calkin, D. Kiang, and D. A. Tindall, *Am. J. Phys.* **55**, 157 (1987).

第3章 ポテンシャル

3.1 ラプラス方程式

3.1.1 序 説

　静電気学における主要な課題は，与えられた静的電荷分布に対して電場を求めることである．原理的には，この目的はクーロンの法則を式 2.8 の形に表したもの，つまり

$$\mathbf{E}(\mathbf{r}) = \frac{1}{4\pi\epsilon_0} \int \frac{\hat{\boldsymbol{\imath}}}{\boldsymbol{\imath}^2} \rho(\mathbf{r}') \, d\tau' \tag{3.1}$$

によって成し遂げられる．残念ながら，この種の積分を計算するのは，ごく簡単な電荷分布の場合以外は困難である．場合によっては対称性を利用して，ガウスの法則を使うことによって積分の困難を回避することができるが，通常はまずポテンシャル V を計算するのが最善の戦略である．ポテンシャルは電場よりもやや扱いやすい式 2.99，すなわち

$$V(\mathbf{r}) = \frac{1}{4\pi\epsilon_0} \int \frac{1}{\boldsymbol{\imath}} \rho(\mathbf{r}') \, d\tau' \tag{3.2}$$

で与えられる．この積分でもまだ，解析的な取り扱いでは歯が立たないことが多い．さらに，導体を含む問題では電荷が自由に動き回れるため，直接制御できるのは各導体に帯電した電荷の総和（あるいは各導体のポテンシャル）のみであり，電荷分布 ρ そのものを事前に知ることができない．

　このような場合，問題をポアソン方程式 (式 2.24)，すなわち

$$\nabla^2 V = -\frac{1}{\epsilon_0} \rho \tag{3.3}$$

を用いて微分形に書き直すことが有益である．このポアソン方程式は，適切な境界条件を伴えば式 3.2 と等価である．実際には，電荷が存在しない ($\rho = 0$) 領域におけるポテ

128 第 3 章 ポテンシャル

ンシャルを求めたいことが多い.（もしも空間の全領域で $\rho = 0$ であれば当然 $V = 0$ でありそれ以上何もいうことはないのだが, そのようなことをいっているのではない. どこか他の場所には電荷がたくさん存在しているかもしれないが, 電荷が存在しない場所だけに注目しているということである.）この場合, ポアソン方程式はラプラス方程式

$$\nabla^2 V = 0 \tag{3.4}$$

に帰着する. デカルト座標 x, y, z を用いて書き下すと

$$\frac{\partial^2 V}{\partial x^2} + \frac{\partial^2 V}{\partial y^2} + \frac{\partial^2 V}{\partial z^2} = 0 \tag{3.5}$$

となる.

　これは問題の基礎をなす式であり, 静電気学はまさにラプラス方程式を調べる学問であるといってもよいくらいである. 同時に, これは重力, 磁性, 熱伝導の理論, シャボン玉の研究など物理学の多岐にわたって現れる普遍的な方程式である. 数学では, ラプラス方程式は解析関数論において大きな役割を果たしている. ラプラス方程式とその解（これらは**調和関数**とよばれる）に慣れるために, まずイメージをつかみやすい 1 次元版と 2 次元版のラプラス方程式から始めて, 3 次元ラプラス方程式のもつ本質的な性質について説明する.

3.1.2　1 次元のラプラス方程式

　ポテンシャル V が一変数 x のみに依存するとしよう. このときラプラス方程式は

$$\frac{d^2 V}{dx^2} = 0$$

となる. 一般解は直線の方程式

$$V(x) = mx + b \tag{3.6}$$

である. これは, 二階の常微分方程式として妥当な, 二つの未定定数（m と b）を含む. これら二つの未定定数は問題の境界条件より個別の場合について定められる. たとえば, $x = 1$ で $V = 4$, $x = 5$ で $V = 0$ とした場合, $m = -1$, $b = 5$ となって $V = -x + 5$ となる（図 3.1）.

　この結果がもつ以下の二つの特徴に注目したい. 1 次元では具体的に一般解を書き下すことができるので, これらの性質は自明でくだらないことと思われるかも知れないが, 類似した性質は 2 次元および 3 次元では決して自明ではなく, その威力を発揮する.

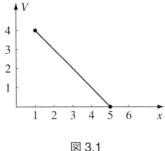

図 3.1

1. $V(x)$ は任意の a に対して $V(x+a)$ と $V(x-a)$ の平均値である.

$$V(x) = \frac{1}{2}[V(x+a) + V(x-a)]$$

ラプラス方程式は, 点 x に左右の関数値の平均値を割り当てるという, 一種の平均操作を要請している. この意味で, ラプラス方程式の解はできるだけ平坦でかつ両端の値がきちんと合っている関数である.

2. ラプラス方程式の解は極大値も極小値ももたず, 最大値や最小値は端点でのみとることができる. 実際, これは 1. からの帰結である. もしもある点で極大値が存在したならば, その点における V はその両側における値よりも必ず大きくなるため平均値にはなり得ないからである. (通常, 関数の二階微分は極大点では負であり極小点では正である. ところが, ラプラス方程式は二階微分がゼロであることを要求するので極値をもたないことは妥当であるように思える. しかし, これは証明とはいえない. なぜならば, 二階微分が 0 となる点で極値をとる関数が存在するからである. たとえば x^4 は $x=0$ においてそのような極小値をもつ.)

3.1.3　2次元のラプラス方程式

V が二変数 x, y に依存する関数であるとき, ラプラス方程式は

$$\frac{\partial^2 V}{\partial x^2} + \frac{\partial^2 V}{\partial y^2} = 0$$

となる. これはもはや常微分方程式 (つまり, 常微分のみを含む方程式) ではなく, 偏微分方程式である. その帰結として, 常微分方程式でよく知られている単純な規則の一部は当てはまらない. たとえば, この方程式は二階の微分方程式であるにもかかわらず, 一般解を二つの任意定数 (さらにいえば任意の有限個の定数) のみを含む関数とし

て与えることはできない．実際，"一般解" を（少なくとも式 3.6 のような閉じた形では）書き下すことはできない．しかしながら，すべての解に共通な性質を導くことは可能である．

物理的な例を考えると役に立つであろう．枠に張られた薄いゴムシート（または石鹸膜）を想像しよう．状況を明確にするために，ダンボール箱の上部を図 3.2 のような曲線に沿って切り出したとする．そこでピンと張ったゴム膜を箱の上から太鼓の皮のように貼り付ける．（もちろん，箱の上部をまっすぐ切り取らなければ平坦な太鼓の皮のようにはならないだろう．）ここで，箱の底に (x,y) 座標を設定すると，点 (x,y) 上のシートの高さ $V(x,y)$ はラプラス方程式を満たすであろう[1]．（1 次元における類似としては，2 か所から張られた輪ゴムを考えればよいだろう．もちろん，このときは輪ゴムは直線となる．）

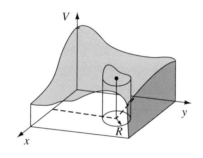

図 3.2

2 次元の調和関数は 1 次元の場合と同じ性質をもつ．

1. 点 (x,y) における V の値はその点の周りの平均値に等しい．より正確には，点 (x,y) を中心とした任意の半径 R の円を描いたとき，V の円周上での平均値は中心における値に等しい．

$$V(x,y) = \frac{1}{2\pi R} \oint_{\text{circle}} V\, d\ell$$

---

[1] 実際にはゴムシートがしたがう方程式は

$$\frac{\partial}{\partial x}\left(g\frac{\partial V}{\partial x}\right) + \frac{\partial}{\partial y}\left(g\frac{\partial V}{\partial y}\right) = 0, \quad \text{ただし } g = \left[1 + \left(\frac{\partial V}{\partial x}\right)^2 + \left(\frac{\partial V}{\partial y}\right)^2\right]^{-1/2}$$

であるが，表面の形状が平面から極端に離れていなければこの方程式は（近似的に）ラプラス方程式に帰着する．

3.1. ラプラス方程式 **131**

（ちなみにこの性質から，ラプラス方程式の計算機解法の基礎となる**緩和法**が提唱される．この方法ではまず境界における V の値を指定し，領域内部のグリッド点における V の妥当な推定値を初期値として与える．最初のステップでは，各グリッド点における値をその点の最近接点の平均値で置き換える．2 回目以降のステップでは，修正された値を用いてこのプロセスをくり返す．数回の反復計算の後，数値は一定値に落ち着き，その後のステップではわずかな変化しかもたらさなくなる．このようにして，与えられた境界値に対するラプラス方程式の数値解が得られる[2].）

2. V は極大も極小ももたない．最大値または最小値は境界でのみとりうる．（1 次元のときと同様に，これは 1. からの当然の帰結である.）よって，ラプラス方程式は境界条件を満足しつつできるだけ特徴のない関数，つまり山も谷もない考えうる最もスムーズな曲面，を選び出す．たとえば，図 3.2 のように張られたゴムシート上に置かれたピンポン玉は，どこかの"ポケット"に落ち着くことなく端まで転がって，そこから落ちてしまうだろう．なぜならラプラス方程式は表面にそのようなくぼみつくることを許さないからである．幾何学的な観点からは，直線が 2 点間の最短経路であるのと同様に，2 次元の調和関数は与えられた境界線に囲われる曲面の面積を最小にする．

3.1.4 3 次元のラプラス方程式

3 次元では（1 次元のように）具体的な解を与えることもできなければ（2 次元のように）示唆に富む物理例を提供して直観を助けることもできない．しかしながら，1 次元や 2 次元の場合と同様な二つの性質がやはり成立する．今回は証明の概略を述べよう[3].

1. 点 $\mathbf{r}$ における V の値は $\mathbf{r}$ を中心とした半径 R の球面上における V の平均に等しい．

$$V(\mathbf{r}) = \frac{1}{4\pi R^2} \oint_{\text{sphere}} V \, da$$

2. その帰結として V は極大も極小ももたず，最大値や最小値は境界でのみとりうる．

---

[2]たとえば，E. M. Purcell, Electricity and Magnetism, 2nd ed. (New York: McGraw-Hill, 1985), problem 3.30 ［和訳：パーセル著，バークレー物理学コース電磁気（丸善出版, 2013），問題 3.30］を参照．

[3]クーロンの法則に頼らない（ラプラス方程式のみに頼る）証明については問題 3.37 を参照すること．

(たとえば，もしも V が点 **r** で極大値をとったとすると，関数の極大点の性質より，**r** の周りで十分小さな球を描けばその球面上における V の値は（ましてや球面上の平均値は）**r** における値よりも小さくなる．)

証明. まず，球の外側に置かれた一つの点電荷 q によってつくるポテンシャルの球面上での平均値を計算しよう．球の中心を原点として，電荷 q の位置が z 軸上にあるような座標系を選ぶことにする（図 3.3）．球面上の点におけるポテンシャルは

$$V = \frac{1}{4\pi\epsilon_0}\frac{q}{\imath}$$

である．ここで

$$\imath^2 = z^2 + R^2 - 2zR\cos\theta$$

であり

$$\begin{aligned}V_{\text{ave}} &= \frac{1}{4\pi R^2}\frac{q}{4\pi\epsilon_0}\int [z^2+R^2-2zR\cos\theta]^{-1/2}R^2\sin\theta\,d\theta\,d\phi\\ &= \frac{q}{4\pi\epsilon_0}\frac{1}{2zR}\sqrt{z^2+R^2-2zR\cos\theta}\Big|_0^\pi\\ &= \frac{q}{4\pi\epsilon_0}\frac{1}{2zR}[(z+R)-(z-R)] = \frac{1}{4\pi\epsilon_0}\frac{q}{z}\end{aligned}$$

となる．しかしこれはまさしく点電荷 q が球の中心につくるポテンシャルである！ 重ね合わせの原理により，球の外側に存在するあらゆる電荷の集まりに対しても同じことがいえて，球面上の V の平均は球の中心につくられる V の値に等しくなる．

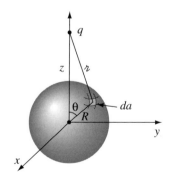

図 3.3

問題 3.1 半径 R の球の内側に置かれた点電荷 q によるポテンシャルの球面上の平均値を求めよ．(言い換えると，上記の計算を $z < R$ の場合に対して行え．)(この場合はもちろん，球の内部ではラプラス方程式は成り立たない．) 一般的に

$$V_{\text{ave}} = V_{\text{center}} + \frac{Q_{\text{enc}}}{4\pi\epsilon_0 R}$$

であることを示せ．ただし V_{center} はすべての外部の電荷によるポテンシャルであり，Q_{enc} は内部に含まれる電荷の総和である．

問題 3.2 **アーンショウの定理**は，荷電体は静電力だけで安定なつり合いを保つことはできない，というものである．この定理が正しいことを一言で説明せよ．例として，図 3.4 の立方体状の固定された電荷配置を考える．一見すると，中心におかれた静電荷は各頂点からの反発を受けて宙吊りになるように思われる．この "静電ボトル" のどこに漏れ口があるのだろうか？ [核融合をエネルギー源として実用化するために，プラズマ（荷電粒子のスープ）を途方もない高温（普通のスープ鍋であれば触れただけで蒸発してしまうくらいの温度）まで加熱することが必要となる．アーンショウの定理は静電気的な閉じ込めはまったく不可能であることを示しているが，幸いにも，高温プラズマを磁気的に閉じ込めることは可能である．]

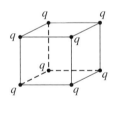

図 3.4

問題 3.3 球座標によるラプラス方程式の一般解を，V が r のみに依存する場合について求めよ．同じことを V が s のみに依存すると仮定して，円柱座標に対しても行え．

問題 3.4
(a) 球の外部にある電荷によってつくられる電場の球面上での平均値は中心における電場に等しいことを示せ．
(b) 球の内部にある電荷による電場の平均値はどうなるか？

3.1.5 境界条件と一意性定理

ラプラス方程式はそれ自体では V を決めることはできず, 適切な境界条件を付け加える必要がある. これは "解を決めるために十分で, かつ矛盾が生じるほどには強すぎない境界条件とはどのようなものであるか?" という, 慎重を要する問題を提起する. 1 次元の場合は簡単で, 一般解 $V = mx + b$ が二つの任意定数を含むため二つの境界条件を課せばよかった. たとえば, 両端における関数値, 一端における関数値と微係数, または一端における関数値ともう一端における微係数, などを指定すればよい. しかし, 一端における関数値または微係数のみを与えるだけではうまくいかない. また, 両端における微係数を指定したとしても, 二つの微係数が等しければ一つは余計であるし, 二つが異なれば矛盾するので, いずれにせようまくいかない.

2 次元または 3 次元では偏微分方程式に直面するため, 何が適切な境界条件を構成するのかは自明ではない. たとえば, ピンと張られたコム膜の形状は, 枠の形によって一意に決まるであろうか? もしくは, 瓶詰め容器の蓋を押したときのように, ある安定な形状から別の形状に変形させることは可能だろうか? 直観が示唆するように, V は確かに境界における値によって一意に決まる. (瓶詰め容器はあきらかにラプラス方程式にはしたがわない.) しかしながら, 他の境界条件も用いることができる (問題 3.5 を参照). ある提案された境界条件が十分であることの証明は**一意性定理**の形で表される. このような定理は静電気学において多数あるが, すべて基本的に同じ形式で与えられる. ここでは, 最も有用な二つを示そう[4].

> **第 1 一意性定理:** ある領域 $\mathcal{V}$ におけるラプラス方程式の解は, 境界面 $\mathcal{S}$ におけるポテンシャル V を指定すれば一意に決まる.

証明. 図 3.5 は領域と境界の一例を描いたものである. (領域内部に "島" があっても, その表面上で V が与えられていればよい. また, 外側の境界が無限遠方であってもよい. ただし, 通常は無限遠方での V はゼロとされる.) ラプラス方程式が, 二つの解

$$\nabla^2 V_1 = 0 \quad および \quad \nabla^2 V_2 = 0$$

をもつとしよう. これら二つの解はどちらも境界において指定された値をもつものとする. これらが同じでなければならないことを証明したい. 証明に用いるトリックは, 二つの解の差

---

[4]解が存在することの証明ははるかに難しい仕事であるので, ここでは行わないことにする. この文脈では, 物理的な根拠から一般に解が存在することはあきらかである.

3.1. ラプラス方程式 **135**

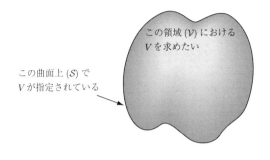

図 3.5

$$V_3 \equiv V_1 - V_2$$

を考えることである．V_3 はラプラス方程式

$$\nabla^2 V_3 = \nabla^2 V_1 - \nabla^2 V_2 = 0$$

にしたがい，境界面上での値は（V_1 と V_2 は等しいので）すべてゼロとなる．しかし，ラプラス方程式は極大も極小も許さず，最大値も最小値も境界でのみとることができるので，V_3 の最大値も最小値も両方とも 0 でなければならない．したがって，V_3 は至るところでゼロでなければならず

$$V_1 = V_2$$

となる．

□

例題 3.1. 導体に完全に囲まれた領域内に電荷が存在しなければ，そこでのポテンシャルは一定であることを示せ．

解答
空洞壁面でのポテンシャルはある一定値 V_0 をとる．よって空洞内部でのポテンシャルはラプラス方程式を満足する関数であり，境界において値 V_0 をもつ．ここで，至るところで $V = V_0$（一定）というのが一つの解であることは天才でなくても思いつくであろう．一意性定理はこれが唯一の解であることを保証する．（これより空洞内部では電場はゼロになる.）

136 第 3 章 ポテンシャル

一意性定理のおかげで, 想像力によって解を得ることが許される. いかなる方法を用いたとしても (a) ラプラス方程式を満たし (b) 境界において正しい値をもつ解を見つけることができれば, それが正しい解なのである. 後で鏡像法について学ぶ際に, この議論の威力を知ることになるだろう.

ちなみに, 第 1 一意性定理は容易にポアソン方程式の場合に拡張できる. いままでは考えている領域内に電荷が存在せず, ポテンシャルはラプラス方程式にしたがう場合を仮定していたが, 領域内にいくつかの電荷を放り込むこともできる. このとき V はポアソン方程式にしたがう. ラプラス方程式の場合と議論は同様であるが, いまの場合は

$$\nabla^2 V_1 = -\frac{1}{\epsilon_0}\rho, \qquad \nabla^2 V_2 = -\frac{1}{\epsilon_0}\rho$$

である. これより

$$\nabla^2 V_3 = \nabla^2 V_1 - \nabla^2 V_2 = -\frac{1}{\epsilon_0}\rho + \frac{1}{\epsilon_0}\rho = 0$$

となるので, 二つの解の差 $(V_3 \equiv V_1 - V_2)$ はやはりラプラス方程式にしたがい, すべての境界上で値ゼロをもつ. よって $V_3 = 0$ であり $V_1 = V_2$ となる.

> **系:** 領域 $\mathcal{V}$ におけるポテンシャルは (a) 領域内部での電荷密度, および (b) すべての境界上における V の値, の両方が指定されれば一意に決まる.

3.1.6 導体系と第 2 一意性定理

静電気学の問題に対する境界条件の設定の仕方として最も単純なものは, 対象とする領域を囲むすべての境界面上で V の値を指定することである. このような状況は現実的にもしばしば発生する. 実験室では導体を電源に接続して一定のポテンシャルを保ったり導体を**接地**して $V = 0$ にしたりする. しかしながら, 境界における V はわからないが各導体に与えられた電荷量の総和がわかっているという状況もあり得る. たとえば一番目の導体に電荷 Q_a を, 二番目の導体に電荷 Q_b を $\cdots$ といった具合に各導体に電荷を与えたとする. このとき, 電荷は各導体上を自由に動き回ってしまい外からは制御できないため, 各導体表面上に電荷がどのように分布するかはわからない. さらに, 導体間の領域には特定の電荷分布 ρ があるものとしよう. このとき電場は一意に決まるだろうか? あるいは, 多数の異なる導体上の電荷配置が存在して, それぞれが異なる電場をもたらすことがあり得るだろうか?

第 2 一意性定理: 導体に囲まれた領域 $\mathcal{V}$ の内部で電荷分布 ρ が指定され

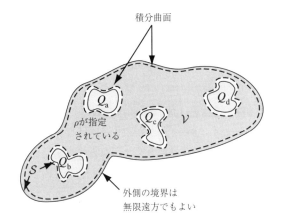

図 3.6

ているとき,もしも $\mathcal{V}$ 内の各導体上でそれぞれの総電荷が指定されれば電場は一意に決まる(図 3.6).(領域全体が他の導体に囲まれていてもよいし,囲まれていなくてもよい.)

証明. 仮に問題の条件を満たす電場が二つ存在するとしよう.これらはどちらも導体間でガウスの法則の微分形

$$\nabla \cdot \mathbf{E}_1 = \frac{1}{\epsilon_0}\rho, \qquad \nabla \cdot \mathbf{E}_2 = \frac{1}{\epsilon_0}\rho$$

にしたがう.さらに,どちらの電場も各導体を囲むガウス面に対してガウスの法則の積分形

$$\oint_{i \text{ 番目の導体表面}} \mathbf{E}_1 \cdot d\mathbf{a} = \frac{1}{\epsilon_0} Q_i, \qquad \oint_{i \text{ 番目の導体表面}} \mathbf{E}_2 \cdot d\mathbf{a} = \frac{1}{\epsilon_0} Q_i$$

にしたがう.

同様に,外側の境界面(領域を囲む導体であっても無限遠方であってもよい)に対しては

$$\oint_{\text{外側の境界}} \mathbf{E}_1 \cdot d\mathbf{a} = \frac{1}{\epsilon_0} Q_{\text{tot}}, \qquad \oint_{\text{外側の境界}} \mathbf{E}_2 \cdot d\mathbf{a} = \frac{1}{\epsilon_0} Q_{\text{tot}}$$

となる.前と同様に,電場の差

$$\mathbf{E}_3 \equiv \mathbf{E}_1 - \mathbf{E}_2$$

を調べる.これは導体間の領域において

138 第 3 章 ポテンシャル

$$\nabla \cdot \mathbf{E}_3 = 0 \tag{3.7}$$

にしたがい, 各導体表面で

$$\oint \mathbf{E}_3 \cdot d\mathbf{a} = 0 \tag{3.8}$$

となる.

ここで, 利用すべき最後の情報は以下の通りである. i 番目の導体表面上に電荷 Q_i がどのように分布しているかはわからないが, 少なくとも導体表面上は等電位であり, したがって $V_3 = V_1 - V_2$ は各導体表面上で一定の値をとることはわかっている. (V_1 と V_2 は異なってよいので, 必ずしもゼロでなくてもよい. 確かなことはどちらのポテンシャルもすべての導体上では一定である, ということだけである.) 次が巧妙なポイントだが, 付録 D の「合成関数の微分公式」(5) より

$$\nabla \cdot (V_3 \mathbf{E}_3) = V_3(\nabla \cdot \mathbf{E}_3) + \mathbf{E}_3 \cdot (\nabla V_3) = -(E_3)^2$$

となる. ここで式 3.7 と $\mathbf{E}_3 = -\nabla V_3$ を用いた. これを領域 $\mathcal{V}$ で積分し, 左辺に発散定理を用いると

$$\int_{\mathcal{V}} \nabla \cdot (V_3 \mathbf{E}_3) \, d\tau = \oint_{\mathcal{S}} V_3 \mathbf{E}_3 \cdot d\mathbf{a} = -\int_{\mathcal{V}} (E_3)^2 \, d\tau$$

となる. この表面積分は対象としている領域内のすべての境界面, つまり導体表面と外側の境界面にわたって行う. ここで, V_3 はそれぞれの境界面上で一定 (外側の境界が無限遠方であれば, そこでは $V_3 = 0$ である) であるから積分の外に出すことができるので, 式 3.8 よりゼロになる. したがって

$$\int_{\mathcal{V}} (E_3)^2 \, d\tau = 0$$

となる. しかし被積分関数は決して負にはならないので, この積分が消えるのは至るところで $E_3 = 0$ のときだけである. 結果として $\mathbf{E}_1 = \mathbf{E}_2$ となり, 第 2 一意性定理が証明できた. □

この証明は容易ではなかったので, 定理そのものの方が証明よりももっともらしく見えてしまうおそれがある. もしも読者が第 2 一意性定理を "自明である" と思うならば, パーセルの教科書にある次の例を考えてみるとよい. 図 3.7 は電荷 $\pm Q$ をもつ四つの導体からなる単純な静電的配置を示しており, 正に帯電した導体と負に帯電した導体をそれぞれ近づけて配置している. この配置は安定であるように見える. ここで, 図 3.8 のように二つずつ導線でつないだら何が起こるだろうか? 正電荷は負電荷の近くに置

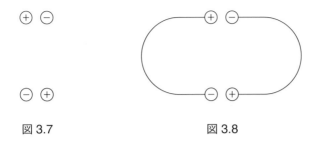

図 3.7   　　　　　　　図 3.8

かれているので（そして，正負の電荷は近づきたがるので）何も起こらず電荷配置は安定であると推測するかもしれない．

さて，それはもっともらしい考えだが，間違いである．図 3.8 の電荷配置は実現不可能なのだ．いま実効的には二つの導体が存在し，それぞれの電荷の総和はゼロである．総和ゼロの電荷をこれら導体に分布させる一つの可能なやりかたは，どこにも電荷を蓄積させないことによってあらゆる場所で電場をゼロにすることである（図 3.9）．第 2 一意性定理により，これはまさしく解でなければならない．よって最初に置かれた $\pm Q$ の電荷は導線を流れて互いに打ち消しあってしまう．

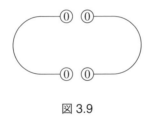

図 3.9

問題 3.5 それぞれの境界面上で電荷密度 ρ と V または法線微分 $\partial V/\partial n$ のいずれかが指定されれば電場が一意に決まることを証明せよ．境界は導体である（またはどの境界面上でも V は一定である）とは仮定しないこと．

問題 3.6 第 2 一意性定理のより簡潔な証明はグリーンの恒等式（問題 1.61c）において $T = U = V_3$ とすることによって与えられる．証明の詳細を補え．

3.2 鏡 像 法

3.2.1 古典的な鏡像法の問題

　無限に大きい接地された導体平面から垂直距離 d の位置に点電荷 q が置かれているとする（図 3.10）。**問題**：平面より上の領域のポテンシャルはどうなっているだろうか？ 電荷 q は近くの導体表面にある程度の負電荷を誘起するであろうから，ポテンシャルは単純に $(1/4\pi\epsilon_0)q/\imath$ ではない．全体のポテンシャルは，部分的には点電荷 q によって直接作られるもので，部分的にはこの誘起された電荷によるものである．しかし，どれだけの電荷が誘起され，どのように分布するかがわからないままでポテンシャルを計算することができるのだろうか？

　数学的な観点から見るとこの問題は，$(0,0,d)$ に点電荷 q が置かれているときの $z>0$ の領域におけるポアソン方程式を境界条件

1. $z=0$ で $V=0$（導体平面が接地されているので）．
2. 電荷から遠く離れたところでは（つまり，$x^2+y^2+z^2 \gg d^2$ では）$V \to 0$

のもとで解くことである．第 1 一意性定理（実際には，その系）により，上記の境界条件を満足する関数はただ一つしか存在しないことが保証される．もしもそのような関数を何らかのトリックや賢い推測によって発見できれば，それがきっと答えに違いないのだ．

　トリック：実際の問題のことは忘れて，図 3.11 のような完全に異なる状況を調べることにしよう．この新しい電荷配置には二つの点電荷，すなわち $(0,0,d)$ に $+q$, $(0,0,-d)$ に $-q$ が置かれており，導体平面は存在しない．この電荷配置に対してはポテンシャルを容易に書き下すことができて

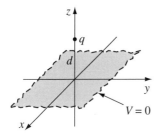

図 3.10

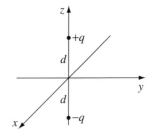

図 3.11

$$V(x, y, z) = \frac{1}{4\pi\epsilon_0} \left[\frac{q}{\sqrt{x^2 + y^2 + (z-d)^2}} - \frac{q}{\sqrt{x^2 + y^2 + (z+d)^2}} \right] \quad (3.9)$$

となる.（分母はそれぞれ (x, y, z) から電荷 $+q$ と電荷 $-q$ までの距離を表す.）このとき

1. $z = 0$ のとき $V = 0$
2. $x^2 + y^2 + z^2 \gg d^2$ のとき $V \to 0$

であり, $z > 0$ の領域に存在する電荷は $(0, 0, d)$ に置かれた点電荷 $+q$ のみである. これはまさしく元々の問題の条件と同じである！ あきらかに, 第二の電荷配置は"上側の"領域 $z > 0$ に最初の配置とまったく同じポテンシャルをつくる.（"下側の"領域 $z < 0$ はまったく違ってしまうが, そこはどうでもよい. 必要なのは上側の部分だけである.）結論：接地された導体平面の上部にある点電荷が $z \geq 0$ につくるポテンシャルは式 3.9 で与えられる.

この議論において一意性定理が果たす重要な役割に注意しよう. ここで得た解は完全に異なる電荷分布に対するものなので, この定理なくしてはこの解を信じることはできない. しかし一意性定理によって, もしもある関数が対象とする領域でポアソン方程式を満たし, しかも境界で正しい値をもてば, それは正しい解であることが保証される.

3.2.2 表面誘起電荷

ポテンシャルを求めることができれば, 導体に誘起された表面電荷 σ を計算するのは簡単なことである. 式 2.49 より, V の導体表面における法線微分を $\partial V / \partial n$ とすると

$$\sigma = -\epsilon_0 \frac{\partial V}{\partial n}$$

である. いまの場合, 法線方向は z 方向なので

$$\sigma = -\epsilon_0 \frac{\partial V}{\partial z}\bigg|_{z=0}$$

となる. 式 3.9 より

$$\frac{\partial V}{\partial z} = \frac{1}{4\pi\epsilon_0} \left\{ \frac{-q(z-d)}{[x^2 + y^2 + (z-d)^2]^{3/2}} + \frac{q(z+d)}{[x^2 + y^2 + (z+d)^2]^{3/2}} \right\}$$

であるから

$$\sigma(x, y) = \frac{-qd}{2\pi(x^2 + y^2 + d^2)^{3/2}} \quad (3.10)$$

142 第3章 ポテンシャル

となる[5]. 予想されるように, 誘起電荷は (q が正であると仮定すると) 負であり $x = y = 0$ において最も大きな絶対値をもつ.

ついでに, 全誘起電荷

$$Q = \int \sigma \, da$$

を計算しよう. この xy 平面にわたる積分はデカルト座標 $da = dx\,dy$ で実行することも可能ではあるが, 極座標 (r, ϕ) $(r^2 = x^2 + y^2, da = r\,dr\,d\phi)$ を用いた方がやや簡単である. このとき

$$\sigma(r) = \frac{-qd}{2\pi(r^2 + d^2)^{3/2}}$$

であり

$$Q = \int_0^{2\pi} \int_0^\infty \frac{-qd}{2\pi(r^2 + d^2)^{3/2}} r\,dr\,d\phi = \left. \frac{qd}{\sqrt{r^2 + d^2}} \right|_0^\infty = -q \qquad (3.11)$$

となる. 平面に誘起された全電荷が $-q$ であることは, (あらためて考えてみれば) 当然のこととして納得できるだろう.

3.2.3 力とエネルギー

導体平面上に誘起された負電荷のために, 電荷 q には導体面に向かって引きつける力が働く. このときの引力を求めよう. 点電荷 q 近傍のポテンシャルは類似問題 ($+q$ と $-q$ を置いて導体を置かない問題) と同じであるから, 電場も同じであり, したがって力も

$$\mathbf{F} = -\frac{1}{4\pi\epsilon_0} \frac{q^2}{(2d)^2} \hat{\mathbf{z}} \qquad (3.12)$$

で与えられる.

注意:そこで調子に乗って, 二つの問題で何もかもが同じであると思いがちである. しかしながら, エネルギーは同じではない. 点電荷二つに導体なしの場合のエネルギーは

$$W = -\frac{1}{4\pi\epsilon_0} \frac{q^2}{2d} \qquad (3.13)$$

である. しかし一つの点電荷と導体平面に対しては, エネルギーはその半分

$$W = -\frac{1}{4\pi\epsilon_0} \frac{q^2}{4d} \qquad (3.14)$$

---

[5]この結果を導くまったく別の方法については問題 3.38 を参照.

となる. なぜ半分なのか？ 電場に蓄えられたエネルギー

$$W = \frac{\epsilon_0}{2} \int E^2 \, d\tau$$

について考えてみよう. 第一の場合（点電荷二つ）では, 上の領域 $(z > 0)$ も下の領域 $(z < 0)$ もエネルギーに寄与するが, 対称性により等しい寄与をもつ. しかし第二の場合（点電荷と導体平面）では, 上の領域のみがゼロでない電場を含み, よってエネルギーは半分になる[6].

もちろん, 電荷 q を無限遠方から運んでくるのに要する仕事を計算することによってエネルギーを求めることもできる. 電荷を（式 3.12 の静電気力に逆らって）運ぶために必要な力は $(1/4\pi\epsilon_0)(q^2/4z^2)\hat{\mathbf{z}}$ であるから

$$
\begin{aligned}
W &= \int_\infty^d \mathbf{F} \cdot d\mathbf{l} = \frac{1}{4\pi\epsilon_0} \int_\infty^d \frac{q^2}{4z^2} \, dz \\
&= \frac{1}{4\pi\epsilon_0} \left(-\frac{q^2}{4z} \right) \bigg|_\infty^d = -\frac{1}{4\pi\epsilon_0} \frac{q^2}{4d}
\end{aligned}
$$

となる. 電荷 q を導体に向かって動かすとき, 仕事は q のみに対してなされる. 誘起電荷も確かに導体内を移動するが, 導体全体のポテンシャルはゼロなのでこの電荷の移動に費やす仕事はゼロである. 一方, 二つの点電荷を（導体なしで）運ぶためには両方の電荷に仕事を行うことになるので, 合計の仕事は（くり返しになるが）2 倍になる.

3.2.4 他の鏡像法の問題

この方法は一つの点電荷の場合に限られず, 接地された導体平面の近くのいかなる定常的な電荷分布の場合でも, その鏡像を導入することで同様に扱うことができる. このことから, この方法は**鏡像法**とよばれる.（鏡像電荷は逆符号をもつことを覚えておこう. 導体平面の場合, この逆符号によって xy 平面のポテンシャルがゼロとなることが保証されたのである.）同様にして取り扱うことができる問題としていくつか風変わりなものがあるが, その中でも最も美しいものは以下の問題である.

例題 3.2. 点電荷 q が接地された半径 R の導体球から距離 a の位置に置かれている（図 3.12）. このとき導体球の外側のポテンシャル求めよ.

---

[6]この結果の一般化については M. M. Taddei, T. N. C. Mendes, and C. Farina, *Eur. J. Phys.* **30**, 965 (2009), および問題 3.41b を参照.

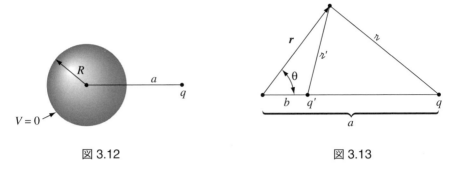

図 3.12　　　　　　　　　　図 3.13

解答
以下のような,完全に異なる電荷配置の問題を考えよう.電荷 q とともにもう一つの電荷

$$q' = -\frac{R}{a}q \tag{3.15}$$

が球の中心から右側に距離

$$b = \frac{R^2}{a} \tag{3.16}$$

の位置に置かれている(図 3.13).この問題では導体はなく,二つの点電荷だけがある.この電荷配置のポテンシャルは

$$V(\mathbf{r}) = \frac{1}{4\pi\epsilon_0}\left(\frac{q}{\imath} + \frac{q'}{\imath'}\right) \tag{3.17}$$

である.ただし $\imath$ と $\imath'$ はそれぞれ q と q' からの距離である.このとき,ポテンシャルは球面上のすべての点でゼロになっている(問題 3.8 を参照)ので,球外部の領域に対して元の問題の境界条件を満足している[7].

結論:式 3.17 が接地された導体球の近くの点電荷のポテンシャルである.(b は R よりも小さいので"鏡像"電荷 q' は無事に導体球の内側にあることに注意しよう.鏡像電荷は V を計算している領域内に置いてはいけない.なぜなら,そのような場合は ρ が変わってしまって,間違った電荷分布のもとでのポアソン方程式を解くことになってしまうからである.)とくに,点電荷と導体球の間に働く引力は

$$F = \frac{1}{4\pi\epsilon_0}\frac{qq'}{(a-b)^2} = -\frac{1}{4\pi\epsilon_0}\frac{q^2 Ra}{(a^2-R^2)^2} \tag{3.18}$$

---
[7] この解はウィリアム・トムソン(後のケルビン卿)によって 1848 年(トムソンがわずか 24 歳だったとき)に出版された.この解は"二点からの距離の比が一定である点の軌跡が球である"というアポロニウス(紀元前 200 年)の定理に触発されたようである.詳しくは J. C. Maxwell, "Treatise on Electricity and Magnetism, Vol. I," Dover, New York, p. 245. を参照.この興味深い歴史については Gabriel Karl に感謝する.

である.

鏡像法は, うまくいきさえすれば, 素晴らしく単純な解法である. しかし, これは科学的であると同時に技巧的でもある. なぜなら, とにかく正しい "補助的な" 電荷配置を思い付く必要があり, ほとんどの形状に対してこれは, もしも不可能でないとしても, おそろしく複雑な問題となるからである.

問題 3.7 図 3.14 にある電荷 $+q$ に働く力を求めよ. (xy 平面は接地された導体である.)

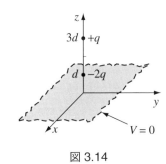

図 3.14

問題 3.8
(a) 余弦定理を用いて式 3.17 が

$$V(r,\theta) = \frac{1}{4\pi\epsilon_0}\left[\frac{q}{\sqrt{r^2+a^2-2ra\cos\theta}} - \frac{q}{\sqrt{R^2+(ra/R)^2-2ra\cos\theta}}\right]$$
(3.19)

のように書けることを示せ. ここで r と θ は通常の球座標であり, q を通る直線に沿って z 軸をとる. この表式では球面上 $r=R$ で $V=0$ となることは自明である.
(b) 球面上に誘起される表面電荷を θ の関数として求めよ. これを積分して全誘起電荷を求めよ. (答えはどうあるべきだろうか?)
(c) この電荷配置のエネルギーを計算せよ.

問題 3.9 例題 3.2 では導体球は接地されている ($V=0$) と仮定した. しかし第二の鏡像電荷を加えることによって, 同じ基本的なモデルによっていかなるポテンシャル V_0 (もちろん, 無限遠方を基準とする) にある導体球の場合でも取り扱うことができる. どのような電荷をどこに置けばよいだろうか? 電気的に中性な導体球と点電荷 q の間に働く引力を求めよ.

問題 3.10 接地された導体平面から垂直距離 d のところに, 一様な線電荷密度 λ で帯電した無限に長い直線導線が置かれている. (導線は x 軸の直上で, 軸に沿って走っており, 導体平面は xy 平面であるとしよう.)
(a) 導体平面より上の領域のポテンシャルを求めよ.
(b) 導体平面に誘起される電荷密度 σ を求めよ.

問題 3.11 接地された二つの半無限導体平面が直角をなしている. 図 3.15 のように, 導体にはさまれた領域に点電荷 q が置かれている. 鏡像電荷配置を考え, 導体間の領域におけるポテンシャルを計算せよ. どのような電荷をどこに置けばよいだろうか? q にどれだけの力が働くだろうか? 無限遠方から q を運んでくるためにはどれだけの仕事を要するだろうか? 二つの導体面が $90°$ 以外の角度で接していたとしても, 鏡像法によって問題を解くことができるだろうか? もしもできないとすると, 鏡像法が適用できるような特別な角度はどのようなものであろうか?

問題 3.12 半径 R をもつ二つの長い直線の銅管が距離 $2d$ 離れて置かれている. 一方はポテンシャル V_0 で他方は $-V_0$ である (図 3.16). 全領域でのポテンシャルを求めよ.

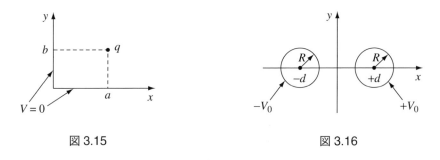

図 3.15　　　　　　　　　　　図 3.16

3.3 変数分離法

この節では**変数分離法**を用いたラプラス方程式の直接解法に取り組む. これは物理学者が偏微分方程式を解く際に好んで用いる手段である. この手法は, ある領域の境界上でポテンシャル (V) または電荷密度 (σ) が指定されており, 境界内部のポテンシャルを求めたい状況において適用可能である. 基本的な方策は至って単純で, 解を 1 変数のみに依存する関数の積に求めるというものである. しかしながら, 数学的な詳細は面倒なので, 一連の例題を通じてこの手法を構築していく. まずデカルト座標から始めて, 次に球座標について行う. (円柱座標については問題 3.24 で読者自身が取り組むために残しておく.)

3.3.1 デカルト座標

例題 3.3. 接地された無限に大きい二つの金属板が xz 平面に平行に, 一つは $y = 0$, もう一つは $y = a$ に置かれている (図 3.17). 左端は $x = 0$ で二つの金属板からは絶縁された細長い板で閉じられており, 特定のポテンシャル $V_0(y)$ で保たれている. この "すき間" の内部でのポテンシャルを求めよ.

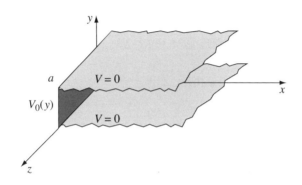

図 3.17

解答
問題の配置は z には依存しないので, これは実際には 2 次元問題である. 数学的にいえば, ラプラス方程式
$$\frac{\partial^2 V}{\partial x^2} + \frac{\partial^2 V}{\partial y^2} = 0 \tag{3.20}$$
を境界条件
$$\left.\begin{array}{ll} \text{(i)} & V = 0 \quad (y = 0) \\ \text{(ii)} & V = 0 \quad (y = a) \\ \text{(iii)} & V = V_0(y) \quad (x = 0) \\ \text{(iv)} & V \to 0 \quad (x \to \infty) \end{array}\right\} \tag{3.21}$$

のもとで解かなければならない. (最後の条件は問題文にあらわに述べられていないが, $x = 0$ の "ホットな" 板から遠く離れれば離れるほどポテンシャルはゼロに落ちるはずであるという, 物理的な理由により必要である.) ポテンシャルがすべての境界上で指定されているので答えは一意に決まる.

148 第 3 章 ポテンシャル

最初のステップは，解を二つの関数の積

$$V(x, y) = X(x)Y(y) \tag{3.22}$$

の形に求めることである．一見するとこれは解に不合理な制限をかけているように思われる．圧倒的多数のラプラス方程式の解はこのような形をしていないからである．たとえば $V(x, y) = (5x + 6y)$ は式 3.20 を満足するが，x の関数と y の関数の積として表すことはできない．あきらかに，この方法で得られるものはあらゆる解のうちのほんの一部分だけであり，得られた解の一つがたまたま考えている問題の境界条件を満たすことは奇跡に近いのではないか．しかし，じつは変数分離で得られた解は実際に非常に特別なものであり，これらを貼り合わせることによって一般解が構成できることが後でわかる．

とにかく，式 3.22 を式 3.20 に代入すると

$$Y \frac{d^2 X}{dx^2} + X \frac{d^2 Y}{dy^2} = 0$$

を得る．次のステップは "変数を分離する"（つまり，x に依存する項と y に依存する項をそれぞれまとめる）ことである．一般には，両辺を V で割って

$$\frac{1}{X} \frac{d^2 X}{dx^2} + \frac{1}{Y} \frac{d^2 Y}{dy^2} = 0 \tag{3.23}$$

とすればよい．ここで，第一項目は x のみに依存し第二項目は y のみに依存する．言い換えると，方程式が

$$f(x) + g(y) = 0 \tag{3.24}$$

の形に求まった．ここで，この式が成立するためには f と g が両方とも定数でなければならない．もしも y を固定しつつ x を変化したときに $f(x)$ が変化したとすると，和 $f(x) + g(y)$ も変化してしまう．これは式 3.24，つまり和が常にゼロという条件を破っている．（この議論は単純であるがどことなくとらえがたいところがある．しかし変数分離法が拠り所とする考え方なので，簡単に納得したりせずに熟慮すること．）

よって，式 3.23 より，

$$\frac{1}{X} \frac{d^2 X}{dx^2} = C_1, \quad \frac{1}{Y} \frac{d^2 Y}{dy^2} = C_2, \quad ただし \quad C_1 + C_2 = 0 \tag{3.25}$$

となる．二つの定数のうちのどちらかは正でありどちらかは負である・（または両方ともゼロでもよい．）一般的にはすべての可能性を調べるべきであるが，すぐ後で示す理由よりこの問題に関しては C_1 を正にとり C_2 を負にとればよい．よって

$$\frac{d^2X}{dx^2} = k^2 X, \qquad \frac{d^2Y}{dy^2} = -k^2 Y \tag{3.26}$$

となる. 一つの偏微分方程式 3.20 が二つの常微分方程式 3.26 に変換されたことに注意しよう. こうすることの利点はあきらかで, 常微分方程式の方がはるかに容易に解くことができることにある. 実際,

$$X(x) = Ae^{kx} + Be^{-kx}, \qquad Y(y) = C\sin ky + D\cos ky$$

であり

$$V(x,y) = (Ae^{kx} + Be^{-kx})(C\sin ky + D\cos ky) \tag{3.27}$$

となる.

これはラプラス方程式の適切な変数分離解であるが, 境界条件を課すことによって未定定数がどのように決まるのかについてはこれから確認する必要がある. まず条件 (iv) から見ていくことにすると, この条件から A がゼロであることが要求される[8]. B を C と D に吸収させると

$$V(x,y) = e^{-kx}(C\sin ky + D\cos ky)$$

となる. さらに条件 (i) より D がゼロであることが要求されるので

$$V(x,y) = Ce^{-kx}\sin ky \tag{3.28}$$

となる. 一方 (ii) より $\sin ka = 0$ となるので

$$k = \frac{n\pi}{a}, \qquad (n = 1, 2, 3, \dots) \tag{3.29}$$

となる. (この時点で, なぜ C_1 を正にとり C_2 を負にとったのかがわかる. もしも X が sin 関数であったらなら, 決して無限遠方においてゼロになるようにはできない. また, もしも Y が指数関数であったなら, 0 と a の両方で消えるようにはできない. ちなみに, $n = 0$ とするとポテンシャルが至るところでゼロとなってしまうので不適である. また, 負の n はすでに除外している.)

変数分離解を用いてできるのはここまでで, $V_0(y)$ がたまたまある整数の n に対して $\sin(n\pi y/a)$ の形をもたない限り, $x = 0$ における境界条件を満たすことは不可能である. しかし, ここからがこの手法を補う重要なステップになる. 変数分離法によって

---

[8] 一般性を失うことなく, k は正であると仮定している. k を負とした場合でも, 未定定数をシャッフルして $A \leftrightarrow B, C \to -C$ とすれば同じ解 (式 3.27) を与える. まれに (この例題では当てはまらないが), $k = 0$ を含まなければならないこともある (問題 3.54 を参照).

150 第3章 ポテンシャル

（それぞれの n に対して一つずつ）無限個の解の組を得たものの, その中のどれもがそれ自体では最終的な境界条件を満たすことはできない. しかしこれらを境界条件を満たすように組み合わせることは可能である. ラプラス方程式は以下の意味において**線形**である. もしも $V_1, V_2, V_3, \ldots$ がラプラス方程式を満たすならば, $\alpha_1, \alpha_2, \ldots$ を任意の定数として, 任意の**線形結合** $V = \alpha_1 V_1 + \alpha_2 V_2 + \alpha_3 V_3 + \cdots$ も

$$\nabla^2 V = \alpha_1 \nabla^2 V_1 + \alpha_2 \nabla^2 V_2 + \ldots = 0\alpha_1 + 0\alpha_2 + \cdots = 0$$

よりラプラス方程式を満たす. この事実を利用して, 変数分離解（式 3.28）を貼り合わせてもっと一般的な解

$$V(x,y) = \sum_{n=1}^{\infty} C_n e^{-n\pi x/a} \sin(n\pi y/a) \tag{3.30}$$

を構成することができる. これはやはり三つの境界条件 (i), (ii), (iv) を満たしている. 問題は（係数 C_n をうまく選ぶくとにより）最後の境界条件 (iii), すなわち

$$V(0,y) = \sum_{n=1}^{\infty} C_n \sin(n\pi y/a) = V_0(y) \tag{3.31}$$

を満たすことができるか? ということになる. さて, この和に見覚えがあるだろうか. これは**フーリエ正弦級数**である. 事実上いかなる関数 $V_0(y)$ でも（不連続性をもつ関数でさえも）このような級数で展開できることがディリクレの定理[9]によって保証されている.

しかし, この無限和に埋め込まれた係数 C_n を実際にどのようにして決めればよいだろうか? これを成し遂げるための工夫は非常に素晴らしいものなので特別な呼び名をつけて, **フーリエの技法**（オイラーが本質的に同じアイデアをフーリエよりも前に使っていたようだが）とよぶことにする. やり方は以下の通りである. まず式 3.31 に $\sin(n'\pi y/a)$（ここで n' は正の整数）をかけて 0 から a まで積分する.

$$\sum_{n=1}^{\infty} C_n \int_0^a \sin(n\pi y/a) \sin(n'\pi y/a)\, dy = \int_0^a V_0(y) \sin(n'\pi y/a)\, dy \tag{3.32}$$

左辺の積分は読者自身で実行してみるとよいだろう. 結果は

$$\int_0^a \sin(n\pi y/a) \sin(n'\pi y/a)\, dy = \begin{cases} 0, & n' \neq n \text{ のとき} \\[2mm] \dfrac{a}{2}, & n' = n \text{ のとき} \end{cases} \tag{3.33}$$

---

[9]Boas, M., *Mathematical Methods in the Physical Sciences,* 2nd ed. (New York: John Wiley, 1983).

となる.よって級数の $n = n'$ の項だけが残り他のすべての項は落ちて,式 3.32 の左辺は $(a/2)C_{n'}$ に帰着する.**結論**:[10]

$$C_n = \frac{2}{a}\int_0^a V_0(y)\sin(n\pi y/a)\,dy \tag{3.34}$$

以上がこの問題の結論である.つまり,(3.30) が解であり係数は式 3.34 で与えられる.具体的な例として,$x = 0$ における細長い板が一定のポテンシャル V_0 をもつ金属板であるとしよう(この板は $y = 0$ にある接地された板からは絶縁されていたことを思い出そう.)このとき

$$C_n = \frac{2V_0}{a}\int_0^a \sin(n\pi y/a)\,dy = \frac{2V_0}{n\pi}(1-\cos n\pi) = \begin{cases} 0, & n\text{ が偶数} \\ \dfrac{4V_0}{n\pi}, & n\text{ が奇数} \end{cases} \tag{3.35}$$

となる.よって

$$V(x,y) = \frac{4V_0}{\pi}\sum_{n=1,3,5...}\frac{1}{n}e^{-n\pi x/a}\sin(n\pi y/a) \tag{3.36}$$

となる.図 3.18 はこのポテンシャルをプロットしたものである.図 3.19 は,一定のポテンシャル V_0 に対してフーリエ級数の最初の数項の組み合わせによって近似を改善されていく様子を示している.(a) は $n = 1$ のみ,(b) は $n = 5$ までの和,(c) は最初の 10 項の和,(d) は最初の 100 項の和である.

ちなみに,式 3.36 の無限和は具体的に実行できて(よければ読者自身でやってみよう),その結果は

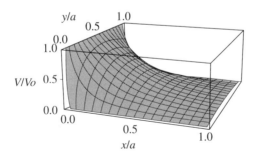

図 3.18

---

[10]式 3.34 は $n = 1, 2, 3, \ldots$ に対して成り立ち,(あきらかに)"ダミー"変数にどの数字を用いるかは関係ない.よって美的な理由よりプライム (′) は落とした.

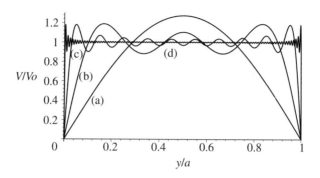

図 3.19

$$V(x,y) = \frac{2V_0}{\pi} \tan^{-1}\left(\frac{\sin(\pi y/a)}{\sinh(\pi x/a)}\right) \tag{3.37}$$

で与えられる．この形がラプラス方程式にしたがうことと式 3.21 の四つの境界条件を満たすことは容易に確認できる．

この方法がうまくいくのは変数分離解（式 3.28 と式 3.29）がもつ二つの特別な性質，すなわち**完全性**と**直交性**によるものである．任意の関数 $f(y)$ が関数系 $f_n(y)$ の線形結合によって

$$f(y) = \sum_{n=1}^{\infty} C_n f_n(y) \tag{3.38}$$

のように表すことができるとき，関数系 $f_n(y)$ は**完全系**である，という．関数 $\sin(n\pi y/a)$ は $0 \leq y \leq a$ の範囲で完全である．このディリクレの定理によって保証された事実のおかげで，適切に係数 c_n を選ぶことにより式 3.31 を満たすことが可能であることは確約されていたのである．（特定の関数系に対する完全性の証明はきわめて難しく，申し訳ないが物理学者は完全性を仮定してそのチェックは他者にまかせてしまう傾向にある．）もしもある関数系に含まれるの任意の二つの異なる関数の積の積分が

$$n' \neq n \quad \text{に対して} \quad \int_0^a f_n(y) f_{n'}(y)\, dy = 0 \tag{3.39}$$

のようにゼロであれば，この関数系は**直交系**であるという．フーリエの技法は正弦関数の直交性（式 3.33）に基づいており，これによって無限級数の中の一項だけを抜き出して係数 C_n について解くことができるのである．（直交性の証明は通常は非常に単純で，直接積分するかもしくは関数がしたがう微分方程式を解析することによって行うことができる．）

例題 3.4. 図 3.20 に示すように, 二つの無限に長い接地された金属板がここでも $y = 0$ と $y = a$ にあり, $x = \pm b$ において一定のポテンシャル V_0 に保たれた金属片に接続されている. (それぞれの角における薄い絶縁層がショートするのを防いでいる.) このようにしてつくられる長方形のパイプの内部におけるポテンシャルを求めよ.

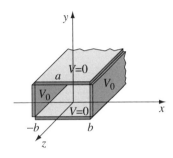

図 3.20

解答
例題 3.3 と同様に, 問題の配置は z 依存性をもたない. この問題はラプラス方程式を

$$\frac{\partial^2 V}{\partial x^2} + \frac{\partial^2 V}{\partial y^2} = 0$$

境界条件

$$\left. \begin{array}{lll} \text{(i)} & V = 0 & (y = 0) \\ \text{(ii)} & V = 0 & (y = a) \\ \text{(iii)} & V = V_0 & (x = b) \\ \text{(iv)} & V = V_0 & (x = -b) \end{array} \right\} \quad (3.40)$$

のもとで解くものである. 前問の式 3.27 までの議論と同様にして

$$V(x, y) = (Ae^{kx} + Be^{-kx})(C \sin ky + D \cos ky)$$

を得る. 今回は, しかしながら, $A = 0$ とおくことはできない. 問題となっている領域は無限遠方まで及ばないので e^{kx} も何ら問題ないからである. 一方で, この状況は x について対称的なので $V(-x, y) = V(x, y)$ であり, したがって $A = B$ となる. ここで

$$e^{kx} + e^{-kx} = 2 \cosh kx$$

を用いて $2A$ を C と D に吸収させると,

$$V(x,y) = \cosh kx \, (C \sin ky + D \cos ky)$$

を得る. 例題 3.3 と同様に, 境界条件 (i) と (ii) により $D = 0$ と $k = n\pi/a$ が要求されるので

$$V(x,y) = C \cosh(n\pi x/a) \sin(n\pi y/a) \tag{3.41}$$

となる. $V(x,y)$ は x の偶関数なので, もしも条件 (iii) が満たされれば条件 (iv) は自動的に満たされる. したがって, 後は一般的な線形結合

$$V(x,y) = \sum_{n=1}^{\infty} C_n \cosh(n\pi x/a) \sin(n\pi y/a)$$

をつくり係数 C_n を条件 (iii)

$$V(b,y) = \sum_{n=1}^{\infty} C_n \cosh(n\pi b/a) \sin(n\pi y/a) = V_0$$

を満たすように選べばよい. これは前回直面したフーリエ解析の問題と同じであるから, 式 3.35 の結果を参照すると

$$C_n \cosh(n\pi b/a) = \begin{cases} 0, & n \text{ が偶数のとき} \\ \dfrac{4V_0}{n\pi}, & n \text{ が奇数のとき} \end{cases}$$

となる.

結論：この場合のポテンシャルは

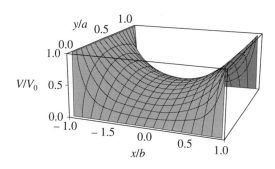

図 3.21

$$V(x,y) = \frac{4V_0}{\pi} \sum_{n=1,3,5...} \frac{1}{n} \frac{\cosh(n\pi x/a)}{\cosh(n\pi b/a)} \sin(n\pi y/a) \tag{3.42}$$

で与えられる．図 3.21 にこの関数を示す．

例題 3.5. 図 3.22 に示すように，無限に長い長方形金属パイプ（一辺の長さが a と b）が接地されている．ただし，$x = 0$ の面は特定のポテンシャル $V_0(y, z)$ に保たれている．パイプの内部のポテンシャルを求めよ．

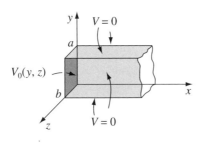

図 3.22

解答
これは方程式

$$\frac{\partial^2 V}{\partial x^2} + \frac{\partial^2 V}{\partial y^2} + \frac{\partial^2 V}{\partial z^2} = 0 \tag{3.43}$$

を境界条件

$$\left.\begin{array}{llll}
(\text{i}) & V = 0 & (y = 0) \\
(\text{ii}) & V = 0 & (y = a) \\
(\text{iii}) & V = 0 & (z = 0) \\
(\text{iv}) & V = 0 & (z = b) \\
(\text{v}) & V \to 0 & (x \to \infty) \\
(\text{vi}) & V = V_0(y, z) & (x = 0)
\end{array}\right\} \tag{3.44}$$

のもとで解くという，正真正銘の 3 次元問題である．例によって，解を積の形

$$V(x, y, z) = X(x)Y(y)Z(z) \tag{3.45}$$

に求めよう．これを式 3.43 に入れて V で割ると

$$\frac{1}{X}\frac{d^2 X}{dx^2} + \frac{1}{Y}\frac{d^2 Y}{dy^2} + \frac{1}{Z}\frac{d^2 Z}{dz^2} = 0$$

156 第3章 ポテンシャル

を得る. これより

$$\frac{1}{X}\frac{d^2 X}{dx^2} = C_1, \ \frac{1}{Y}\frac{d^2 Y}{dy^2} = C_2, \ \frac{1}{Z}\frac{d^2 Z}{dz^2} = C_3, \qquad ただし C_1 + C_2 + C_3 = 0$$

となる. 例題 3.3 で得た知識より, C_1 が正, C_2 と C_3 が負でなければならないことがわかる. $C_2 = -k^2$ および $C_3 = -l^2$ とおくと $C_1 = k^2 + l^2$ であり, よって

$$\frac{d^2 X}{dx^2} = (k^2 + l^2)X, \quad \frac{d^2 Y}{dy^2} = -k^2 Y, \quad \frac{d^2 Z}{dz^2} = -l^2 Z \tag{3.46}$$

となる.

これまでの例題と同様に, 変数分離によって偏微分方程式が常微分方程式に変形された. その解は

$$X(x) = Ae^{\sqrt{k^2+l^2}\,x} + Be^{-\sqrt{k^2+l^2}\,x}$$

$$Y(y) = C\sin ky + D\cos ky$$

$$Z(z) = E\sin lz + F\cos lz$$

である. 境界条件 (v) より $A = 0$, (i) より $D = 0$, (iii) より $F = 0$ となる. 一方で (ii) と (iv) より $k = n\pi/a$ および $l = m\pi/b$ であることが要求される. ただし n と m は正の整数である. 残された定数を組み合わせることにより

$$V(x,y,z) = Ce^{-\pi\sqrt{(n/a)^2 + (m/b)^2}\,x}\sin(n\pi y/a)\sin(m\pi z/b) \tag{3.47}$$

を得る.

この解は (vi) 以外のすべての境界条件を満足する. これは二つの未定の整数 (n と m) を含み, 最も一般的な線形結合は

$$V(x,y,z) = \sum_{n=1}^{\infty}\sum_{m=1}^{\infty} C_{n,m} e^{-\pi\sqrt{(n/a)^2 + (m/b)^2}\,x}\sin(n\pi y/a)\sin(m\pi z/b) \tag{3.48}$$

のような二重和で与えられる. 係数 $C_{n,m}$ を適切に選ぶことによって, 残された境界条件

$$V(0,y,z) = \sum_{n=1}^{\infty}\sum_{m=1}^{\infty} C_{n,m}\sin(n\pi y/a)\sin(m\pi z/b) = V_0(y,z) \tag{3.49}$$

を満たすようにしたい. これらの係数を決めるために, n' と m' を任意の正の整数として, $\sin(n'\pi y/a)\sin(m'\pi z/b)$ をかけて積分する.

$$\sum_{n=1}^{\infty}\sum_{m=1}^{\infty} C_{n,m}\int_0^a \sin(n\pi y/a)\sin(n'\pi y/a)\,dy\int_0^b \sin(m\pi z/b)\sin(m'\pi z/b)\,dz$$

$$= \int_0^a \int_0^b V_0(y,z) \sin(n'\pi y/a) \sin(m'\pi z/b) \, dy \, dz$$

式 3.33 より, 左辺は $(ab/4)C_{n',m'}$ になるので

$$C_{n,m} = \frac{4}{ab} \int_0^a \int_0^b V_0(y,z) \sin(n\pi y/a) \sin(m\pi z/b) \, dy \, dz \tag{3.50}$$

を得る. 式 3.50 で与えられる係数を式 3.48 に用いたものがこの問題の解である.

たとえば, この管の端が一定のポテンシャル V_0 の導体であったとすると,

$$
\begin{aligned}
C_{n,m} &= \frac{4V_0}{ab} \int_0^a \sin(n\pi y/a) \, dy \int_0^b \sin(m\pi z/b) \, dz \\
&= \begin{cases} 0, & n \text{ と } m \text{ が偶数のとき} \\[2mm] \dfrac{16V_0}{\pi^2 nm}, & n \text{ と } m \text{ が奇数のとき} \end{cases}
\end{aligned}
\tag{3.51}
$$

となる. この場合は

$$V(x,y,z) = \frac{16V_0}{\pi^2} \sum_{n,m=1,3,5\dots}^{\infty} \frac{1}{nm} e^{-\pi\sqrt{(n/a)^2+(m/b)^2}\,x} \sin(n\pi y/a) \sin(m\pi z/b) \tag{3.52}$$

となる. この数列の各項は急激に減少することに注意しよう. このために, 最初の数項の和だけで妥当な近似が得られる.

問題 3.13 例題 3.3 において $x=0$ における境界に二つのストライプ状の金属が置かれている場合を考える. 一つは $y=0$ から $y=a/2$ までで, 一定のポテンシャル V_0 をもち, もう一つは $y=a/2$ から $y=a$ までで, 一定のポテンシャル $-V_0$ をもつ. この場合の, 金属板間の隙間内部でのポテンシャルを求めよ.

問題 3.14 例題 3.3 において $x=0$ に一定のポテンシャル V_0 の導体板が置かれていると仮定して導体板上の電荷分布 $\sigma(y)$ を決定せよ.

問題 3.15 z 軸に平行に ($-\infty$ から $+\infty$ まで) のびる長方形パイプの $y=0$, $y=a$, $x=0$ における三つの側面が接地された金属板であるとする. $x=b$ における四つ目の側面は特定のポテンシャル $V_0(y)$ に保たれている.
(a) パイプの内部のポテンシャルに対する一般的な表式を導出せよ.
(b) $V_0(y) = V_0$ (一定) の場合に対して具体的なポテンシャルを求めよ.

問題 3.16 五つの金属板を溶接してつくられた立方体の箱（一辺の長さ a）が接地されている（図 3.23）．上面は他から絶縁された別の金属板でできていて，一定のポテンシャル V_0 に保たれている．箱内部のポテンシャルを求めよ．[中心のポテンシャル $(a/2, a/2, a/2)$ はどうであるべきか？ 得られた式を数値的に評価して，この値と一致するか確認せよ[11]．]

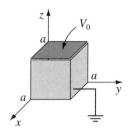

図 3.23

3.3.2 球 座 標

いままで考えてきた例では境界は平面だったので，あきらかにデカルト座標が適切だった．丸い物体に対しては，球座標がより自然である．球座標系ではラプラス方程式は

$$\frac{1}{r^2}\frac{\partial}{\partial r}\left(r^2\frac{\partial V}{\partial r}\right) + \frac{1}{r^2 \sin\theta}\frac{\partial}{\partial \theta}\left(\sin\theta\frac{\partial V}{\partial \theta}\right) + \frac{1}{r^2 \sin^2\theta}\frac{\partial^2 V}{\partial \phi^2} = 0 \qquad (3.53)$$

となる．問題が**軸対称**で V は ϕ に依存しないことを仮定しよう[12]．この場合は式 3.53 は

$$\frac{\partial}{\partial r}\left(r^2\frac{\partial V}{\partial r}\right) + \frac{1}{\sin\theta}\frac{\partial}{\partial \theta}\left(\sin\theta\frac{\partial V}{\partial \theta}\right) = 0 \qquad (3.54)$$

に帰着する．デカルト座標のときと同様に，積の形の解

$$V(r,\theta) = R(r)\Theta(\theta) \qquad (3.55)$$

を求める．これを式 3.54 に代入して V で割ると

---

[11]この機転のきいたテスト方法は J. Castro によって提案された．
[12]一般的に ϕ 依存性をもつポテンシャルについては多くの大学院生向けの教科書で取り扱われている．たとえば，J. D. Jackson *Classical Electrodynamics*, 3rd ed. (New York: John Wiley, 1999), Chapter 3 [和訳：J.D. ジャクソン，電磁気学（上），吉岡書店，第 3 章] をみよ．

$$\frac{1}{R}\frac{d}{dr}\left(r^2\frac{dR}{dr}\right) + \frac{1}{\Theta\sin\theta}\frac{d}{d\theta}\left(\sin\theta\frac{d\Theta}{d\theta}\right) = 0 \tag{3.56}$$

となる. 第一項目は r のみに依存し, 第二項目は θ のみに依存するので, それぞれが定数でなければならない. よって

$$\frac{1}{R}\frac{d}{dr}\left(r^2\frac{dR}{dr}\right) = l(l+1), \quad \frac{1}{\Theta\sin\theta}\frac{d}{d\theta}\left(\sin\theta\frac{d\Theta}{d\theta}\right) = -l(l+1) \tag{3.57}$$

となる. ここで $l(l+1)$ は単に分離定数を風変わりな形に書いただけであるが, こうすると便利である理由は後ですぐにわかる.

例によって, 変数分離法により偏微分方程式 3.54 が常微分方程式 3.57 に変換された. 動径方程式

$$\frac{d}{dr}\left(r^2\frac{dR}{dr}\right) = l(l+1)R \tag{3.58}$$

が一般解

$$R(r) = Ar^l + \frac{B}{r^{l+1}} \tag{3.59}$$

をもつことは容易に確かめられる. A と B は二階の微分方程式の解に常に現れるべき二つの任意定数である. しかし角度方程式

$$\frac{d}{d\theta}\left(\sin\theta\frac{d\Theta}{d\theta}\right) = -l(l+1)\sin\theta\,\Theta \tag{3.60}$$

はそれほど単純ではない. 解は $\cos\theta$ を変数とする**ルジャンドル多項式**

$$\Theta(\theta) = P_l(\cos\theta) \tag{3.61}$$

で与えられる. $P_l(x)$ は**ロドリゲスの公式**

$$P_l(x) \equiv \frac{1}{2^l l!}\left(\frac{d}{dx}\right)^l (x^2-1)^l \tag{3.62}$$

によって最も簡便に定義できる. 最初の数個のルジャンドル多項式を表 3.1 にまとめる. $P_l(x)$ は (その名前が示唆するように) x に関する l 次の多項式であり, もしも l が偶数なら偶数次の項のみを含み, l が奇数なら奇数次の項のみを含む. 係数 $(1/2^l l!)$ は

$$P_l(1) = 1 \tag{3.63}$$

となるように選ばれている.

ロドリゲスの公式はあきらかに, 負でない整数値をもつ l に対してのみ成り立つ. さらに, これは一つの解のみを与える. しかし式 3.60 は二階の微分方程式であり, すべて

160 第3章 ポテンシャル

表 3.1 ルジャンドル多項式

$$
\begin{aligned}
P_0(x) &= 1 \\
P_1(x) &= x \\
P_2(x) &= (3x^2 - 1)/2 \\
P_3(x) &= (5x^3 - 3x)/2 \\
P_4(x) &= (35x^4 - 30x^2 + 3)/8 \\
P_5(x) &= (63x^5 - 70x^3 + 15x)/8
\end{aligned}
$$

の l の値に対して二つの独立な解をもつはずである．じつはこれらの "もう一方の解" は $\theta = 0$ および $\theta = \pi$ で無限大に発散してしまうため，物理的な理由から不適切である[13].

よって，軸対称な場合において，ラプラス方程式の変数分離解で最低限の物理的要請と矛盾しない最も一般的な形は

$$
V(r, \theta) = \left(A r^l + \frac{B}{r^{l+1}} \right) P_l(\cos\theta)
$$

である．（式 3.61 の全体にかかる係数はこの段階で A と B に吸収させることができるので不要である．）前と同様に，変数分離法によってそれぞれの l に対して一つずつ，無限個の解の組がつくられる．一般解は変数分離解の線形結合

$$
V(r, \theta) = \sum_{l=0}^{\infty} \left(A_l r^l + \frac{B_l}{r^{l+1}} \right) P_l(\cos\theta) \tag{3.65}
$$

によって与えられる．この重要な結果のもつ威力を以下の例題で説明する．

例題 3.6. 半径 R の球状の空洞表面上でポテンシャル $V_0(\theta)$ が指定されている．球内部でのポテンシャルを求めよ．

---

[13]まれなケースとして z 軸が除外される場合はこれらの "他方の解" を考慮しなければならない．たとえば，$l = 0$ に対する第二の解は

$$
\Theta(\theta) = \ln\left(\tan\frac{\theta}{2} \right) \tag{3.64}
$$

である．これが式 3.60 を満足することは読者自身において確認されたい．

解答

この場合はすべての l に対して $B_l = 0$ である. さもなくばポテンシャルが原点で発散してしまうからである. よって

$$V(r,\theta) = \sum_{l=0}^{\infty} A_l r^l P_l(\cos\theta) \tag{3.66}$$

である. これは $r = R$ において指定された関数 $V_0(\theta)$ に一致しなければならない.

$$V(R,\theta) = \sum_{l=0}^{\infty} A_l R^l P_l(\cos\theta) = V_0(\theta) \tag{3.67}$$

係数 A_l を適切に選ぶことによってこの方程式を満たすようにできるだろうか? 答えはイエスである. ルジャンドル多項式は (正弦関数のように) $-1 \le x \le 1$ ($0 \le \theta \le \pi$) の範囲で完全系を構成する. では, どのようにして定数を決めればよいだろうか? ここで再びフーリエの技法を用いる. ルジャンドル多項式は (正弦関数と同様に) 直交関係

$$
\int_{-1}^{1} P_l(x) P_{l'}(x)\, dx = \int_0^{\pi} P_l(\cos\theta) P_{l'}(\cos\theta) \sin\theta\, d\theta
$$
$$
= \begin{cases} 0, & (l' \ne l) \\[2mm] \dfrac{2}{2l+1}, & (l' = l) \end{cases} \tag{3.68}
$$

を満たす[14]. よって式 3.67 に $P_{l'}(\cos\theta)\sin\theta$ をかけて積分すると

$$A_{l'} R^{l'} \frac{2}{2l'+1} = \int_0^{\pi} V_0(\theta) P_{l'}(\cos\theta) \sin\theta\, d\theta$$

もしくは

$$A_l = \frac{2l+1}{2R^l} \int_0^{\pi} V_0(\theta) P_l(\cos\theta) \sin\theta\, d\theta \tag{3.69}$$

となる. 式 3.69 で与えられる係数を式 3.66 に代入したものがこの問題の解である.

式 3.69 の形の積分を解析的に求めるのは困難なこともあるが, 実際問題としてはしばしば式 3.67 を "目の子で" 解く方がはるかに容易なことがある[15]. たとえば, 球面上

---

[14]M. Boas, *Mathematical Methods in the Physical Sciences*, 2nd ed. (New York: John Wiley, 1983), Section 12.7.

[15]$V_0(\theta)$ が $\cos\theta$ の多項式で表される場合がまさにその例である. その多項式の次数が必要とする最大の l を与え, 最高次の係数より対応する A_l が決まる. $A_l R^l P_l(\cos\theta)$ を引いて同じ過程をくり返すことにより, 逐次 A_0 まで求めることができる. もしも V_0 が $\cos\theta$ の偶関数であれば和の中に偶数次の項のみが現れる. (奇関数についても同様である.)

162 第3章 ポテンシャル

でのポテンシャルが

$$V_0(\theta) = k \sin^2(\theta/2) \quad (k \text{ は定数}) \tag{3.70}$$

であったとする. 半角の公式を用いるとこの式は

$$V_0(\theta) = \frac{k}{2}(1 - \cos\theta) = \frac{k}{2}[P_0(\cos\theta) - P_1(\cos\theta)]$$

のように書き換えられる. これを式 3.67 に代入すれば即座に $A_0 = k/2$, $A_1 = -k/(2R)$ であり, 他のすべての A_l が消えることがわかる. したがって,

$$V(r,\theta) = \frac{k}{2}\left[r^0 P_0(\cos\theta) - \frac{r^1}{R}P_1(\cos\theta)\right] = \frac{k}{2}\left(1 - \frac{r}{R}\cos\theta\right) \tag{3.71}$$

となる.

例題 3.7. 前の例題と同様にポテンシャル $V_0(\theta)$ が半径 R の球面上で指定されている. ただし今回は, 球の外側でのポテンシャルを求めたい. 球の外側には電荷は存在しないものとする.

解答

この場合は A_l がゼロでなければならないので (さもなくば V は無限遠方でゼロにならない)

$$V(r,\theta) = \sum_{l=0}^{\infty} \frac{B_l}{r^{l+1}} P_l(\cos\theta) \tag{3.72}$$

である. 球面上では

$$V(R,\theta) = \sum_{l=0}^{\infty} \frac{B_l}{R^{l+1}} P_l(\cos\theta) = V_0(\theta)$$

でなければならない. $P_{l'}(\cos\theta)\sin\theta$ をかけて積分し, 再び直交関係 3.68 を利用すると

$$\frac{B_{l'}}{R^{l'+1}} \frac{2}{2l'+1} = \int_0^{\pi} V_0(\theta) P_{l'}(\cos\theta)\sin\theta \, d\theta$$

または

$$B_l = \frac{2l+1}{2} R^{l+1} \int_0^{\pi} V_0(\theta) P_l(\cos\theta)\sin\theta \, d\theta \tag{3.73}$$

を得る. 式 3.73 で与えられる係数を式 3.72 に代入したものがこの問題の解である.

3.3. 変数分離法 163

例題 3.8. 一様電場 $\mathbf{E} = E_0 \hat{\mathbf{z}}$ の中に, 帯電していない半径 R の金属球を置く. 電場は正電荷を球面上の "北側" へ押しやり, 対称的に, 負電荷を球面上の "南側" へ押しやる (図 3.24). このように誘起された電荷が, 今度は, 球面付近の電場をゆがめる. 球の外側の領域におけるポテンシャルを求めよ.

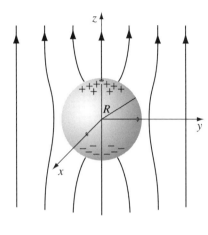

図 3.24

解答
球面上は等電位でありポテンシャルをゼロとおいてよい. また, 対称性により xy 平面全体にわたってポテンシャルはゼロである. 今回は, しかしながら, V は大きな z でゼロにはならない. 実際, 球面から遠く離れたところでは電場は $E_0 \hat{\mathbf{z}}$ であり, したがって

$$V \to -E_0 z + C$$

である. 赤道面では $V = 0$ であるから, C はゼロでなければならない. したがって, この問題の境界条件は

$$\left.\begin{array}{lll} \text{(i)} & V = 0 & (r = R) \\ \text{(ii)} & V \to -E_0 r \cos\theta & (r \gg R) \end{array}\right\} \quad (3.74)$$

である. これらの境界条件が式 3.65 の関数形とうまく適合しなければならない.
　第一の条件より

$$A_l R^l + \frac{B_l}{R^{l+1}} = 0$$

または

164 第 3 章 ポテンシャル

$$B_l = -A_l R^{2l+1} \tag{3.75}$$

であり

$$V(r, \theta) = \sum_{l=0}^{\infty} A_l \left(r^l - \frac{R^{2l+1}}{r^{l+1}} \right) P_l(\cos\theta)$$

となる. $r \gg R$ では括弧内の第二項目は無視できるので, 条件 (ii) より

$$\sum_{l=0}^{\infty} A_l r^l P_l(\cos\theta) = -E_0 r \cos\theta$$

でなければならない. あきらかに $l = 1$ 以外の項は消える. 実際に, $P_1(\cos\theta) = \cos\theta$ であるから即座に

$$A_1 = -E_0, \quad 他のすべての A_l はゼロ$$

であることがわかる. 結論:

$$V(r, \theta) = -E_0 \left(r - \frac{R^3}{r^2} \right) \cos\theta \tag{3.76}$$

第一項目 $(-E_0 r \cos\theta)$ は外場によるものであり, 誘起電荷からの寄与は

$$E_0 \frac{R^3}{r^2} \cos\theta$$

である. もしも誘起電荷密度を知りたければ通常の方法により

$$\sigma(\theta) = -\epsilon_0 \frac{\partial V}{\partial r} \bigg|_{r=R} = \epsilon_0 E_0 \left(1 + 2\frac{R^3}{r^3} \right) \cos\theta \bigg|_{r=R} = 3\epsilon_0 E_0 \cos\theta \tag{3.77}$$

のように計算できる. 予想通りに, "北半球" $(0 \leq \theta \leq \pi/2)$ では正で "南半球" $(\pi/2 \leq \theta \leq \pi)$ では負である.

例題 3.9. ある特定の電荷密度 $\sigma_0(\theta)$ が半径 R の球面上に貼り付けられている. 球の内側と外側につくられるポテンシャルを求めよ.

解答
もちろん, 積分

$$V = \frac{1}{4\pi\epsilon_0} \int \frac{\sigma_0}{\imath}\, da$$

を直接実行することによって求めることもできるが, たいていの場合は変数分離法を用いた方が容易である. 球の内部の領域では

$$V(r, \theta) = \sum_{l=0}^{\infty} A_l r^l P_l(\cos\theta) \qquad (r \le R) \tag{3.78}$$

であり（B_l の項は原点で発散するため落とす），外部の領域では

$$V(r, \theta) = \sum_{l=0}^{\infty} \frac{B_l}{r^{l+1}} P_l(\cos\theta) \qquad (r \ge R) \tag{3.79}$$

である（A_l の項は無限遠方でゼロにならないので落とす）．これら二つの関数を球面上で適切な境界条件によりつなぎ合わせなければならない．第一に，ポテンシャルは $r = R$ で連続である．

$$\sum_{l=0}^{\infty} A_l R^l P_l(\cos\theta) = \sum_{l=0}^{\infty} \frac{B_l}{R^{l+1}} P_l(\cos\theta) \tag{3.80}$$

これより同じルジャンドル多項式の係数は等しい．

$$B_l = A_l R^{2l+1} \tag{3.81}$$

（これは形式的には式 3.80 の両辺に $P_{l'}(\cos\theta)\sin\theta$ をかけて 0 から π まで積分し，直交関係 3.68 を用いることによって証明できる．）第二に，V の動径微分は球面で不連続性

$$\left(\frac{\partial V_{\text{out}}}{\partial r} - \frac{\partial V_{\text{in}}}{\partial r} \right) \bigg|_{r=R} = -\frac{1}{\epsilon_0} \sigma_0(\theta) \tag{3.82}$$

をもつ（式 2.36）．よって

$$-\sum_{l=0}^{\infty} (l+1) \frac{B_l}{R^{l+2}} P_l(\cos\theta) - \sum_{l=0}^{\infty} l A_l R^{l-1} P_l(\cos\theta) = -\frac{1}{\epsilon_0} \sigma_0(\theta)$$

または，式 3.81 を用いて

$$\sum_{l=0}^{\infty} (2l+1) A_l R^{l-1} P_l(\cos\theta) = \frac{1}{\epsilon_0} \sigma_0(\theta) \tag{3.83}$$

となる．ここから，フーリエの技法を用いて

$$A_l = \frac{1}{2\epsilon_0 R^{l-1}} \int_0^{\pi} \sigma_0(\theta) P_l(\cos\theta) \sin\theta \, d\theta \tag{3.84}$$

のように係数を決めることができる．式 3.81 と式 3.84 で与えられる係数を式 3.78 と式 3.79 に用いたものがこの問題の解を構成する．

たとえば，k を定数として

$$\sigma_0(\theta) = k\cos\theta = kP_1(\cos\theta) \tag{3.85}$$

であったとすると，$l = 1$ 以外のすべての A_l はゼロであり

$$A_1 = \frac{k}{2\epsilon_0} \int_0^\pi [P_1(\cos\theta)]^2 \sin\theta\, d\theta = \frac{k}{3\epsilon_0}$$

となる. 球の内部のポテンシャルはしたがって

$$V(r,\theta) = \frac{k}{3\epsilon_0} r \cos\theta \qquad (r \le R) \tag{3.86}$$

となり球の外部では

$$V(r,\theta) = \frac{kR^3}{3\epsilon_0} \frac{1}{r^2} \cos\theta \qquad (r \ge R) \tag{3.87}$$

となる.

とくに, もしも $\sigma_0(\theta)$ が外場 $E_0\hat{\mathbf{z}}$ の中の導体球上に誘起された電荷であり $k = 3\epsilon_0 E_0$ (式3.77) であったとすると, 内部のポテンシャルは $E_0 r \cos\theta = E_0 z$ であり電場は $-E_0\hat{\mathbf{z}}$ となる. これは, 当然のことながら, 外場をちょうど打ち消す. この表面電荷が球の外側につくるポテンシャルは

$$E_0 \frac{R^3}{r^2} \cos\theta$$

であり, 例題 3.8 の結論と一致している.

問題 3.17 ロドリゲスの公式より $P_3(x)$ を導き, $P_3(\cos\theta)$ が $l=3$ に対する角度方程式 3.60 を満足することを確認せよ. また, P_3 と P_1 が直交することを具体的な積分により確認せよ.

問題 3.18

(a) 球面上でポテンシャルが一定の値 V_0 をとるものとする. 例題 3.6 と例題 3.7 の結果を用いて球の内外のポテンシャルを求めよ. (もちろん答えはすでにわかっているが, 単なる解法の整合性のチェックである.)

(b) 例題 3.9 の結果を用いて一様な表面電荷 σ_0 をもつ球殻の内外のポテンシャルを求めよ.

問題 3.19 半径 R の球面上のポテンシャルが

$$V_0 = k \cos 3\theta$$

で与えられている. ここで k は定数である. 球の内外のポテンシャルおよび球面上の表面電荷密度 $\sigma(\theta)$ を求めよ. (球の内外に電荷は存在しないものとせよ.)

3.3. 変数分離法 **167**

問題 3.20 球面上のポテンシャル $V_0(\theta)$ 指定されていて, 球の内外には電荷が存在しないものとしよう. 球面上の電荷密度が

$$\sigma(\theta) = \frac{\epsilon_0}{2R} \sum_{l=0}^{\infty} (2l+1)^2 C_l P_l(\cos\theta) \qquad (3.88)$$

$$C_l = \int_0^{\pi} V_0(\theta) P_l(\cos\theta) \sin\theta \, d\theta \qquad (3.89)$$

で与えられることを示せ.

問題 3.21 一様な電場 $\mathbf{E}_0$ の中に帯電した金属球 (電荷 Q, 半径 R) を置いたとき, 球外部でのポテンシャルを求めよ. ポテンシャルをどこでゼロに置いたのかを明確にすること.

問題 3.22 問題 2.25 で, 一様に帯電した円盤が軸上につくるポテンシャルを求めた. 球座標を用いると解は

$$V(r,0) = \frac{\sigma}{2\epsilon_0} \left(\sqrt{r^2 + R^2} - r \right)$$

で与えられる.
(a) z 軸からはずれた点のポテンシャル $V(r,\theta)$ を求めたい. $r > R$ を仮定し, $V(r,0)$ の解と $P_l(1) = 1$ を用いて $V(r,\theta)$ に対する展開式 3.72 の最初の三項を求めよ.
(b) 同じ方法で $r < R$ のときのポテンシャルを, 今度は式 3.66 を用いて求めよ. [**注意:** 内部の領域を円盤の上下二つの半球に分ける必要がある. 係数 A_l が上下で等しいと仮定してはならない.]

問題 3.23 半径 R の球殻が "北半球" に一様な表面電荷 σ_0 を, "南半球" に一様な表面電荷 $-\sigma_0$ をもっている. 係数を A_6, B_6 まで具体的に計算して球の内外におけるポテンシャルを求めよ.

• **問題 3.24** ポテンシャルが z 依存性をもたないことを仮定して, 円柱座標での変数分離によりラプラス方程式を解け. [必ず動径方程式のすべての解を見つけること. とくに, 得られた結果は無限に長い直線電荷の場合 (もちろん, 答えはすでにわかっている) を含んでいるはずである.]

問題 3.25 一様な電場 $\mathbf{E}_0$ の中に, 無限に長い半径 R の金属パイプを電場に対して垂直に置く. このときパイプの外側でのポテンシャルを求めよ. また, パイプに誘起された表面電荷を求めよ. [問題 3.24 の結果を用いること.]

問題 3.26 無限に長い半径 R の円筒表面上に電荷密度

$$\sigma(\phi) = a \sin 5\phi$$

(a は定数) が貼り付けられている (図 3.25). 円筒の内外のポテンシャルを求めよ. [問題 3.24 の結果を用いること.]

168 第3章 ポテンシャル

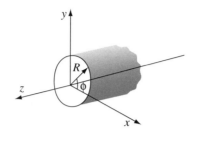

図 3.25

3.4 多重極展開

3.4.1 遠方における近似的なポテンシャル

局所的な電荷分布から十分離れた場所では，電荷は点電荷とみなすことができて，$V \approx Q/4\pi\epsilon_0 r$（$Q$ は全電荷）がポテンシャルのよい近似となる．これはポテンシャル V に対する式のチェックとしてよく使ってきた．しかし，もしも全電荷 0 がゼロであったらどうなるだろうか？ このときはポテンシャルは近似的にゼロである，という答えもあり得るだろう．もちろん，この答えはある意味正しい．（実際に，たとえ Q がゼロでなくても大きな r に対してポテンシャルは非常に小さくなる．）しかし，ここでわれわれが求めているのはもう少し有益な情報である．

例題 3.10.（物理的な）**電気双極子**が，距離 d 離れて置かれている大きさが等しく逆符号の二つの電荷 ($\pm q$) によって構成されている．双極子から遠く離れた点におけるポテンシャルを求めよ．

解答
$-q$ からの距離を $\imath_-$，$+q$ からの距離を $\imath_+$ としよう（図 3.26）．このとき

$$V(\mathbf{r}) = \frac{1}{4\pi\epsilon_0}\left(\frac{q}{\imath_+} - \frac{q}{\imath_-}\right)$$

であり（余弦定理より）

$$\imath_\pm^2 = r^2 + (d/2)^2 \mp rd\cos\theta = r^2\left(1 \mp \frac{d}{r}\cos\theta + \frac{d^2}{4r^2}\right)$$

となる．興味があるのは $r \gg d$ の領域なので，第三項目は無視できて，二項展開より

$$\frac{1}{\imath_{\pm}} \cong \frac{1}{r}\left(1 \mp \frac{d}{r}\cos\theta\right)^{-1/2} \cong \frac{1}{r}\left(1 \pm \frac{d}{2r}\cos\theta\right)$$

となる。よって

$$\frac{1}{\imath_{+}} - \frac{1}{\imath_{-}} \cong \frac{d}{r^2}\cos\theta$$

となるので

$$V(\mathbf{r}) \cong \frac{1}{4\pi\epsilon_0}\frac{qd\cos\theta}{r^2} \tag{3.90}$$

を得る。

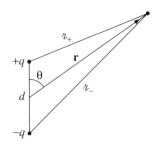

図 3.26

双極子のポテンシャルは大きな r で $1/r^2$ のように変化する。予想されたように，これは点電荷のポテンシャルよりも早く減衰する。大きさが等しく逆向きの双極子を組み合わせて**四重極子**をつくると，ポテンシャルは $1/r^3$ のようになり，四重極子を背中合わせにすると（**八重極子**），ポテンシャルは $1/r^4$ のようになる。図 3.27 はこの階層構造をまとめたものである。完璧を期するために，電気**単極子**（点電荷）も含めているが，このときのポテンシャルは当然ながら，$1/r$ のようになる。

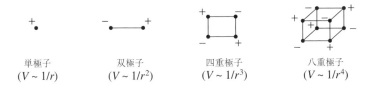

図 3.27

例題 3.10 は非常に特殊な電荷配置に関するものである．そこで今度は，任意の局所的な電荷分布のポテンシャルを系統的に $1/r$ のべき級数に展開する方法を開発したい．図 3.28 のように変数を定義すると，$\mathbf{r}$ におけるポテンシャルは

$$V(\mathbf{r}) = \frac{1}{4\pi\epsilon_0} \int \frac{1}{\imath} \rho(\mathbf{r}')\,d\tau' \tag{3.91}$$

で与えられる．余弦定理を用いると

$$\imath^2 = r^2 + (r')^2 - 2rr'\cos\alpha = r^2\left[1 + \left(\frac{r'}{r}\right)^2 - 2\left(\frac{r'}{r}\right)\cos\alpha\right]$$

となる．ここで α は $\mathbf{r}$ と $\mathbf{r}'$ の間の角度である．よって

$$\imath = r\sqrt{1+\epsilon} \tag{3.92}$$

$$\epsilon \equiv \left(\frac{r'}{r}\right)\left(\frac{r'}{r} - 2\cos\alpha\right)$$

となる．電荷分布から十分に離れた点では，ϵ は 1 よりもはるかに小さいので，以下の二項展開を用いることができる．

$$\frac{1}{\imath} = \frac{1}{r}(1+\epsilon)^{-1/2} = \frac{1}{r}\left(1 - \frac{1}{2}\epsilon + \frac{3}{8}\epsilon^2 - \frac{5}{16}\epsilon^3 + \ldots\right) \tag{3.93}$$

この式は r, r' および α を使うと

$$\begin{aligned}
\frac{1}{\imath} &= \frac{1}{r}\left[1 - \frac{1}{2}\left(\frac{r'}{r}\right)\left(\frac{r'}{r} - 2\cos\alpha\right) + \frac{3}{8}\left(\frac{r'}{r}\right)^2\left(\frac{r'}{r} - 2\cos\alpha\right)^2 \right. \\
&\qquad \left. - \frac{5}{16}\left(\frac{r'}{r}\right)^3\left(\frac{r'}{r} - 2\cos\alpha\right)^3 + \cdots\right] \\
&= \frac{1}{r}\left[1 + \left(\frac{r'}{r}\right)(\cos\alpha) + \left(\frac{r'}{r}\right)^2\left(\frac{3\cos^2\alpha - 1}{2}\right) \right. \\
&\qquad \left. + \left(\frac{r'}{r}\right)^3\left(\frac{5\cos^3\alpha - 3\cos\alpha}{2}\right) + \cdots\right]
\end{aligned}$$

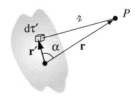

図 3.28

3.4. 多重極展開 **171**

と表すこともできる. 最後のステップでは (r'/r) について同じ次数の項を集めた. 驚くべきことに, その係数 (括弧内の項) はルジャンドル多項式である! 注目すべき結果として

$$\frac{1}{\imath} = \frac{1}{r} \sum_{n=0}^{\infty} \left(\frac{r'}{r}\right)^n P_n(\cos\alpha) \tag{3.94}$$

が得られる[16]. これを式 3.91 に代入して, 積分に関しては r が定数とみなせることに注意すると, 結果として

$$V(\mathbf{r}) = \frac{1}{4\pi\epsilon_0} \sum_{n=0}^{\infty} \frac{1}{r^{(n+1)}} \int (r')^n P_n(\cos\alpha) \rho(\mathbf{r}')\, d\tau' \tag{3.95}$$

を得る. この式をより具体的に書き表すと

$$
\begin{aligned}
V(\mathbf{r}) =\ & \frac{1}{4\pi\epsilon_0}\left[\frac{1}{r}\int \rho(\mathbf{r}')\,d\tau' + \frac{1}{r^2}\int r'\cos\alpha\,\rho(\mathbf{r}')\,d\tau' \right.\\
& \left. + \frac{1}{r^3}\int (r')^2\left(\frac{3}{2}\cos^2\alpha - \frac{1}{2}\right)\rho(\mathbf{r}')\,d\tau' + \cdots \right]
\end{aligned}
\tag{3.96}
$$

となる.

これが望んでいた結果, つまり V の $1/r$ に関する**多重極展開**である. 第一項 ($n=0$) は単極子の寄与で, $1/r$ のように振る舞う. 第二項 ($n=1$) は双極子であり $1/r^2$ のように振る舞う. 第三項は四重極子, 第四項は八重極子, などである. α は $\mathbf{r}$ と $\mathbf{r}'$ の間の角度であり, 積分は $\mathbf{r}$ の方向に依存することを思い出そう. z' 軸に沿ったポテンシャルに興味があるとすると (あるいは逆にいうと, z' 軸が $\mathbf{r}$ 方向になるように $\mathbf{r}'$ の座標軸を設定すると), α は通常の極角 θ' になる.

現状では式 3.95 は厳密であるが, この表式は主として近似法として有益である. 展開における最低次のゼロでない項は大きな r での近似的なポテンシャルを与え, 高次の項は, より高い精度が要求された際に近似を改良する方法を示している.

問題 3.27 原点を中心とした半径 R の球が電荷密度

$$\rho(r,\theta) = k\frac{R}{r^2}(R - 2r)\sin\theta$$

をもっている. ここで k は定数であり, r, θ は通常の球座標である. z 軸上で球から遠く離れた点に対する近似的なポテンシャルを求めよ.

---

[16] これはルジャンドル多項式を定義する第二の方法 (第一はロドリゲスの公式である) を示唆する. $1/\imath$ はルジャンドル多項式の**母関数**とよばれる.

172 第3章 ポテンシャル

問題 3.28 xy 面内に置かれた原点を中心とした半径 R の円形リングが一様な線電荷 λ をもっている. $V(r, \theta)$ に対する多重極展開の最初の三項 $(n = 0, 1, 2)$ を求めよ.

3.4.2 単極子と双極子

たいていの場合, 多重極展開で主要な項は (大きな r では) 単極子項

$$V_{\mathrm{mon}}(\mathbf{r}) = \frac{1}{4\pi\epsilon_0} \frac{Q}{r} \tag{3.97}$$

である. ここで $Q = \int \rho \, d\tau$ はこの電荷配置の全電荷である. これはまさに電荷から遠く離れた位置での近似的なポテンシャルとして予想されたものである. 原点にある点電荷に対しては, V_{mon} は厳密なポテンシャルであり, 単なる大きな r に対する第一近似ではない. この場合は, すべての高次の多重極は消える.

もしも全電荷がゼロであれば, 主要項は双極子 (もちろん, この項もゼロでなければ, であるが)

$$V_{\mathrm{dip}}(\mathbf{r}) = \frac{1}{4\pi\epsilon_0} \frac{1}{r^2} \int r' \cos\alpha \, \rho(\mathbf{r}') \, d\tau'$$

である. α は $\mathbf{r}'$ と $\mathbf{r}$ の間の角度であるから (図 3.28)

$$r' \cos\alpha = \hat{\mathbf{r}} \cdot \mathbf{r}'$$

であり双極子ポテンシャルはより簡潔に

$$V_{\mathrm{dip}}(\mathbf{r}) = \frac{1}{4\pi\epsilon_0} \frac{1}{r^2} \hat{\mathbf{r}} \cdot \int \mathbf{r}' \rho(\mathbf{r}') \, d\tau'$$

と書ける. この ($\mathbf{r}$ に依存しない) 積分

$$\boxed{\mathbf{p} \equiv \int \mathbf{r}' \rho(\mathbf{r}') \, d\tau'} \tag{3.98}$$

はこの電荷分布の**双極子モーメント**とよばれ, ポテンシャルへの双極子からの寄与は

$$\boxed{V_{\mathrm{dip}}(\mathbf{r}) = \frac{1}{4\pi\epsilon_0} \frac{\mathbf{p} \cdot \hat{\mathbf{r}}}{r^2}} \tag{3.99}$$

と簡単化される.

双極子モーメントは電荷分布の幾何学的形状 (サイズ, 形, 密度) によって決まる. 式 3.98 は点電荷, 線電荷, 面電荷に対して通常のやり方 (2.1.4 項) で書き換えること

ができる．よって，点電荷の集まりの双極子モーメントは

$$\mathbf{p} = \sum_{i=1}^{n} q_i \mathbf{r}'_i \tag{3.100}$$

である．**物理的な**双極子（大きさが等しく反対符号の電荷 ±q）に対しては

$$\mathbf{p} = q\mathbf{r}'_+ - q\mathbf{r}'_- = q(\mathbf{r}'_+ - \mathbf{r}'_-) = q\mathbf{d} \tag{3.101}$$

となる．ここで d は負電荷から正電荷へ向かうベクトルである（図 3.29）．

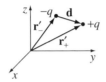

図 3.29

　これは例題 3.10 で得た結果と一致しているだろうか？ 答えはイエスである．式 3.101 を式 3.99 に代入すれば式 3.90 が再現される．しかしながら，これは物理的な双極子の近似的なポテンシャルにすぎず，高次の多重極からの寄与もあきらかに存在することに注意しよう．もちろん，r の増加とともに高次の項はより急激に減衰するため，遠方に行けば行くほど V_dip はよりよい近似になる．同様な理由で，一定の r に対しては点電荷間の距離 d を縮めるほどに双極子がよりよい近似となっていく．ポテンシャルが厳密に式 3.99 で与えられるような**完全な**（点状の）**双極子**を構成するためには，d をゼロに近づける必要がある．このとき同時に q が無限大になるようにしておかなければ，残念ながら双極子項をも失ってしまう！ よって物理的な双極子は，$qd = p$ に固定しつつ $d \to 0,\ q \to \infty$ とするという，幾分人工的な極限において，純粋な双極子となるのである．"双極子" という単語が用いられた際には，それが（電荷間の距離が有限な）物理的な双極子を意味するのか理想的な（点状の）双極子を意味するのかわからないこともある．もしもどちらか不確かであれば，d が（r に比べて）十分小さく式 3.99 が問題なく適用できると仮定すればよい．

　双極子モーメントはベクトルであり，複数の双極子モーメントはベクトルの加法にしたがって足し合わされる．もしも二つの双極子 $\mathbf{p}_1, \mathbf{p}_2$ があったとすると，全双極子モーメントは $\mathbf{p}_1 + \mathbf{p}_2$ である．たとえば，図 3.30 に示された，正方形の頂点に置かれた四つの電荷については，正味の双極子モーメントはゼロである．このことは，電荷の対を組み合わせる（垂直方向に ↓+↑= 0，または水平方向に → + ←= 0），もしくは

式 3.100 を用いて四つの寄与を別々に足し上げることによってわかる．この電荷配置は図 3.27 でも示した四重極子であり，（物理的な）四重極子がつくるポテンシャルの多重極展開における主要項は四重極項である．

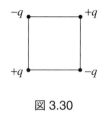

図 3.30

問題 3.29 四つの電荷（q と $3q$ が一つずつ，$-2q$ が二つ）が原点から a 離れた位置に図 3.31 に示されたように置かれている．原点から遠く離れた点において成り立つポテンシャルの単純な近似式を求めよ．（答えを球座標で表せ．）

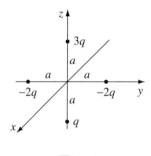

図 3.31

問題 3.30 例題 3.9 では表面電荷 $\sigma = k\cos\theta$ をもつ半径 R の球殻に対して厳密なポテンシャルを導いた．
(a) この電荷分布の双極子モーメントを計算せよ．
(b) 球から遠く離れた位置での近似的なポテンシャルを求め，厳密な答え（式 3.87）と比較せよ．高次の多重極についてどのように結論づけられるか？

問題 3.31 例題 3.10 の双極子に対して，$1/\imath_\pm$ を $(d/r)^3$ まで展開し，これを用いてポテンシャルの四重極項と八重極項を決定せよ．

3.4.3 多重極展開における座標の原点

以前述べたように原点の点電荷は"純粋な"単極子をつくる．もしも電荷が原点になければ，これはもはや純粋な単極子ではない．たとえば，図 3.32 の電荷は双極子モーメント $\mathbf{p} = qd\hat{\mathbf{y}}$ をもち，ポテンシャルにも対応する双極子項が現れる．単極子ポテンシャル $(1/4\pi\epsilon_0)q/r$ はこの電荷配置に対してはあまり正確でなく，むしろ，正確なポテンシャルは $(1/4\pi\epsilon_0)q/\imath$ である．多重極展開は r（原点からの距離）の逆数で展開したものであることを思い出して $1/\imath$ を展開すると，第一項だけでなくすべての次数が現れる．

よって原点を動かすと（あるいは，同じことだが，電荷を動かすと）多重極展開は根本的に変わってしまう．全電荷はあきらかに座標系によらないので，**単極子モーメント** Q は変化しない．（図 3.32 では，q を原点から動かしても単極子項は影響を受けなかった．だがそれがすべてではなく，双極子項，さらにいえばすべての高次の多重極も現れたのである．）通常は原点をずらすと双極子モーメントは変化するが，これには重要な例外が存在する．もしも全電荷がゼロであれば，双極子モーメントは原点の選び方によらない．たとえば原点を $\mathbf{a}$ だけずらしたとしよう（図 3.33）．このとき新しい双極子モーメントは

$$\begin{aligned}\bar{\mathbf{p}} &= \int \bar{\mathbf{r}}'\rho(\mathbf{r}')\,d\tau' = \int (\mathbf{r}' - \mathbf{a})\rho(\mathbf{r}')\,d\tau' \\ &= \int \mathbf{r}'\rho(\mathbf{r}')\,d\tau' - \mathbf{a}\int \rho(\mathbf{r}')\,d\tau' = \mathbf{p} - Q\mathbf{a}\end{aligned}$$

となる．とくに，もしも $Q = 0$ であれば $\bar{\mathbf{p}} = \mathbf{p}$ となる．よってもしも図 3.34(a) の双極子モーメントを問われたならば自信をもって "$q\mathbf{d}$ である"と答えることができるが，もしも図 3.34(b) の双極子モーメントを問われたならば，適切な応答は "どの原点に関してなのか？"であろう．

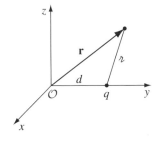

図 3.32

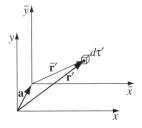

図 3.33

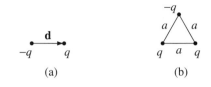

図 3.34

問題 3.32 二つの点電荷 $3q$ と $-q$ が距離 a 離れて置かれている. 図 3.35 のそれぞれの配置において (i) 単極子モーメント, (ii) 双極子モーメント, (iii) 大きな r での近似的なポテンシャルを（球座標で, 単極子と双極子の寄与を含めて）求めよ.

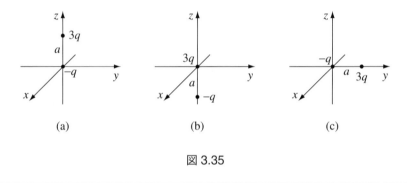

図 3.35

3.4.4 双極子の電場

ここまではポテンシャルのみを扱ってきた. ここでは（完全な）双極子の電場を計算したい. $\mathbf{p}$ が原点にあり z 方向を向いているような座標系を選べば（図 3.36）, r, θ におけるポテンシャルは（式 3.99）

$$V_{\text{dip}}(r,\theta) = \frac{\hat{\mathbf{r}} \cdot \mathbf{p}}{4\pi\epsilon_0 r^2} = \frac{p\cos\theta}{4\pi\epsilon_0 r^2} \tag{3.102}$$

となる. V の負の勾配より電場を求めると

$$\begin{aligned} E_r &= -\frac{\partial V}{\partial r} = \frac{2p\cos\theta}{4\pi\epsilon_0 r^3} \\ E_\theta &= -\frac{1}{r}\frac{\partial V}{\partial \theta} = \frac{p\sin\theta}{4\pi\epsilon_0 r^3} \end{aligned}$$

3.4. 多重極展開 *177*

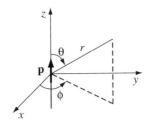

図 3.36

$$E_\phi = -\frac{1}{r\sin\theta}\frac{\partial V}{\partial \phi} = 0$$

となる．よって

$$\boxed{\mathbf{E}_{\rm dip}(r,\theta) = \frac{p}{4\pi\epsilon_0 r^3}(2\cos\theta\,\hat{\mathbf{r}} + \sin\theta\,\hat{\boldsymbol{\theta}})} \tag{3.103}$$

を得る．この式は特定の座標系（球座標系）を用いて，さらに **p** が特別な方向（z 方向）をもつことを仮定している．双極子の電場を式 3.99 のポテンシャルに類似した，座標系によらない形に書き直すこともできる（問題 3.36 を参照）．

双極子の電場は r の逆 3 乗に比例して減衰することに注意しよう．もちろん，単極子の電場 $(Q/4\pi\epsilon_0 r^2)\hat{\mathbf{r}}$ は逆 2 乗に比例する．四重極子の電場は $1/r^4$ に比例し，八極子は

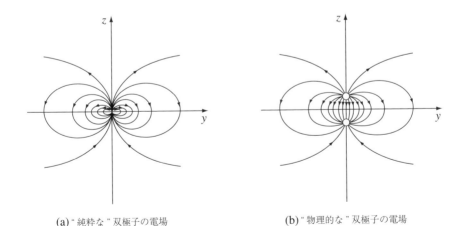

(a) "純粋な" 双極子の電場   (b) "物理的な" 双極子の電場

図 3.37

$1/r^5$, などとなる.（これは単に単極子ポテンシャルが $1/r$, 双極子は $1/r^2$, 四重極子は $1/r^3$, などに比例して減衰し, 勾配がさらに $1/r$ の因子をもたらすことを反映している.）

図 3.37(a) に "純粋な" 双極子の電場（式 3.103）の電気力線を示す. 比較のため, 図 3.37(b) に "物理的な" 双極子の電気力線も示した. 中心の領域を除けば二つの図はよく似ていることに注意しよう. 中心に近づくと, しかしながら, 二つの図はまったく違っている. $r \gg d$ の場所に対してのみ, 式 3.103 は物理的双極子の電場に対する正しい近似を表している. 前にも述べたように, 大きな r をとるか二つの電荷を非常に近づけるかのいずれかによってこの状況が実現できる[17].

問題 3.33 "純粋な" 双極子 p が原点に置かれており, z 方向を向いている.
(a) $(a, 0, 0)$ にある電荷 q に働く力を（デカルト座標で）求めよ.
(b) $(0, 0, a)$ にある電荷 q に働く力を求めよ.
(c) 電荷 q を $(a, 0, 0)$ から $(0, 0, a)$ へ動かすために必要な仕事を求めよ.

問題 3.34 図 3.38 に示されるように三つの点電荷がそれぞれ原点から距離 a の位置に置かれている. 原点から遠方の点の近似的な電場を求めよ. 答えを球座標で表し, 多重極展開の最初の二項を含めよ.

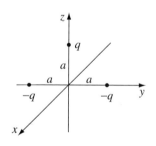

図 3.38

問題 3.35 半径 R の固体球が原点を中心として置かれている. "北半球" は一様な電荷密度 ρ_0 をもち, "南半球" は一様な電荷密度 $-\rho_0$ をもつ. 球から遠方の点 $(r \gg R)$ における近似的な電場 $\mathbf{E}(r, \theta)$ を求めよ.

• **問題 3.36** （完全な）双極子の電場（式 3.103）が座標系によらない形

---

[17]この極限でさえも, 図 3.35(b) において z 軸に沿って原点に近づいてみるとわかるように, 原点付近では物理的双極子電場が "間違った" 方向を向くような無限小の領域が存在する. この微妙でかつ重要な点について調べたければ, 問題 3.48 を解いてみよ.

$$\boxed{\mathbf{E}_{\mathrm{dip}}(\mathbf{r}) = \frac{1}{4\pi\epsilon_0} \frac{1}{r^3} [3(\mathbf{p}\cdot\hat{\mathbf{r}})\hat{\mathbf{r}} - \mathbf{p}]} \tag{3.104}$$

に書けることを示せ.

3 章の追加問題

問題 3.37　3.1.4 項では, 電荷が存在しない領域内の任意の点 P での静電ポテンシャルが P を中心とした任意の（半径 R の）球面上での平均値に等しいことを証明した. ここではクーロンの法則に頼らず, ラプラス方程式のみを用いて証明しよう. 座標の原点を P においてもよいだろう. $V_{\mathrm{ave}}(R)$ を平均値として, 最初に

$$\frac{dV_{\mathrm{ave}}}{dR} = \frac{1}{4\pi R^2}\oint \boldsymbol{\nabla} V\cdot d\mathbf{a}$$

であることを証明せよ.（$d\mathbf{a}$ の R^2 が $1/R^2$ の因子と打ち消しあうので R 依存性は V のみにあることに注意せよ.）ここで発散定理を用いて, もしも V がラプラス方程式を満たせば, すべての R に対して $V_{\mathrm{ave}}(R) = V_{\mathrm{ave}}(0) = V(P)$ であることを示せ[18].

問題 3.38　式 3.10（接地された導体から距離 d の位置に置かれた点電荷 q によって平面上に誘起された表面電荷密度）の別の導出方法を示す. この手法[19]は（他の多くの問題にも一般化できるが）鏡像法には頼らない. 全電場の一部は q によるもので他の部分は表面誘起電荷によるものである. 導体表面のすぐ内側における, これらの電場の z 成分を q と未知の $\sigma(x, y)$ を用いて書き下そう. もちろん, 導体内部なので電場の合計はゼロでなければならない. これを用いて σ を決定せよ.

問題 3.39　接地された無限に広い二つの導体板が距離 a 離れて平行に置かれている. 点電荷 q が導体板間の領域内の, 一方の板から距離 x の位置に置かれている. q に働く力を求めよ[20]. $a \to \infty$ の場合と $x = a/2$ の場合の, 二つの特別な場合に対してそれぞれ答えが正しいことを確認せよ.

問題 3.40　二つの長い直線ワイヤーが互いに逆符号の一様な線電荷 $\pm\lambda$ をもち, 長い導体円柱の両側に置かれている（図 3.39）. 円柱（帯電していないものとする）は半径 R で, ワイヤーは円柱の軸から距離 a の位置にある. ポテンシャルを求めよ.

$$\left[答え: V(s, \phi) = \frac{\lambda}{4\pi\epsilon_0}\ln\left\{\frac{(s^2 + a^2 + 2sa\cos\phi)[(sa/R)^2 + R^2 - 2sa\cos\phi]}{(s^2 + a^2 - 2sa\cos\phi)[(sa/R)^2 + R^2 + 2sa\cos\phi]}\right\} \right]$$

---

[18]この証明を提案してくれた Ted Jacobson に感謝する.

[19]J. L. R. Marrero, *Am. J. Phys.* **78**, 639 (2010) を参照.

[20]表面誘起電荷を求めることはそれほど容易ではない. B. G. Dick, *Am. J. Phys.* **41**, 1289 (1973), M. Zahn, *Am. J. Phys.* **44**, 1132 (1976), J. Pleines and S. Mahajan, *Am. J. Phys.* **45**, 868 (1977), および以下の問題 3.51 を参照.

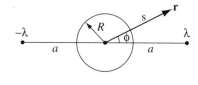

図 3.39

問題 3.41 フラーレンは 60 個の炭素原子をサッカーボールの縫い目のように並べた分子である．これは半径 $R = 3.5\,\text{Å}$ の導体球殻と近似することもできる．問題 3.9 にしたがえば近くにある電子は引きつけられるので，C_{60}^- イオンが存在したとしても驚くにあたらない．（電子は，平均として，表面上に一様に広がると思えばよい．）しかし二番目の電子についてはどうだろうか？ 遠距離では二番目の電子はイオンから，あきらかに，反発力を受けるであろう．しかし（中心からの）ある距離 r において正味の力がゼロになり，それよりも近くでは引力になるだろう．よってフラーレンに近づけるほどに十分大きなエネルギーをもった電子はフラーレンと結合するであろう．
(a) r を Å で求めよ．[数値的に求める必要がある．]
(b) 電子を（無限遠方から）点 r まで押してくるのにどれだけのエネルギーが（電子ボルトで）必要だろうか？
[ちなみに，C_{60}^- イオンは観測されている[21]．]

問題 3.42 変数分離法により得られた解を，重ね合わせの原理を用いて組み合わせることができる．たとえば，問題 3.16 では立方体の箱の五つの面が接地されていて六つ目の面が一定のポテンシャル V_0 にある場合の，箱の内部でのポテンシャルを求めた．同様の結果を六つ重ね合わせることにより，立方体の面が特定のポテンシャル $V_1, V_2, \ldots, V_6$ に保たれているときの立方体内部のポテンシャルを求めることもできる．このやり方で，例題 3.4 と問題 3.15 を用いて，長方形パイプの二つの向かい合う面 ($x = \pm b$) がポテンシャル V_0，三つ目の面 ($y = a$) が V_1 にあり，残りの一つ ($y = 0$) が接地されている場合のパイプ内部でのポテンシャルを求めよ．

問題 3.43 ポテンシャル V_0 にある半径 a の導体球が半径 b の薄い同心球殻に囲まれている．球殻表面には表面電荷

$$\sigma(\theta) = k\cos\theta$$

が貼り付けられている．ここで k は定数，θ は通常の球座標である．
(a) 領域 (i) $r > b$, (ii) $a < r < b$ におけるポテンシャルをそれぞれ求めよ．
(b) 導体に誘起された表面電荷 $\sigma_i(\theta)$ を求めよ．

---

[21] この問題は Richard Mawhorter によって提案されたものである．

(c) この系の全電荷を求めよ．得られた答えと大きな r での V の振る舞いが矛盾がないことを確認せよ．

$$\left[答え： V(r,\theta) = \begin{cases} aV_0/r + (b^3 - a^3)k\cos\theta/3r^2\epsilon_0, & r \geq b \\ aV_0/r + (r^3 - a^3)k\cos\theta/3r^2\epsilon_0, & r \leq b \end{cases} \right]$$

問題 3.44 電荷 $+Q$ が $z = -a$ から $z = +a$ まで z 軸に沿って一様に分布している．位置 **r** における静電ポテンシャルが $r > a$ に対して

$$V(r,\theta) = \frac{Q}{4\pi\epsilon_0}\frac{1}{r}\left[1 + \frac{1}{3}\left(\frac{a}{r}\right)^2 P_2(\cos\theta) + \frac{1}{5}\left(\frac{a}{r}\right)^4 P_4(\cos\theta) + \cdots\right]$$

で与えられることを示せ．

問題 3.45 半径 R の長い円筒の上半分が一様な表面電荷 σ_0 をもち下半分が逆符号の電荷 $-\sigma_0$ をもつ（図 3.40）．円筒内外での静電ポテンシャルを求めよ．

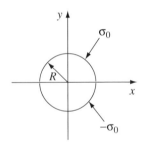

図 3.40

問題 3.46 $z = -a$ から $z = +a$ まで伸びる絶縁体の棒が以下で示すような線電荷をもつ．それぞれの場合において，ポテンシャルの多重極展開の主要項を求めよ．(a) $\lambda = k\cos(\pi z/2a)$, (b) $\lambda = k\sin(\pi z/a)$, (c) $\lambda = k\cos(\pi z/a)$. ここで k は定数である．

- **問題 3.47** 半径 R の球の内部の電荷による球内部の電場の平均は

$$\mathbf{E}_{\text{ave}} = -\frac{1}{4\pi\epsilon_0}\frac{\mathbf{p}}{R^3} \tag{3.105}$$

であることを示せ．ここで **p** は全双極子モーメントである．このきわめて単純な結果を証明する方法はいくつかある．その一つは以下のようなものである[22]．

---
[22] もう一つの方法は，問題 3.4 の結果を利用するものである．B. Y.-K. Hu, *Eur. J. Phys.* **30**, L29 (2009) を参照．

182 第 3 章　ポテンシャル

(a) 球内部の点 **r** にある一つの電荷 q による電場の平均は, $\rho = -q/(\frac{4}{3}\pi R^3)$ で一様に帯電した球が点 **r** につくる電場, つまり

$$\frac{1}{4\pi\epsilon_0}\frac{1}{(\frac{4}{3}\pi R^3)}\int \frac{q}{\imath^2}\hat{\boldsymbol{\imath}}d\tau'$$

と同じであることを示せ. ただし $\hat{\boldsymbol{\imath}}$ は **r** から $d\tau'$ へのベクトルである.

(b) 帯電球がつくる電場はガウスの法則から求めることができる. その答えを点電荷 q による双極子モーメントを用いて表せ.

(c) 重ね合わせの原理を用いて任意の電荷分布へ一般化せよ.

(d) ついでに, 球の外部の電荷がつくる電場の球全体にわたる平均は球の中心につくられる電場に等しいことを示せ.

問題 3.48

(a) 原点を中心とした半径 R の球全体にわたって, 双極子の電場を平均したものを式 3.103 を用いて求めよ. 角度積分を先に行うこと. [**注意**：積分する前に $\hat{\mathbf{r}}$ と $\hat{\boldsymbol{\theta}}$ を $\hat{\mathbf{x}}, \hat{\mathbf{y}}, \hat{\mathbf{z}}$ を用いて表さなければならない.] 得られた答えを一般的な定理 (式 3.105) と比較せよ. ここで見られる食い違いは双極子の電場が $r = 0$ で発散することと関係している. 角度積分はゼロであるが, 動径積分は発散するため, 答えをどうしたらよいのか判断できない. このジレンマを解消するために, 式 3.103 が半径 ϵ の微小な球の外側で適用できるとしよう. そこからの E_{ave} に対する寄与は間違いなくゼロであり, すべての答えは ϵ 球の内側の電場からきているはずである.

(b) 一般的な定理 (式 3.105) が成立するためには ϵ 球の内側の電場はどうあるべきだろうか？ [**ヒント**：ϵ はいくらでも小さくできるので, $r = 0$ では発散するが無限小の領域で体積積分したものは有限になるようなものについて考えていることになる.] [**答え**： $-(\mathbf{p}/3\epsilon_0)\delta^3(\mathbf{r})$]

あきらかに, 双極子がつくる真の電場は

$$\mathbf{E}_{\text{dip}}(\mathbf{r}) = \frac{1}{4\pi\epsilon_0}\frac{1}{r^3}[3(\mathbf{p}\cdot\hat{\mathbf{r}})\hat{\mathbf{r}} - \mathbf{p}] - \frac{1}{3\epsilon_0}\mathbf{p}\,\delta^3(\mathbf{r}) \tag{3.106}$$

である. 3.4.4 項で電場を計算した際に, デルタ関数項をどこで見落としてしまったのか不思議に思うかもしれない[23]. じつは, 式 3.103 に至る際に実行した微分は $r = 0$ を除けば正しいが (1.5.1 項での経験から) 点 $r = 0$ は問題をはらんでいることに気がつくべきだったのだ[24].

問題 3.49　例題 3.9 では表面電荷 $\sigma(\theta) = k\cos\theta$ をもつ球殻のポテンシャルを求めた. 問題 3.30 では, この電荷分布が作る電場は球殻の外側では純粋な双極子の電場であり内側では一様 (式 3.86) であることを示した. ここで $R \to 0$ の極限が式 3.106 のデルタ関

---

[23]他の方法でも双極子の電場のデルタ関数項を得ることができる. 筆者のお気に入りは問題 3.49 である. 双極子が置かれている点 (原点) 以外では式 3.104 で十分であることに注意せよ.

[24]C. P. Frahm, *Am. J. Phys.* **51**, 826 (1983) を参照. 応用としては D. J. Griffiths, *Am. J. Phys.* **50**, 698 (1982) を参照. 式 (3.106) の**接触** (デルタ関数) 項を表すための他の (おそらく, より好ましい) 方法がある. A. Gsponer, *Eur. J. Phys.* **28**, 267 (2007), J. Franklin, *Am. J. Phys.* **78**, 1225 (2010) および V. Hnizdo, *Eur. J. Phys.* **32**, 287 (2011) を参照.

数項を再現することを示せ.

問題 3.50
(a) ある電荷分布 $\rho_1(\mathbf{r})$ がポテンシャル $V_1(\mathbf{r})$ をつくり, 他の電荷分布 $\rho_2(\mathbf{r})$ がポテンシャル $V_2(\mathbf{r})$ をつくるものとしよう. [たとえば一番目が一様に帯電した球で二番目が平行板コンデンサーといったように, 二つの状況にまったく共通点がなくてもいっこうに構わない. 理解しておいてもらいのは, ρ_1 と ρ_2 は同時には存在せず, 二つの異なる問題 (ρ_1 のみが存在する問題と ρ_2 のみが存在する問題) について考えている, ということである.] このときグリーンの相反定理[25]

$$\int_{\text{all space}} \rho_1 V_2 \, d\tau = \int_{\text{all space}} \rho_2 V_1 \, d\tau$$

を証明せよ. [ヒント：$\int \mathbf{E}_1 \cdot \mathbf{E}_2 \, d\tau$ を以下の二つの方法で計算せよ. まず, $\mathbf{E}_1 = -\boldsymbol{\nabla} V_1$ として部分積分を用いて微分を $\mathbf{E}_2$ に移動させる. 次に, $\mathbf{E}_2 = -\boldsymbol{\nabla} V_2$ として微分を $\mathbf{E}_1$ に移動させる.]
(b) ここで, 二つの導体が離れて置かれているものとしよう (図 3.41). 導体 a に電荷 Q を帯電させたとして (b は帯電させないでおく), その結果生じる b のポテンシャルを V_{ab} とする. 一方で, もしも同じ電荷 Q を導体 b に帯電させたとして (a は帯電させないでおく), そのときの a のポテンシャルを V_{ba} とする. グリーンの相反定理を用いて $V_{ab} = V_{ba}$ であることを示せ. (導体の形や配置について何も仮定していないのに, これは驚くべき結果である.)

図 3.41

問題 3.51 グリーンの相反定理 (問題 3.50) 用いて以下の二つの問題を解け. [ヒント：電荷分布 1 としては実際の問題の状況を用いて, 電荷分布 2 としては, q を取り除いてどちらか一方の導体のポテンシャルを V_0 とおいた状況を用いる.]
(a) 平行板コンデンサーの両極板が接地されており, 点電荷 q が極板 1 から距離 x の位置に置かれている. 極板間距離は d である. それぞれの極板に誘起される電荷を求めよ. [答え：$Q_1 = q(x/d - 1)$; $Q_2 = -qx/d$]
(b) 二つの同心の導体球殻 (半径 a および b) が接地されており点電荷 q が球殻間 (中心からの距離 r の位置) に置かれている. それぞれの球に誘起された電荷を求めよ.

---
[25] 興味深い解説として, B. Y.-K. Hu, *Am. J. Phys.* **69**, 1280 (2001) を参照されたい.

184 第 3 章 ポテンシャル

問題 **3.52**

(a) 多重極展開における四重極項が

$$V_{\text{quad}}(\mathbf{r}) = \frac{1}{4\pi\epsilon_0} \frac{1}{r^3} \sum_{i,j=1}^{3} \hat{r}_i \hat{r}_j Q_{ij}$$

と書けることを示せ. ここで

$$Q_{ij} \equiv \frac{1}{2} \int [3r_i' r_j' - (r')^2 \delta_{ij}] \rho(\mathbf{r}') \, d\tau'$$

はこの電荷分布の**四重極モーメント**,

$$\delta_{ij} = \begin{cases} 1, & i = j \\ \\ 0, & i \neq j \end{cases}$$

は**クロネッカーデルタ**である. 以下の階層構造に注意せよ.

$$V_{\text{mon}} = \frac{1}{4\pi\epsilon_0} \frac{Q}{r}, \quad V_{\text{dip}} = \frac{1}{4\pi\epsilon_0} \frac{\sum \hat{r}_i p_i}{r^2}, \quad V_{\text{quad}} = \frac{1}{4\pi\epsilon_0} \frac{\sum \hat{r}_i \hat{r}_j Q_{ij}}{r^3}, \cdots$$

単極子モーメント (Q) はスカラー, 双極子モーメント $(\mathbf{p})$ はベクトル, 四重極モーメント (Q_{ij}) は 2 階のテンソル, などである.

(b) 図 3.30 の電荷配置に対して Q_{ij} の九つの成分をすべて求めよ. (正方形の一辺の長さは a であり, 原点を中心として xy 平面上に置かれているものとする.)

(c) 単極子モーメントと双極子モーメントが両方とも消えるときは, 四重極モーメントは原点のとり方によらないことを示せ. (このことは上のすべての階層にも当てはまる. 最低のゼロでない多重極モーメントは常に原点のとり方によらない.)

(d) **八重極モーメント**はどのようにして定義できるだろうか? 多重極展開における八重極項を八重極モーメントを用いて表せ.

問題 **3.53** 例題 3.8 では一様な外場 $\mathbf{E}_0$ の中に置かれた導体球（半径 R）の外側の電場を決定した. ここでは鏡像法を用いてこの問題を解き, 答えが式 3.76 に一致することを確認せよ. [ヒント：例題 3.2 を用いよ. ただし, もう一つの電荷 $-q$ を q の正反対の場所に置いて, $(1/4\pi\epsilon_0)(2q/a^2) = -E_0$ を一定に保ちながら $a \to \infty$ とせよ.]

! 問題 **3.54** 例題 3.4 の無限に長い長方形パイプに対して底面 $(y = 0)$ と二つの側面 $(x = \pm b)$ におけるポテンシャルはゼロとして, 上面 $(y = a)$ のポテンシャルはゼロでない定数 V_0 であるとする. パイプの内側でのポテンシャルを求めよ. [注意：これは問題 3.15(b) を回転させたバージョンであるが, 例題 3.4 と同様の計算を y については正弦関数, x については双曲関数を用いて行え. これは $k = 0$ を含めなければならないまれなケースである. まず $k = 0$ のときの式 (3.26) の一般解を求めよ[26].]

―――――――――――
[26]さらなる議論については S. Hassani, *Am. J. Phys.* **59**, 470 (1991) を参照.

$\left[\text{答え：} V_0 \left(\frac{y}{a} + \frac{2}{\pi} \sum_{n=1}^{\infty} \frac{(-1)^n}{n} \frac{\cosh(n\pi x/a)}{\cosh(n\pi b/a)} \sin(n\pi y/a)\right). \text{代わりに, } x \text{ について正弦関}\right.$
数, y について双曲関数を用いると $-\frac{2V_0}{b} \sum_{n=1}^{\infty} \frac{(-1)^n}{\alpha_n} \frac{\sinh(\alpha_n y)}{\sinh(\alpha_n a)} \cos(\alpha_n x)$ となる. ただ
し $\alpha_n \equiv (2n-1)\pi/2b$ である.$\Big]$

! **問題 3.55**

(a) 正方形の断面（一辺の長さ a）をもつ長い金属パイプの三つの側面が接地されており, 四つ目（他の三つからは絶縁されているものとする）が一定のポテンシャル V_0 に保たれている. V_0 の面の向かい側の面における, 単位長さあたりの正味の電荷を求めよ. [ヒント：問題 3.15 または問題 3.54 の答えを用いよ.]

(b) 円形の断面（半径 R）をもつ長い金属パイプが縦に四等分されている. そのうちの三つは接地されており四つ目が一定のポテンシャル V_0 に保たれている. V_0 の部分の向かい側の部分における単位長さあたりの正味の電荷を求めよ. [(a) と (b) 両方の答え：] $\lambda = -(\epsilon_0 V_0/\pi) \ln 2$ [27]

問題 3.56 図 3.36 のように, 理想的な電気双極子が原点に置かれており, z 方向を向いている. xy 平面上の点で静止していた電荷が放されたとき, 原点に支点を固定された振り子のように半円上で往復運動を行うことを示せ[28].

問題 3.57 電気双極子 $\mathbf{p} = p\hat{z}$ が原点に固定されている. 正電荷 q（質量 m）が双極子の電場の中で一定の速さで円運動（半径 s）を行う. 軌道平面を決定し, 電荷の速さ, 角運動量, 全エネルギーを求めよ[29].

$\left[\text{答え：} L = \sqrt{qpm/3\sqrt{3}\pi\epsilon_0}\right]$

問題 3.58 半径 R の球面上に分布している電荷が球の外側につくる電場が, z 軸上で原点からの距離 $a < R$ の位置に置かれた電荷 q がつくる電場と同じであるとき, 球面上の電荷密度 $\sigma(\theta)$ を求めよ.（$a < R$ とする.）

$\left[\text{答え：} \frac{q}{4\pi R} (R^2 - a^2)(R^2 + a^2 - 2Ra\cos\theta)^{-3/2}\right]$

---

[27]これらはトムソン–ランバードの定理の特別な場合である. J. D. Jackson, *Am. J. Phys.* **67**, 107 (1999) を参照のこと.

[28]この美しい結果は R. S. Jones, *Am. J. Phys.* **63**, 1042 (1995) によるものである.

[29]G. P. Sastry, V. Srinivas, and A. V. Madhav, *Eur. J. Phys.* **17**, 275 (1996).

第4章 物質中の電場

4.1 分 極

4.1.1 誘 電 体

　この章では物質中の電場について学ぼう. 物質にはもちろん, 固体, 液体, 気体, 金属, 木, ガラスなど, 多くの種類があり, これらは静電場に対してすべて異なる応答を示す. しかしながら, 日常的なほとんどのものは（少なくともよい近似で）大きく二つに分類される. つまり, **導体**と**絶縁体**（または**誘電体**）である. 導体とは, すでに述べてきたように, その中を自由に動き回ることができる電荷を "無制限に" 供給できる物質である. 実際には通常, 多数の電子（典型的な金属では1原子あたり1個か2個）が特定の原子核に結びつけられることなく自由に動き回っている. 対照的に, 誘電体ではすべての電荷が特定の原子または分子につながれていて, 原子または分子の中でほんの少しだけ動くことしかできない. このような電荷の微視的な変位は, 導体中の電荷の大規模な移動と比べると大したことははないが, 全体として引き起こす効果は誘電体の特徴的な振る舞いの原因となる. 実際に電場が誘電体の原子または分子の電荷分布を歪ませる主な機構としては, 分布を引き伸ばすことと分布を回転させることの二つがある. 以下の二つの項ではこれらの過程について議論しよう.

4.1.2 誘起された双極子

　中性原子を電場 **E** の中に置いたら何が起こるだろうか？ 最初に予想されることは "原子は帯電していないので何も起こらず, 電場は何の効果ももたらさない" ということだろう. しかしこれは正しくない. 原子全体としては電気的に中性であったとして

も，原子の内部には正電荷をもった芯（原子核）とそれを囲む負電荷をもった電子雲が存在する．この2種類の電荷は電場によって影響を受ける．すなわち，原子核は電場の方向に押されて電子はその逆方向に押される．原理的には，電場が十分に大きければ原子を引き裂いて"イオン化"してしまうだろう．（このとき物質は導体になる．）しかしながら，電子雲の中心が原子核に一致しなければこれらの正負の電荷は互いに引きつけ合うので，さほど極端に大きくない電場ではすぐに平衡状態に到達して原子を一つにまとめておくことができる．二つの対抗する力，つまり電子と原子核を引き離そうとする $\mathbf{E}$ と引き戻そうとする相互引力がつり合いに達して，分極した状態，すなわち正電荷と負電荷が互いに逆方向に少しずつ移動した状態になる．このとき原子は $\mathbf{E}$ と同じ方向を向いた微小の双極子モーメント $\mathbf{p}$ をもつ．通常は，この誘起された双極子モーメントは近似的に（電場がそれほど強すぎなければ）電場に比例して

$$\mathbf{p} = \alpha \mathbf{E} \tag{4.1}$$

となる．比例定数 α は**原子分極率**とよばれ，その値は考えている原子の詳細な構造に依存する．表4.1に実験的に定められた原子分極率をいくつか載せる．

表4.1 原子分極率 ($\alpha/4\pi\epsilon_0$, 単位は 10^{-30} m^3). *Handbook of Chemistry and Physics*, 91st ed. (Boca Raton: CRC Press, 2010) より抜粋．

H	He	Li	Be	C	Ne	Na	Ar	K	Cs
0.667	0.205	24.3	5.60	1.67	0.396	24.1	1.64	43.4	59.4

例題 4.1. 最も単純な原子のモデルは，一様な電荷密度をもつ半径 a の球状の電荷雲 ($-q$) に囲まれた点状の原子核 ($+q$) からなるものである（図4.1）．このような原子の原子分極率を計算せよ．

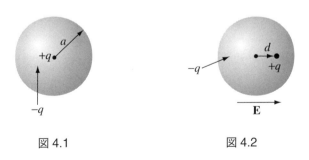

図4.1　　　　　　　　図4.2

解答

外場 $\mathbf{E}$ のもとでは,図 4.2 のように,原子核はわずかに右側に移動し電子雲は左側に移動するだろう.(問題 4.1 で見るように,実際の変位はきわめて小さいので電子雲は球形を保つものと仮定するのが妥当である.)原子核が球の中心から距離 d だけ移動したときに平衡状態になるものとする.その時点で,原子核を右側に押している外場は左側に引っ張っている内部電場と正確につり合っている.電子雲によってつくられる電場を E_e とすると $E = E_e$ である.ここで一様に帯電した球の中心から距離 d の位置につくられる電場は

$$E_e = \frac{1}{4\pi\epsilon_0}\frac{qd}{a^3}$$

である(問題 2.12).よって平衡状態では

$$E = \frac{1}{4\pi\epsilon_0}\frac{qd}{a^3}, \quad \text{または } p = qd = (4\pi\epsilon_0 a^3)E$$

となる.したがって原子分極率は

$$\alpha = 4\pi\epsilon_0 a^3 = 3\epsilon_0 v \tag{4.2}$$

となる.ここで v は原子の体積である.この原子モデルはきわめて大雑把なものであるが,式 4.2 の結果はそれほど悪くはなく,多くの単純な原子に対しては 4 倍程度の範囲内で正確な値を与える.

分子については,状況はそれほど単純ではない.なぜなら分子では,分極しやすい方向とそうでない方向がある場合が多いからである.たとえば,二酸化炭素(図 4.3)は分子の軸方向に電場をかけたときの分極率は 4.5×10^{-40} C$^2\cdot$m/N だが,軸に垂直な電場に対しては分極率は 2×10^{-40} C$^2\cdot$m/N しかない.電場が軸と角度をなすときは,軸に平行な成分と垂直な成分に分解して,それぞれの方向に対する分極率をかける必要がある.

$$\mathbf{p} = \alpha_\perp \mathbf{E}_\perp + \alpha_\| \mathbf{E}_\|$$

この場合,誘起双極子モーメントの方向が $\mathbf{E}$ と違うことすらあり得る.他の分子と比べると CO_2 は,少なくとも原子は一直線上に並んでいるので,比較的単純である.完全に非対称な分子に対しては,式 4.1 は $\mathbf{E}$ と $\mathbf{p}$ の間の最も一般的な線形関係

$$\left.\begin{array}{l} p_x = \alpha_{xx}E_x + \alpha_{xy}E_y + \alpha_{xz}E_z \\ p_y = \alpha_{yx}E_x + \alpha_{yy}E_y + \alpha_{yz}E_z \\ p_z = \alpha_{zx}E_x + \alpha_{zy}E_y + \alpha_{zz}E_z \end{array}\right\} \tag{4.3}$$

に置き換えられる.

190 第 4 章 物質中の電場

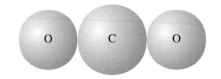

図 4.3

9 個の定数 α_{ij} の組は分子の**分極率テンソル**を構成する.その値は用いる軸の方向に依存するが,非対角項 (α_{xy}, α_{zx},その他) がすべて消えてゼロでない三つの分極率 α_{xx}, α_{yy}, α_{zz} だけが残るように "主軸" を選ぶことは常に可能である.

問題 4.1 水素原子 (ボーア半径約 $0.5\,\text{Å}$) が互いに $1\,\text{mm}$ 離れた二つの金属板の間に置かれており,金属板は $500\,\text{V}$ の電源の両端子にそれぞれつながれている.正電荷と負電荷の相対的な変位 d の原子半径に対する割合を概算せよ.また,この実験装置で原子をイオン化するために必要な電圧を見積もれ.[表 4.1 の α の値を用いること.**教訓**:ここで考えている変位は原子スケールにおいてさえも微小である.]

問題 4.2 量子力学によれば,基底状態における水素原子の電子雲は電荷密度
$$\rho(r) = \frac{q}{\pi a^3} e^{-2r/a}$$
をもつ.ここで q は電子の電荷であり a はボーア半径である.このような原子の原子分極率を求めよ.[ヒント:まず電子雲の電場 $E_e(r)$ を計算し,$r \ll a$ を仮定して指数関数を展開せよ[1].]

問題 4.3 式 4.1 によると,原子の誘起双極子モーメントは外場に比例する.これは "経験則" であって基本法則ではない.よって,例外を挙げることは,理論上は容易である.たとえば,電子雲の電荷密度が,半径 R までは,中心からの距離に比例するとしよう.この場合 **p** は E の何次に比例するだろうか? また,式 4.1 が弱い電場の極限で成り立つための $\rho(r)$ に対する条件を求めよ.

問題 4.4 点電荷 q が分極率 α の中性原子から長距離 r 離れて置かれている.点電荷と原子の間に働く引力を求めよ.

4.1.3 極性分子の配向

4.1.2 項で議論した中性原子は最初は双極子モーメントをもっていなかった.**p** は

---

[1] より洗練された解法としては W. A. Bowers, *Am. J. Phys.* **54,** 347 (1986) を参照のこと.

印加された電場によって誘起されたのである．中には，もともと永久双極子モーメントを備えもつ分子もある．たとえば，水分子では電子は酸素原子の周りに集まる傾向があり（図 4.4），分子は 105° で折れ曲がっているために，負電荷が折れ曲りの頂点に現れ，その反対側に，正味の正電荷が現れる．（水の双極子モーメントは非常に大きく 6.1×10^{-30} C·m である．このために実際，水は溶媒として有効に働く．）このような分子（**極性分子**とよばれる）が電場中に置かれると何が起こるだろうか？

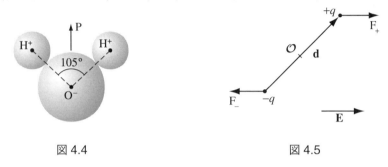

図 4.4　　　　　　　　　　　　　　　図 4.5

もしも電場が一様であれば，正電荷側の端に働く力 $\mathbf{F}_+ = q\mathbf{E}$ は負電荷側の端に働く力 $\mathbf{F}_- = -q\mathbf{E}$ と正確に打ち消し合う（図 4.5）．しかしながら，トルク

$$\begin{aligned} \mathbf{N} &= (\mathbf{r}_+ \times \mathbf{F}_+) + (\mathbf{r}_- \times \mathbf{F}_-) \\ &= [(\mathbf{d}/2) \times (q\mathbf{E})] + [(-\mathbf{d}/2) \times (-q\mathbf{E})] = q\mathbf{d} \times \mathbf{E} \end{aligned}$$

が発生する．よって一様な電場 $\mathbf{E}$ の中にある双極子 $\mathbf{p} = q\mathbf{d}$ はトルク

$$\boxed{\mathbf{N} = \mathbf{p} \times \mathbf{E}} \tag{4.4}$$

を受ける．$\mathbf{N}$ は $\mathbf{p}$ を $\mathbf{E}$ と平行に並べようとするような方向をもつことに注意しよう．このため，自由に回転できる極性分子は電場と同じ方向を指すまで向きを変えるだろう．

もしも電場が非一様であり $\mathbf{F}_+$ が $\mathbf{F}_-$ と正確につり合わなければ，トルクに加えて正味の力が双極子に働く．もちろん，一分子程度の間隔で電場が著しく変化するためには $\mathbf{E}$ はかなり急激に変化する必要があるので，通常は誘電体の振る舞いの大きな要因とはならない．だが，非一様な電場の双極子に働く力の表式

$$\mathbf{F} = \mathbf{F}_+ + \mathbf{F}_- = q(\mathbf{E}_+ - \mathbf{E}_-) = q(\Delta\mathbf{E})$$

を考えることは興味深い．ただし $\Delta\mathbf{E}$ はプラス側の電場とマイナス側の電場の差を表す．双極子が非常に短いと仮定すると，式 1.35 を用いて E_x の小さな変化を

$$\Delta E_x \equiv (\boldsymbol{\nabla} E_x) \cdot \mathbf{d}$$

と近似できる. E_y と E_z に対してもそれぞれ同様である. より簡潔に表すと

$$\Delta \mathbf{E} = (\mathbf{d} \cdot \boldsymbol{\nabla})\mathbf{E}$$

となるので[2],

$$\boxed{\mathbf{F} = (\mathbf{p} \cdot \boldsymbol{\nabla})\mathbf{E}} \tag{4.5}$$

を得る. 無限小の長さの"完全な"双極子に対しては, 式 4.4 は非一様な電場中においても双極子の中心の周りのトルクを与える. 他の任意の点の周りのトルクは $\mathbf{N} = (\mathbf{p} \times \mathbf{E}) + (\mathbf{r} \times \mathbf{F})$ となる.

問題 4.5 図 4.6 のように, (完全な) 双極子 $\mathbf{p}_1$ と $\mathbf{p}_2$ が距離 r 離れて置かれている. $\mathbf{p}_2$ から $\mathbf{p}_1$ に働くトルクはどれだけだろうか? 逆に $\mathbf{p}_1$ から $\mathbf{p}_2$ に働くトルクはどれだけだろうか? [どちらの場合も双極子の中心の周りのトルクを求める. もしも二つのトルクが, 大きさが等しく逆向きとはならないことに困惑したならば, 問題 4.29 を見るとよい.]

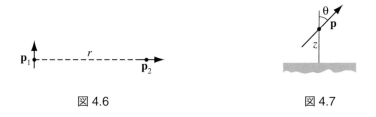

図 4.6   図 4.7

問題 4.6 無限に広い接地された導体平面から距離 z の位置に (完全な) 双極子 $\mathbf{p}$ が置かれている (図 4.7). 双極子は平面の法線方向と角度 θ をなしている. $\mathbf{p}$ に働くトルクを求めよ. もしも双極子が自由に回転できるとしたら, どの方向で静止するだろうか?

問題 4.7 電場 $\mathbf{E}$ の中にある理想的な双極子 $\mathbf{p}$ のエネルギーが

$$\boxed{U = -\mathbf{p} \cdot \mathbf{E}} \tag{4.6}$$

で与えられることを示せ.

問題 4.8 距離 r 離れた二つの理想的な双極子の相互作用エネルギーが

$$U = \frac{1}{4\pi\epsilon_0} \frac{1}{r^3} [\mathbf{p}_1 \cdot \mathbf{p}_2 - 3(\mathbf{p}_1 \cdot \hat{\mathbf{r}})(\mathbf{p}_2 \cdot \hat{\mathbf{r}})] \tag{4.7}$$

であることを示せ. [ヒント:問題 4.7 を用いる.]

---

[2] この文脈では式 4.5 はより簡潔に $\mathbf{F} = \boldsymbol{\nabla}(\mathbf{p} \cdot \mathbf{E})$ と書ける. しかしながら, $(\mathbf{p} \cdot \boldsymbol{\nabla})\mathbf{E}$ としておいた方がより確実である. なぜなら, 後に (単位体積あたりの) 双極子モーメントがそれ自体位置の関数であるような物質に適用する際に, 二番目の表式では $\mathbf{p}$ もまた (間違って) 微分の対象となってしまうためである.

4.1. 分極 193

問題 4.9 双極子 **p** が電荷 q から距離 r の場所にあり，q から **p** への相対ベクトル **r** と **p** が角度 θ をなす方向を向いている．
(a) **p** に働く力はどれだけか？
(b) q に働く力はどれだけか？

4.1.4 分 極

前の二項では，独立な原子または分子に働く外部電場の効果を考えた．ここでようやく，元々の "電場の中に置かれた誘電体には何が起こるだろうか？" という疑問に対して（定性的に）答えることができる．物質が中性原子（または無極性分子）で構成されている場合は，電場はそれぞれの原子（または分子）に電場と同じ方向をもつ微小な双極子モーメントを誘起するだろう[3]．もしも物質が極性分子でできていれば，それぞれの永久双極子がトルクを受けて，電場と同じ方向に揃いたがるはずである．（ランダムな熱運動がこの過程と競合するため完全に同じ方向には揃わず，とくに高温では，電場を取り除いた途端に向きはバラバラになる．）

これらの二つの機構は基本的には同じ結果をもたらすこと，すなわち多数の小さな双極子が電場と同じ方向を向き，物質が**分極**することに注目されたい．この効果を測るために便利な尺度は

$$\mathbf{P} \equiv \text{単位体積あたりの双極子モーメント}$$

であり，これは**分極**とよばれる．これから先は，どのようにして分極が起こったのかについては気にしないことにする．実際のところは，上述の二つの機構で分極を明確に記述できるという訳でもない．たとえば，極性分子であっても電荷の変位による多少の分極が存在する．（通常は分子を回転させる方が伸ばすよりもはるかに容易であるから，第二の機構の方が主要になるのであるが．）さらに，ある種の物質では分極が "凍結" していて，電場を取り除いた後でも分極が持続することもあり得る．しかし，しばらくの間は分極の原因については無視して，分極した物質そのものがつくる電場について調べることにしよう．その後で，4.3 節では，**P** の原因となった元々の電場に加えて **P** からつくられる新しい電場を，一緒にまとめることにする．

---

[3]対称的でない分子では，誘起双極子モーメントが電場と平行ではないこともある．しかし，もしも分子がランダムな方向を向いていれば垂直成分の寄与は平均化されてゼロになるだろう．単結晶中では分子の方向は確かにランダムではないため，この場合は別に扱わなければならない．

4.2 分極した物質の電場

4.2.1 拘束電荷

分極した物質,つまり,多数の微視的双極子の方向が揃った物質があったとする.単位体積あたりの双極子モーメント $\mathbf{P}$ が与えられている.**疑問**:この物質によってつくられる電場(分極を引き起こした電場ではなく,分極自体が引き起こした電場)はどのようなものだろうか? さて,独立な双極子の電場についてはわかっているのだから,物質を無限小の双極子に切り刻んで,それらがつくる電場を集めて物質全体がつくる電場を求めればよいのではないだろうか? いつものように,ポテンシャルについて考える方が容易である.一つの双極子 $\mathbf{p}$ がつくるポテンシャルは(式3.99)

$$V(\mathbf{r}) = \frac{1}{4\pi\epsilon_0} \frac{\mathbf{p} \cdot \hat{\boldsymbol{\imath}}}{\imath^2} \tag{4.8}$$

である.ただし $\boldsymbol{\imath}$ は双極子からポテンシャルを求めたい点への相対ベクトルである(図4.8).いまの状況ではそれぞれの体積要素 $d\tau'$ に双極子モーメント $\mathbf{p} = \mathbf{P}d\tau'$ があるので,全ポテンシャルは

$$V(\mathbf{r}) = \frac{1}{4\pi\epsilon_0} \int_{\mathcal{V}} \frac{\mathbf{P}(\mathbf{r}') \cdot \hat{\boldsymbol{\imath}}}{\imath^2} d\tau' \tag{4.9}$$

となる.

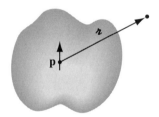

図 4.8

原理的には,これで終わりである.しかし,積分を巧妙な式変形によってもっと明快な形に書き換えることができる.まず,ソース座標 ($\mathbf{r}'$) に関する微分について

$$\nabla' \left(\frac{1}{\imath} \right) = \frac{\hat{\boldsymbol{\imath}}}{\imath^2}$$

が成り立つことから(問題1.13とは微分する変数が異なることに注意せよ)

$$V = \frac{1}{4\pi\epsilon_0} \int_{\mathcal{V}} \mathbf{P} \cdot \mathbf{\nabla}' \left(\frac{1}{\imath} \right) d\tau'$$

である. さらに付録 D の「積の合成関数の微分法則」(5) を用いて部分積分を行うと

$$V = \frac{1}{4\pi\epsilon_0} \left[\int_{\mathcal{V}} \mathbf{\nabla}' \cdot \left(\frac{\mathbf{P}}{\imath} \right) d\tau' - \int_{\mathcal{V}} \frac{1}{\imath} (\mathbf{\nabla}' \cdot \mathbf{P}) \, d\tau' \right]$$

となる. 発散定理を用いれば

$$V = \frac{1}{4\pi\epsilon_0} \oint_{\mathcal{S}} \frac{1}{\imath} \mathbf{P} \cdot d\mathbf{a}' - \frac{1}{4\pi\epsilon_0} \int_{\mathcal{V}} \frac{1}{\imath} (\mathbf{\nabla}' \cdot \mathbf{P}) \, d\tau' \tag{4.10}$$

と表すこともできる. 第一項目は表面電荷

$$\boxed{\sigma_b \equiv \mathbf{P} \cdot \hat{\mathbf{n}}} \tag{4.11}$$

（$\hat{\mathbf{n}}$ は単位法線ベクトル）がつくるポテンシャルの形をしており, 第二項目は体積電荷

$$\boxed{\rho_b \equiv -\mathbf{\nabla} \cdot \mathbf{P}} \tag{4.12}$$

がつくるポテンシャルの形をしている. これらの電荷密度の定義を用いれば, 式 4.10 式は

$$V(\mathbf{r}) = \frac{1}{4\pi\epsilon_0} \oint_{\mathcal{S}} \frac{\sigma_b}{\imath} \, da' + \frac{1}{4\pi\epsilon_0} \int_{\mathcal{V}} \frac{\rho_b}{\imath} \, d\tau' \tag{4.13}$$

となる.

この式が意味するところは, 分極した物質のポテンシャル（および電場）は体積電荷密度 $\rho_b = -\mathbf{\nabla} \cdot \mathbf{P}$ と表面電荷密度 $\sigma_b = \mathbf{P} \cdot \hat{\mathbf{n}}$ によってつくられるものと同じだ, ということである. 式 4.9 のようにすべての無限小の双極子からの寄与を積分する代わりに, 最初にまず上記の**拘束電荷**を求めて, それらがつくる電場を, 通常の体積電荷または表面電荷がつくる電場を計算するときと同じ方法で（たとえばガウスの法則を用いて）計算することもできる.

例題 4.2. 一様に分極した半径 R の球がつくる電場を求めよ.

解答

z 軸を分極の方向と一致するように選んでよいだろう（図 4.9）. $\mathbf{P}$ は一様なので体積拘束電荷密度 ρ_b はゼロであるが, 表面拘束電荷密度は

$$\sigma_b = \mathbf{P} \cdot \hat{\mathbf{n}} = P \cos\theta$$

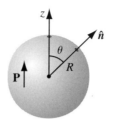

図 4.9

である. ここで θ は通常の球座標で使う極角である. このとき求めたいのは, 球面上に貼り付けられた電荷密度 $P\cos\theta$ によってつくられる電場である. このような電荷配置のポテンシャルはすでに例題 3.9 で計算していて

$$V(r,\theta) = \begin{cases} \dfrac{P}{3\epsilon_0} r\cos\theta & (r \leq R) \\[2mm] \dfrac{P}{3\epsilon_0} \dfrac{R^3}{r^2} \cos\theta & (r \geq R) \end{cases}$$

である.

$r\cos\theta = z$ より球の内部の電場は,

$$\mathbf{E} = -\boldsymbol{\nabla}V = -\frac{P}{3\epsilon_0}\hat{\mathbf{z}} = -\frac{1}{3\epsilon_0}\mathbf{P} \quad (r < R) \tag{4.14}$$

と一様になる. この注目すべき結果は後で非常に有用になるだろう.

球の外部のポテンシャルは, 原点に置かれた "完全な" 双極子のポテンシャルとまったく同じで

$$V = \frac{1}{4\pi\epsilon_0}\frac{\mathbf{p}\cdot\hat{\mathbf{r}}}{r^2} \quad (r \geq R) \tag{4.15}$$

となる. この双極子モーメントは, 驚くことではないが, 球の全双極子モーメント

$$\mathbf{p} = \frac{4}{3}\pi R^3 \mathbf{P} \tag{4.16}$$

に等しい. 一様に分極した球の電場を図 4.10 に示す.

問題 4.10 半径 R の球が分極

$$\mathbf{P}(\mathbf{r}) = k\mathbf{r}$$

をもっている. ここで k は定数であり $\mathbf{r}$ は原点からのベクトルである.

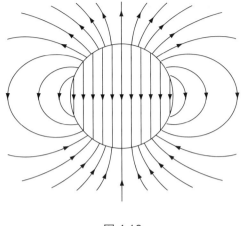

図 4.10

(a) 拘束電荷 σ_b および ρ_b を計算せよ．
(b) 球の内外の電場を求めよ．

問題 4.11 半径 a, 長さ L の短い円柱が，"凍結された" 一様な分極 $\mathbf{P}$ を円柱の軸と平行にもっている．拘束電荷を求め，電場を (i) $L \gg a$, (ii) $L \ll a$ (iii) $L \approx a$ に対して図示せよ．[これは**棒エレクトレット**（**棒電石**）として知られており，静電気学における言わば棒磁石のようなものである．実際には，非常に特殊な物質（チタン酸バリウムが最も "よく知られた" 例である）でしか永久電気分極を保持することはできない．これが，おもちゃ屋ではエレクトレットを買うことができない理由である．]

問題 4.12 一様に分極した球のポテンシャル（例題 4.2）を式 4.9 から直接計算せよ．

4.2.2 拘束電荷の物理的解釈

前項では，分極した物質の電場がある種の "拘束電荷" σ_b および ρ_b がつくる電場と同一であることがわかった．しかしこの結論は，式 4.9 の積分の抽象的な式変形の過程で現れたものである．実際に教科書によっては，拘束電荷は単に計算を容易にするために使われる道具にすぎず，ある意味 "架空の" ものであるかのように書かれているものもある．それはまったく間違いであり，ρ_b と σ_b は正真正銘，本物の電荷の集まりを表している．この項では分極がいかにしてこれらの電荷分布をもたらすかについて説明しよう．

基本的なアイデアは非常に単純である．図 4.11 に示されるように，双極子が長く繋

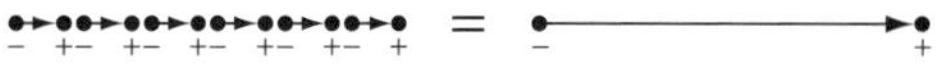

●▶●●▶●●▶●●▶●●▶●●▶●   =   ●━━━━━━━━━━━▶
− +− +− +− +− +− +− +   −   +

図 4.11

がっているものとしよう．線に沿って見ると，一つの双極子の先が隣の双極子の後部と打ち消し合っているが，右端では正，左端では負の，二つの電荷が残される．これはあたかも一端で電子を抜き出してもう一端まで運んで行ったかのようである．しかし実際には一つの電子が全体を移動したわけではなく，多数の微小な変位が蓄積された結果として一つの大きな変位になっている．端に現れた正味の電荷を拘束電荷とよぶ．この名称は，誘電体中ではすべての電子が特定の原子または分子に束縛されており拘束電荷を取り除くことができないことを表している．だが，そのことを除けば拘束電荷は他のいかなる種類の電荷とも違いはない．

特定の分極から生じる拘束電荷の実際の大きさを計算するために，$\mathbf{P}$ に平行な誘電体の"チューブ"を調べよう．図 4.12 に示された小さな塊の双極子モーメントは，A をチューブの断面積，d を塊の長さとすると，$P(Ad)$ である．端の電荷 (q) を用いてこの双極子モーメントを表すと qd と書ける．チューブの右端に蓄積される拘束電荷は，したがって

$$q = PA$$

となる．もしも端が垂直に切り取られていたとすると，表面電荷密度は

$$\sigma_b = \frac{q}{A} = P$$

である．端が斜めに切り取られている場合（図 4.13）でも電荷量は同じだが，$A = A_{\text{end}} \cos\theta$ なので

$$\sigma_b = \frac{q}{A_{\text{end}}} = P\cos\theta = \mathbf{P}\cdot\hat{\mathbf{n}}$$

となる．このとき，分極の効果によって物質表面に拘束電荷 $\sigma_b = \mathbf{P}\cdot\hat{\mathbf{n}}$ が塗られたこ

図 4.12   図 4.13

とになる．これはまさに 4.2.1 項で，より厳密な方法によって求めたものと同じであるが，この拘束電荷がどこからもたらされたものであるかがわかったのである．

もしも分極が一様でなければ，物質の表面だけでなく内部にも電荷がたまる．図 4.14 を見ると，$\mathbf{P}$ が発散しているとき負の電荷が蓄積されることが示されている．実際に，ある領域における正味の拘束電荷 $\int \rho_b\, d\tau$ は表面を通して押し出された電荷と絶対値が等しく符号が逆向きである．後者は（表面拘束電荷の議論で用いたのと同じ論法で）単位面積あたり $\mathbf{P}\cdot\hat{\mathbf{n}}$ であるから

$$\int_{\mathcal{V}} \rho_b\, d\tau = -\oint_{\mathcal{S}} \mathbf{P}\cdot d\mathbf{a} = -\int_{\mathcal{V}} (\boldsymbol{\nabla}\cdot\mathbf{P})\, d\tau$$

となる．これは任意の領域において成り立つので，

$$\rho_b = -\boldsymbol{\nabla}\cdot\mathbf{P}$$

となる．再び，4.2.1 項でより厳密に導いた結論と同じ結果を得ることができた．

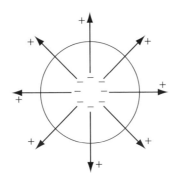

図 4.14

例題 4.3. 一様に分極した球を例題 4.2 とは異なる方法で解析しよう．この方法は拘束電荷の考え方をわかりやすく説明するものである．分極した球は実際には，二つの帯電した球，つまり正電荷の球と負電荷の球からなる．分極がないとき，二つの球は完全に重なり合って電荷は打ち消し合う．しかし物質が一様に分極しているとき，すべての正電荷はわずかに上向きに（z 軸の正の向きに），すべての負電荷は下向きに移動する（図 4.15）．二つの球はもはや完全には重なり合っておらず，頂上には残り物の正電荷の "蓋" があり，底には負電荷の蓋がある．この "残り物" の電荷がまさに拘束表面電荷 σ_b である．

図 4.15

問題 2.18 では二つの一様に帯電した球が重なり合った領域における電場を計算し、その答えは

$$\mathbf{E} = -\frac{1}{4\pi\epsilon_0}\frac{q\mathbf{d}}{R^3}$$

であった.ここで q は正電荷球の全電荷, $\mathbf{d}$ は負電荷球の中心から正電荷球の中心へ向かうベクトル, R は球の半径である.これを球の分極 $\mathbf{p} = q\mathbf{d} = (\frac{4}{3}\pi R^3)\mathbf{P}$ を用いて

$$\mathbf{E} = -\frac{1}{3\epsilon_0}\mathbf{P}$$

と表すことができる.一方で,外部の点からはあたかも電荷がすべてそれぞれの球の中心に集まったかのように見える.よって双極子のポテンシャル

$$V = \frac{1}{4\pi\epsilon_0}\frac{\mathbf{p}\cdot\hat{\mathbf{r}}}{r^2}$$

を得る.(図 4.15 はかなり誇張しているが, $\mathbf{d}$ の大きさは原子半径よりはるかに小さいことを思い出そう.)これらの結果は,もちろん,例題 4.2 の結果と一致する.

問題 4.13 非常に長い半径 a の円柱が一様で軸に垂直な分極 $\mathbf{P}$ をもっている.円柱内部の電場を求めよ.円柱の外部の電場は

$$\mathbf{E}(\mathbf{r}) = \frac{a^2}{2\epsilon_0 s^2}[2(\mathbf{P}\cdot\hat{\mathbf{s}})\hat{\mathbf{s}} - \mathbf{P}]$$

という形に表されることを示せ.[注意:"一様"であって"動径方向"ではない!]

問題 4.14 中性な誘電体を分極させると電荷がわずかに移動するが,全電荷はゼロのままである.この事実は拘束電荷 σ_b および ρ_b に反映されていなければならない.式 4.11 と式 4.12 より全拘束電荷は消えることを示せ.

4.2.3 誘電体内部の電場[4]

これまで "純粋な" 双極子と "物理的な" 双極子の違いはあいまいにしていた. 拘束電荷の理論を構築する際には純粋な双極子を扱っているものと仮定し, 実際, 完全な双極子のポテンシャルに対する式 4.8 を出発点としていた. しかし, 実際の分極した誘電体は, きわめて小さいものではあるが, 物理的な双極子を含んでいる. さらに, 離散的な分子の双極子を連続的な密度関数 **P** で表せるものと考えていた. このような方法はどうやって正当化できるだろうか? 誘電体の外部については大きな問題はない. なぜなら, 分子から遠く離れたところでは (正負電荷間の距離に比べて z がはるかに大きければ) 双極子ポテンシャルが圧倒的な主要項となり, ソース電荷の詳細な "でこぼこ" は遠距離ではぼやけてしまうからである. しかしながら, 誘電体の内部では, すべての双極子から遠く離れているものとみなすのはほぼ不可能であり, 4.2.1 項で用いた手続きにはおおいに議論の余地がある.

実際のところ, よく考えてみれば物質内部の電場は微視的なレベルではべらぼうに複雑であるはずである. 電子のすぐ近くにいれば電場は膨大であるが, 少し離れると小さいかもしくはまったく違う方向を向いていることもある. さらに, 原子が動き回っているので, 一瞬の後に電場はすっかり変化してしまうだろう. この, 真に**微視的**な電場を計算することはまったくもって不可能であり, もし仮に計算できたとしてもそれほど興味あることではない. 水を巨視的に見るときは分子構造を無視して連続的な液体とみなすのと同様に, 物質内部の電場の微視的なでこぼこは無視して**巨視的**な電場のことだけを考えればよい. この巨視的な電場は, 微小な領域にわたって平均化された電場として定義される. ここで考える微小な領域とは, (興味の対象でない微視的な揺らぎをならすことができる程度の) 数千個の原子を含むのに十分な大きさをもち, かつ電場の広範囲にわたる重要な変化をとらえることができる程度に小さなものである. (これは実際には, 物体そのものの大きさよりはるかに小さい領域にわたって平均化しなければならないことを意味する.) 通常, 物質中の電場といったときは巨視的な電場を意味する[5].

後は巨視的な電場が実際に 4.2.1 項の方法を使って得たものであることを示すだけである. これには少し巧妙な議論が必要となる. 誘電体中の 1 点 **r** における巨視的な電場を計算するものとしよう (図 4.16). そのためには真の (微視的な) 電場を適切な領域にわたって平均化しなければならないので, **r** の周りに小さな (たとえば, 分子のサイズの千倍程度の) 球を描こう. このとき, **r** における巨視的な電場は, 球の外部に

---

[4] この項を読み飛ばしても連続性は失われない.

[5] もしも巨視的な電場という考え方に懐疑的であるならば, 物質の "密度" という際にはまったく同じ平均化を行っていることを指摘しておこう.

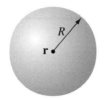

図 4.16

あるすべての電荷による電場の球内での平均と,内部にあるすべての電荷による平均の二つの部分からなる.

$$\mathbf{E} = \mathbf{E}_{\text{out}} + \mathbf{E}_{\text{in}}$$

問題 3.47(d) で, 球の外部の電荷によってつくられる（球面上での）平均の電場は, 球の中心につくられる電場に等しいことを証明したので, $\mathbf{E}_{\text{out}}$ は球の外にある双極子が $\mathbf{r}$ につくる電場である. 球の外部の双極子は十分遠くにあるので式 4.9 を問題なく使えて

$$V_{\text{out}} = \frac{1}{4\pi\epsilon_0} \int_{\text{outside}} \frac{\mathbf{P}(\mathbf{r}') \cdot \hat{\boldsymbol{\imath}}}{\imath^2} d\tau' \tag{4.17}$$

となる. 球の内部の双極子は近くにあるためこの方法では取り扱えない. しかし幸いなことに必要なのは平均の電場であり, 式 3.105 によると

$$\mathbf{E}_{\text{in}} = -\frac{1}{4\pi\epsilon_0} \frac{\mathbf{p}}{R^3}$$

のように, 球内の電荷分布の詳細によらない形で与えられる. 唯一必要とされる量は全双極子モーメント $\mathbf{p} = (\frac{4}{3}\pi R^3)\mathbf{P}$ であり, これを用いると

$$\mathbf{E}_{\text{in}} = -\frac{1}{3\epsilon_0} \mathbf{P} \tag{4.18}$$

となる.

ここで, 球は十分に小さいと仮定しているので, $\mathbf{P}$ は球内の領域にわたっては著しい空間変化をもたず, 式 4.17 の積分から取り除かれる項は, 一様に分極した球の中心の電場と同じ, つまり $-(1/3\epsilon_0)\mathbf{P}$（式 4.14）である. しかしこれは正確に $\mathbf{E}_{\text{in}}$（式 4.18）に等しいため結局元通りになる. よって, 巨視的な電場はポテンシャル

$$V(\mathbf{r}) = \frac{1}{4\pi\epsilon_0} \int \frac{\mathbf{P}(\mathbf{r}') \cdot \hat{\boldsymbol{\imath}}}{\imath^2} d\tau' \tag{4.19}$$

によって与えられる. ただし積分は全領域にわたる. これはもちろん, 4.2.1 項で使っ

たものと同じである. いままでそうとは気づかないまま, 誘電体の内部に対しては平均化された巨視的な電場を計算していたのである.

この議論が腑に落ちるまでには, この項の内容を読み返す必要があるだろう. 注目したいのは, この議論が, "任意の球内部の電荷がつくる電場を球内で平均化したものは, 球と同じ全双極子モーメントをもつ一様に分極した球が中心につくる電場に等しい" という奇妙な事実に基づいていることである. これは, 実際の微視的な電荷配置がいかに突飛なものであったとしても, それを完全な双極子の綺麗でなめらかな分布に置き換えられることを意味している. ちなみに, ここでの議論は表向きは平均化に球形を選んだことによっているが, 巨視的な電場は平均をとる領域の幾何学的形状に依存するものではなく, これは最終的な結果 (式 4.19) に反映されている. おそらく同じ議論を立方体や楕円体やどんな形状に対してでも行うことができて (計算はより難しいかもしれないが), 同じ結論を得ることであろう.

4.3 電 気 変 位

4.3.1 誘電体が存在する場合のガウスの法則

4.2 節では, 分極の効果によって誘電体内に $\rho_b = -\nabla \cdot \mathbf{P}$, 表面に $\sigma_b = \mathbf{P} \cdot \hat{\mathbf{n}}$ で表される (拘束) 電荷が蓄積されることがわかった. 媒質の分極による電場は, まさにこの拘束電荷の電場である. これで拘束電荷に起因する電場とその他すべての電荷 (他に適当な用語がないので**自由電荷** ρ_f とよぶことにする) による電場を一緒にまとめる準備が整った. 自由電荷を構成するものは, 導体の電子でも誘電物質に埋め込まれたイオンでも, 分極の結果として生じるものでなければどのような電荷であってもよい. 誘電体内部では, 全電荷密度は

$$\rho = \rho_b + \rho_f \tag{4.20}$$

と書けるのでガウスの法則は

$$\epsilon_0 \nabla \cdot \mathbf{E} = \rho = \rho_b + \rho_f = -\nabla \cdot \mathbf{P} + \rho_f$$

と書ける. ここでは $\mathbf{E}$ は分極によってつくられた部分だけではなく全電場である.

二つの発散項をまとめて

$$\nabla \cdot (\epsilon_0 \mathbf{E} + \mathbf{P}) = \rho_f$$

とするのが便利である. 括弧内の表式を記号 $\mathbf{D}$ で表したもの

$$\boxed{\mathbf{D} \equiv \epsilon_0 \mathbf{E} + \mathbf{P}} \tag{4.21}$$

は**電気変位**として知られている. ガウスの法則を $\mathbf{D}$ で表すと

と書ける．これは積分形で

$$\nabla \cdot \mathbf{D} = \rho_f \quad (4.22)$$

$$\oint \mathbf{D} \cdot d\mathbf{a} = Q_{f_{\mathrm{enc}}} \quad (4.23)$$

と書くこともできる．ここで $Q_{f_{\mathrm{enc}}}$ は領域内に含まれる全自由電荷を表す．誘電体が存在する状況ではとくに，ガウスの法則をこの形で表すことが有用である．なぜならこの式は自由電荷のみを用いて表しており，自由電荷こそが実際に制御可能だからである．拘束電荷は自由電荷に付随して現れる．つまり，自由電荷をある場所に置くと，4.1 節の機構によって自然に分極が発生し，この分極が拘束電荷を発生させるのである．よって典型的な問題では ρ_f はわかっているが（最初に）ρ_b はわかっていない．しかし式 4.23 によって，目の前の情報を用いてうまく問題に取り組むことができる．とくに，必要な対称性が存在するときはいつでも，ガウスの法則を用いた標準的な方法により即座に $\mathbf{D}$ を計算することができる．

例題 4.4. 一様な線電荷 λ をもつ長い直線ワイヤーが半径 a の絶縁ゴムに囲まれている（図 4.17）．電気変位を求めよ．

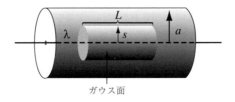

図 4.17

解答
半径 s, 長さ L の円筒形のガウス閉曲面を描いて式 4.23 を適用すると

$$D(2\pi s L) = \lambda L$$

である．したがって

$$\mathbf{D} = \frac{\lambda}{2\pi s}\hat{\mathbf{s}} \quad (4.24)$$

となる．この表式は絶縁体の内部と外部両方で成り立つことに注意せよ．外部の領域では $\mathbf{P} = 0$ であるから

$$\mathbf{E} = \frac{1}{\epsilon_0}\mathbf{D} = \frac{\lambda}{2\pi\epsilon_0 s}\hat{\mathbf{s}} \quad (s > a)$$

となる．ゴムの内部では **P** がわからないので電場は決められない．

式 4.22 を導出した際には表面拘束電荷 σ_b を考慮しなかったように思われるかもしれないが，ある意味でそれは正しい．誘電体の表面上では ρ_b が発散するため，**E** の発散と ρ_b を関連づけるガウスの法則は適用できない[6]．しかし表面以外のすべての場所では考え方に誤りはない．実際には，誘電体表面付近の有限の厚みの中で分極が徐々にゼロに減少しているものとすれば（突然にゼロにするよりはおそらく現実的なモデルであろう）表面電荷拘束電荷は存在しない．この "表皮" の中で ρ_b は急激に，しかし滑らかに変化するので，ガウスの法則は至るところで問題なく適用できる．いずれにしても，積分形（式 4.23）にはこの "欠陥" はない．

問題 4.15 誘電体からなる厚い球殻（内半径 a, 外半径 b）が "凍結された" 分極

$$\mathbf{P}(\mathbf{r}) = \frac{k}{r}\hat{\mathbf{r}}$$

をもっている．ここで k は定数で r は中心からの距離である（図 4.18）．（この問題では自由電荷は存在しない．）以下の 2 種類の方法によって三つの領域すべてにおける電場を求めよ．

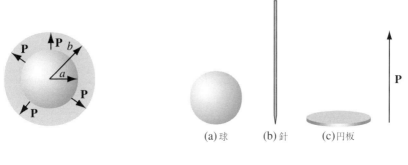

図 4.18   図 4.19

(a) すべての拘束電荷の場所を特定し，その電荷がつくる電場をガウスの法則を用いて計算せよ．
(b) 式 4.23 を用いて **D** を求めてから，式 4.21 より **E** を求めよ．[第二の方法の方がはるかに早く，拘束電荷はまったく使っていないことに注目してほしい．]

---
[6]分極は急激に減衰し物質の外部でゼロになるため，その微分はデルタ関数的である．表面拘束電荷はまさにこのデルタ関数的な項に対応しており，その意味では実際に ρ_b に含めることもできるが，通常は σ_b として別に取り扱われる．

206 第 4 章 物質中の電場

問題 4.16 大きな誘電体の内部の電場が $\mathbf{E}_0$ であり，電気変位が $\mathbf{D}_0 = \epsilon_0 \mathbf{E}_0 + \mathbf{P}$ であったとする．
(a) 物質から小さな球状の空洞（図 4.19a）がくり抜かれたとする．空洞の中心の電場を $\mathbf{E}_0$ と $\mathbf{P}$ を用いて表せ．また，空洞の中心における電気変位を $\mathbf{D}_0$ と $\mathbf{P}$ を用いて表せ．分極は "凍結された" ものと仮定し，空洞がくり抜かれても変化しないものと仮定せよ．
(b) 同様のことを $\mathbf{P}$ に沿った長い針状の空洞に対して行え（図 4.19b）．
(c) 同様のことを $\mathbf{P}$ に垂直な薄い円板状の空洞に対して行え（図 4.19c）．

空洞が十分に小さく $\mathbf{P}, \mathbf{E}_0, \mathbf{D}_0$ は本質的に一様であると仮定せよ．[ヒント：空洞を切り取ることは同じ形状で逆向きの分極をもった物質を重ね合わせることと同じである．]

4.3.2 見せかけの類似

式 4.22 はあたかも，ガウスの法則において全電荷密度 ρ を自由電荷密度 ρ_f に置き換え，$\epsilon_0 \mathbf{E}$ の代わりに $\mathbf{D}$ を用いているように見える．このため，$\mathbf{D}$ は電荷のソースが ρ の代わりに ρ_f になっただけで $\mathbf{E}$ と（ϵ_0 の因子を別にすれば）"そっくり同じ" であり，"誘電体を含む問題を解くためには，単に拘束電荷のことをすべて忘れて，通常通りのやり方で電場を計算して答えを $\mathbf{E}$ でなく $\mathbf{D}$ とよぶだけだ" と結論づけたくなるかもしれない．この推論は魅力的ではあるが，結論は間違っている．とくに $\mathbf{D}$ に対しては "クーロンの法則"

$$\mathbf{D}(\mathbf{r}) \neq \frac{1}{4\pi} \int \frac{\hat{\boldsymbol{\imath}}}{\imath^2} \rho_f(\mathbf{r}') \, d\tau'$$

は存在しない．$\mathbf{E}$ と $\mathbf{D}$ の類似はもっと繊細なものだ．

ベクトル場を決定するためにはその発散を指定するだけでは不十分であり，回転もわかっていなければならない．静電場の場合は $\mathbf{E}$ の回転は常にゼロであるため，この事実を忘れがちである．しかし，$\mathbf{D}$ はいつもゼロになるわけではない．

$$\nabla \times \mathbf{D} = \epsilon_0 (\nabla \times \mathbf{E}) + (\nabla \times \mathbf{P}) = \nabla \times \mathbf{P} \tag{4.25}$$

であり，一般的には，$\mathbf{P}$ の回転が消えると仮定する理由はない．例題 4.4 や問題 4.15 のように回転が消える場合もあるが，多くの場合そうはならない．問題 4.11 の棒エレクトレットがまさにその一例である．この例では自由電荷はどこにも存在しないので，もしも本当に $\mathbf{D}$ の唯一のソースが ρ_f であると信じるならば，至るところで $\mathbf{D} = 0$ と結論づけざるを得ない．よってエレクトレット内部では $\mathbf{E} = (-1/\epsilon_0)\mathbf{P}$，外部では $\mathbf{E} = 0$ となってしまうが，これはあきらかに間違いである．（この問題において $\nabla \times \mathbf{P} \neq 0$ と

なる場所を見つけることは読者に任せる.) さらに, $\boldsymbol{\nabla} \times \mathbf{D} \neq \mathbf{0}$ であるために $\mathbf{D}$ をスカラーの勾配として表すことはできず, $\mathbf{D}$ に対する "ポテンシャル" は存在しない.

助言: 電気変位を計算したければ, まず対称性を確認する. もしも問題が球対称, 円筒対称, または平面対称であれば, 通常のガウスの法則の方法により式 4.23 から直接 $\mathbf{D}$ を求めることができる. (あきらかに, そのような場合は $\boldsymbol{\nabla} \times \mathbf{P}$ は自動的にゼロであるが, 対称性のみで解が決まるので, 回転については心配しなくてよい.) もしも考えている系が必要な対称性をもたない場合は他の方法を考えなければならず, とくに $\mathbf{D}$ が自由電荷だけで決まると仮定してはならない.

4.3.3 境界条件

静電場の境界条件は $\mathbf{D}$ によって表される. 式 4.23 によると, 境界面に垂直な成分の不連続性は

$$D_{\text{above}}^{\perp} - D_{\text{below}}^{\perp} = \sigma_f \tag{4.26}$$

で与えられる. 一方, 式 4.25 は平行成分の不連続性

$$\mathbf{D}_{\text{above}}^{\parallel} - \mathbf{D}_{\text{below}}^{\parallel} = \mathbf{P}_{\text{above}}^{\parallel} - \mathbf{P}_{\text{below}}^{\parallel} \tag{4.27}$$

を与える. これらの表式は, 誘電体が存在するときは, 対応する $\mathbf{E}$ に対する境界条件 (式 2.31 および式 2.32)

$$E_{\text{above}}^{\perp} - E_{\text{below}}^{\perp} = \frac{1}{\epsilon_0} \sigma \tag{4.28}$$

および

$$\mathbf{E}_{\text{above}}^{\parallel} - \mathbf{E}_{\text{below}}^{\parallel} = \mathbf{0} \tag{4.29}$$

よりも有用なことがある. たとえば, 問題 4.16 および問題 4.17 に $\mathbf{D}$ に対する境界条件を適用してみるとよい.

問題 4.17 問題 4.11 の棒エレクトレットに対して, $\mathbf{P}, \mathbf{E}, \mathbf{D}$ の概略図を注意深く描け. L はおよそ $2a$ であるとせよ. [ヒント: $\mathbf{E}$ の線は電荷のところで終わり, $\mathbf{D}$ の線は自由電荷のところで終わる]

4.4 線形誘電体

4.4.1 感受率, 誘電率, 比誘電率

4.2 節と 4.3 節では $\mathbf{P}$ の原因については明言を避け, 分極のもたらす効果についての

208 第 4 章 物質中の電場

み扱ってきた. しかし, 4.1 節の定性的な議論からは, 誘電体の分極は通常, 電場が原子または分子の双極子を整列させようとすることによって生じることがわかっている. 実際に多くの物質では, 電場 $\mathbf{E}$ がそれほど強くなければ分極は電場に比例して

$$\mathbf{P} = \epsilon_0 \chi_e \mathbf{E} \tag{4.30}$$

となる. 比例定数 χ_e は媒質の**電気感受率**とよばれる. (χ_e を無次元量にするために因子 ϵ_0 を抜き出している.) χ_e の値はその物質の微視的な構造 (さらに温度などの外部条件) に依存する. 式 4.30 にしたがう物質を**線形誘電体**とよぶことにしよう[7].

式 4.30 の $\mathbf{E}$ は全電場であること, すなわち部分的には自由電荷による電場で部分的には分極そのものによる電場であることに注意しよう. たとえば, 誘電体を外場 $\mathbf{E}_0$ の中に置いたとき, 式 4.30 から直接 $\mathbf{P}$ を計算することはできない. なぜなら, 外場は物質を分極させて, その分極が電場を発生させ, その電場が全電場に寄与し, この全電場が今度は分極を変化させ······ となってしまうからである. いくつかの例をすぐ後で示すが, この無限の連鎖を断ち切るのは必ずしも容易ではない. 最も簡単な方法は, 少なくとも自由電荷分布から $\mathbf{D}$ が直接求まる場合においては, 電気変位から出発することである.

線形媒質では

$$\mathbf{D} = \epsilon_0 \mathbf{E} + \mathbf{P} = \epsilon_0 \mathbf{E} + \epsilon_0 \chi_e \mathbf{E} = \epsilon_0 (1 + \chi_e) \mathbf{E} \tag{4.31}$$

であるから $\mathbf{D}$ もまた $\mathbf{E}$ に比例し

$$\mathbf{D} = \epsilon \mathbf{E} \tag{4.32}$$

となる. ここで

$$\epsilon \equiv \epsilon_0 (1 + \chi_e) \tag{4.33}$$

である. 新しい定数 ϵ はこの物質の**誘電率**とよばれる. (分極させるべき物質が存在しない真空中では感受率はゼロであり誘電率は ϵ_0 である. これが ϵ_0 が**真空の誘電率**とよばれる理由である. まるで真空が誘電率 $8.85 \times 10^{-12} \, \mathrm{C}^2/\mathrm{N \cdot m}^2$ をもつ特別な種類の線形誘電体であることをほのめかしているようなので, 筆者はこの用語を好まない.) ϵ_0 の因子を取り除いて残された無次元の量

$$\epsilon_r \equiv 1 + \chi_e = \frac{\epsilon}{\epsilon_0} \tag{4.34}$$

---

[7]最新の光学的応用においてはとくに, 非線形物質が重要度を増している. 非線形物質に関しては $\mathbf{P}$ を $\mathbf{E}$ の関数と書いた式に第二項目 (通常は三次の項) が現れる. 一般的には, 式 4.30 は $\mathbf{P}$ を $\mathbf{E}$ でテイラー展開したときの (ゼロでない) 最初の項とみなすことができる.

は物質の**相対誘電率**または**比誘電率**とよばれる．いくつかの一般的な物質に対する比誘電率の一覧表を表 4.2 に示す．（通常の物質については ϵ_r は 1 より大きいことに注意せよ．）もちろん，誘電率と比誘電率は感受率から得られる以上の情報をもつことはない．式 4.32 には本質的に新しいものは何もなく，線形誘電体の物理的性質はすべて式 4.30 に含まれている[8]．

表4.2 比誘電率（とくに明記されない限り，1 気圧，20°C に対する値を示す）．*Handbook of Chemistry and Physics,* 91st ed. (Boca Raton: CRC Press, 2010) からの抜粋．

物質	比誘電率	物質	比誘電率
真空	1	ベンゼン	2.28
ヘリウム	1.000065	ダイアモンド	5.7–5.9
ネオン	1.00013	塩	5.9
水素 (H_2)	1.000254	ケイ素	11.7
アルゴン	1.000517	メタノール	33.0
（乾燥した）空気	1.000536	水	80.1
窒素 (N_2)	1.000548	氷 ($-30°C$)	104
水蒸気 (100°C)	1.00589	$KTaNbO_3$ (0°C)	34,000

例題 4.5. 半径 a の金属球が電荷 Q をもっている（図 4.20）．この金属球は半径 b，誘電率 ϵ の線形誘電体に囲まれている．球の中心におけるポテンシャルを（無限遠方を基準として）求めよ．

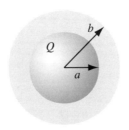

図 4.20

---

[8]この過渡に不必要な用語と表記法にしたがう以上は，$\mathbf{D}$ を $\mathbf{E}$ で表した式（線形誘電体の場合の式 4.32）が**構成関係式**とよばれることにも触れておくべきだろう．

210 第 4 章 物質中の電場

解答

V を計算するためには $\mathbf{E}$ を知る必要がある. $\mathbf{E}$ を求めるためにまず, 拘束電荷を求める必要があるだろう. 拘束電荷は $\mathbf{P}$ から求まるが, すでに $\mathbf{E}$ がわかっていなければ $\mathbf{P}$ は計算できない (式 4.30). ここで苦境に陥ったように思われる. 実際にわかっているのは自由電荷 Q であり, 幸運なことに問題設定は球対称であるから, まず始めに物質中のガウスの法則を用いて $\mathbf{D}$ を計算しよう. 式 4.23 を用いると, $r > a$ のすべての点において

$$\mathbf{D} = \frac{Q}{4\pi r^2}\hat{\mathbf{r}}, \quad (r > a)$$

となる. (金属球の内部ではもちろん $\mathbf{E} = \mathbf{P} = \mathbf{D} = 0$ である.) いったん $\mathbf{D}$ がわかってしまえば $\mathbf{E}$ を求めるのは容易い問題である. 式 4.32 を使えば

$$\mathbf{E} = \begin{cases} \dfrac{Q}{4\pi\epsilon r^2}\hat{\mathbf{r}}, & (a < r < b) \\[2mm] \dfrac{Q}{4\pi\epsilon_0 r^2}\hat{\mathbf{r}}, & (r > b) \end{cases}$$

となる. したがって中心におけるポテンシャルは

$$\begin{aligned} V &= -\int_{\infty}^{0} \mathbf{E} \cdot d\mathbf{l} = -\int_{\infty}^{b}\left(\frac{Q}{4\pi\epsilon_0 r^2}\right)dr - \int_{b}^{a}\left(\frac{Q}{4\pi\epsilon r^2}\right)dr - \int_{a}^{0}(0)\,dr \\ &= \frac{Q}{4\pi}\left(\frac{1}{\epsilon_0 b} + \frac{1}{\epsilon a} - \frac{1}{\epsilon b}\right) \end{aligned}$$

となる.

結論からいうと, 分極も拘束電荷も具体的に計算する必要はなかったのであるが, これらを計算するのは容易である. 誘電体中では

$$\mathbf{P} = \epsilon_0 \chi_e \mathbf{E} = \frac{\epsilon_0 \chi_e Q}{4\pi\epsilon r^2}\hat{\mathbf{r}}$$

であり, よって

$$\rho_b = -\boldsymbol{\nabla} \cdot \mathbf{P} = 0$$

$$\sigma_b = \mathbf{P} \cdot \hat{\mathbf{n}} = \begin{cases} \dfrac{\epsilon_0 \chi_e Q}{4\pi\epsilon b^2} & (\text{外側の表面}) \\[2mm] \dfrac{-\epsilon_0 \chi_e Q}{4\pi\epsilon a^2} & (\text{内側の表面}) \end{cases}$$

となる. $r = a$ における表面拘束電荷は負 ($\hat{\mathbf{n}}$ は誘電体に対して外側を向いているので $r = b$ では $+\hat{\mathbf{r}}$ だが $r = a$ では $-\hat{\mathbf{r}}$ である) であることに注意せよ. これは, 金属球面

上の電荷がすべての誘電体分子中にある逆符号の電荷を引きつけることから、当然のことである。この負電荷の層が誘電体中の電場を $1/4\pi\epsilon_0 (Q/r^2)\hat{\mathbf{r}}$ から $1/4\pi\epsilon (Q/r^2)\hat{\mathbf{r}}$ に減少させるのである。この点において、誘電体は不完全な導体のようなものである。つまり、導体球殻上では $a < r < b$ の領域における Q の電場を完全に打ち消すように表面誘起電荷が発生するのに対して、誘電体では電場を可能な限り打ち消そうとするものの、あくまで部分的に打ち消し合うだけである。

線形誘電体は $\mathbf{E}$ と $\mathbf{D}$ の類似における欠陥から逃れているように思われるかもしれない。$\mathbf{P}$ と $\mathbf{D}$ はいまや $\mathbf{E}$ に平行なのだから、それらの回転も $\mathbf{E}$ のように消えるのではないだろうか？ 残念ながら、そうはならない。なぜならば二つの異なる物質の間の境界にまたがる閉じた経路に沿った $\mathbf{P}$ の線積分は、同じループに沿った $\mathbf{E}$ の積分はゼロでなければならないのにもかかわらず、必ずしもゼロであるとは限らないからである。その理由は、比例定数 $\epsilon_0 \chi_e$ が境界の両側で異なることにある。たとえば、分極した誘電体と真空の境界（図 4.21）では、$\mathbf{P}$ は片側ではゼロだが反対側ではゼロではない。このループに沿った積分は $\oint \mathbf{P} \cdot d\mathbf{l} \neq 0$ であり、よってストークスの定理により、$\mathbf{P}$ の回転はループの内側では至るところゼロというわけではなくなる[9]。（実際には境界で無限大になる。）

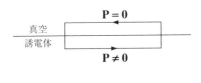

図 4.21

もちろん、もしも空間が完全に一様な線形誘電体で充たされていれば[10]、この異議は無効である。このやや特殊な状況では

$$\nabla \cdot \mathbf{D} = \rho_f \quad および \quad \nabla \times \mathbf{D} = 0$$

となり、誘電体がないときとまったく同様にして $\mathbf{D}$ を自由電荷から

$$\mathbf{D} = \epsilon_0 \mathbf{E}_{\text{vac}}$$

のように求めることができる。ここで $\mathbf{E}_{\text{vac}}$ は、誘電体がまったく存在しないときに同

---

[9] この議論を別の形に言い換えると、式 4.30 と付録 D の「合成関数の微分公式」(7) より $\nabla \times \mathbf{P} = -\epsilon_0 \mathbf{E} \times (\nabla \chi_e)$ であるので、$\nabla \chi_e$ と $\mathbf{E}$ が平行でないときに問題が生じる。
[10] 一様な媒質とは、その性質（この場合は感受率）が場所とともに変化しない媒質のことである。

じ自由電荷電荷がつくる電場である. したがって式 4.32 と式 4.34 より

$$\mathbf{E} = \frac{1}{\epsilon}\mathbf{D} = \frac{1}{\epsilon_r}\mathbf{E}_{\text{vac}} \tag{4.35}$$

となる.

結論: 全空間が一様な線形誘電体で充たされているとき, すべての場所で電場は単に $1/\epsilon_r$ 倍だけ減少する. (実際には誘電体を全空間に充たす必要はない. 電場がゼロである領域ではどのみち分極はゼロであるから, 誘電体が存在するがどうかは重要ではない.)

たとえば, 自由電荷 q が大きな誘電体中に埋め込まれていたとすると, その電荷がつくる電場は

$$\mathbf{E} = \frac{1}{4\pi\epsilon}\frac{q}{r^2}\hat{\mathbf{r}} \tag{4.36}$$

であり (ϵ_0 ではなく ϵ である), したがって近くの電荷に働く力は減少する. しかしこれはクーロンの法則に間違いがあるわけではない. むしろ, 媒質中の電荷は分極によって生じた反対符号の拘束電荷に囲まれることによって部分的に"遮蔽"されているのである (図 4.22)[11].

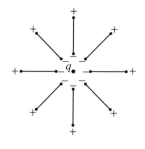

図 4.22

例題 4.6. 平行板コンデンサーが比誘電率 ϵ_r の絶縁体で充たされている (図 4.23). この絶縁体はコンデンサーの静電容量にどのように影響するだろうか?

解答
電場が存在するのは極板間の空間のみに限られるので, 誘電体は $\mathbf{E}$ を $1/\epsilon_r$ 倍に減少させ, ゆえに電位差 V を $1/\epsilon_r$ 倍に減少させる. したがって, 静電容量 $C = Q/V$ は

---

[11]量子電磁力学では, 真空そのものも分極することができる. これは, 実験室で観測される電子の有効 ("または"繰り込まれた") 電荷は真の ("裸の") 値ではないことを意味する. 実際に, 観測される有効電荷は電子からどれだけ離れているかにわずかに依存する!

4.4. 線形誘電体

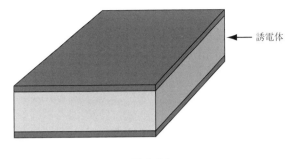

図 4.23

$$C = \epsilon_r C_{\text{vac}} \tag{4.37}$$

のように比誘電率倍だけ増大する．これは実際に静電容量を増加させるためによく使われる方法である．

一般に結晶では，分極が起こりやすい方向とそうでない方向がある[12]．この場合は，非対称な分子では式 4.1 が式 4.3 に置き換えられたように，式 4.30 は一般的な線形関係式

$$\left.\begin{array}{l} P_x = \epsilon_0(\chi_{e_{xx}} E_x + \chi_{e_{xy}} E_y + \chi_{e_{xz}} E_z) \\ P_y = \epsilon_0(\chi_{e_{yx}} E_x + \chi_{e_{yy}} E_y + \chi_{e_{yz}} E_z) \\ P_z = \epsilon_0(\chi_{e_{zx}} E_x + \chi_{e_{zy}} E_y + \chi_{e_{zz}} E_z) \end{array}\right\} \tag{4.38}$$

に置き換えられる．九つの成分 $\chi_{e_{xx}}, \chi_{e_{xy}}, \ldots$ は**感受率テンソル**を構成する．

問題 4.18 平行板コンデンサーの極板間が線形誘電体でできた二つの板で充たされている（図 4.24）．それぞれの誘電体板の厚さは a であり，よって極板間の距離は $2a$ である．誘電体板 1 は比誘電率 2 をもち，誘電体板 2 は比誘電率 1.5 をもつ．自由電荷密度は上の極板が σ であり下の極板が $-\sigma$ である．
(a) それぞれの誘電体板中の電気変位 **D** を求めよ．
(b) それぞれの誘電体板中の電場 **E** を求めよ．
(c) それぞれの誘電体板中の分極 **P** を求めよ．

---

[12] ある媒質の性質（たとえば感受率）がすべての方向で等しければ，その媒質は**等方的**であるという．よって式 4.30 は式 4.38 の等方的媒質に対して成り立つ特別な場合である．物理学者は言葉遣いがいい加減な傾向があるので，とくに明記されない限り"線形誘電体"という用語は暗に"等方的線形誘電体"を意味し，さらには"一様な等方的線形誘電体"を指していることが多い．しかし厳密にいうと，"線形"とは単に，各点において任意の向きの **E** に対して **P** の各成分が E に比例することを意味し，その比例定数は場所や方向によって変わり得る．

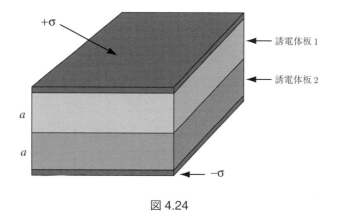

図 4.24

(d) 極板間の電位差を求めよ.
(e) すべての拘束電荷の場所と量を求めよ.
(f) すべての電荷(自由電荷および拘束電荷)が求まったところで,それぞれの誘電体板中の電場を計算し直して (b) の答えを確かめよ.

問題 4.19 比誘電率 ϵ_r の線形誘電体で平行板コンデンサーを半分だけ充たすことができたとしよう(図 4.25). 図 4.25a のように誘電体を配置したとき, 静電容量はどれだけの割合増加するだろうか? 図 4.25b ではどうだろうか? 極板間の電位差を V としたとき, それぞれの領域における $\mathbf{E}, \mathbf{D}, \mathbf{P}$ を求めよ. また, 両方の場合に対してすべての表面上における自由電荷と拘束電荷を求めよ.

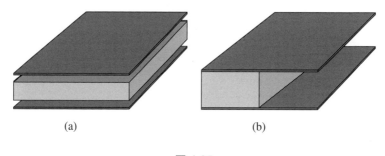

図 4.25

問題 4.20 線形誘電体の球に一様な自由電荷密度 ρ が埋め込まれている. 球の半径が R, 比誘電率が ϵ_r であるとき, 球の中心における(無限遠方を基準とした)ポテンシャルを求めよ.

問題 4.21 半径 a の銅線を内径 c の同軸銅管で囲った同軸ケーブルを考える（図 4.26）．図のように，銅線の導管の間は部分的に（b から c まで）比誘電率 ϵ_r の物質で充たされている．このケーブルの単位長さあたりの静電容量を求めよ．

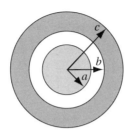

図 4.26

4.4.2 線形誘電体の境界値問題

一様で等方的な線形誘電体中では，拘束電荷密度（ρ_b）は

$$\rho_b = -\boldsymbol{\nabla} \cdot \mathbf{P} = -\boldsymbol{\nabla} \cdot \left(\epsilon_0 \frac{\chi_e}{\epsilon} \mathbf{D}\right) = -\left(\frac{\chi_e}{1+\chi_e}\right)\rho_f \tag{4.39}$$

であり自由電荷密度（ρ_f）に比例する[13]．とくに，自由電荷が実際に物質中に埋め込まれていない限り $\rho = 0$ であり，正味の電荷は表面にのみ存在する．このような誘電体の内部のポテンシャルはラプラス方程式にしたがい，第 3 章の技法をすべて持ち込むことができる．境界条件は，しかしながら，自由電荷のみを用いた形に書き換えた方が便利である．式 4.26 より

$$\epsilon_{\text{above}} E^{\perp}_{\text{above}} - \epsilon_{\text{below}} E^{\perp}_{\text{below}} = \sigma_f \tag{4.40}$$

である．あるいはポテンシャルで表すと

$$\epsilon_{\text{above}} \frac{\partial V_{\text{above}}}{\partial n} - \epsilon_{\text{below}} \frac{\partial V_{\text{below}}}{\partial n} = -\sigma_f \tag{4.41}$$

となる．一方で，ポテンシャルそのものはもちろん連続であり（式 2.34）

$$V_{\text{above}} = V_{\text{below}} \tag{4.42}$$

となる．

---
[13] この式は表面電荷（σ_b）には当てはまらない．境界上では χ_e は（あきらかに）位置に依存するからである．

例題 4.7. 一様な電場 $\mathbf{E}_0$ の中に，一様な線形誘電体の球を置く（図 4.27）．球の内部における電場を求めよ．

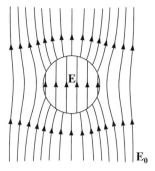

図 4.27

解答
この問題は，一様電場中に置かれた帯電していない導体球を扱った例題 3.8 に類似している．導体の場合は誘起された電荷が $\mathbf{E}_0$ と打ち消し合ったが，誘電体では拘束電荷からの電場は $\mathbf{E}_0$ を完全には打ち消さない．

この問題では，$V_{\text{in}}(r,\theta)$ $(r \le R)$ と $V_{\text{out}}(r,\theta)$ $(r \ge R)$ に対するラプラス方程式を境界条件

$$\left.\begin{array}{rl} \text{(i)} & V_{\text{in}} = V_{\text{out}} \quad (r = R) \\[6pt] \text{(ii)} & \epsilon\dfrac{\partial V_{\text{in}}}{\partial r} = \epsilon_0 \dfrac{\partial V_{\text{out}}}{\partial r} \quad (r = R) \\[6pt] \text{(iii)} & V_{\text{out}} \to -E_0 r\cos\theta \quad (r \gg R) \end{array}\right\} \quad (4.43)$$

のもとで解けばよい．（二つ目の条件は式 4.41 で表面に自由電荷が存在しないとすると得られる．）球の内部では式 3.65 より

$$V_{\text{in}}(r,\theta) = \sum_{l=0}^{\infty} A_l\, r^l P_l(\cos\theta) \tag{4.44}$$

であり，球の外部では (iii) を考慮すると

$$V_{\text{out}}(r,\theta) = -E_0 r\cos\theta + \sum_{l=0}^{\infty} \frac{B_l}{r^{l+1}} P_l(\cos\theta) \tag{4.45}$$

となる．

境界条件 (i) より

$$\sum_{l=0}^{\infty} A_l R^l P_l(\cos\theta) = -E_0 R \cos\theta + \sum_{l=0}^{\infty} \frac{B_l}{R^{l+1}} P_l(\cos\theta)$$

でなければならないので[14]

$$\left.\begin{array}{l} A_l R^l = \dfrac{B_l}{R^{l+1}} \quad (l \neq 1) \\[3mm] A_1 R = -E_0 R + \dfrac{B_1}{R^2} \end{array}\right\} \tag{4.46}$$

となる. 一方で, 条件 (ii) より

$$\epsilon_r \sum_{l=0}^{\infty} l A_l R^{l-1} P_l(\cos\theta) = -E_0 \cos\theta - \sum_{l=0}^{\infty} \frac{(l+1)B_l}{R^{l+2}} P_l(\cos\theta)$$

となるので

$$\left.\begin{array}{l} \epsilon_r l A_l R^{l-1} = -\dfrac{(l+1)B_l}{R^{l+2}} \quad (l \neq 1) \\[3mm] \epsilon_r A_1 = -E_0 - \dfrac{2B_1}{R^3} \end{array}\right\} \tag{4.47}$$

となる. これより

$$\left.\begin{array}{l} A_l = B_l = 0 \qquad (l \neq 1) \\[3mm] A_1 = -\dfrac{3}{\epsilon_r + 2} E_0 \quad B_1 = \dfrac{\epsilon_r - 1}{\epsilon_r + 2} R^3 E_0 \end{array}\right\} \tag{4.48}$$

となる. これよりあきらかに

$$V_{\text{in}}(r, \theta) = -\frac{3E_0}{\epsilon_r + 2} r \cos\theta = -\frac{3E_0}{\epsilon_r + 2} z$$

であり, よって球の内部の電場は (驚くべきことに) 一様, つまり

$$\mathbf{E} = \frac{3}{\epsilon_r + 2} \mathbf{E}_0 \tag{4.49}$$

となる.

例題 4.8. 図 4.28 の $z = 0$ 平面より下の全領域が電気感受率 χ_e の一様線形誘電体で充たされていたとする. z 軸上で平面からの距離 d の位置にある点電荷 q に働く力を計算せよ.

---

[14] $P_1(\cos\theta) = \cos\theta$ であり, それぞれの l に対して係数が等しくなければならないことを思い出そう. このことは両辺に $P_{l'}(\cos\theta)\sin\theta$ をかけて 0 から π まで積分し, ルジャンドル多項式の直交性を利用すれば証明できる.

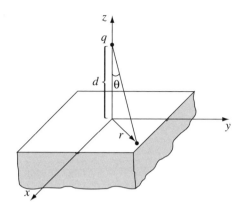

図 4.28

解答

xy 平面上の表面拘束電荷は q と逆符号をもつので，力は引力となる．(式 4.39 より体積拘束電荷は存在しない．) まず式 4.11 と式 4.30 を用いて σ_b を計算すると

$$\sigma_b = \mathbf{P} \cdot \hat{\mathbf{n}} = P_z = \epsilon_0 \chi_e E_z$$

となる．ここで E_z は誘電体のすぐ内側 $(z=0)$ における全電場の z 成分である．この電場は部分的には q によるものであり部分的には拘束電荷そのものによるものである．クーロンの法則より電荷 q からの寄与は

$$-\frac{1}{4\pi\epsilon_0}\frac{q}{(r^2+d^2)}\cos\theta = -\frac{1}{4\pi\epsilon_0}\frac{qd}{(r^2+d^2)^{3/2}}$$

である．ここで $r = \sqrt{x^2 + y^2}$ は原点からの距離である．一方，拘束電荷の電場の z 成分は $-\sigma_b/2\epsilon_0$ である．(式 2.33 の後の脚注を参照．) よって

$$\sigma_b = \epsilon_0 \chi_e \left[-\frac{1}{4\pi\epsilon_0}\frac{qd}{(r^2+d^2)^{3/2}} - \frac{\sigma_b}{2\epsilon_0} \right]$$

となり，これを σ_b について解くと

$$\sigma_b = -\frac{1}{2\pi}\left(\frac{\chi_e}{\chi_e+2}\right)\frac{qd}{(r^2+d^2)^{3/2}} \tag{4.50}$$

を得る．因子 $\chi_e/(\chi_e+2)$ を別とすれば，これは無限に広い導体平面について同様の状況で誘起される電荷とまったく同じである[15]．全拘束電荷はあきらかに

---

[15] ある意味，導体は線形誘電体の極端な例 $\chi_e \to \infty$ とみなすことができる．これは有用なチェックとして使えるので，例題 4.5, 4.6, 4.7 で試してみるとよい．

$$q_b = -\left(\frac{\chi_e}{\chi_e + 2}\right) q \tag{4.51}$$

である.

もちろん, σ_b の電場は積分

$$\mathbf{E} = \frac{1}{4\pi\epsilon_0} \int \left(\frac{\hat{\boldsymbol{\imath}}}{\imath^2}\right) \sigma_b \, da$$

を直接実行することにより求めることもできる. しかし導体平面の場合と同様に, 鏡像法を用いたより優れた解法がある. 実際に, 誘電体を位置 $(0, 0, -d)$ の鏡像点電荷 q_b に置き換えたとすると, $z > 0$ の領域におけるポテンシャルは

$$V = \frac{1}{4\pi\epsilon_0} \left[\frac{q}{\sqrt{x^2 + y^2 + (z-d)^2}} + \frac{q_b}{\sqrt{x^2 + y^2 + (z+d)^2}}\right] \tag{4.52}$$

となる. 一方, $(0, 0, d)$ に電荷 $(q + q_b)$ を置くと $z < 0$ の領域のポテンシャルは

$$V = \frac{1}{4\pi\epsilon_0} \left[\frac{q + q_b}{\sqrt{x^2 + y^2 + (z-d)^2}}\right] \tag{4.53}$$

となる. これらをまとめると, 式 4.52 と式 4.53 によって構成される関数は $(0, 0, d)$ に電荷 q がある場合のポアソン方程式を満たし, さらに, 無限遠方でゼロとなり, $z = 0$ の境界では連続で, 境界における法線微分は $z = 0$ の表面電荷 σ_b によるポテンシャルと同じ不連続性

$$-\epsilon_0 \left(\left.\frac{\partial V}{\partial z}\right|_{z=0^+} - \left.\frac{\partial V}{\partial z}\right|_{z=0^-}\right) = -\frac{1}{2\pi} \left(\frac{\chi_e}{\chi_e + 2}\right) \frac{qd}{(x^2 + y^2 + d^2)^{3/2}}.$$

をもつ. したがって, この関数がこの問題の正しいポテンシャルである. とくに, q に働く力は

$$\mathbf{F} = \frac{1}{4\pi\epsilon_0} \frac{qq_b}{(2d)^2} \hat{\mathbf{z}} = -\frac{1}{4\pi\epsilon_0} \left(\frac{\chi_e}{\chi_e + 2}\right) \frac{q^2}{4d^2} \hat{\mathbf{z}} \tag{4.54}$$

となる.

式 4.52 と式 4.53 に対して納得できる動機を与えたと主張するつもりはない. 他のすべての鏡像法による解と同様に, この方法の正当性が認められたのはあくまでもうまくいったから, すなわち境界条件を満たすポアソン方程式の解を見つけられたからである. そうであったとしても, 鏡像解を見つけるのはまったくの当てずっぽうというわけではなく, 少なくとも二つの "ルール" がある. (1) ポテンシャルを計算している領域には決して鏡像電荷を置いてはいけない. (よって式 4.52 は $z > 0$ に対するポテンシャルを与えるが, 鏡像電荷 q_b は $z = -d$ に置かれている.

220 第 4 章 物質中の電場

$z < 0$ の領域（式 4.53）については, 鏡像電荷 $(q + q_b)$ が $z = +d$ に置かれている.）
(2) 鏡像電荷を合計したものは, それぞれの領域における正しい全電荷に一致しなければならない.（このことから $z \leq 0$ の領域の電荷に対しては q_b を用いて, $z \geq 0$ の領域をカバーする電荷としては $(q + q_b)$ を用いればよいことがわかったのである.）

問題 4.22 一様な電場 $\mathbf{E}_0$ の中に, 非常に長い線形誘電体の円柱を置く. 円柱の内部に生じる電場を求めよ.（半径を a, 電気感受率を χ_e として, 円柱の軸は $\mathbf{E}_0$ に垂直であるものとする.）

問題 4.23 一様な電場 $\mathbf{E}_0$ の中に, 線形誘電体の球を置く（例題 4.7）. 球の内部の電場を以下の逐次近似法により求めよ. まず内部の電場を単に $\mathbf{E}_0$ とおき, 式 4.30 を用いて誘電体に生じる分極 $\mathbf{P}_0$ を書き下す. この分極により電場 $\mathbf{E}_1$ が発生し（例題 4.2）, これが今度は分極を $\mathbf{P}_1$ だけ変化させる. これらがさらに電場を $\mathbf{E}_2$ だけ変化させ, などとなる. その結果として電場は $\mathbf{E}_0 + \mathbf{E}_1 + \mathbf{E}_2 + \cdots$ となる. この級数の和を求め, 答えを式 4.49 と比較せよ.

問題 4.24 半径 a の帯電していない導体球が外径 b の厚い絶縁体球殻で覆われている.（比誘電率 ϵ_r とする.）一様な電場 $\mathbf{E}_0$ の中に, この物体を置いた. 絶縁体内部の電場を求めよ.

! **問題 4.25** 例題 4.8 で xy 平面の上側の領域も, 異なる電気感受率 χ_e' の線形誘電体で充たされていたとする. すべての場所におけるポテンシャルを求めよ.

4.4.3 誘電体系のエネルギー

コンデンサーを充電するためには仕事

$$W = \frac{1}{2}CV^2$$

が必要である. コンデンサーが線形誘電体で充たされていたとすると, 静電容量は例題 4.6 で求めたように真空のときの値よりも比誘電率倍だけ大きくなり

$$C = \epsilon_r C_{\mathrm{vac}}$$

となる. あきらかに, 誘電体で充たされたコンデンサーを充電するために必要な仕事も比誘電率倍だけ増大する. その理由はあきらかで, 電場が拘束電荷によって部分的に打ち消されるため, 一定のポテンシャルに達するためにはより多くの（自由）電荷を汲み上げなければならないためである.

第2章で，任意の静電系に蓄えられたエネルギーの一般的表式（式2.45）

$$W = \frac{\epsilon_0}{2} \int E^2 \, d\tau \tag{4.55}$$

を導いた．誘電体で充たされたコンデンサーの例は，線形誘電体が存在するときエネルギーの表式は

$$W = \frac{\epsilon_0}{2} \int \epsilon_r E^2 \, d\tau = \frac{1}{2} \int \mathbf{D} \cdot \mathbf{E} \, d\tau$$

と変更されることを示唆している．これを証明するために，誘電体の位置が固定されていて自由電荷を少しずつ運んでくる状況を仮定する．ρ_f が $\Delta\rho_f$ だけ増加すると分極が変化して，それに伴い拘束電荷分布も変化するだろう．しかし関心があるのは新たに付け加えられた自由電荷になされた仕事

$$\Delta W = \int (\Delta\rho_f) V \, d\tau \tag{4.56}$$

のみである．$\mathbf{D}$ に生じる変化を $\Delta\mathbf{D}$ とすると，$\boldsymbol{\nabla} \cdot \mathbf{D} = \rho_f$, $\Delta\rho_f = \boldsymbol{\nabla} \cdot (\Delta\mathbf{D})$ であることから

$$\Delta W = \int [\boldsymbol{\nabla} \cdot (\Delta\mathbf{D})] V \, d\tau$$

となる．ここで

$$\boldsymbol{\nabla} \cdot [(\Delta\mathbf{D}) V] = [\boldsymbol{\nabla} \cdot (\Delta\mathbf{D})] V + \Delta\mathbf{D} \cdot (\boldsymbol{\nabla} V)$$

であるから（部分積分を行うと）

$$\Delta W = \int \boldsymbol{\nabla} \cdot [(\Delta\mathbf{D}) V] \, d\tau + \int (\Delta\mathbf{D}) \cdot \mathbf{E} \, d\tau$$

となる．第一項目は発散定理により表面積分に書き換えられて，全空間で積分することにより消える．したがって，自由電荷になされる仕事は

$$\Delta W = \int (\Delta\mathbf{D}) \cdot \mathbf{E} \, d\tau \tag{4.57}$$

に等しい．

ここまでの話はどのような物質についても適用できる．ここで，もしも物質が線形誘電体であるならば $\mathbf{D} = \epsilon\mathbf{E}$ であり（自由電荷の無限小の増加に対しては）

$$\frac{1}{2}\Delta(\mathbf{D} \cdot \mathbf{E}) = \frac{1}{2}\Delta(\epsilon E^2) = \epsilon(\Delta\mathbf{E}) \cdot \mathbf{E} = (\Delta\mathbf{D}) \cdot \mathbf{E}$$

となる．よって

$$\Delta W = \Delta \left(\frac{1}{2} \int \mathbf{D} \cdot \mathbf{E} \, d\tau \right)$$

を得る．自由電荷をゼロから最終的な電荷配置まで増加させるためになされる全仕事は，予想通り

222 第 4 章 物質中の電場

$$W = \frac{1}{2} \int \mathbf{D} \cdot \mathbf{E} \, d\tau \tag{4.58}$$

となる[16].

第 2 章で一般的に導出した式 4.55 が, 誘電体が存在する場合には適用できず, 式 4.58 に置き換えられたように見えることに読者は困惑するかもしれない. 重要なのは, 二つの式のどちらかが間違っているということではなく, むしろこれらが幾分異なる問題を対象としているという点である. その違いは微妙なので, 出発点に戻って, "系のエネルギー" とは何を意味するのか, という疑問について考えよう. **答え**: 系のエネルギーとは, ある系を組み立てるために必要とされる仕事である. なるほど, 確かにその通りであるが, 誘電体が含まれているときは, 系を組み立てる過程についてまったく異なる二通りの解釈ができてしまう.

1. すべての電荷 (自由電荷および拘束電荷) を一つずつピンセットで運んできて, それぞれ最終的な位置に貼り付ける. もしも "系を組み立てる" というのがこのことを指しているのであれば, 式 4.55 が系に蓄えられたエネルギーを表す正しい式である. しかしながら, この表式には誘電体分子を伸ばしたり捻ったりするための仕事は含まれないだろう. (正電荷と負電荷が微小なバネでつながれているいると考えると, 分子の分極に伴うバネのエネルギー $\frac{1}{2}kx^2$ は式 4.55 に含まれていない[17].)

2. 分極していない誘電体が置かれているところへ自由電荷を一つずつ運んでくる. 誘電体はそれに合わせて応答するものとする. もしも "系を組み立てる" というのがこのことを指しているのであれば (実際に自由に動かせるのは自由電荷なので, これが通常の解釈である), 式 4.58 が必要とされる式である. この場合, "バネ" のエネルギーは間接的にではあるが確かに含まれている. なぜなら自由電荷にかけるべき力は拘束電荷の配置に依存し, 自由電荷を動かすと自動的にこれらの "バネ" を伸ばしているからである.

例題 4.9. 半径 R の球が一様な比誘電率 ϵ_r の物質で充たされており, 一様な自由電荷 ρ_f が埋め込まれている. この配置のエネルギーはいくらか?

---

[16] なぜもっと単純に $W = \frac{1}{2} \int \rho_f V \, d\tau$ から出発して 2.4.3 項の方法を用いなかったのか疑問であるなら, その理由はこの式が一般的に正しくないからである. 式 2.42 の導出はよく見ると全電荷に対してのみ適用できることがわかるだろう. 線形誘電体の場合はたまたま, この式が自由電荷のみに対して成り立つが, このことはまったく自明なことではなく, 実際には式 4.58 から逆にたどって行くことによって確かめることができる.

[17] この "バネ" そのものも本質的には電気的なものであり得るが, その場合でも $\mathbf{E}$ を巨視的な電場をみなすすであればバネは式 4.55 には含まれない.

解答

式 4.23 の形のガウスの法則より電気変位は

$$
\mathbf{D}(r) =
\begin{cases}
\dfrac{\rho_f}{3}\mathbf{r} & (r < R) \\[3mm]
\dfrac{\rho_f}{3}\dfrac{R^3}{r^2}\hat{\mathbf{r}} & (r > R)
\end{cases}
$$

となるので電場は

$$
\mathbf{E}(r) =
\begin{cases}
\dfrac{\rho_f}{3\epsilon_0\epsilon_r}\mathbf{r} & (r < R) \\[3mm]
\dfrac{\rho_f}{3\epsilon_0}\dfrac{R^3}{r^2}\hat{\mathbf{r}} & (r > R)
\end{cases}
$$

となる. 純粋に静電気的なエネルギー (式 4.55) は

$$
\begin{aligned}
W_1 &= \frac{\epsilon_0}{2}\left[\left(\frac{\rho_f}{3\epsilon_0\epsilon_r}\right)^2\int_0^R r^2\,4\pi r^2\,dr + \left(\frac{\rho_f}{3\epsilon_0}\right)^2 R^6\int_R^\infty \frac{1}{r^4}\,4\pi r^2\,dr\right] \\
&= \frac{2\pi}{9\epsilon_0}\rho_f^2 R^5\left(\frac{1}{5\epsilon_r^2}+1\right)
\end{aligned}
$$

である. 一方で全エネルギー (式 4.58) は

$$
\begin{aligned}
W_2 &= \frac{1}{2}\left[\left(\frac{\rho_f}{3}\right)\left(\frac{\rho_f}{3\epsilon_0\epsilon_r}\right)\int_0^R r^2\,4\pi r^2\,dr + \left(\frac{\rho_f R^3}{3}\right)\left(\frac{\rho_f R^3}{3\epsilon_0}\right)\int_R^\infty \frac{1}{r^4}\,4\pi r^2\,dr\right] \\
&= \frac{2\pi}{9\epsilon_0}\rho_f^2 R^5\left(\frac{1}{5\epsilon_r}+1\right)
\end{aligned}
$$

となる. W_1 は分子を伸ばすために要するエネルギーを含まないために, $W_1 < W_2$ となることに注意されたい.

W_2 が系を組み立てるために自由電荷になされる仕事であることを確かめよう. 帯電も分極もしていない誘電体球から始めて, 自由電荷を少しずつ (dq) 運び込み, 一層ずつ球を充たしていく. 半径 r' に達したとき, 電場は

$$
\mathbf{E}(r) =
\begin{cases}
\dfrac{\rho_f}{3\epsilon_0\epsilon_r}\mathbf{r} & (r < r') \\[3mm]
\dfrac{\rho_f}{3\epsilon_0\epsilon_r}\dfrac{r'^3}{r^2}\hat{\mathbf{r}} & (r' < r < R) \\[3mm]
\dfrac{\rho_f}{3\epsilon_0}\dfrac{r'^3}{r^2}\hat{\mathbf{r}} & (r > R)
\end{cases}
$$

である. 無限遠方から r' まで次の dq を運ぶために必要な仕事は

224 第 4 章　物質中の電場

$$
\begin{aligned}
dW &= -dq\left[\int_{\infty}^{R}\mathbf{E}\cdot d\mathbf{l}+\int_{R}^{r'}\mathbf{E}\cdot d\mathbf{l}\right]\\
&= -dq\left[\frac{\rho_f r'^3}{3\epsilon_0}\int_{\infty}^{R}\frac{1}{r^2}\,dr+\frac{\rho_f r'^3}{3\epsilon_0\epsilon_r}\int_{R}^{r'}\frac{1}{r^2}\,dr\right]\\
&= \frac{\rho_f r'^3}{3\epsilon_0}\left[\frac{1}{R}+\frac{1}{\epsilon_r}\left(\frac{1}{r'}-\frac{1}{R}\right)\right]dq
\end{aligned}
$$

となる. このとき半径 (r') の増加は

$$
dq = \rho_f 4\pi r'^2\,dr'
$$

なので, $r'=0$ から $r'=R$ まで変化させるときになされる全仕事は

$$
\begin{aligned}
W &= \frac{4\pi\rho_f^2}{3\epsilon_0}\left[\frac{1}{R}\left(1-\frac{1}{\epsilon_r}\right)\int_0^R r'^5\,dr'+\frac{1}{\epsilon_r}\int_0^R r'^4\,dr'\right]\\
&= \frac{2\pi}{9\epsilon_0}\rho_f^2 R^5\left(\frac{1}{5\epsilon_r}+1\right)=W_2 \checkmark
\end{aligned}
$$

となる.

"バネに蓄えられた" エネルギーはあきらかに

$$
W_{\mathrm{spring}} = W_2 - W_1 = \frac{2\pi}{45\epsilon_0\epsilon_r^2}\rho_f^2 R^5\,(\epsilon_r-1)
$$

である. これを具体的なモデルで確かめよう. 双極子の原始的なモデルとして $+q$ と $-q$ の電荷がバネ定数 k, 自然長 0 のバネに繋がれたものを考え, 誘電体がこれらの微小な原始的双極子の集まりであると考えると, 電場がまったく存在しないときは正電荷と負電荷の端が一致する. それぞれの双極子の一端は (固体中の原子核のように) 決まった場所に固定されており, もう一端は外部からかけられた電場に応答して自由に動くことができるとする. それぞれの原始的双極子に割り当てられた体積を $d\tau$ としよう. (双極子そのものが占める体積はこの空間のほんの一部分のみであってもよい.)

電場を印加すると自由端に働く電気力がバネの力とつり合う. このときの電荷間の距離を d とすると, $qE=kd$ となる[18]. いまの場合は

$$
\mathbf{E} = \frac{\rho_f}{3\epsilon_0\epsilon_r}\mathbf{r}
$$

である. 結果として生じる双極子モーメントは $p=qd$ であり分極は $P=p/d\tau$ であるから

---

[18]ここでいう "バネ" は分子同士をつなげるもの (それが何であれ) の代用品であることに注意しよう. これはもう一端からの電気的引力を含んでいる. もしも力が電荷間距離に比例することが気になるのであれば, 例題 4.1 を見直すこと.

となる．個々のバネのエネルギーは

$$k = \frac{\rho_f}{3\epsilon_0\epsilon_r d^2} Pr\, d\tau$$

であるから全エネルギーは

$$dW_{\text{spring}} = \frac{1}{2}kd^2 = \frac{\rho_f}{6\epsilon_0\epsilon_r} Pr\, d\tau$$

となる．ここで

$$W_{\text{spring}} = \frac{\rho_f}{6\epsilon_0\epsilon_r} \int Pr\, d\tau$$

であるから

$$\mathbf{P} = \epsilon_0 \chi_e \mathbf{E} = \epsilon_0 \chi_e \frac{\rho_f}{3\epsilon_0\epsilon_r}\mathbf{r} = \frac{(\epsilon_r - 1)\rho_f}{3\epsilon_r}\mathbf{r}$$

$$W_{\text{spring}} = \frac{\rho_f}{6\epsilon_0\epsilon_r}\frac{(\epsilon_r - 1)\rho_f}{3\epsilon_r}4\pi\int_0^R r^4\, dr = \frac{2\pi}{45\epsilon_0\epsilon_r^2}\rho_f^2 R^5 (\epsilon_r - 1)$$

となり，予想していた結果と完全に一致する．

式 4.58 は非線形誘電体に対してもエネルギーを表しているとの主張が見られることもあるが，それは誤りである．式 4.57 から先に進めるためには線形性を仮定しなければならない．実際に散逸がある系では "蓄えられたエネルギー" という概念自体, 意味をなさない．なぜなら系になされる仕事は最終的な配置だけでなく，そこに至るまでの過程に依存するからである．もしも分子の "バネ" が何らかの摩擦をもつとすると，たとえば，バネが最終的な状態に到達するまでに何度も伸び縮みするようなやり方で電荷を集めることによって W_{spring} をいくらでも大きくすることができる．とくに，式 4.58 を凍結された分極をもつエレクトレット（問題 4.27 を参照）に適用しようとすると無意味な結果を得てしまう．

問題 4.26 半径 a の導体球が電荷 Q をもっている（図 4.29）．この導体球は電気感受率

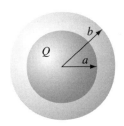

図 4.29

χ_e をもつ線形誘電体によって半径 b まで囲まれている.この配置のエネルギー(式 4.58)を求めよ.

問題 4.27 凍結された一様分極 **P** をもつ半径 R の球(例題 4.2)に対して,式 4.55 と式 4.58 の両方を用いて W を計算し,その違いについてコメントせよ.(どちらかが正しいとすると)どちらが系の"真の"エネルギーだろうか?

4.4.4 誘電体に働く力

　導体が電場に引きつけられるのと同様に(式 2.51),誘電体も電場に引きつけられる.これは,自由電荷の近くに反対符号の電荷が集まってくるためで,導体の場合と本質的には同じ理由による.しかし誘電体に働く力の計算は意外に面倒である.たとえば,線形誘電体板が部分的に平行板コンデンサーの極板間に挿入された場合を考えよう(図 4.30).これまでは平行板コンデンサーの内部の電場は一様であり外部ではゼロであるとしてきた.もしもこれが本当に正しければ,電場はどこでも極板に垂直なので,誘電体に正味の力はまったく働かないはずである.しかしながら,実際にはコンデンサーの端のあたり(これはフリンジ領域とよばれる)には非一様な電場,いわゆる**フリンジ場**が存在する.これは多くの場合は無視することができるが,いまのケースでは誘電体全体に及ぼす効果の原因となる.(実際に,電場はコンデンサーの端で突然終わることはできない.もしもそうであれば,図 4.31 に示された閉曲線に沿った **E** の線積分はゼロでなくなってしまう.)この非一様なフリンジ場こそが誘電体をコンデンサー

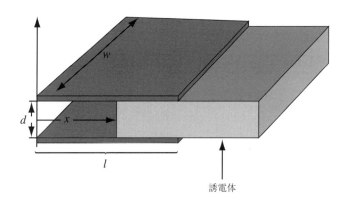

図 4.30

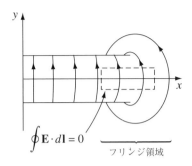

図 4.31

内部に引き込んでいるのである．

フリンジ場の計算は困難であることが知られているが，幸運なことに，以下に示す巧妙な方法によってこの困難を完全に避けることができる[19]．系のエネルギー W は，当然のことながら，誘電体と極板間の空間をどれだけ充しているかに依存する．誘電体を無限小距離 dx だけ外側に押し出すと，エネルギーは系になされた仕事と同じだけ変化して

$$dW = F_{\text{me}}\,dx \tag{4.59}$$

となる．ここで F_{me} は誘電体に働く電気力 F に逆らって加えるべき力であるから $F_{\text{me}} = -F$ である．よって誘電体板に働く電気力は

$$F = -\frac{dW}{dx} \tag{4.60}$$

となる．

ここで，コンデンサーに蓄えられたエネルギーは

$$W = \tfrac{1}{2}CV^2 \tag{4.61}$$

であり，いまの場合の静電容量は l を極板の長さとすると（図 4.30）

$$C = \frac{\epsilon_0 w}{d}(\epsilon_r l - \chi_e x) \tag{4.62}$$

である．誘電体が動いても極板の全電荷 ($Q = CV$) は一定に保たれていると仮定しよう．Q を用いると

$$W = \frac{1}{2}\frac{Q^2}{C} \tag{4.63}$$

となるので

---

[19] フリンジ場の直接的な計算については E. R. Dietz, *Am. J. Phys.* **72**, 1499 (2004) を参照．

228 第 4 章 物質中の電場

$$F = -\frac{dW}{dx} = \frac{1}{2}\frac{Q^2}{C^2}\frac{dC}{dx} = \frac{1}{2}V^2\frac{dC}{dx} \tag{4.64}$$

となる. ここで

$$\frac{dC}{dx} = -\frac{\epsilon_0\chi_e w}{d}$$

であるから

$$F = -\frac{\epsilon_0\chi_e w}{2d}V^2 \tag{4.65}$$

となる.（マイナス符号は力が x の負の向きであることを示しており, 誘電体はコンデンサーの内部に引き込まれる.）

よくある間違いは式 4.63 を（Q を一定として）用いずに式 4.61 を（V を一定として）用いて力を計算してしまうことである. このときは

$$F = -\frac{1}{2}V^2\frac{dC}{dx}$$

となって, 式 4.64 とは符号の分だけ違っている. もちろん, コンデンサーをバッテリーに接続することによって一定の電圧に保つことは可能である. しかしその場合は誘電体が動くとバッテリーも仕事をするので, 式 4.59 の代わりに

$$dW = F_{\mathrm{me}}\,dx + V\,dQ \tag{4.66}$$

を用いる. ここで $V\,dQ$ はバッテリーがする仕事である. これより

$$F = -\frac{dW}{dx} + V\frac{dQ}{dx} = -\frac{1}{2}V^2\frac{dC}{dx} + V^2\frac{dC}{dx} = \frac{1}{2}V^2\frac{dC}{dx} \tag{4.67}$$

となり, Q 一定としたとき（式 4.64）と同じ, 正しい符号をもつ結果が得られる.

ここで理解しておいてもらいたいことは, 誘電体に働く力は自由電荷および拘束電荷の分布によって完全に決定されるものであり, Q と V のどちらを一定に保とうとしているかによって変わることなど到底あり得ない, ということである. Q 一定を仮定した方がバッテリーによる仕事を考えなくてよいので力を簡単に計算できるが, どうしてもというのであれば, どちらの方法でも正しく計算できる.

ここで注目すべきは, 力の原因となったフリンジ場がわからなくても力を決定することができた, ということである. もちろん, $\boldsymbol{\nabla} \times \mathbf{E} = \mathbf{0}$ であることからフリンジ場が存在しなければならないことは, 静電気学の全体的な構造に組み込まれている. ここでは単に理論の一貫性を賢く利用しているだけであって, 何かをただで手に入れているわけではない. フリンジ場そのものに蓄えられているエネルギーは（今回の計算には出てこなかったが）誘電体が動いても一定に保たれており, 変化するのは電場がほぼ一様なコンデンサー内部の領域に蓄えられたエネルギーである.

問題 4.28 二つの長い同軸金属円筒管（内径 a, 外径 b）が, 誘電性の油（感受率 χ_e, 質量密度 ρ）が入った水槽の中に鉛直に立てられている. 内側の管はポテンシャル V に保たれており, 外側の管は接地されている（図 4.32）. 二つの管の間にある油はどれだけの高さ (h) まで上るだろうか.

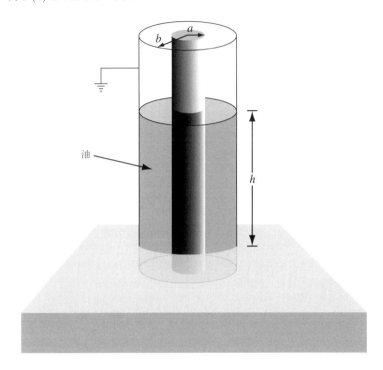

図 4.32

4 章の追加問題

問題 4.29

(a) 問題 4.5 の配置に対して, $\mathbf{p}_1$ から $\mathbf{p}_2$ に働く力と $\mathbf{p}_2$ から $\mathbf{p}_1$ に働く力を計算せよ. 答えはニュートンの第三法則と矛盾しないだろうか？

(b) $\mathbf{p}_2$ に働く, $\mathbf{p}_1$ の中心の周りのトルクを計算し, $\mathbf{p}_1$ に働く同じ点の周りのトルクと比較せよ. [ヒント：(a) の結果と問題 4.5 の結果を組み合わせる.]

問題 4.30 図 4.33 のように, y 方向を向いた電気双極子 $\mathbf{p}$ が二つの大きな導体板の間に置かれている. それぞれの導体板は x 軸と小さな角度 θ をなしており, ポテンシャル $\pm V$

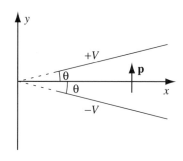

図 4.33

に保たれている．p に働く正味の力はどの方向を向いているだろうか？（定性的に説明すればよく，何も計算する必要はない．）

問題 4.31 点電荷 Q がテーブルの上に "固定" されている．その周りの半径 R の円周上を双極子 p が摩擦なしで運動しており，双極子の向きは常に円の接線方向を向くように拘束されている．式 4.5 を用いて双極子に働く電気力が

$$\mathbf{F} = \frac{Q}{4\pi\epsilon_0}\frac{\mathbf{p}}{R^3}$$

であることを示せ．この力は常に "前方を" 向いていることに留意せよ．（このことは，双極子の両端に働く力を図示してみれば容易に確かめることができる．）これは永久機関ではないのだろうか[20]？

! **問題 4.32** アーンショウの定理によると，荷電粒子を静電場中に閉じ込めておくことはできない．疑問：電気的に中性な（ただし分極可能）原子を静電場中に閉じ込めることはできるだろうか？
(a) 原子に働く力は $\mathbf{F} = \frac{1}{2}\alpha\boldsymbol{\nabla}(E^2)$ であることを示せ．
(b) したがって問題は，E^2 が（電荷が存在しない領域において）極大値をもつことは可能であるか，ということになる．E^2 が極大値をもつならば，力は原子を平衡位置に押し戻すはずだ．しかしその答えは "ノー" であることを示せ[21]．

問題 4.33 誘電体でつくられた一辺 a の立方体が "凍結された" 分極 $\mathbf{P} = k\mathbf{r}$（k は定数）をもち，原点を中心として置かれている．すべての拘束電荷を求め，それらを加え合わせるとゼロになることを示せ．

問題 4.34 平行板コンデンサーの極板間が線形誘電体で充たされている．この誘電体の比誘電率は，下極板 ($x = 0$) から上極板 ($x = d$) までの間で 1 から 2 に線形に変化する．

---
[20]この魅力的なパラドックスは K. Brownstein によって提案された．
[21]興味深いことに，振動電場を使えば中性原子を閉じ込めることは可能である．K. T. McDonald, Am. J. Phys. **68**, 486 (2000) を参照．

コンデンサーは電圧 V のバッテリーに接続されている．すべての拘束電荷を求め，その総和がゼロであることを確かめよ．

問題 4.35 線形誘電体の球（電気感受率 χ_e, 半径 R）の中心に点電荷 q が埋め込まれている．電場，分極，拘束電荷密度 ρ_b および σ_b を求めよ．表面における全拘束電荷はいくらか？ 正の拘束電荷を中和する負の拘束電荷はどこにあるのか？

問題 4.36 線形誘電体と別の線形誘電体の境界面では電気力線は折れ曲がる（図 4.34 を参照）．境界には自由電荷は存在しないと仮定すると

$$\tan\theta_2/\tan\theta_1 = \epsilon_2/\epsilon_1 \tag{4.68}$$

であることを示せ．[コメント：式 4.68 は光学におけるスネルの法則によく似ている．誘電体の "凸レンズ" は電場を集束させるだろうか？ それとも発散させるだろうか？]

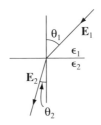

図 4.34

! **問題 4.37** 線形誘電体（半径 R, 比誘電率 ϵ_r）の球の中心に点状の双極子 $\mathbf{p}$ が埋め込まれている．球の内外における電位を求めよ．

$$\left[答え：\frac{p\cos\theta}{4\pi\epsilon r^2}\left(1+2\frac{r^3}{R^3}\frac{(\epsilon_r-1)}{(\epsilon_r+2)}\right), (r\leq R)\right.$$

$$\left.\frac{p\cos\theta}{4\pi\epsilon_0 r^2}\left(\frac{3}{\epsilon_r+2}\right), (r\geq R)\right]$$

問題 4.38 以下の一意性定理を証明せよ．領域 $\mathcal{V}$ 内に自由電荷と複数の線形誘電体があり，自由電荷分布と各誘電体の電気感受率が指定されている．もしも $\mathcal{V}$ の境界 $\mathcal{S}$ 上でポテンシャルが指定されると（無限遠方で $V=0$ という境界条件でもよい），$\mathcal{V}$ 内の至るところでポテンシャルは一意に決まる．[ヒント：$\boldsymbol{\nabla}\cdot(V_3\mathbf{D}_3)$ を領域 $\mathcal{V}$ で積分せよ．]

問題 4.39 電気感受率 χ_e の線形誘電体が $z<0$ の領域を占めているところに，ポテンシャル V_0 の導体球が半分だけ埋まっている（図 4.35）．**主張**：この系のポテンシャルは，誘電体が存在しないとしたときのポテンシャルと至るところでまったく同じである！ この主張が正しいかどうかを，以下にしたがって確認せよ．

(a) 誘電体が存在しないとしたときのポテンシャル $V(r)$ の表式を V_0, R, r を用いて書き下せ．これが正しいポテンシャルであると仮定して，電場，分極，拘束電荷分布，球

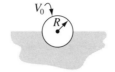

図 4.35

面上の自由電荷分布を求めよ.
(b) 結果として生じる電荷配置が実際に $V(r)$ をつくることを示せ.
(c) 問題 4.38 の一意性定理を行使して議論を完結させよ.
(d) 同様の主張は図 4.36 の配置についても成り立つか？ もし成り立たなければ, その理由を説明せよ.

図 4.36

問題 4.40 式 4.5 によると, 一つの双極子に働く力は $(\mathbf{p}\cdot\nabla)\mathbf{E}$ であり誘電性の物体に働く正味の力は

$$\mathbf{F} = \int (\mathbf{P}\cdot\nabla)\mathbf{E}_{\text{ext}}\,d\tau \tag{4.69}$$

である. [ここで $\mathbf{E}_{\text{ext}}$ は誘電体を除いたすべてのソースからつくられる電場である. どのみち誘電体は自分自身に力を働かせることはできないのだから, 全電場を用いても構わないと考えるかも知れない. しかし, 誘電体の電場は表面拘束電荷が存在する場所では必ず不連続になるので, その微分は見かけ上のデルタ関数をもたらしてしまう. よって $\mathbf{E}_{\text{ext}}$ としておいた方が安全である.] 電気感受率 χ_e の線形誘電体でできた半径 R の小球が一様な線電荷 λ から距離 s の位置にあるとき, 小球に働く力を式 4.69 を用いて決定せよ.

! **問題 4.41** 線形誘電体中では分極は電場に比例し, $\mathbf{P} = \epsilon_0\chi_e\mathbf{E}$ となる. もしも物質が原子（または非極性分子）から構成されているならば, それぞれの原子（または非極性分子）の誘起双極子モーメントも同様に電場に比例し $\mathbf{p} = \alpha\mathbf{E}$ となる. **疑問**: 原子分極率 α と電気感受率 χ_e の間にはどのような関係があるか？

最初に思いつきそうなことは, $\mathbf{P}$（単位体積あたりの双極子モーメント）は $\mathbf{p}$（原子一つあたりの双極子モーメント）$\times N$（単位体積あたりの原子数）であるから $\mathbf{P} = N\mathbf{p} = N\alpha\mathbf{E}$ であり

$$\chi_e = \frac{N\alpha}{\epsilon_0} \tag{4.70}$$

である，ということだろう．実際これは，密度が低ければそれほど間違いではない．しかし，もっとよく調べてみると微妙な問題があきらかになってくる．すなわち，式 4.30 の電場 $\mathbf{E}$ は媒質中の巨視的な全電場である一方で，式 4.1 の電場は考えている原子を除いた他のすべてのものによる電場であるということである．（分極率は特定の外場中の孤立した原子に対して定義されていた．）この電場を $\mathbf{E}_{\text{else}}$ とよぼう．各原子に割り当てられた空間が半径 R の球であると考えて，

$$\mathbf{E} = \left(1 - \frac{N\alpha}{3\epsilon_0}\right)\mathbf{E}_{\text{else}} \tag{4.71}$$

であることを示せ．これを用いて

$$\chi_e = \frac{N\alpha/\epsilon_0}{1 - N\alpha/3\epsilon_0}$$

または

$$\alpha = \frac{3\epsilon_0}{N}\left(\frac{\epsilon_r - 1}{\epsilon_r + 2}\right) \tag{4.72}$$

であることを示せ．式 4.72 は**クラウジウス-モソッティの関係式**として知られており，光学への応用においては**ローレンツ-ローレンツの式**として知られている．

問題 4.42 クラウジウス-モソッティの関係式（式 4.72）が表 4.1 に挙げられた気体に対して成り立っているかどうかを確認せよ．（比誘電率は表 4.2 に与えられている．）（ここでは密度が非常に低いので式 4.70 と式 4.72 の違いはほとんどない．クラウジウス-モソッティの補正項を確認する実験的データとしては，たとえば Purcell 著 *Electricity and Magnetism*, Problem 9.28 を見よ．）[22]

! **問題 4.43** クラウジウス-モソッティの関係式（問題 4.41）により，非極性物質の電気感受率を原子分極率 α を用いて計算できる．**ランジュバンの式**を用いると，極性物質の電気感受率を永久分子双極子モーメント p を用いて計算できる．以下にその導出を行おう．

(a) 外場 $\mathbf{E}$ の中の双極子のエネルギーは $u = -\mathbf{p}\cdot\mathbf{E} = -pE\cos\theta$ である（式 4.6）．ここで θ は，z 軸を $\mathbf{E}$ に沿ってとったときの通常の極角である．統計力学によると絶対温度 T の平衡状態にある物質に対して，ある分子がエネルギー u をもつ確率はボルツマン因子

$$\exp(-u/kT)$$

に比例する．したがって双極子のエネルギーは

$$<u> = \frac{\displaystyle\int u e^{-(u/kT)}\, d\Omega}{\displaystyle\int e^{-(u/kT)}\, d\Omega}$$

---

[22]E. M. Purcell, *Electricity and Magnetism* (Berkeley Physics Course, Vol. 2), (New York: McGrawHill, 1963). ［訳注：Problem 9.28 は 1st ed. に掲載されているが，現在入手できる 3rd ed. には掲載されていない．日本語訳版も同様である．］

234 第 4 章 物質中の電場

となる. ここで $d\Omega = \sin\theta\,d\theta\,d\phi$ であり積分は全方位 ($\theta : 0 \to \pi$; $\phi : 0 \to 2\pi$) にわたって行う. これを用いて, 単位体積あたり N 個の分子を含む物体の分極が

$$P = Np[\coth(pE/kT) - (kT/pE)] \tag{4.73}$$

であることを示せ. これがランジュバンの式である. P/Np を pE/kT の関数として図示せよ.

(b) 電場が強い場合や低温では, ほとんどすべての分子が揃ってしまい, 物質は非線形であることに留意されたい. しかしながら, 通常 kT は pE よりもはるかに大きい. この温度領域では物質は線形であることを示し, その電気感受率を N, p, T, k を用いて表せ. 温度 20°C における水の電気感受率を計算し, 表 4.2 の実験値と比較せよ. (水の双極子モーメントは 6.1×10^{-30} C·m である.) 結果の数値にはかなりずれがあるが, その理由は, (問題 4.41 の議論と同様に) $\mathbf{E}$ と $\mathbf{E}_{\text{else}}$ の違いを無視していることにある. 低密度気体では $\mathbf{E}$ と $\mathbf{E}_{\text{else}}$ の違いは無視できるほど小さく, よりよい一致が得られる. 試しに, 100°C, 1 気圧の水蒸気で同じ計算を行え.

第5章 静磁気学

5.1 ローレンツ則

5.1.1 磁　場

　古典電磁気学における基本的な問題は、いくつかの電荷 $q_1, q_2, q_3, \ldots$（"ソース" 電荷）があるとき他の電荷 Q（"試験" 電荷）に働く力を求める（図 5.1）、ということであったことを思い出そう。これは重ね合わせの原理によると、一つの電荷による力を求めれば十分である。後は個別の力をベクトル的に加え合わせればよい。これまでは、ソース電荷は止まっているという、静電気学について考えてきた。（試験電荷はその限りではない。）この章では、動いている電荷の間に働く力を考える。
　まず、内容を把握するために、以下のようなデモンストレーションを考える。2本の導線が数 cm だけ離れて天井から吊り下げられている。電流を流すと、1本の導線には電流が上方向に流れ、もう1本には下方向に流れる。すると導線はあきらかに、互いに反発して離れる（図 5.2(a)）。これはどのように説明可能であろうか？ バッテリー（ま

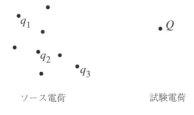

図 5.1

236 第5章 静磁気学

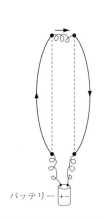 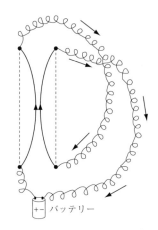

(a) 逆向きの電流は反発する　　(b) 同じ向きの電流は引きつけ合う

図 5.2

たは電流を駆動する何か）が導線を帯電させ，働く力は単純に同種電荷間に働くような電気的な反発力かもしれない．しかし，これは正しくない．試験電荷をこれらの導線の近くにもってきても，この電荷に力は働かない[1]．なぜならば，これらの導線は実際には，電気的に中性だからである．（電子が導線を動いていることは間違いない．それが電流というものである．しかし導線の各部分には，動いている負の電荷と同じ数の動かない正の電荷が存在する．）さらに，設定を変えて 2 本の電流が同じ向きに流れるようにすると（図 5.2(b)），2 本の導線は互いに引き合うことがわかる．

平行な電流の間には引力として働き，反平行の電流の間には斥力であるような力は，それが何であれ，静電気力ではあり得ない．初めての磁気的な力との遭遇である．動かない電荷は，その近くに電場 E しかつくれないが，動く電荷は，それに加えて磁場 B をつくる．磁場は検出するのがより容易である．実際，必要な物はボーイスカウトの使う方位磁針だけである．どのように方位磁針が働くのかは，当面重要ではない．磁針が局所的な磁場の向きを向くということを知れば十分である．通常，その向きは地磁気によって北になる．しかし，磁場の大きさが地磁気の数百倍になるような実験室の中では，方位磁針はそのとき存在する磁場の方向を示す．

さて，電流が流れている導線の近くに，小さな方位磁針をもっていくと，すぐに不思議なことに気づく．磁場は導線に向かう方向や，導線から離れる方向を指さずに，むし

---

[1] 問題 7.43 で見るように，これは厳密には正しくない．

ろ, 導線の周りを回る方向を指す. 実際, 電流の方向に親指に向けて導線を右手でつかむと, 他の指は磁場の方向を指す (図 5.3). そのような磁場がどうやって, 近くを平行に流れる電流に引力をもたらすのであろうか？ 二番目の導線の場所では, 磁場の方向は紙面に垂直で下向き (図 5.4) で, 電流は上向きであり, このとき力は, 左向きになる. これらの方向を説明するために奇妙な法則が必要となる.

5.1.2 磁気的な力

実際, 磁場と電流と力の方向の組み合わせは, 外積でうまく表すことができる. 磁場 $\mathbf{B}$ の中を速度 $\mathbf{v}$ で動く荷電 Q をもつ粒子に働く力は[2]

$$\mathbf{F}_{\mathrm{mag}} = Q(\mathbf{v} \times \mathbf{B}) \tag{5.1}$$

と表せる. これは**ローレンツ則**として知られている[3]. 電場と磁場の両方が存在するときには, Q に働く正味の力は

$$\mathbf{F} = Q[\mathbf{E} + (\mathbf{v} \times \mathbf{B})] \tag{5.2}$$

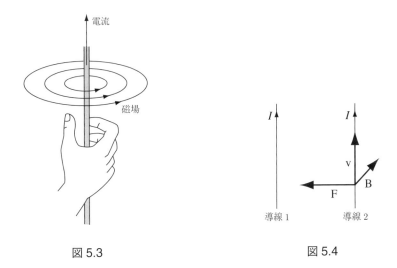

図 5.3　　　　　　　　　　　図 5.4

---

[2] $\mathbf{F}$ と $\mathbf{v}$ はベクトルなので $\mathbf{B}$ は実際には, 擬ベクトルである.
[3] 実際にはオリバー・ヘビサイドによる.

238 第5章 静磁気学

となる. もちろんこの式は, 導出されたものではない. この式は, 理論の基本的な公理であり, 5.1.1項で述べたように, 実験によって正当化されるべきものである.

　これからのわれわれの主要な仕事は, 磁場 **B** を計算することだ. (ついでにいえば, 電場 **E** の場合も計算したいのだが, ソース電荷が動いているときのルールはより複雑である.) しかし, 先に進む前にローレンツ則自身について詳しく調べてみることは価値がある. これは奇妙な法則で本当に不思議な軌跡をもたらす.

例題 5.1. サイクロトロン運動　磁場中における荷電粒子の典型的な運動は円である. これは磁気的な力が中心力をもたらすためである. 図5.5では, 一様な磁場が紙面に垂直に下向きにある. もし電荷 Q が, 速さ v で反時計回りに半径 R の円の周りを円運動するならば, 磁気的な力は内側を向いており, 一様な円運動を持続させるために一定の大きさ QvB をもっている. よって

$$QvB = m\frac{v^2}{R}, \quad \text{または} \quad p = QBR \tag{5.3}$$

となる. ここで m は粒子の質量, $p = mv$ は運動量である. 式5.3は, **サイクロトロンの式**として知られている. なぜならば, この式はサイクロトロン (最初の現代的な加速器) の中での粒子の運動を記述するからだ. この式は, 荷電粒子の運動量を調べるための実験的な手段も提案する. 荷電粒子を強さがわかっている磁場の中に入れて, その軌跡の半径を調べればよい. 実際, この手段は素粒子の運動量を決定する標準的な方法となっている.

　これまでは, 電荷は磁場 **B** に垂直な面で運動することを考えていた. もし, 初期状態として磁場 **B** に平行な速度成分 $v_{\parallel}$ をもっていたなら, この運動の成分は, 磁場によって影響されない. そのため, 粒子は**らせん運動**をする. (図5.6) 回転半径は式5.3によって記述されるが, 式の中の速度は **B** に垂直な成分 $v_{\perp}$ である.

例題 5.2. サイクロイド運動　磁場に加えて, 磁場に対して直角な電場が存在するとき, より奇妙な運動が起こる. 例として図5.7にあるように磁場 **B** が x 軸方向, 電場 **E** が z 軸方向を向いている場合を考える. 原点から正の電荷が放出されると, どのような軌跡をたどるだろうか?

解答

まず定性的に考えてみよう. 初めに粒子は止まっている. このため, 磁気的な力はゼロであり, 電場が粒子を z 方向に加速する. 粒子の速さが増すにつれて, 式5.1にしたがっ

5.1. ローレンツ則 *239*

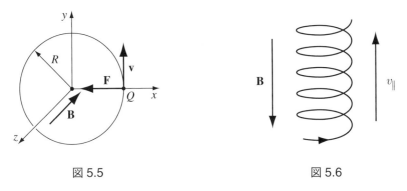

図 5.5　　　　　　　　　　　図 5.6

て右向きに回転させるような磁気的な力が働き始める．速さが増すにつれて力 F_{mag} は強くなり，やがて y 軸方向に粒子を向ける．この点をすぎると電荷は電場に対して反対に動き，減速を始める．すると，磁気的な力は減少し始め，電場による力が優勢になり図 5.7 の a 点で粒子を止める．ここですべての過程が新しく始められ，粒子を b 点に動かし運動がくり返される．

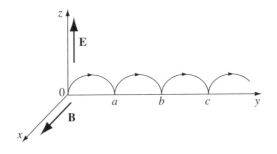

図 5.7

今度は定量的に考えてみる．x 方向には力は働かないので，任意の時刻 t における粒子の座標は $(0, y(t), z(t))$ と書くことができる．このため速度は

$$\mathbf{v} = (0, \dot{y}, \dot{z})$$

となる．ここでドットは時間微分を表す．これを用いて

$$\mathbf{v} \times \mathbf{B} = \begin{vmatrix} \hat{\mathbf{x}} & \hat{\mathbf{y}} & \hat{\mathbf{z}} \\ 0 & \dot{y} & \dot{z} \\ B & 0 & 0 \end{vmatrix} = B\dot{z}\hat{\mathbf{y}} - B\dot{y}\hat{\mathbf{z}}$$

240 第 5 章 静 磁 気 学

と表すことができる. よって, ニュートンの第二法則を用いると

$$\mathbf{F} = Q(\mathbf{E} + \mathbf{v} \times \mathbf{B}) = Q(E\hat{\mathbf{z}} + B\dot{z}\hat{\mathbf{y}} - B\dot{y}\hat{\mathbf{z}}) = m\mathbf{a} = m(\ddot{y}\hat{\mathbf{y}} + \ddot{z}\hat{\mathbf{z}})$$

または, $\hat{\mathbf{y}}$ と $\hat{\mathbf{z}}$ 成分を別々に書いて

$$QB\dot{z} = m\ddot{y}, \qquad QE - QB\dot{y} = m\ddot{z}$$

となる. 簡単のために,

$$\omega \equiv \frac{QB}{m} \tag{5.4}$$

とおく. (これは**サイクロトロン周波数**とよばれるもので, 電場がない場合, この周波数で荷電粒子は回転する.) これを用いると, 運動方程式は次の形をとる.

$$\ddot{y} = \omega\dot{z}, \qquad \ddot{z} = \omega\left(\frac{E}{B} - \dot{y}\right) \tag{5.5}$$

これらの方程式の一般的な解は[4]

$$\left.\begin{array}{l} y(t) = C_1 \cos\omega t + C_2 \sin\omega t + (E/B)t + C_3 \\ z(t) = C_2 \cos\omega t - C_1 \sin\omega t + C_4 \end{array}\right\} \tag{5.6}$$

となる.

粒子が初期条件として原点 ($y(0) = z(0) = 0$) から初速度ゼロ ($\dot{y}(0) = \dot{z}(0) = 0$) で運動を始めるとすると, この四つの条件から定数 C_1, C_2, C_3, そして C_4 を決定することができる.

$$y(t) = \frac{E}{\omega B}(\omega t - \sin\omega t), \qquad z(t) = \frac{E}{\omega B}(1 - \cos\omega t) \tag{5.7}$$

この形ではそんなに見通しがよくない. しかし

$$R \equiv \frac{E}{\omega B} \tag{5.8}$$

とおいて, 恒等式 $\sin^2\omega t + \cos^2\omega t = 1$ を用いて $\sin, \cos$ を取り除くと

$$(y - R\omega t)^2 + (z - R)^2 = R^2 \tag{5.9}$$

を得る. これは, 中心 $(0, R\omega t, R)$ が, 一定の速度

$$u = \omega R = \frac{E}{B} \tag{5.10}$$

---

[4]この微分方程式は, 初めの式を微分して $\dddot{z}$ を取り除くために次の式を用いると, 簡単に解くことができる.

で y 軸方向に移動する, 半径 R の円の式である. 粒子はあたかも y 軸方向に転がる車輪のへりの点のように運動する. この方法で作成された曲線は**サイクロイド**とよばれている. 予想されるように, 全体的な運動は電場 $\mathbf{E}$ の方向ではなく, それに垂直な方向である.

注目に値するローレンツ則 (式 5.1) のメッセージは

> 磁気的な力は仕事をしない

ということである. なぜならば, 電荷 Q が $d\mathbf{l} = \mathbf{v}\,dt$ の距離だけ動いたときにローレンツ力によってなされた仕事は

$$dW_{\mathrm{mag}} = \mathbf{F}_{\mathrm{mag}} \cdot d\mathbf{l} = Q(\mathbf{v} \times \mathbf{B}) \cdot \mathbf{v}\,dt = 0 \tag{5.11}$$

となるからである. これは $(\mathbf{v} \times \mathbf{B})$ が $\mathbf{v}$ に直交しているため $(\mathbf{v} \times \mathbf{B}) \cdot \mathbf{v} = 0$ であることによる. 磁気的な力は粒子が動く方向を変えはするが, 速さを変えることはしない. 磁気的な力が仕事をしないという事実は, ローレンツ則の基本的なそして直接的な帰結である. しかし, あきらかに, このことが間違っているように見えてしまう場合が多く存在し, 磁気的な力が仕事をしないという確信を揺るがせることがある. たとえば電磁石を使ったクレーンが廃車の車体を持ち上げるとき, あきらかに何かが仕事をしている. これは, 磁気的な力が仕事をしないということに反しているように思える. しかし, 反しているように見えても, 磁気的な力が仕事をすることは否定されなければならない. そのような状況では, 何が仕事をしているかを示すことは微妙な問題であるので, 次の項で適当な例を考える. (しかし完全理解は第 II 巻 8 章まで待たなければならない.)

問題 5.1 電荷 q をもった粒子が (紙面に入っていく方向の) 一様な磁場 $\mathbf{B}$ の中に入る. 図 5.8 にあるように, 磁場は粒子の軌跡を曲げ, 元々の直線の軌跡から距離 d だけ上の方向に粒子を移動させた. 電荷は正であるか負であるか? また, a, d, B, q を用いて粒子の運動量を求めよ.

問題 5.2 以下の初速度で原点から運動を始める場合に, 例題 5.2 の粒子の軌跡を求めよ.
 (a) $\mathbf{v}(0) = (E/B)\hat{\mathbf{y}}$
 (b) $\mathbf{v}(0) = (E/2B)\hat{\mathbf{y}}$
 (c) $\mathbf{v}(0) = (E/B)(\hat{\mathbf{y}} + \hat{\mathbf{z}})$

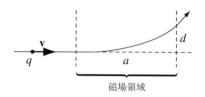

図 5.8

問題 5.3 1897 年に J.J. トムソンは，以下のように "陰極線（質量 m，電荷 q をもった電子の流れ）" の電荷と質量の比を求めることによって，電子を発見した．
(a) 初めにトムソンは，一様な電場 **E** と磁場 **B** の中に陰極線を通した．（電場と磁場は互いに直交しており，両者とも陰極線に垂直である．）そして，陰極線が曲がらないように電場の大きさを調整した．このとき E と B を用いると粒子の速度はどのように表されるか？
(b) 次に彼は電場を切って，磁場のみによって曲げられた陰極線のつくる曲線の半径 R を測定した．E, B, R を用いると粒子の電荷と質量の比 (q/m) はどのように表されるか？

5.1.3 電　流

　導線を流れる**電流**は，ある場所を単位時間あたりに通過する電荷で定義される．定義により，左側に動く負の電荷は右に動く正の電荷と同じ電流をもたらす．これは便利なことに，動く電荷に関するほとんどすべての現象は速度と電荷を掛け算したものに依存しているという事実を反映している．もし q と **v** の符号を同時に反転させても同じ結果を得る．このためどちらを選ぼうと問題ではない．（ローレンツ則はまさにこの場合である．ホール効果（問題 5.41）はよく知られた例外である．）実際動いているのは，通常は負に帯電した電子であり，その向きは電流とは逆向きである．この事実が引き起こす些細な混乱を避けるために，しばしば正の電荷が動いていると考える．実際，ベンジャミン・フランクリンが残念な慣習をつくってから 1 世紀以上，誰もが仮定していたように[5]，電流はクーロン毎秒または**アンペア** (A) を単位とする．

$$1 \text{ A} = 1 \text{ C/s} \tag{5.12}$$

　導線を速さ v で動く線電荷 λ（図 5.9）は

---

[5] もし電子の電荷を正，陽子の電荷を負と定義しても問題は起こらない．猫の毛皮とガラス棒を用いたフランクリンの実験においては，選択は完全に任意だった．

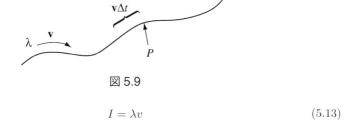

図 5.9

$$I = \lambda v \tag{5.13}$$

の電流を与える．なぜならば長さ $v\Delta t$ の部分は $\lambda v \Delta t$ の電荷をもっており，これが Δt の時間の間に P 点を通過するからである．電流は実際にはベクトルで

$$\mathbf{I} = \lambda \mathbf{v} \tag{5.14}$$

のように書ける．流れの経路は導線の形によって決定されているので，通常電流 $\mathbf{I}$ の向きを明示する必要はない[6]．しかし表面電流や体積電流を考えるときは，そう無頓着ではいられない．そこで，記法の統一性のために初めから電流のベクトル的な性格を入れておくのはよい考えだ．もちろん，中性の導線には動ける負の電荷と同じ数だけ静止した正の電荷があり，正の電荷は電流に寄与しない．式 5.13 の電荷密度 λ は負の電荷の電荷密度である．両方が動くような特殊な場合においては，$\mathbf{I} = \lambda_+ \mathbf{v}_+ + \lambda_- \mathbf{v}_-$ となる．

電流が流れている導線の一部に働く磁気的な力は

$$\mathbf{F}_{\mathrm{mag}} = \int (\mathbf{v} \times \mathbf{B})\, dq = \int (\mathbf{v} \times \mathbf{B}) \lambda\, dl = \int (\mathbf{I} \times \mathbf{B})\, dl \tag{5.15}$$

と書ける．$\mathbf{I}$ と $d\mathbf{l}$ は両方とも同じ向きを向いているので，この式を

$$\boxed{\mathbf{F}_{\mathrm{mag}} = \int I (d\mathbf{l} \times \mathbf{B})} \tag{5.16}$$

と書くこともできる．一般的な場合では，電流の大きさは導線に沿って一定であり，その場合 I は積分の外に取り出すことができて

$$\mathbf{F}_{\mathrm{mag}} = I \int (d\mathbf{l} \times \mathbf{B}) \tag{5.17}$$

と書ける．

---

[6]同様の理由で，もしある経路を流れるというような運動の制約を課すなら，速度よりはむしろ速さを議論することなる．

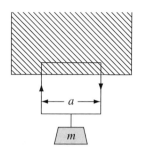

図 5.10

例題 5.3. 質量 m のおもりがつながれた長方形の導線閉回路が一様磁場 $\mathbf{B}$ の中を鉛直に吊り下げられている. 磁場は, 図 5.10 の斜線部分に, 紙面に向かう方向にかけられている. 閉回路にどのような方向にどれだけ電流 I を流せば, 上向きの磁気的な力が下向きの重力につり合うか？

解答
まず初めに, 水平部分で $(\mathbf{I} \times \mathbf{B})$ を上向きにするためには, 電流は時計回りに流さなければならない. 力の大きさは
$$F_{\mathrm{mag}} = IBa$$
となる. ここで a は閉回路の幅である. （閉回路の二つの鉛直部分に働く力は互いに打ち消し合うので考えなくてよい.）F_{mag} が重力 mg とつり合うので,
$$I = \frac{mg}{Ba} \tag{5.18}$$
とならなければならない. そのとき, おもりはその場にとどまり宙に浮く.

ここで, もし電流を増加させると何が起こるであろうか. 上向きの磁気的な力が下向きの重力を上回り, 閉回路は上昇する. 誰かが仕事をしていることはあきらかであり, 磁気的な力が仕事をしているように見える. 実際,
$$W_{\mathrm{mag}} = F_{\mathrm{mag}} h = IBah \tag{5.19}$$
と書きたい衝動に駆られる. ここで h は閉回路が上昇した距離である. しかし, 磁気的な力は決して仕事をしないことをわれわれは知っている. では, ここで何が起こっているのか？

閉回路が上昇するとき, 実は導線の中の電荷は, もはや水平には動いていない. 電流 ($I = \lambda w$) に対応する水平方向の速度 w に加えて, 閉回路の上方向の速度である u を上方向成分として加えなければならない（図 5.11）. 速度にいつも垂直である磁気的

な力は，もはや真上を向いているのではなく傾いており，(**v** の方向の) 正味の電荷の変位に垂直である．それゆえ，q に対して仕事をしない．力は，垂直方向成分 (qwB) をもつ．実際，閉回路の上の一辺におけるすべての電荷 (λa) に加わる正味の垂直方向の力は（以前のように）

$$F_{\text{vert}} = \lambda awB = IBa \tag{5.20}$$

となる．しかし今回は水平成分 (quB) もあり，これは電流の流れを妨げる向きに働く．それゆえ，電流を一定に保とうとする者は誰でも，磁気的な力による電荷を後ろへ向けようとする成分に対抗して，電荷を押さなければならない．

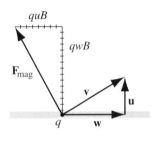

図 5.11

上の一辺に働く水平方向の力の合計は

$$F_{\text{horiz}} = \lambda auB \tag{5.21}$$

である．時間 dt の間に，電荷は（水平に）距離 $w\,dt$ だけ移動する．このため（おそらくバッテリーか発電機によって）なされた仕事は

$$W_{\text{battery}} = \lambda aB \int uw\,dt = IBah$$

であり，これは正確に式 5.19 でわれわれが磁気的な力による仕事としたものである．この過程で仕事はなされたのだろうか？ その通り．では誰が仕事をしたのか？ バッテリーがしたのである．では，磁気的な力の役割は何であるのか？ それは，バッテリーによる水平な力を，閉回路とおもりの垂直な運動に変換する役割である[7]．

力学的な類推を考えることは，助けになる．摩擦のない斜面でモップを使ってトランクを水平に押すことによって押し上げることを考えよう（図 5.12）．面からの垂直抗力 (**N**) は仕事をしない．なぜならそれは変位に垂直だからである．しかし，（実際トラン

---

[7]$\mathbf{F}_{\text{mag}}$ の垂直成分が車を持ち上げる仕事をするが，水平成分は電流に逆らう負の仕事に等しいと考えることもできる．どんな見方をしたとしても，磁気力によってなされた正味の仕事はゼロである．

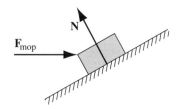

図 5.12

クは上昇しているのだから) それは鉛直成分をもっている. また, (モップで押すことによって打ち勝たなければならない) 後ろ向きの水平成分ももっている. ここでは誰が仕事をしているのか？ あきらかに, モップで押しているあなたである.（純粋に水平方向の) あなたの力は, (少なくとも直接的には) 箱を持ち上げるものではない. 面に垂直な抗力は, 例題 5.3 における磁気的な力と同じ受動的な（しかし重要な）役割を果たしている. つまり, それ自体は仕事はしないが, それは活動的な主体（場合によって"あなた"とかバッテリー）の努力を水平方向から鉛直方向に変換する.

電荷が表面を流れるとき, 以下で定義されるような**表面電流密度** $\mathbf{K}$ を用いる. 流れと平行に伸びている微小な幅 $dl_\perp$ をもつ"リボン"を考えよう（図 5.13）. もしこのリボンに流れる電流が $d\mathbf{I}$ であれば, 表面電流密度は

$$\mathbf{K} \equiv \frac{d\mathbf{I}}{dl_\perp} \tag{5.22}$$

と定義される. いってみれば, K は単位長さあたりの電流である. とくに,（動ける）表面電荷密度が σ であり, その速度が $\mathbf{v}$ のとき

$$\mathbf{K} = \sigma \mathbf{v} \tag{5.23}$$

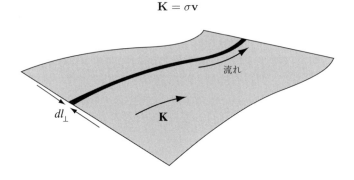

図 5.13

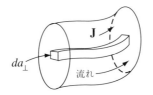

図 5.14

となる. 一般的には $\mathbf{K}$ は σ や $\mathbf{v}$ の変化を反映して, 表面の場所ごとに変化しているかもしれない. 表面電流に働く磁気的な力は

$$\mathbf{F}_{\mathrm{mag}} = \int (\mathbf{v} \times \mathbf{B}) \sigma \, da = \int (\mathbf{K} \times \mathbf{B}) \, da \tag{5.24}$$

である.

注意: 表面電荷によって電場 $\mathbf{E}$ が不連続になるのと同様に, 表面電流により磁場 $\mathbf{B}$ は不連続になる. 式 5.24 において, 平均の磁場を使うことに注意しなければならない.

電荷の流れが 3 次元領域に分布しているとき, それを以下のように定義される**体積電流密度 J** として記述する. 微小な断面積 $da_\perp$ をもつ "チューブ" が流れに平行に走っている状況を考える (図 5.14). このチューブを流れる電流が $d\mathbf{I}$ であるならば, 体積電流密度は

$$\mathbf{J} \equiv \frac{d\mathbf{I}}{da_\perp} \tag{5.25}$$

と定義される. 言葉でいうと, J は単位面積あたりの電流である. もし (移動可能な) 体積電荷密度が ρ であり, 速度が $\mathbf{v}$ であるならば

$$\mathbf{J} = \rho \mathbf{v} \tag{5.26}$$

である. それゆえ, 体積電流に働く磁気的力は

$$\mathbf{F}_{\mathrm{mag}} = \int (\mathbf{v} \times \mathbf{B}) \rho \, d\tau = \int (\mathbf{J} \times \mathbf{B}) \, d\tau \tag{5.27}$$

となる.

例題 5.4. (a) 半径 a の円形の断面をもつ導線に電流 I が一様に分布している (図 5.15). 体積電流密度 J を求めよ.

解答
(流れに垂直な) 面積は πa^2 なので,

$$J = \frac{I}{\pi a^2}$$

となる. これは電流密度が一様なので簡単である.

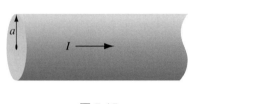

図 5.15　　　　　　　　　　図 5.16

(b) 導線内の電流密度が軸からの距離に比例するとする（比例定数を k とする.）.
$$J = ks$$
導線に流れる全電流を求めよ.

解答

J は s によって変化するので, 式 5.25 を積分しなければならない. 図 5.16 の網掛けをした部分を通る電流は $J da_\perp$ で, $da_\perp = s\,ds\,d\phi$ なので, 全電流は
$$I = \int (ks)(s\,ds\,d\phi) = 2\pi k \int_0^a s^2\,ds = \frac{2\pi k a^3}{3}$$
となる.

式 5.25 によると, 表面 $\mathcal{S}$ を貫く全電流は
$$I = \int_\mathcal{S} J\,da_\perp = \int_\mathcal{S} \mathbf{J} \cdot d\mathbf{a} \tag{5.28}$$
のように書ける.（内積は $d\mathbf{a}$ の適当な成分を取り出すのに使われている.）とくに, 単位時間あたりに領域 $\mathcal{V}$ から出ていく電荷は
$$\oint_\mathcal{S} \mathbf{J} \cdot d\mathbf{a} = \int_\mathcal{V} (\boldsymbol{\nabla} \cdot \mathbf{J})\,d\tau$$
となる. 電荷は保存されるので, 表面から流れ出る量は中に残っている電荷を減らす量になる.
$$\int_\mathcal{V} (\boldsymbol{\nabla} \cdot \mathbf{J})\,d\tau = -\frac{d}{dt}\int_\mathcal{V} \rho\,d\tau = -\int_\mathcal{V} \left(\frac{\partial \rho}{\partial t}\right) d\tau$$
（マイナスの符号は, 表面から外側への流れは体積 $\mathcal{V}$ に残っている電荷を減らしているという事実による.）この結果は, 任意の領域に適用できるので,
$$\boxed{\boldsymbol{\nabla} \cdot \mathbf{J} = -\frac{\partial \rho}{\partial t}} \tag{5.29}$$

と書ける. この式は局所的な電荷保存の数学的表現である. これは**連続の方程式**とよばれている.

以下で使いやすいように, 点, 線, 表面, 体積電流をまとめておく.

$$\sum_{i=1}^{n}(\quad)q_i\mathbf{v}_i \sim \int_{\text{line}}(\quad)\mathbf{I}\,dl \sim \int_{\text{surface}}(\quad)\mathbf{K}\,da \sim \int_{\text{volume}}(\quad)\mathbf{J}\,d\tau \qquad (5.30)$$

この対応関係は種々の電荷分布に対する $q \sim \lambda\,dl \sim \sigma\,da \sim \rho\,d\tau$ に類似し, 元々のローレンツ力の式 5.1 から一般化された式 5.15, 5.24〜5.27 を導くものである.

問題 5.4 ある領域における磁場が

$$\mathbf{B} = kz\hat{\mathbf{x}}$$

のように与えられている (k は定数). 一辺が a で, 中心が原点にある yz 面内の正方形の閉回路に, 電流 I が流れている. この場合に, 閉回路に働く力を求めよ. 電流の向きは x 軸方向から見て反時計周りである.

問題 5.5 半径 a の導線に電流 I が流れている.
(a) 電流が表面に一様に分布して流れていた場合, 表面電流密度 K はいくらか?
(b) 体積電流密度が中心軸からの距離に反比例している場合, 体積電流密度 $J(s)$ はいくらか?

問題 5.6
(a) レコード盤に一様な密度の "静電気" σ が分布している. レコード盤が角速度 ω で回転しているとき, 中心から r の距離における表面電流密度 K はいくらか?
(b) 原点を中心にして半径 R で総電荷 Q をもつ一様に帯電した固体球がある. これが z 軸の周りに一定の角速度 ω で回転している. 球の中の任意の点 (r, θ, ϕ) における体積電流密度 $\mathbf{J}$ を求めよ.

問題 5.7 領域 $\mathcal{V}$ 中に電荷や電流が配置されている場合

$$\int_{\mathcal{V}} \mathbf{J}\,d\tau = d\mathbf{p}/dt \qquad (5.31)$$

を示せ. ただし, $\mathbf{p}$ は全双極子モーメントである. [ヒント: $\int_{\mathcal{V}} \boldsymbol{\nabla}\cdot(x\mathbf{J})\,d\tau$ を計算せよ.]

5.2 ビオ・サバールの法則

5.2.1 定常電流

動かない電荷は，時間によらない電場をつくる．それゆえ，**静電気学**という言葉を用いる[8]．定常電流は，時間に依存しない磁場をつくる．定常電流による理論は**静磁気学**とよばれる．

動かない電荷	⇒	時間に依存しない電場：静電気学
定常電流	⇒	時間に依存しない磁場：静磁気学

定常電流という言葉は，変化することなく，どこにも電荷がたまることがない，連続した電荷の流れを意味する．形式的には，すべての場所とすべての時間で

$$\frac{\partial \rho}{\partial t} = 0, \quad \frac{\partial \mathbf{J}}{\partial t} = \mathbf{0} \tag{5.32}$$

を満たす状況を扱うのが静電気学，静磁気学である．もちろん，実際には本当に動かない電荷と同じように，本当の定常電流のようなものはない．この意味では，静電気学と静磁気学の両方とも，教科書の中にだけある人工的な世界を記述するものである．しかしながら，実際の揺らぎが遠いところでゆっくり起こっているような場合には，よい近似となる．実際，ほとんどの場合，静磁気学は家に届く1秒間に120回（または100回）も符号を変える交流電流にさえよく適用できる．

動いている点電荷は，定常電流をつくり得ないことに注意せよ．もし点電荷がある瞬

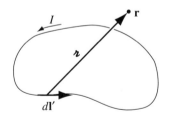

図 5.17

---

[8]実際には電荷は，静止している必要はなく，各点で電荷密度が一定でありさえすればよい．たとえば問題 5.6(b) における球は，回転していても静電場 $1/4\pi\epsilon_0 (Q/r^2)\hat{\mathbf{r}}$ をつくる．なぜならば ρ は時間 t に依存しないからである．

間にここにいたとしても，次の瞬間には向こうへ行ってしまうからである．これは読者にとっては些細なことのように思えるかもしれないが，著者にとっては頭痛の種である．静電気学ではそれぞれの項目を簡単な止まっている点電荷の場合から始めた．それから重ね合わせの原理により任意の電荷密度の場合に一般化することができた．このやり方は静磁気学では通用しない．なぜならば，まず第一に動いている点電荷は静磁場をつくらないので，初めから電流分布を扱わなければならない．そしてその結果として，議論はより面倒になる．

定常電流が導線を流れているとき，その大きさ I は線に沿ったどこでも同じでなければならない．そうでないと，電荷はどこかにたまって定常電流にならない．一般的には，静磁気学では $\partial\rho/\partial t = 0$ なので，連続の方程式は

$$\nabla \cdot \mathbf{J} = 0 \tag{5.33}$$

となる．

5.2.2 定常電流による磁場

定常電流による磁場はビオ・サバールの法則によって与えられる．

$$\boxed{\mathbf{B}(\mathbf{r}) = \frac{\mu_0}{4\pi}\int\frac{\mathbf{I}\times\hat{\boldsymbol{\imath}}}{\imath^2}dl' = \frac{\mu_0}{4\pi}I\int\frac{dl'\times\hat{\boldsymbol{\imath}}}{\imath^2}} \tag{5.34}$$

積分は流れの方向に電流の経路に沿って行う．dl' は導線に沿った線要素であり，そして $\hat{\boldsymbol{\imath}}$ はいつものようにソース（源）から点 $\mathbf{r}$ へのベクトルである（図 5.17）．定数 μ_0 は**真空の透磁率**とよばれる[9]．

$$\mu_0 = 4\pi \times 10^{-7} \text{ N/A}^2 \tag{5.35}$$

このため **B** の単位は（ローレンツ則で要求されるように）ニュートン毎アンペア・メートルまたは**テスラ** (T) となる[10]．

$$1 \text{ T} = 1 \text{ N/(A} \cdot \text{m)} \tag{5.36}$$

静磁気学の出発点として，ビオ・サバールの法則は静電気学のクーロンの法則の役割

---

[9]これは正確な値であり，実験的に求められたものではない．式 5.40 を通してアンペアを定義し，アンペアはクーロンを定義する．

[10]いくつかの理由で，cgs 単位（**ガウス**）が SI 単位よりよく使われる場合がある．この場合は 1 テスラ $= 10^4$ ガウスである．地磁気の大きさは約 0.5 ガウスであり，実験室では発生させるような強磁場は 10,000 ガウス程度である．

を果たしている. 実際, $1/\boldsymbol{\mathfrak{z}}^2$ 依存性は両方の法則で共通である.

例題 5.5. 定常電流 I が流れている長い直線状の導線から距離 s の場所における磁場を求めよ (図 5.18).

解答
図では $(d\mathbf{l}' \times \hat{\boldsymbol{\mathfrak{z}}})$ は, 紙面から出る方向に向いており,

$$dl' \sin\alpha = dl' \cos\theta$$

の大きさをもつ. また $l' = s\tan\theta$ なので

$$dl' = \frac{s}{\cos^2\theta}\, d\theta$$

であり, さらに $s = \boldsymbol{\mathfrak{z}}\cos\theta$ なので

$$\frac{1}{\boldsymbol{\mathfrak{z}}^2} = \frac{\cos^2\theta}{s^2}$$

となる. それゆえ

$$\begin{aligned}
B &= \frac{\mu_0 I}{4\pi} \int_{\theta_1}^{\theta_2} \left(\frac{\cos^2\theta}{s^2}\right)\left(\frac{s}{\cos^2\theta}\right) \cos\theta\, d\theta \\
&= \frac{\mu_0 I}{4\pi s} \int_{\theta_1}^{\theta_2} \cos\theta\, d\theta = \frac{\mu_0 I}{4\pi s}(\sin\theta_2 - \sin\theta_1)
\end{aligned} \tag{5.37}$$

と求まる.

式 5.37 は, 初めの角度 θ_1 と最後の角度 θ_2 で与えられる直線状の導線の一部分からの磁場を与える (図 5.19). もちろん, 導線の有限の長さの "一部分だけ" では定常電流を与えない. (その一部分の終わりまで電流が流れたとき, 電荷はどこへ行くのか?)

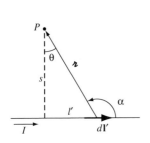

図 5.18

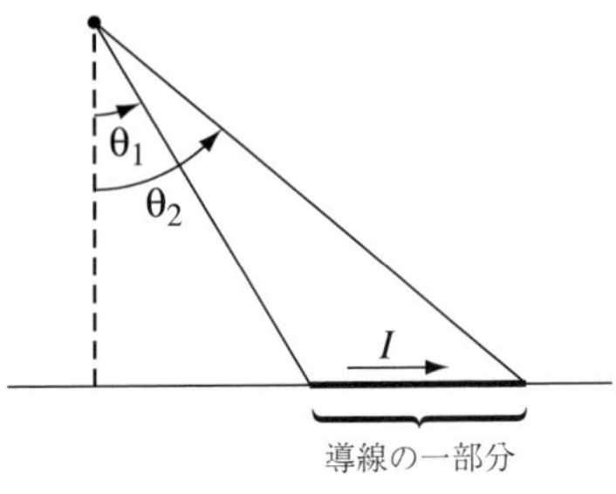

図 5.19

しかし，閉回路の一部分を考えているものとすれば，式 5.37 は閉回路によってつくられるすべての磁場のうちの，その部分からの寄与を与える．無限に長い導線の場合，$\theta_1 = -\pi/2, \theta_2 = \pi/2$ となるので

$$B = \frac{\mu_0 I}{2\pi s} \tag{5.38}$$

を得る．

無限に長い線電荷による電場のときのように，磁場が導線からの距離に反比例することに気をつけよ．導線の下の部分では，磁場 **B** は紙面に入る向きを向いてる．一般的には右手の法則にしたがって，導線を回る向きに磁場は向いている（図 5.3）．

$$\mathbf{B} = \frac{\mu_0 I}{2\pi s} \hat{\phi} \tag{5.39}$$

応用として，距離 d だけ離れて I_1 と I_2 の電流が流れている 2 本の長い平行な導線の間に働く力を求める（図 5.20）．導線 (1) による導線 (2) の場所における磁場は

$$B = \frac{\mu_0 I_1}{2\pi d}$$

であり，紙面に入る向きを向いている．線電流のときのローレンツ則の式 5.17 を用いると，力の向きは導線 (1) に向かい，大きさは

$$F = I_2 \left(\frac{\mu_0 I_1}{2\pi d}\right) \int dl$$

となる．驚くには値しないが，働く力の総量は無限大である．しかし単位長さあたりの力は

$$f = \frac{\mu_0}{2\pi} \frac{I_1 I_2}{d} \tag{5.40}$$

となる．もし，電流が反平行（片方が上向き，片方が下向き）であるならば，力は斥力になり，5.1.1 項で行った定性的な考察と一致する．

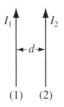

図 5.20

254 第5章 静磁気学

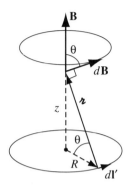

図 5.21

例題 5.6. 定常電流 I が流れている半径 R の円電流がある．この中心から垂直距離 z の位置における磁場を求めよ（図 5.21）．

解答
線素片 $d\mathbf{l}'$ からの磁場の寄与 $d\mathbf{B}$ は図に示されたような方向を向いている．$d\mathbf{l}'$ をループに沿って積分すると，$d\mathbf{B}$ はコーン状の形状をたどる．このため水平成分は相殺し，垂直成分のみ残り，

$$B(z) = \frac{\mu_0}{4\pi} I \int \frac{dl'}{\imath^2} \cos\theta$$

となる．（この場合，$d\mathbf{l}'$ と $\boldsymbol{\imath}$ は垂直である．また $\cos\theta$ を掛けることによって，垂直成分を求めている．）いま，$\cos\theta$ と $\imath^2$ は定数で，$\int dl'$ は単純に円周の長さ $2\pi R$ なので，磁場は

$$B(z) = \frac{\mu_0 I}{4\pi} \left(\frac{\cos\theta}{\imath^2}\right) 2\pi R = \frac{\mu_0 I}{2} \frac{R^2}{(R^2 + z^2)^{3/2}} \tag{5.41}$$

となる．

表面，体積電流の場合は，ビオ・サバールの法則はそれぞれ

$$\mathbf{B}(\mathbf{r}) = \frac{\mu_0}{4\pi} \int \frac{\mathbf{K}(\mathbf{r}') \times \hat{\boldsymbol{\imath}}}{\imath^2} da', \qquad \mathbf{B}(\mathbf{r}) = \frac{\mu_0}{4\pi} \int \frac{\mathbf{J}(\mathbf{r}') \times \hat{\boldsymbol{\imath}}}{\imath^2} d\tau' \tag{5.42}$$

となる．動いている点電荷に対しても，式 5.30 を用いて対応する式，

$$\mathbf{B}(\mathbf{r}) = \frac{\mu_0}{4\pi} \frac{q\mathbf{v} \times \hat{\boldsymbol{\imath}}}{\imath^2} \tag{5.43}$$

を書きたくなるが，これは間違っている[11]．前述したように，点電荷は定常電流をつくることはできない．このため，そのような場合は定常電流の場合のみ成り立つビオ・サバールの法則は正しく磁場を記述しない．

電場の場合とまったく同じように，磁場の場合も重ね合わせの原理が成り立つ．磁場をつくる電流が複数あれば，正味の磁場はそれぞれの電流がつくる磁場のベクトル的な重ね合わせとなる．

問題 5.8
(a) 定常電流 I が流れている正方形の閉回路の中心における磁場を求めよ．各辺から中心までの距離を R とする（図 5.22）．
(b) 定常電流 I が流れている，正 n 角形の中心における磁場を求めよ．各辺から中心までの距離を R とする．
(c) 正 n 角形の結果が $n \to \infty$ の場合，円電流の結果となることを確認せよ．

問題 5.9 図 5.23 に示されたそれぞれの定常電流の配置の場合において，P 点における磁場を求めよ．

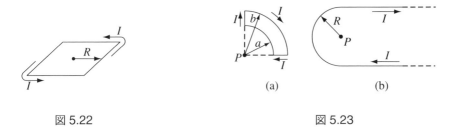

図 5.22   図 5.23

問題 5.10
(a) 図 5.24(a) に示されているように，無限に長い導線の近くに置かれた正方形のループ

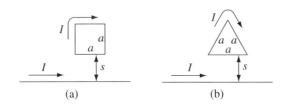

図 5.24

---

[11]強調しておきたいことは，式 5.43 は原理的な点で間違っているということである．実際のところは，式 5.43 は遅延が無視できるような $v \ll c$ である非相対論的な場合では，近似的に正しい．

に働く力を求めよ．両方の導線には定常電流 I が流れているとする．
(b) 図 5.24(b) に示されている三角形のループに働く力を求めよ．

問題 5.11 半径 a の円柱状のチューブに単位長さあたりの巻き数が n のソレノイド（巻き線コイル）に電流 I が流れている．このときコイルの軸上の P 点における磁場を求めよ（図 5.25）．答えを θ_1 と θ_2 で表せ．（これが最も簡単な方法である．）ソレノイドのコイルは密に巻いてあるので本質的に円電流であると考え，例題 5.6 で求めた結果を用いよ．ソレノイドが（両方向とも）無限に長い場合に，軸上の磁場はいくらか？

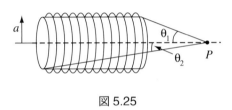

図 5.25

問題 5.12 半径 R で全電荷 Q をもった球殻が角速度 ω で回転している場合，球殻の中心における磁場を例題 5.6 の結果を用いて求めよ．

問題 5.13 図 5.26 に示すように，d だけ離れている 2 本の無限に長い直線状の線電荷 λ が，一定の速さ v で運動している．電気的な反発力が磁気的な引力とつり合うためには，速さ v はどれぐらいであるべきか？ 実際の数値を計算せよ．これは正当な値か[12]？

図 5.26

---

[12] すでに特殊相対論を学んでいる読者はこの問題を複雑に考えすぎるかもしれないが，その必要はない．λ と v は両方とも実験室座標系で測定されたもので，この問題は通常の静電気学の問題である．

5.3 磁場の発散と回転

5.3.1 直線電流

無限に長い直線状の導線による磁場が図 5.27 に示されている．(電流は紙面から出てくる方向である．) 一目見て，これはあきらかにゼロでない回転をもつ．(静電場では見たことがなかったものである．) これを計算で求めてみよう．

式 5.38 によると，導線を中心とする半径 s の円形の経路での磁場 $\mathbf{B}$ の積分は

$$\oint \mathbf{B} \cdot d\mathbf{l} = \oint \frac{\mu_0 I}{2\pi s} \, dl = \frac{\mu_0 I}{2\pi s} \oint dl = \mu_0 I$$

である．この結果は s に依存しないことに注意せよ．これは，磁場 B は円周が増加するのと同じ割合で減少するからである．実際，経路は円である必要はない．導線を囲むいかなるループでも同じ結果を得る．電流が z 方向に流れているとすると，円柱座標 (s, ϕ, z) を使うと $\mathbf{B} = (\mu_0 I/2\pi s)\hat{\boldsymbol{\phi}}$, $d\mathbf{l} = ds\,\hat{\mathbf{s}} + s\,d\phi\,\hat{\boldsymbol{\phi}} + dz\,\hat{\mathbf{z}}$ であるので

$$\oint \mathbf{B} \cdot d\mathbf{l} = \frac{\mu_0 I}{2\pi} \oint \frac{1}{s} s\,d\phi = \frac{\mu_0 I}{2\pi} \int_0^{2\pi} d\phi = \mu_0 I$$

となる．この結果はループは導線の周りを 1 回だけ回ると仮定している．もし 2 回，回っていたらそのときは ϕ は 0 から 4π 変わることになる．ループが導線をまったく囲んでいなければ，ϕ は ϕ_1 から ϕ_2 を行って戻ることになり，$\int d\phi = 0$ となる (図 5.28)．

いま，まっすぐな導線の束があるとしよう．ループを貫く導線はそれぞれ $\mu_0 I$ だけ寄与し，ループの外側の導線は寄与しない (図 5.29)．このため線積分は

$$\oint \mathbf{B} \cdot d\mathbf{l} = \mu_0 I_{\text{enc}} \tag{5.44}$$

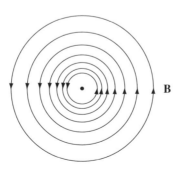

図 5.27

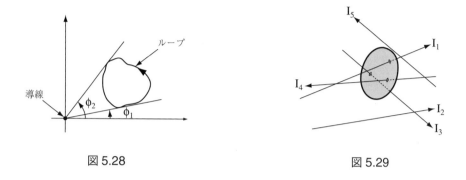

図 5.28   図 5.29

となる.ここで I_{enc} は積分路に囲まれる全電流を表す.電荷の流れが体積電流密度 $\mathbf{J}$ で表されるとき,積分路に囲まれる電流は,ループによって囲まれる面積で積分することによって

$$I_{\text{enc}} = \int \mathbf{J} \cdot d\mathbf{a} \tag{5.45}$$

となる.ストークスの定理を式 5.44 に用いると

$$\int (\nabla \times \mathbf{B}) \cdot d\mathbf{a} = \mu_0 \int \mathbf{J} \cdot d\mathbf{a}$$

となり,それゆえ

$$\nabla \times \mathbf{B} = \mu_0 \mathbf{J} \tag{5.46}$$

を得る.

　最小の努力で,$\mathbf{B}$ の回転の一般的な式を得ることができた.しかし,この導出は無限に長い直線状の電流の場合(およびその重ね合わせ)に限定されている.一般的な電流の配置は,無限の直線状の電流の組み合わせでつくることはできない.このため,一般の場合に式 5.46 の結果が正しいかどうかはわからない.次の項では,ビオ・サバールの法則そのものから出発して一般的な磁場 $\mathbf{B}$ の発散と回転の導出を行う.

5.3.2　磁場の発散と回転

　体積電流を用いた場合のビオ・サバールの法則は

$$\mathbf{B}(\mathbf{r}) = \frac{\mu_0}{4\pi} \int \frac{\mathbf{J}(\mathbf{r}') \times \hat{\boldsymbol{\imath}}}{\imath^2} d\tau' \tag{5.47}$$

と書ける.この式は点 $\mathbf{r} = (x, y, z)$ における磁場を電流密度 $\mathbf{J}(x', y', z')$ の積分によっ

5.3. 磁場の発散と回転

て与えている（図 5.30）．以下のことを明示しておくとわかりやすい．

$$\mathbf{B} \text{ は } (x, y, z) \text{ の関数}$$

$$\mathbf{J} \text{ は } (x', y', z') \text{ の関数}$$

$$\boldsymbol{\mathit{r}} = (x - x')\hat{\mathbf{x}} + (y - y')\hat{\mathbf{y}} + (z - z')\hat{\mathbf{z}}$$

$$d\tau' = dx'\, dy'\, dz'$$

積分は $\mathbf{r}'$ または (x', y', z') について行い，$\mathbf{B}$ の発散や回転の微分は $\mathbf{r}$ または (x, y, z) について行う．

式 5.47 に発散を適用すると

$$\nabla \cdot \mathbf{B} = \frac{\mu_0}{4\pi} \int \nabla \cdot \left(\mathbf{J} \times \frac{\hat{\boldsymbol{\mathit{r}}}}{\mathit{r}^2} \right) d\tau' \tag{5.48}$$

となる．付録 D の「積の微分則」(6) を適用すると

$$\nabla \cdot \left(\mathbf{J} \times \frac{\hat{\boldsymbol{\mathit{r}}}}{\mathit{r}^2} \right) = \frac{\hat{\boldsymbol{\mathit{r}}}}{\mathit{r}^2} \cdot (\nabla \times \mathbf{J}) - \mathbf{J} \cdot \left(\nabla \times \frac{\hat{\boldsymbol{\mathit{r}}}}{\mathit{r}^2} \right) \tag{5.49}$$

となるが，$\mathbf{J}$ は $\mathbf{r}$（′（ダッシュ）のついていない変数）の関数ではないので，$\nabla \times \mathbf{J} = 0$ となり，また $\nabla \times (\hat{\boldsymbol{\mathit{r}}}/\mathit{r}^2) = \mathbf{0}$ なので

$$\boxed{\nabla \cdot \mathbf{B} = 0} \tag{5.50}$$

となる．あきらかに磁場の発散はゼロになる．

式 5.47 に回転を適用すると

$$\nabla \times \mathbf{B} = \frac{\mu_0}{4\pi} \int \nabla \times \left(\mathbf{J} \times \frac{\hat{\boldsymbol{\mathit{r}}}}{\mathit{r}^2} \right) d\tau' \tag{5.51}$$

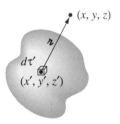

図 5.30

260 第 5 章 静磁気学

となる. 今度は付録 D の「積の微分則」(8) を用いて, 被積分関数を展開すると

$$\nabla \times \left(\mathbf{J} \times \frac{\hat{\boldsymbol{\imath}}}{\imath^2} \right) = \mathbf{J} \left(\nabla \cdot \frac{\hat{\boldsymbol{\imath}}}{\imath^2} \right) - (\mathbf{J} \cdot \nabla) \frac{\hat{\boldsymbol{\imath}}}{\imath^2} \tag{5.52}$$

となる. ($\mathbf{J}$ の微分を含む項は落とした. なぜならば $\mathbf{J}$ は x, y, z に依存しないからである.) 次の段落で見るように第二項はゼロになる. 第一項は第 1 章で苦労して計算した発散の式 (式 1.100)

$$\nabla \cdot \left(\frac{\hat{\boldsymbol{\imath}}}{\imath^2} \right) = 4\pi \delta^3(\boldsymbol{\imath}) \tag{5.53}$$

を含む. よって

$$\nabla \times \mathbf{B} = \frac{\mu_0}{4\pi} \int \mathbf{J}(\mathbf{r}') 4\pi \delta^3(\mathbf{r} - \mathbf{r}') \, d\tau' = \mu_0 \mathbf{J}(\mathbf{r})$$

となる. この結果は式 5.46 が無限の直線電流に限定されず, 静磁気学において任意の形状の電流分布で成り立つことを証明している.

　しかしながら, 議論を完結させるためには式 5.52 の第二項を積分するとゼロになることを確認しなければならない. 微分は $\hat{\boldsymbol{\imath}}/\imath^2$ に対してのみ作用するので, 単純にマイナスの符号をつけることで ∇ を ∇' に置き換えることが可能である[13].

$$-(\mathbf{J} \cdot \nabla) \frac{\hat{\boldsymbol{\imath}}}{\imath^2} = (\mathbf{J} \cdot \nabla') \frac{\hat{\boldsymbol{\imath}}}{\imath^2} \tag{5.54}$$

とくに x 成分は

$$(\mathbf{J} \cdot \nabla') \left(\frac{x - x'}{\imath^3} \right) = \nabla' \cdot \left[\frac{(x - x')}{\imath^3} \mathbf{J} \right] - \left(\frac{x - x'}{\imath^3} \right) (\nabla' \cdot \mathbf{J})$$

となる. (ここでは付録 D の「積の微分則」(5) を用いた.) 定常電流では $\mathbf{J}$ の発散はゼロ (式 5.33) なので,

$$\left[-(\mathbf{J} \cdot \nabla) \frac{\hat{\boldsymbol{\imath}}}{\imath^2} \right]_x = \nabla' \cdot \left[\frac{(x - x')}{\imath^3} \mathbf{J} \right]$$

となる. それゆえ, この項の積分 (式 5.51) への寄与は

$$\int_{\mathcal{V}} \nabla' \cdot \left[\frac{(x - x')}{\imath^3} \mathbf{J} \right] d\tau' = \oint_{\mathcal{S}} \frac{(x - x')}{\imath^3} \mathbf{J} \cdot d\mathbf{a}' \tag{5.55}$$

と書ける. (∇ から ∇' への変換は, この部分積分を行えるようにするために行った.) しかし, この積分はどの領域を積分しているのだろうか? それはビオ・サバールの法

---

[13]大事な点は $\boldsymbol{\imath}$ は二つの座標の差のみに依存しているということである. $(\partial/\partial x) f(x - x') = -(\partial/\partial x') f(x - x')$.

則（式5.47）に現れる領域で，すべての電流を含むような十分大きな領域である．望むなら，この領域はこれより大きくすることができる．なぜなら $\mathbf{J}=0$ であれば積分に寄与しないからである．重要なことは（電流は十分内部にあるので），境界で電流はゼロであるということである．このために表面積分（式5.55）はゼロとなる[14].

5.3.3　アンペールの法則

磁場 $\mathbf{B}$ の回転に対する式

$$\boxed{\boldsymbol{\nabla}\times\mathbf{B} = \mu_0\mathbf{J}} \tag{5.56}$$

は，（微分形式の）**アンペールの法則**とよばれる．これはストークスの定理によって

$$\int(\boldsymbol{\nabla}\times\mathbf{B})\cdot d\mathbf{a} = \oint \mathbf{B}\cdot d\mathbf{l} = \mu_0\int \mathbf{J}\cdot d\mathbf{a}$$

のように積分形式に書くことができる．$\int \mathbf{J}\cdot d\mathbf{a}$ は表面を通過する全電流を表し（図5.31），I_{enc} とよぶ（アンペールループによって**囲まれる電流**）．それゆえ

$$\boxed{\oint \mathbf{B}\cdot d\mathbf{l} = \mu_0 I_{\text{enc}}} \tag{5.57}$$

となる．これは積分形式のアンペールの法則であり，式5.44を任意の定常電流に一般化したものである．式5.57はストークスの定理に内在する符号のあいまいさを内包していることに注意しよう．閉回路をどちらの向きに積分するのか？ そして，表面をどちらの方向に貫く電流を "正" とするのか？ ここではいつものように右手の法則を適用する．もし右手の指が境界（閉回路）における積分の方向を表していたら，親指は正の電流の方向を示す．

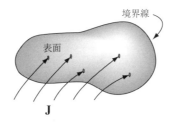

図 5.31

---

[14] $\mathbf{J}$ 自身は，無限に長い直線電流の場合のように，無限に拡がることができる．この場合でも，十分注意した解析を行うと表面積分はゼロになることがわかる．

静電気学におけるクーロンの法則の役割を，静磁気学においてビオ・サバールの法則が果たしているように，アンペールの法則はガウスの法則の役割を果たしている．

$$\begin{cases} 静電気学： & クーロン & \to & ガウス \\ 静磁気学： & ビオ・サバール & \to & アンペール \end{cases}$$

特別な対称性をもった電流の場合，積分形のアンペールの法則は磁場を計算するのに非常に効率的な方法を与える．

例題 5.7. 定常電流 I が流れている長い直線状の導線から，距離 s における磁場を求めよ（図 5.32）．（同じ問題をビオ・サバールの法則を用いて例題 5.5 で解いている．）

解答
磁場 $\mathbf{B}$ の方向は右手の法則にしたがって導線の周りを"回る方向"である．導線を中心とする半径 s の円周にアンペールループをとると，対称性により磁場 $\mathbf{B}$ の大きさはこの上で一定である．このためアンペールの法則は

$$\oint \mathbf{B} \cdot d\mathbf{l} = B \oint dl = B 2\pi s = \mu_0 I_{\text{enc}} = \mu_0 I$$

または

$$B = \frac{\mu_0 I}{2\pi s}$$

を与える．この結果は以前に式 5.38 で得られた結果と一致する．しかし今回は，はるかに楽に結果を得ることができた．

例題 5.8. 無限に拡がる一様な表面電流 $\mathbf{K} = K\hat{\mathbf{x}}$ が xy 面上を流れている．このときの磁場を求めよ（図 5.33）．

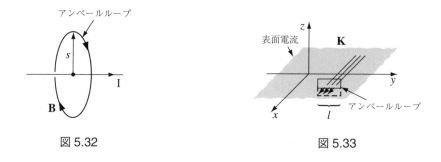

図 5.32　　　　　　　　　　　　　　図 5.33

解答

まず，**B** の方向はどちらであろうか？ x 方向成分はもつだろうか？ 答えは，"いいえ"である．ビオ・サバールの法則（式 5.42）を見ると **K** に垂直な方向に磁場 **B** があることを示している．では z 方向成分をもっているだろうか？ 答えは，再び"いいえ"である．これは $+y$ における部分からの垂直方向成分の寄与は，対応する $-y$ における部分からの寄与により相殺されるからである．この議論でもよいが，より考えやすい方法もある．この平面から，離れる方向を向いている磁場を考える．電流の向きを反転させると，この磁場は平面を向く向きになる．（ビオ・サバールの法則では，電流の符号変化は磁場の向きを変える．）しかし，磁場 **B** の z 方向成分は，xy 面内の電流の向きに依存するはずがない．（考えてみてごらんなさい！）このため磁場 **B** は y 方向成分だけをもち，右手の法則から平面より上では左を向き，下では右を向くことがわかる．

これを念頭に置いて図 5.33 に示すような yz 平面に平行で，表面から上下に等距離だけはみ出した四角いアンペールループを考える．アンペールの法則を適用することによって

$$\oint \mathbf{B} \cdot d\mathbf{l} = 2Bl = \mu_0 I_\text{enc} = \mu_0 K l$$

となる．（一つの Bl は上側の部分から，一つは下からの寄与である．）これより $B = (\mu_0/2)K$ となり，より正確には

$$\mathbf{B} = \begin{cases} +(\mu_0/2)K\,\hat{\mathbf{y}} & z < 0 \text{ のとき} \\ -(\mu_0/2)K\,\hat{\mathbf{y}} & z > 0 \text{ のとき} \end{cases} \tag{5.58}$$

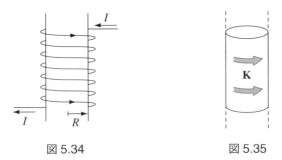

図 5.34　　　　　図 5.35

となる．一様な表面電荷による電場（例題 2.5）と同様に，磁場は平板からの距離に依存しないことに注意せよ．

例題 5.9. 単位長さあたりの巻き数が n の半径 R の非常に長いソレノイドに,定常電流 I が流れている(図 5.34).この場合の磁場を求めよ.[ソレノイドは非常に密に巻いてあるので,円電流が数多く並んでいるものと考えることができる.もし,これが気に入らなかったら(どのみち,どんなにきつく巻いてもソレノイドの軸方向に正味の電流 I が存在するので)等価である一様な表面電流 $K = nI$ が流れているアルミホイルが円柱に巻きつけられた場合を考えればよい(図 5.35).または,軸方向の電流成分を相殺するために二重巻き(上に向かって巻き上がり,その後下に向かって巻き下がること)にしてあると考えればよい.しかし,実際はここまでこだわる必要はない.なぜなら,ソレノイドの内部の磁場は(相対的に考えると)非常に大きいので,軸方向の電流による磁場は小さく無視できるからである.]

解答

まず,磁場 **B** の方向はどちらを向いているだろうか? "動径方向"成分をもっているだろうか? 答えは,"いいえ"である.たとえば,磁場の動径方向成分 B_s が存在して,正であると仮定してみる.もし電流の方向を逆にすると,磁場 B_s は負になる.しかし,電流 I を反転することは物理的にはソレノイドの上下をひっくり返すことと等価である.この操作は動径方向成分を決して変えたりしない.ゆえに動径方向成分は存在しない.では,ソレノイドの"円周"方向成分はあるだろうか? 答えは,"いいえ"である.軸の周りを回転する方向の成分 B_ϕ はソレノイドの軸を中心としたアンペールループ上で(対称性から)一定である(図 5.36).このため,ループを貫く電流がないことを考えると,アンペールの法則より

$$\oint \mathbf{B} \cdot d\mathbf{l} = B_\phi (2\pi s) = \mu_0 I_{\text{enc}} = 0$$

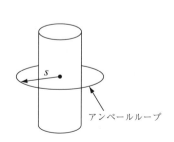
図 5.36

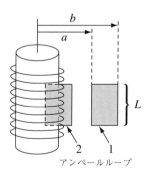
図 5.37

5.3. 磁場の発散と回転 **265**

となる. ゆえに周りを回転する成分も存在しない.

このため, 無限に長い密に巻いたソレノイドのつくる磁場は, 軸に平行である. 右手の法則より磁場はソレノイドの内側では上向きで, 外側では下向きであることが期待できる. さらに, ソレノイドから無限に離れると磁場はあきらかにゼロに近づく. これを念頭に置いて図 5.37 に示した二つの正方形のループについてアンペールの法則を適用してみる. ソレノイドの外側にあり, ソレノイドから辺がそれぞれ a, b だけ離れているループ 1 では

$$\oint \mathbf{B} \cdot d\mathbf{l} = [B(a) - B(b)]L = \mu_0 I_{\mathrm{enc}} = 0$$

なので,

$$B(a) = B(b)$$

となり, あきらかに, 外側の磁場は軸からの距離に依存しない. しかし, ソレノイドから十分離れると磁場はゼロになる. それゆえ, ソレノイドの外側では磁場は至るところでゼロでなければならない. (この驚くべき結果はもちろんビオ・サバールの法則からも導出できる. しかし導出はより難しい. 問題 5.46 参照.)

半分がソレノイドの内側で, 半分が外側のループ 2 ではどうであろうか? アンペールの法則を適用すると

$$\oint \mathbf{B} \cdot d\mathbf{l} = BL = \mu_0 I_{\mathrm{enc}} = \mu_0 nIL$$

となる. ここで B はソレノイドの内側の磁場である. (ループの右側の部分は磁場がいたるところでゼロなので, 積分に何も貢献しない.) 以上より,

$$\mathbf{B} = \begin{cases} \mu_0 nI\,\hat{\mathbf{z}} & \text{ソレノイドの内部} \\ \mathbf{0} & \text{ソレノイドの外部} \end{cases} \tag{5.59}$$

となる.

内側の磁場は, 一様であることに注意せよ. つまり, 軸からの距離に依存しない. この意味では, 静電気学において平行板コンデンサーが一様な電場を生み出す道具であったように, ソレノイドは, 静磁気学において強力な一様な磁場を生み出す簡単な道具である.

アンペールの法則は定常電流に対していつも成り立つが, いつも便利だとは限らない. これは, ガウスの法則と同様である. 考えている問題の対称性を使って計算すべき積分 $\oint \mathbf{B} \cdot d\mathbf{l}$ の外に $\mathbf{B}$ を出すことができれば, アンペールの法則から磁場を計算できる. その場合は非常に早く計算できる. しかしそうでなければ, ビオ・サバールの法則

に戻って磁場を計算しなければならない．アンペールの法則で扱うことができる電流の配置は

1. 無限に長い導線（典型例: 例題 5.7）
2. 無限に広い平面（典型例: 例題 5.8）
3. 無限に長いソレノイド（典型例: 例題 5.9）
4. トロイド（典型例: 例題 5.10）

最後のトロイドは驚くほどエレガントなアンペールの法則の適用例である．例題 5.8 や例題 5.9 で見てきたように，これらの場合におけるアンペールの法則の適用で難しいところは，磁場の向きを決めることにある．実際のアンペールの法則の計算は一行で済む．

例題 5.10. トロイダルコイルは円状のリング，つまり "ドーナツ" の周りに導線が巻かれたものである（図 5.38）．導線は一様に十分密に巻かれているので，巻いてある導線は閉ループの集まりであると考えることができる．コイルの断面の形は問題ではない．図 5.38 では簡単のために正方形としてある．しかしリングの至るところで形が変わらなければ円でもよいし，図 5.39 のようにもっと変わった非対称な形でも同じである．この場合，トロイドの磁場は，コイルの内側でも外側でも，すべての場所でリングまたはドーナツの円周方向を向いている．

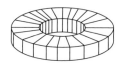

図 5.38

証明． ビオ・サバールの法則によると $\mathbf{r}'$ における電流要素が $\mathbf{r}$ につくる磁場は

$$d\mathbf{B} = \frac{\mu_0}{4\pi} \frac{\mathbf{I} \times \boldsymbol{\imath}}{\imath^3} dl'$$

である．$\mathbf{r}$ を xz 面内におくと（図 5.39）その座標成分は $(x, 0, z)$ でありソースの座標は

$$\mathbf{r}' = (s' \cos\phi', s' \sin\phi', z')$$

となる．よって

$$\boldsymbol{\imath} = (x - s' \cos\phi', -s' \sin\phi', z - z')$$

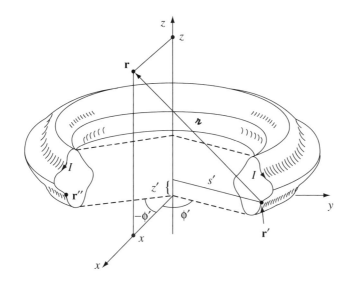

図 5.39

と書ける. 電流は ϕ 成分をもたないので, $\mathbf{I} = I_s \hat{\mathbf{s}} + I_z \hat{\mathbf{z}}$, または（デカルト座標で）

$$\mathbf{I} = (I_s \cos\phi', I_s \sin\phi', I_z)$$

と表すことができる. したがって

$$\mathbf{I} \times \boldsymbol{\imath} = \begin{bmatrix} \hat{\mathbf{x}} & \hat{\mathbf{y}} & \hat{\mathbf{z}} \\ I_s \cos\phi' & I_s \sin\phi' & I_z \\ (x - s'\cos\phi') & (-s'\sin\phi') & (z - z') \end{bmatrix}$$

$$= \left[\sin\phi'\left(I_s(z-z') + s'I_z\right)\right]\hat{\mathbf{x}} + \left[I_z(x - s'\cos\phi') - I_s\cos\phi'(z-z')\right]\hat{\mathbf{y}}$$

$$+ \left[-I_s x \sin\phi'\right]\hat{\mathbf{z}}$$

となる. しかし, 同じ s', $\boldsymbol{\imath}$, dl', I_s, I_z をもち, 負の ϕ' をもつ対称的な電流要素が $\mathbf{r}''$ に存在する（図 5.39）. このとき $\sin\phi'$ は符号を変えるので, $\mathbf{r}'$ と $\mathbf{r}''$ からの $\hat{\mathbf{x}}$ と $\hat{\mathbf{z}}$ の寄与は打ち消し合って, $\hat{\mathbf{y}}$ の項だけを残す. それゆえ, $\mathbf{r}$ における磁場は $\hat{\mathbf{y}}$ 方向で, 一般的には磁場は $\hat{\boldsymbol{\phi}}$ 方向を向く. □

さて, 磁場は円周方向であることがわかると, 大きさを求めるのは非常に容易である. トロイドの軸の周りの半径 s の円周上で, アンペールの法則を適用すると,

$$B2\pi s = \mu_0 I_{\text{enc}}$$

となり, これから

$$\mathbf{B}(\mathbf{r}) = \begin{cases} \dfrac{\mu_0 NI}{2\pi s} \hat{\boldsymbol{\phi}} & \text{コイルの中} \\ 0 & \text{コイルの外} \end{cases} \quad (5.60)$$

となる. ここで N は全巻き数である.

問題 5.14 図 5.40 に示すように, 半径 a の円柱状の導線に定常電流 I が流れている. 以下のそれぞれの場合に導線の内側と外側の磁場を求めよ.
(a) 電流が円柱の外側の表面を一様に流れている場合
(b) 中心軸からの距離を s としたとき, 体積電流 J が s に比例して分布している場合

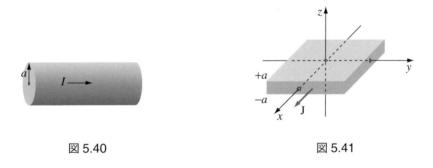

図 5.40   図 5.41

問題 5.15 $z = -a$ から $z = +a$ までの厚みのある (x と y 方向には無限に拡がっている) 板に, 一様な体積電流 $\mathbf{J} = J\hat{\mathbf{x}}$ が流れている (図 5.41). z の関数として, 板の内側と外側の磁場を求めよ.

問題 5.16 図 5.42 に示すように, 長い同軸のソレノイドに互いに逆方向の電流 I が流れている. 半径 a の内側のソレノイドの巻き数は単位長さあたり n_1 回であり, 半径 b の外側のソレノイドは n_2 回である. (i) 内側のソレノイドの内側 (ii) 二つのソレノイドの間 (iii) 外側のソレノイドの外側の三つの領域における磁場 $\mathbf{B}$ を求めよ.

図 5.42   図 5.43

問題 **5.17** 図 5.43 に示すように，大きな平行板コンデンサーの上側の平板には一様な電荷 σ が分布しており，下側には $-\sigma$ の電荷が分布している．この平行板コンデンサーが一定の速さ v で運動している．
(a) 平行板間および平行板の上下の磁場を求めよ．
(b) 上の平板に働く単位面積あたりの力を向きも含めて求めよ．
(c) どんな速さ v のとき，磁気的な力は電気的な力とつり合うか[15]．

問題 **5.18** 無限に長いソレノイドにおいて，ソレノイドの長さ方向に沿って形が変わらないという条件の下では，磁場は，コイルの断面の形にかかわらず，軸に平行であることを示せ．そのようなコイルの内側と外側の磁場の大きさはいくらか？ 式 5.60 のトロイドの磁場は，ドーナツの半径が非常に大きく，一部分が直線とみなせる場合，ソレノイドの磁場に帰着することを示せ．

問題 **5.19** アンペールループによって囲まれた電流を計算する場合，一般的には

$$I_{\rm enc} = \int_{\mathcal{S}} \mathbf{J} \cdot d\mathbf{a}$$

の積分を行わなければならない．問題は同じ境界線を共有する無限に多くの表面が存在することである．積分を計算するのに，どの表面を使ったらよいか？

5.3.4 静磁気学と静電気学の比較

静電場の発散と回転は

$$\begin{cases} \boldsymbol{\nabla} \cdot \mathbf{E} = \dfrac{1}{\epsilon_0} \rho & (\text{ガウスの法則}) \\[1em] \boldsymbol{\nabla} \times \mathbf{E} = \mathbf{0} & (\text{名前なし}) \end{cases}$$

と表すことができた．これらは静電場の**マクスウェル方程式**である．すべての電荷か

---

[15]問題 5.13 の脚注を参照．

ら無限に遠いところでは $\mathbf{E} \to \mathbf{0}$ という境界条件と併せると[16]、ソース電荷密度 ρ が与えられれば、マクスウェル方程式は電場を決定する. これらは本質的には、クーロンの法則と重ね合わせの原理と同じ情報を含んでいる. 静磁場の発散と回転は

$$\begin{cases} \nabla \cdot \mathbf{B} = 0 & \text{(名前なし)} \\ \nabla \times \mathbf{B} = \mu_0 \mathbf{J} & \text{(アンペールの法則)} \end{cases}$$

であり、これらは静磁場に対するマクスウェル方程式である. すべての電流から遠いところでは $\mathbf{B} \to \mathbf{0}$ であるという境界条件と併せると、マクスウェル方程式は磁場を決定する. これらはビオ・サバールの法則（と重ね合わせの原理）と等価である. マクスウェル方程式とローレンツ則

$$\mathbf{F} = Q(\mathbf{E} + \mathbf{v} \times \mathbf{B})$$

を合わせたものは、静電気学と静磁気学の最もエレガントな表現を与える.

　正の電荷から電場は発散し、電流の周りを磁場は回転する（図 5.44）. 電気力線は正の電荷から始まって負の電荷で終わる. 一方、磁力線はどこからも始まらないし、どこでも終わらない. どこかで始まったり終わったりするためには、発散はゼロでないことが必要だからである. 一般に磁力線はループをつくるか、無限遠にまで伸びる[17]. 別の言い方をすれば、電場 $\mathbf{E}$ では点電荷があるが、磁場 $\mathbf{B}$ では点電荷に対応するソースは存在しない. つまり、静磁気学においては電荷に対応するものは存在しない. これ

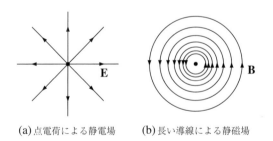

(a) 点電荷による静電場　　(b) 長い導線による静磁場

図 5.44

---

[16] たとえば、無限に広い平面に分布する電荷のような無限にまで拡がる電荷や電流を扱う問題では、対称性を考えることが境界条件となる.
[17] 三番目の可能性は驚くほどよく見られる. 磁力線は絡み合うことができる. M. Lieberherr, *Am. J. Phys.* **78**, 1117 (2010) 参照.

5.3. 磁場の発散と回転 **271**

は $\nabla \cdot \mathbf{B} = 0$ の物理的内容である. クーロンや他の人々は, 磁性は**磁荷**（今日, われわれが**磁気単極子**とよんでいるもの）によってつくられると考えていた. また比較的古い本には, 磁荷の間の斥力と引力を与えるクーロンの法則が書かれている. すべての磁気的現象は動いている電荷（電流）によるものではないかと, 初めて考えたのはアンペールである. われわれの知る限りアンペールは正しい. しかしながら, 自然界に磁気単極子が存在するかどうかは実験的な検証が待たれる.（非常にまれなのかもしれないし, すでに見つけているのかもしれない[18].）そして, 実際最近の素粒子理論のいくつかは磁気単極子を必要としている. しかし, ここでは磁場 $\mathbf{B}$ の発散はゼロであり, 磁気単極子は存在しないものとする. 磁場をつくるのは動いている電荷であり, 磁場による力を感じるのは別の動いている電荷である.

通常は電気的な力は磁気的な力より圧倒的に大きい. これは理論に本質的なものではなく, 基礎的な定数 ϵ_0 と μ_0 に関する問題である. 一般的にはソース電荷と試験電荷が光の速度と同程度の速度で動いているとき, 二つの力は同程度となる.（問題 5.13 と問題 5.17 がこの関係を与える.）それでは, なぜわれわれは磁気的な効果に気づくのだろうか? 答えは, ビオ・サバールの法則による磁場の発生と, ローレンツ力によるその検出にある. これらの式の中で問題なのは電流であり, 速度の小ささは, 導線を流れる非常に大きな電荷によって補われている. 通常, この電荷は磁気的な力が無視できるくらい大きな電気的な力を, 同時に発生する. しかし, 同じ量の止まっている反対の符号の電荷を導線に導入することによって導線を中性にすると, 電場は打ち消しあって, 磁場だけが残る. これは大変そうに聞こえるが, もちろん, これは普通の導線で実際に起こっていることである.

問題 5.20

(a) 一つの銅原子が一つの自由電子をもつとして, 銅における動くことができる電荷の密度 ρ を求めよ. [必要な物理定数は調べよ.]

(b) 1A の電流が流れている直径 1mm の銅線における電子の平均速度を求めよ. [**注意:** これは非常に遅くなる. では, なぜ長距離電話をかけられるのであろうか?]

(c) そのような銅線が 1cm 離れているとき, 両者の間に働く引力はいくらか?

(d) もし動かない正の電荷を銅線から取り除くことができるならば, 電気的な斥力はいくらになるか? また, 磁気的な力の何倍になるか?

問題 5.21 回転の発散はゼロという一般的な性質（式 1.46）にアンペールの法則は合致しているか? 静磁気学の範囲外では, 一般的にはアンペールの法則は成り立たないこと

---

[18]明白な観測例 (B. Cabrera, *Phys. Rev. Lett.* **48**, 1378 (1982)) には再現性がない. 磁気学の歴史に関しては D. C. Mattis, *The Theory of Magnetism* (New York: Harper & Row, 1965) の第 1 章が詳しい.

272 第 5 章 静 磁 気 学

を示せ. このような "欠陥" が他の三つのマクスウェル方程式に存在するか?

問題 5.22 磁気単極子が存在したとしよう. どのように, マクスウェル方程式とローレンツ則を修正しなければならないか? もし, いくつもの可能性があるなら, 列挙して, どれが正しいか実験的に決めるための方策を示せ.

5.4 ベクトルポテンシャル

5.4.1 ベクトルポテンシャル

静電気学においては $\boldsymbol{\nabla} \times \mathbf{E} = \mathbf{0}$ ということから

$$\mathbf{E} = -\boldsymbol{\nabla} V$$

のように, スカラーポテンシャル V を導入することが許された. 同様に $\boldsymbol{\nabla} \cdot \mathbf{B} = 0$ という事実から, 静磁気学にベクトルポテンシャル A を導入する.

$$\boxed{\mathbf{B} = \boldsymbol{\nabla} \times \mathbf{A}} \tag{5.61}$$

前者は定理 1 (1.6.2 項) によっており, 後者は定理 2 (定理 2 の証明は問題 5.31 で行う.) によっている. このポテンシャルによる磁場の表し方は自動的に $\boldsymbol{\nabla} \cdot \mathbf{B} = 0$ であることを満たす. (なぜならば, 回転の発散は常にゼロであるからである.) このときアンペールの法則は

$$\boldsymbol{\nabla} \times \mathbf{B} = \boldsymbol{\nabla} \times (\boldsymbol{\nabla} \times \mathbf{A}) = \boldsymbol{\nabla}(\boldsymbol{\nabla} \cdot \mathbf{A}) - \nabla^2 \mathbf{A} = \mu_0 \mathbf{J} \tag{5.62}$$

となる.

さて静電ポテンシャル V の決定には自由度があった. V に勾配がゼロのいかなる関数 (つまり定数) を加えても, 物理量である電場 $\mathbf{E}$ は変化しない. 同様に, 磁場 $\mathbf{B}$ に何も影響を与えることなく, 回転がゼロになるような任意の関数 (つまり任意のスカラー関数の勾配) を, ポテンシャル $\mathbf{A}$ に加えることができる. この自由度を $\mathbf{A}$ の発散をゼロにすることに用いることができる.

$$\boxed{\boldsymbol{\nabla} \cdot \mathbf{A} = 0} \tag{5.63}$$

これがいつも可能であることを証明するために, まず $\mathbf{A}_0$ の発散がゼロでないとする. これに関数 λ の勾配を加えたものを $\mathbf{A}$ とする $(\mathbf{A} = \mathbf{A}_0 + \boldsymbol{\nabla}\lambda)$. すると新しい発散は

$$\boldsymbol{\nabla} \cdot \mathbf{A} = \boldsymbol{\nabla} \cdot \mathbf{A}_0 + \nabla^2 \lambda$$

である. もしも関数 λ として

$$\nabla^2 \lambda = -\boldsymbol{\nabla} \cdot \mathbf{A}_0$$

を満たすものを見つけることができれば, $\mathbf{A}$ の発散をゼロにできる. これは数学的にはポアソンの方程式 (式 2.24)

$$\nabla^2 V = -\frac{\rho}{\epsilon_0}$$

と同じであり, ソースとしての ρ/ϵ_0 の代わりに $\boldsymbol{\nabla} \cdot \mathbf{A}_0$ がソースとなっている. ポアソンの方程式の解き方はすでに学んでおり, それは与えられた電荷分布に対してポテンシャルを見つける, という静電気学の問題そのものである. もし ρ が無限遠でゼロならば, 式 2.29 の解は

$$V = \frac{1}{4\pi\epsilon_0} \int \frac{\rho}{\rcurs}\, d\tau'$$

であった. 同様に $\boldsymbol{\nabla} \cdot \mathbf{A}_0$ が無限遠でゼロならば,

$$\lambda = \frac{1}{4\pi} \int \frac{\boldsymbol{\nabla} \cdot \mathbf{A}_0}{\rcurs}\, d\tau'$$

と求まる. もし $\boldsymbol{\nabla} \cdot \mathbf{A}_0$ が無限遠でゼロでなければ, 電荷分布が無限遠まで続いているときに別の方法で静電ポテンシャルを見つけたように, 条件を満たす λ を別の方法で見つけなければならない. しかし本質的なところは変わらない. "いつでもベクトルポテンシャルの発散はゼロにできる". 別の言い方をすれば, 定義 $\mathbf{B} = \boldsymbol{\nabla} \times \mathbf{A}$ は $\mathbf{A}$ の回転は定めているが, 発散については何も定めていない. 発散は好きなように決める自由度があり, ゼロとするのが最も簡単なやり方である.

この条件を $\mathbf{A}$ に課すと, アンペールの法則 (式 5.62) は

$$\boxed{\nabla^2 \mathbf{A} = -\mu_0 \mathbf{J}} \tag{5.64}$$

となる. 再び, これはポアソンの方程式そのものである. というよりはむしろ, 三つのデカルト座標それぞれに対するポアソンの方程式である[19]. $\mathbf{J}$ が無限遠でゼロになると仮定すると, 解をすぐに求めることができる.

$$\boxed{\mathbf{A}(\mathbf{r}) = \frac{\mu_0}{4\pi} \int \frac{\mathbf{J}(\mathbf{r}')}{\rcurs}\, d\tau'} \tag{5.65}$$

---

[19]デカルト座標では $\nabla^2 \mathbf{A} = (\nabla^2 A_x)\hat{\mathbf{x}} + (\nabla^2 A_y)\hat{\mathbf{y}} + (\nabla^2 A_z)\hat{\mathbf{z}}$ なので式 5.64 は $\nabla^2 A_x = -\mu_0 J_x$, $\nabla^2 A_y = -\mu_0 J_y$, そして $\nabla^2 A_z = -\mu_0 J_z$ となる. 曲線座標では, 単位ベクトル自身, 場所の関数であり, 微分されなければならない. このため, たとえば $\nabla^2 A_r = -\mu_0 J_r$ のようにはならない. 式 5.65 を曲線座標を用いて計算しようとするときは, まず $\mathbf{J}$ をデカルト座標で表さなければならない. (1.4.1 項参照)

線電流や表面電流の場合は

$$\mathbf{A} = \frac{\mu_0}{4\pi} \int \frac{\mathbf{I}}{\imath} dl' = \frac{\mu_0 I}{4\pi} \int \frac{1}{\imath} dl', \quad \mathbf{A} = \frac{\mu_0}{4\pi} \int \frac{\mathbf{K}}{\imath} da' \quad (5.66)$$

である．（もし電流が無限遠でゼロにならない場合，$\mathbf{A}$ を得るために例題 5.12 や項の終わりの問題にあるような別の手段を探さなければならない．）

$\mathbf{A}$ は V ほど便利ではない，と言わざるを得ない．一つには $\mathbf{A}$ はベクトルであり，式 5.65 や 5.66 は，ビオ・サバールの法則よりは簡単かもしれないが，やはりベクトルの成分ごとに考えなければならない．もし，スカラーポテンシャル

$$\mathbf{B} = -\nabla U \quad (5.67)$$

でやり通すことができればよいかもしれない．しかし，これはアンペールの法則と整合しない．なぜならば，勾配の回転は常にゼロだからである．（静磁気学におけるスカラーポテンシャルは，電流のない単連結の領域における理論的ツールのような，非常に限定された場合では使うことができる．問題 5.29 参照．）さらに磁気的な力は仕事をしないので，$\mathbf{A}$ は単位磁荷あたりのポテンシャルエネルギーという物理的解釈も許されない．（ある意味では，単位電荷あたりの運動量と解釈することができる[20]．）それにもかかわらず，第 10 章で見るように，ベクトルポテンシャルは理論的に非常に重要である．

例題 5.11. 一様な表面電荷密度 σ をもっている半径 R の球殻が，角速度 $\boldsymbol{\omega}$ で回転している．点 $\mathbf{r}$ におけるベクトルポテンシャルを求めよ（図 5.45）．

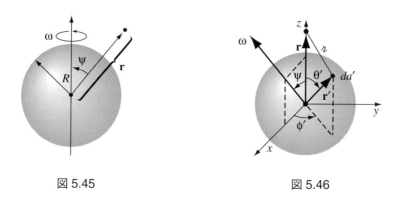

図 5.45　　　　　　　　　図 5.46

---

[20]M. D. Semon and J. R. Taylor, *Am. J. Phys.* **64**, 1361 (1996) を参照．

解答

z 軸を $\boldsymbol{\omega}$ に平行にとるのが当然のように思われるかもしれないが, 実際は $\mathbf{r}$ が z 軸上にあるとした方が積分は簡単になる. このとき $\boldsymbol{\omega}$ は角度 ψ で z 軸から傾いているとする. また図 5.46 にあるように, $\boldsymbol{\omega}$ が xz 面にあるように x 軸を定める. 式 5.66 によると

$$\mathbf{A}(\mathbf{r}) = \frac{\mu_0}{4\pi} \int \frac{\mathbf{K}(\mathbf{r}')}{\imath} \, da'$$

と書ける. ここで $\mathbf{K} = \sigma\mathbf{v}$, $\imath = \sqrt{R^2 + r^2 - 2Rr\cos\theta'}$ であり, また $da' = R^2 \sin\theta' \, d\theta' \, d\phi'$ である. 回転している剛体上の点 $\mathbf{r}'$ の速度は $\boldsymbol{\omega} \times \mathbf{r}'$ となるので, この場合

$$\mathbf{v} = \boldsymbol{\omega} \times \mathbf{r}' = \begin{vmatrix} \hat{\mathbf{x}} & \hat{\mathbf{y}} & \hat{\mathbf{z}} \\ \omega\sin\psi & 0 & \omega\cos\psi \\ R\sin\theta'\cos\phi' & R\sin\theta'\sin\phi' & R\cos\theta' \end{vmatrix}$$

$$= R\omega \left[-\left(\cos\psi\sin\theta'\sin\phi'\right)\hat{\mathbf{x}} + \left(\cos\psi\sin\theta'\cos\phi' - \sin\psi\cos\theta'\right)\hat{\mathbf{y}} \right.$$

$$\left. + \left(\sin\psi\sin\theta'\sin\phi'\right)\hat{\mathbf{z}}\right]$$

となる. これらの項は, 一つを除いて $\sin\phi'$ か $\cos\phi'$ を含むことに注意しよう. そのような項は

$$\int_0^{2\pi} \sin\phi' \, d\phi' = \int_0^{2\pi} \cos\phi' \, d\phi' = 0$$

の関係より, 積分に寄与しない. 残りの寄与から

$$\mathbf{A}(\mathbf{r}) = -\frac{\mu_0 R^3 \sigma\omega\sin\psi}{2} \left(\int_0^{\pi} \frac{\cos\theta'\sin\theta'}{\sqrt{R^2 + r^2 - 2Rr\cos\theta'}} \, d\theta' \right) \hat{\mathbf{y}}$$

となる. $u \equiv \cos\theta'$ とおくと積分は

$$\begin{aligned}
\int_{-1}^{+1} \frac{u}{\sqrt{R^2 + r^2 - 2Rru}} \, du &= \left. -\frac{(R^2 + r^2 + Rru)}{3R^2 r^2}\sqrt{R^2 + r^2 - 2Rru} \right|_{-1}^{+1} \\
&= -\frac{1}{3R^2 r^2}\left[(R^2 + r^2 + Rr)|R - r| \right. \\
&\qquad\qquad \left. - (R^2 + r^2 - Rr)(R + r) \right]
\end{aligned}$$

となる. もし, 点 $\mathbf{r}$ が球の内側であれば $R > r$ であり, この表式は $(2r/3R^2)$ を与える. 一方, もし, 点 $\mathbf{r}$ が球の外側であれば $R < r$ であり, この式は $(2R/3r^2)$ となる. $(\boldsymbol{\omega} \times \mathbf{r}) = -\omega r\sin\psi \hat{\mathbf{y}}$ であることに注意すると, 最終的に

276 第 5 章 静磁気学

$$\mathbf{A}(\mathbf{r}) = \begin{cases} \dfrac{\mu_0 R \sigma}{3}(\boldsymbol{\omega} \times \mathbf{r}), & \text{球の内側} \\[3mm] \dfrac{\mu_0 R^4 \sigma}{3r^3}(\boldsymbol{\omega} \times \mathbf{r}), & \text{球の外側} \end{cases} \tag{5.68}$$

を得る.

積分が終わったので, 図 5.45 の自然な座標系 ($\boldsymbol{\omega}$ が z 軸に一致し $\mathbf{r}$ が (r, θ, ϕ) で表される座標系) に戻すと

$$\mathbf{A}(r, \theta, \phi) = \begin{cases} \dfrac{\mu_0 R \omega \sigma}{3} r \sin\theta \, \hat{\boldsymbol{\phi}}, & (r \leq R) \\[3mm] \dfrac{\mu_0 R^4 \omega \sigma}{3} \dfrac{\sin\theta}{r^2} \, \hat{\boldsymbol{\phi}}, & (r \geq R) \end{cases} \tag{5.69}$$

となる. 興味深いことに, 球の中の磁場は一様になる.

$$\mathbf{B} = \boldsymbol{\nabla} \times \mathbf{A} = \frac{2\mu_0 R \omega \sigma}{3}(\cos\theta \, \hat{\mathbf{r}} - \sin\theta \, \hat{\boldsymbol{\theta}}) = \frac{2}{3}\mu_0 \sigma R \omega \, \hat{\mathbf{z}} = \frac{2}{3}\mu_0 \sigma R \boldsymbol{\omega} \tag{5.70}$$

例題 5.12. 半径 R, 単位長さあたりの巻き数が n, 電流 I が流れている無限に長いソレノイドがつくるベクトルポテンシャルを求めよ.

解答

この場合式 5.66 は使うことができない. なぜならば電流が無限にまで拡がっているからである. しかし, この問題を解くためのうまいやり方がある. Φ をソレノイドのループを貫く磁束であるとすると

$$\oint \mathbf{A} \cdot d\mathbf{l} = \int (\boldsymbol{\nabla} \times \mathbf{A}) \cdot d\mathbf{a} = \int \mathbf{B} \cdot d\mathbf{a} = \Phi \tag{5.71}$$

であることに注目せよ. これはアンペールの法則の積分形 (式 5.57) を連想させる.

$$\oint \mathbf{B} \cdot d\mathbf{l} = \mu_0 I_{\mathrm{enc}}$$

実際, $\mathbf{B} \to \mathbf{A}$, $\mu_0 I_{\mathrm{enc}} \to \Phi$ と変換すると, 両者は同じ式になる. このため, 系の対称性によっては 5.3.3 項で I_{enc} から $\mathbf{B}$ を求めたのと同じ方法で, Φ から $\mathbf{A}$ を決定できる. この問題 (ソレノイドの中には $\mu_0 n I$ の一様な磁場があり, 外には何もない) は, 一様に分布した電流が流れる太さのある導線に対するアンペールの法則と類似している. この場合の電流と磁場の方向の関係からの類推で, ベクトルポテンシャルはソレノイドの軸を "周回するように" 存在することがわかり, ソレノイドの中の半径 s の円状の "アンペールループ" を使うことによって,

5.4. ベクトルポテンシャル **277**

$$\oint \mathbf{A} \cdot d\mathbf{l} = A(2\pi s) = \int \mathbf{B} \cdot d\mathbf{a} = \mu_0 nI(\pi s^2)$$

を得る. よって

$$\mathbf{A} = \frac{\mu_0 nI}{2} s\,\hat{\boldsymbol{\phi}}, \quad s \leq R \tag{5.72}$$

となる. 磁場は半径 R の内側しか存在ないので, ソレノイドの外側のアンペールループで考えると磁束は

$$\int \mathbf{B} \cdot d\mathbf{a} = \mu_0 nI(\pi R^2)$$

となる. よって

$$\mathbf{A} = \frac{\mu_0 nI}{2} \frac{R^2}{s}\,\hat{\boldsymbol{\phi}} \quad s \geq R \tag{5.73}$$

を得る. もしこの答えが心配であれば, $\boldsymbol{\nabla} \times \mathbf{A} = \mathbf{B}$ となっているか, また $\boldsymbol{\nabla} \cdot \mathbf{A} = 0$ であるかを調べよ. もし成り立っていれば正解である.

通常は $\mathbf{A}$ の方向は電流の方向を向く. たとえば例題 5.11 と 5.12 では, 両方とも軸を中心に回転する方向であった. 実際, すべての電流が一方向に流れているとき, 式 5.65 は $\mathbf{A}$ もその方向を向いていなければならないことを示している. それゆえ, 直線状の導線の一部分からのベクトルポテンシャル (問題 5.23) は, その電流の方向を向いている. もちろん電流が無限遠まで流れていれば, 式 5.65 を使うことはできない (問題 5.26, 5.27 参照). さらに, ベクトルポテンシャル $\mathbf{A}$ には, いつでも任意の定ベクトルを加えることができる. これは V の基準点を変えることに類似し, $\mathbf{A}$ の発散や回転には影響を与えない. (式 5.65 では $\mathbf{A}$ が無限遠でゼロになるような定ベクトルを用いた.) 原理的には, 発散がゼロでないようなベクトルポテンシャルを使うことができる. しかしこの場合は, これまでの議論はすべて白紙に戻る. しかしながら, これらの注意にかかわらず大事な点は, 通常は $\mathbf{A}$ は電流の方向を向いているということである.

問題 5.23 有限な長さをもつ直線状の導線に電流 I が流れている. この導線のつくるベクトルポテンシャルを求めよ. [導線を z 軸に平行にし, 始点と終点を z_1 と z_2 とする. そして式 5.66 を用いる.] 答えから磁場を求め, 式 5.37 と一致するか調べよ.

問題 5.24 どのような電流分布が (円柱座標で表した) ベクトルポテンシャル $\mathbf{A} = k\,\hat{\boldsymbol{\phi}}$ (k は定数) をつくるか.

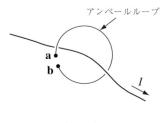

図 5.47

問題 5.25 もし **B** が一様なら, $\mathbf{A}(\mathbf{r}) = -\frac{1}{2}(\mathbf{r} \times \mathbf{B})$ が成り立つこと, つまり $\nabla \cdot \mathbf{A} = 0$, $\nabla \times \mathbf{A} = \mathbf{B}$ であることを確かめよ. この答えは唯一のものであるか, それとも同じ発散と回転をもつ他の関数があるか?

問題 5.26
(a) (本で調べたりネットで検索したりすること以外の) 考えられるすべての方法で, 電流 I が流れている直線電流から距離 s の場所におけるベクトルポテンシャルを見つけよ. そして $\nabla \cdot \mathbf{A} = 0$ と $\nabla \times \mathbf{A} = \mathbf{B}$ が成り立つことを確かめよ.
(b) 半径が R で, 電流が一様に流れている導線の中のベクトルポテンシャルを求めよ.

問題 5.27 例題 5.8 における表面電流の上と下でのベクトルポテンシャルを求めよ.

問題 5.28
(a) 式 5.65 の発散を計算して式 5.63 を満たしていることを確かめよ.
(b) 式 5.65 の回転を計算して式 5.46 を満たしていることを確かめよ.
(c) ラプラシアンを式 5.65 に適用して, 式 5.64 を満たしていることを確かめよ.

問題 5.29 電流が流れている導線の近くで, 磁気的なスカラーポテンシャル U (式 5.67) を定義したい. まず初めに, 導線自身の外側でなければならない. (内側では $\nabla \times \mathbf{B} \neq \mathbf{0}$ だからである.) しかしそれでは十分ではない. 図 5.47 に示すように, **a** から出発して導線を回って **b** に帰ってくる経路にアンペールの法則を適用することによって, スカラーポテンシャルが一価ではいられないこと (つまり, 物理的に同じ点を表しているにもかかわらず $U(\mathbf{a}) \neq U(\mathbf{b})$ となること) を示せ. 例として, 無限に長い直線状の導線のスカラーポテンシャルを求めよ. (多価ポテンシャルを避けるために, 導線周りを回らないように, 導線の片側に限定された単連結の領域を考える.)

問題 5.30 例題 5.11 の結果を用いて, 半径 R, 一様な電荷密度 ρ をもち, 一定の角速度 $\boldsymbol{\omega}$ で回転している剛体球の中の磁場を求めよ.

問題 5.31

(a) 1.6.2 項の定理 2 の証明をせよ. つまり, 発散がゼロになるベクトル場 $\mathbf{F}$ は, ベクトルポテンシャル $\mathbf{A}$ の回転として書けることを示せ. やるべきことは以下のような A_x, A_y と A_z を見つけることである. (i) $\partial A_z/\partial y - \partial A_y/\partial z = F_x$, (ii) $\partial A_x/\partial z - \partial A_z/\partial x = F_y$, (iii) $\partial A_y/\partial x - \partial A_x/\partial y = F_z$. これを行う一つの方法は $A_x = 0$ として (ii) と (iii) を A_y と A_z について解く. 積分定数は x については定数であるが, y と z の関数であることに気をつけよ. これらの結果を (i) に代入し

$$A_y = \int_0^x F_z(x', y, z)\, dx'; \quad A_z = \int_0^y F_x(0, y', z)\, dy' - \int_0^x F_y(x', y, z)\, dx'$$

を得るために, $\nabla \cdot \mathbf{F} = 0$ の関係を用いる.

(b) (a) で求めた $\mathbf{A}$ が $\nabla \times \mathbf{A} = \mathbf{F}$ を満たすことを, 微分することによって確かめよ. $\mathbf{A}$ の発散はゼロか? [もちろん回転が $\mathbf{F}$ になり発散がゼロになるベクトル関数が存在することをわれわれは知っているが, 問 (a) で $\mathbf{A}$ を求めたやり方は大変非対称なつくり方をしているので, もし発散がゼロであれば驚くべきことだ.]

(c) 例として $\mathbf{F} = y\,\hat{\mathbf{x}} + z\,\hat{\mathbf{y}} + x\,\hat{\mathbf{z}}$ とする. $\mathbf{A}$ を計算して, $\nabla \times \mathbf{A} = \mathbf{F}$ となることを確かめよ. (詳しい議論は問題 5.53 参照.)

5.4.2 境界条件

第 2 章において, 静電気学における三つの基本的な量, 電荷密度 ρ, 電場 $\mathbf{E}$, そしてポテンシャル V の間の関係をまとめた三角形の図式を書くことができた. 静磁気学についても同様な図を, 電流密度 $\mathbf{J}$, 磁場 $\mathbf{B}$, そしてポテンシャル $\mathbf{A}$ の間でつくることができる (図 5.48). しかし, 1 か所だけ "環の欠けた部分" がある. $\mathbf{B}$ による $\mathbf{A}$ の記述の部分である. 使うことはないと思われるが, もし興味があれば問題 5.52 と 5.53 を参照のこと.

表面電荷の存在によって電場が不連続になったように, 表面電流の存在によって磁場は不連続になる. この場合は, 変化するのは表面に平行な成分である. なぜならば式 5.50 を積分形で表した

$$\oint \mathbf{B} \cdot d\mathbf{a} = 0$$

を表面の両側にまたがっている薄い直方体に適用すると (図 5.49)

$$B_{\text{above}}^{\perp} = B_{\text{below}}^{\perp} \tag{5.74}$$

となる. 表面に平行な成分については, 電流に垂直な部分を含むアンペールループを考えると (図 5.50)

$$\oint \mathbf{B} \cdot d\mathbf{l} = \left(B_{\text{above}}^{\|} - B_{\text{below}}^{\|}\right) l = \mu_0 I_{\text{enc}} = \mu_0 K l$$

280 第5章 静磁気学

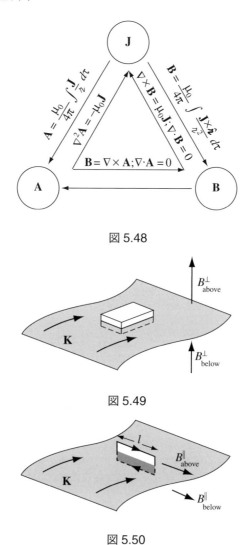

図 5.48

図 5.49

図 5.50

または

$$B_{\text{above}}^{\parallel} - B_{\text{below}}^{\parallel} = \mu_0 K \tag{5.75}$$

となる.それゆえ,表面に平行で電流に垂直な **B** の成分は, $\mu_0 K$ だけ不連続になる.同様に電流に平行方向に走っているアンペールループを考えると,電流に平行な成分は

連続となることがわかる. これらの結果は

$$\mathbf{B}_{above} - \mathbf{B}_{below} = \mu_0(\mathbf{K} \times \hat{\mathbf{n}}) \tag{5.76}$$

のように一つの式にまとめられる. ここで $\hat{\mathbf{n}}$ は表面に垂直な上向きの単位ベクトルである.

静電気学におけるスカラーポテンシャルと同様に, ベクトルポテンシャルは任意の境界で連続である.

$$\mathbf{A}_{above} = \mathbf{A}_{below} \tag{5.77}$$

なぜならば $\nabla \cdot \mathbf{A} = 0$ が垂直成分が連続であることを保証しているからである[21]. また $\nabla \times \mathbf{A} = \mathbf{B}$ の積分形

$$\oint \mathbf{A} \cdot d\mathbf{l} = \int \mathbf{B} \cdot d\mathbf{a} = \Phi$$

は, 平面に平行な成分が連続であることを意味している. (限りなく薄いアンペールループを通る磁束は, ゼロだからである.) しかし $\mathbf{A}$ の微分は, 磁場 $\mathbf{B}$ の不連続性を引き継いでいる.

$$\frac{\partial \mathbf{A}_{above}}{\partial n} - \frac{\partial \mathbf{A}_{below}}{\partial n} = -\mu_0 \mathbf{K} \tag{5.78}$$

問題 5.32
(a) 例題 5.9 の設定で式 5.76 が成り立っていることを確かめよ.
(b) 例題 5.11 の設定で式 5.77 と 5.78 が成り立っていることを確かめよ.

問題 5.33　式 5.63, 5.76, と 5.77 を用いて式 5.78 を証明せよ. [提案：z 軸を表面に垂直に, x 軸を電流に平行にデカルト座標をとる.]

5.4.3　ベクトルポテンシャルの多重極展開

もし, 局所的な電流分布によるベクトルポテンシャルの遠距離で有効な近似的表式がほしいなら, 多重極展開を用いるとよい. 多重極展開の考え方は r を測定点までの距離としたとき, ポテンシャルを $1/r$ のべきで展開する方法だということを思い出そう (図 5.51). もし r が十分に大きければ, ゼロにならない展開の最も低い次数の項が重要で高次の項は無視できる. 3.4.1 項で求めたように (式 3.94)

---

[21]式 5.77 と 5.78 は $\mathbf{A}$ の発散がゼロであることを前提としている.

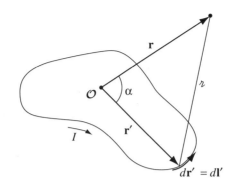

図 5.51

$$\frac{1}{\imath} = \frac{1}{\sqrt{r^2 + (r')^2 - 2rr'\cos\alpha}} = \frac{1}{r}\sum_{n=0}^{\infty}\left(\frac{r'}{r}\right)^n P_n(\cos\alpha) \tag{5.79}$$

となる．ここで，α は $\mathbf{r}$ と $\mathbf{r}'$ のなす角度である．したがって電流ループによるベクトルポテンシャルは

$$\mathbf{A}(\mathbf{r}) = \frac{\mu_0 I}{4\pi}\oint \frac{1}{\imath} d\mathbf{l}' = \frac{\mu_0 I}{4\pi}\sum_{n=0}^{\infty}\frac{1}{r^{n+1}}\oint (r')^n P_n(\cos\alpha)\, d\mathbf{l}' \tag{5.80}$$

と書ける．具体的には

$$\mathbf{A}(\mathbf{r}) = \frac{\mu_0 I}{4\pi}\left[\frac{1}{r}\oint d\mathbf{l}' + \frac{1}{r^2}\oint r'\cos\alpha\, d\mathbf{l}' \right. \\ \left. + \frac{1}{r^3}\oint (r')^2\left(\frac{3}{2}\cos^2\alpha - \frac{1}{2}\right)d\mathbf{l}' + \cdots\right] \tag{5.81}$$

となる．V の多重極展開の場合のように，$1/r$ のように変化する第一項を**磁気単極子項**，$1/r^2$ のように変化する第二項を**磁気双極子項**，第三項を**四重極子**項とよぶ．

いまの場合，磁気単極子項は常にゼロである．なぜならば，積分は閉回路に沿った変位ベクトルの総和であるからである：

$$\oint d\mathbf{l}' = \mathbf{0} \tag{5.82}$$

これは，自然界には磁気単極子が存在しないという事実を反映している．（これはマクスウェル方程式 $\nabla \cdot \mathbf{B} = 0$ に含まれている仮定で，ベクトルポテンシャルのすべての理論が，この式に基づいている．）

磁気単極子項の寄与がないので，主要な項は磁気双極子項である．（非常にまれな場合にはこの項も消えることがある．）

$$\mathbf{A}_{\text{dip}}(\mathbf{r}) = \frac{\mu_0 I}{4\pi r^2} \oint r' \cos\alpha \, d\mathbf{l}' = \frac{\mu_0 I}{4\pi r^2} \oint (\hat{\mathbf{r}} \cdot \mathbf{r}') \, d\mathbf{l}' \tag{5.83}$$

この積分はよりわかりやすい書き方ができる．式 1.108 において $\mathbf{c} = \hat{\mathbf{r}}$ を用いると

$$\oint (\hat{\mathbf{r}} \cdot \mathbf{r}') \, d\mathbf{l}' = -\hat{\mathbf{r}} \times \int d\mathbf{a}' \tag{5.84}$$

と書ける．それゆえ

$$\boxed{\mathbf{A}_{\text{dip}}(\mathbf{r}) = \frac{\mu_0}{4\pi} \frac{\mathbf{m} \times \hat{\mathbf{r}}}{r^2}} \tag{5.85}$$

ここで $\mathbf{m}$ は**磁気双極子モーメント**である．

$$\boxed{\mathbf{m} \equiv I \int d\mathbf{a} = I\mathbf{a}} \tag{5.86}$$

ここで $\mathbf{a}$ はループの"ベクトル面積"である（問題 1.62）．たとえば，もしループが平らなら，$\mathbf{a}$ はループによって囲まれている普通の面積であり，右手の法則（指は電流の向きを向ける．）で決められる方向をもつ．

例題 5.13. 図 5.52 にあるような本立て型のループの磁気双極子モーメントを求めよ．すべての導線の辺の長さは w であり，電流 I が流れている．

解答
この本立て型のループは二つの正方形のループの重ね合わせと考えることができる（図 5.53）．余分な辺（AB）では電流は逆向きに流れるので，二つのループが重なるときに打ち消し合う．よって正味の磁気双極子モーメントは

$$\mathbf{m} = Iw^2\hat{\mathbf{y}} + Iw^2\hat{\mathbf{z}}$$

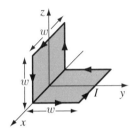

図 5.52

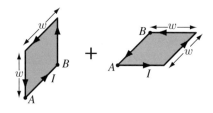

図 5.53

であり,その大きさは $\sqrt{2}Iw^2$ で向きは直線 $z = y$ に沿っている(xy 面から 45 度の方向).

　式 5.86 から,磁気双極子モーメントは原点の選び方によらないことはあきらかである.電気双極子モーメントの場合は,全電荷がゼロの場合のみ原点に依存しなかったことを思い出そう(3.4.3 項).磁気単極子は常にゼロであるので,磁気双極子は常に原点によらないことは驚くべきことではない.

　双極子項は($\mathbf{m} = 0$ でない限り)多重極展開の主要な項であり真のポテンシャルのよい近似ではあるが,いつも厳密なポテンシャルそのものではない.四重極,八重極さらに高次の項からの寄与があるかもしれない.式 5.85 が厳密なポテンシャルそのものになるような,つまり "純粋" に双極子からなるポテンシャルをつくるような電流分布は可能であろうか? 答えは,"イエス" でもあり,"ノー" でもある.つまり電気の場合との類似でつくることはできるが,モデルは少し不自然である.まず初めに,原点に無限に小さいループを置かなくてはならない.しかしそのとき,双極子モーメントを有限にするために,$m = Ia$ を一定に保ったまま電流を無限に大きくしなければならない.実際には,r がループのサイズより非常に大きいときには双極子によるポテンシャルはよい近似となる.

　(完全な)双極子による磁場は,$\mathbf{m}$ を原点において z 方向に向ければ,簡単に計算できる(図 5.54).式 5.85 によれば,(r, θ, ϕ) の点におけるポテンシャルは

$$\mathbf{A}_{\text{dip}}(\mathbf{r}) = \frac{\mu_0}{4\pi} \frac{m \sin\theta}{r^2} \hat{\boldsymbol{\phi}} \tag{5.87}$$

であり,それゆえ

$$\mathbf{B}_{\text{dip}}(\mathbf{r}) = \boldsymbol{\nabla} \times \mathbf{A} = \frac{\mu_0 m}{4\pi r^3}(2\cos\theta\, \hat{\mathbf{r}} + \sin\theta\, \hat{\boldsymbol{\theta}}) \tag{5.88}$$

となる.驚くべきことに,これは電気双極子の電場と形が同じである(式 3.103).(しかしながら,よく見ると物理的な磁気双極子(つまり小さな電流ループ)による磁場

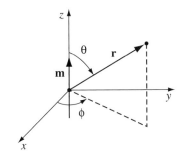

図 5.54

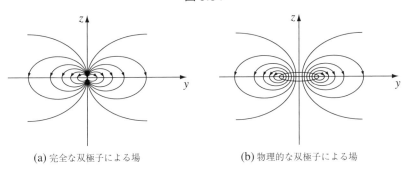

(a) 完全な双極子による場   (b) 物理的な双極子による場

図 5.55

は，物理的な電気双極子（つまり，小さな距離だけ離れた正と負の電荷）による電場とは異なっている．図 5.55 と図 3.37 を比較せよ．）

• **問題 5.34** 双極子の磁場は座標系の取り方によらず

$$\mathbf{B}_{\mathrm{dip}}(\mathbf{r}) = \frac{\mu_0}{4\pi} \frac{1}{r^3} \left[3(\mathbf{m} \cdot \hat{\mathbf{r}})\hat{\mathbf{r}} - \mathbf{m}\right] \tag{5.89}$$

で表せることを示せ．

問題 5.35 xy 面上の原点を中心とした半径 R の導線のループに電流 I が z 軸の正の向きから見て反時計周りに流れている．
(a) 磁気双極子モーメントはいくらか？
(b) 原点から遠く離れた場所における近似的な磁場はいくらか？
(c) z 軸上の点について，$z \gg R$ の場合, (b) の答えが厳密な解（例題 5.6）と一致することを示せ．

286 第 5 章 静 磁 気 学

問題 5.36 電流 I が流れている一辺が w の正方形のループの中心の上 z の点における厳密な磁場を求めよ. また $z \gg w$ であるとき, この磁場は適当な双極子モーメントをもつ双極子による磁場となることを確かめよ.

問題 5.37

(a) 一様な表面電荷 σ をもつ半径 R のレコード盤が一定の角速度 ω で回転している. このレコードの磁気双極子モーメントを求めよ.

(b) 例題 5.11 における回転している球殻の磁気双極子モーメントを求めよ. このとき $r > R$ におけるベクトルポテンシャルは, 完全な双極子のベクトルポテンシャルになることを示せ.

問題 5.38 本文中で, 線電流によるベクトルポテンシャルの多重極展開について述べてきた. これは最もよく見られる場合であり, また扱いやすい問題であったからである. 線電流の代わりに, 体積 電流 $\mathbf{J}$ について,

(a) 式 5.80 に対応する多重極展開を書け.

(b) 単極子ポテンシャルを書き, それがゼロになることを示せ.

(c) 式 1.107 と式 5.86 を用いて, 双極子モーメントが

$$\mathbf{m} = \frac{1}{2} \int (\mathbf{r} \times \mathbf{J})\, d\tau \tag{5.90}$$

のように書けることを示せ.

---

5 章の追加問題

問題 5.39 定常電流 I が流れている長い直線電流がつくる磁場中における, 粒子 (電荷 q, 質量 m) の運動を解析する.

(a) 運動エネルギーは保存されるか?

(b) I が流れる方向を z 軸にとった円柱座標を用いて, 粒子に働く力を求めよ.

(c) 運動方程式を求めよ.

(d) $\dot{z}$ を一定としたときの運動を記述せよ.

問題 5.40 同じ向きに流れる電流間には引力が働くので, 軸に沿って流れる 1 本の導線内の電流は細い集中した流れに収縮してしまうと思うかもしれない. しかし, 実際には電流は導線内で一様に分布している. これはどのように説明できるか? もし正の電荷 (ρ_+) が導線に "固定" されており, 負の電荷 (ρ_-) が速さ v で動くとき (これらの電荷分布や速さが軸からの距離によらないとき), $\rho_- = -\rho_+ \gamma^2$ であることを示せ. ここで $\gamma \equiv 1/\sqrt{1-(v/c)^2}$ であり, また $c^2 = 1/\mu_0 \epsilon_0$ である. もし導線が全体として中性であれば, どこに余った正電荷が存在するのか[22]? [典型的な速度 (問題 5.20 参照) では, ($\gamma \approx 1$

---

[22] さらに詳しい議論は D. C. Gabuzda, *Am. J. Phys.* **61**, 360 (1993) を参照.

なので）二つの電荷密度は本質的には電流によって変わらないことに気をつけよ．しかしながら正の電荷も動くことができる**プラズマ**では，このいわゆる**ピンチ効果**は非常に重要である．]

問題 5.41 図 5.56 に示すように，紙面から出る向きを向いている磁場 **B** の中で，四角い導体板中を右向きの電流 I が流れている
(a) もし動いている電荷が正であるならば，磁場によって偏向される向きはどちらか？ この偏向によって導体板の上下の表面に電荷が蓄積し，これが磁気的な力を打ち消す力をつくり，この二つの力が完全に打ち消し合うとき平衡状態になる．（この現象は**ホール効果**として知られている．）
(b) B, v（電荷の速さ）と板の大きさを用いて，導体板の上下の間の電位差（**ホール電圧**）を求めよ[23]．
(c) もし，動いている電荷が負であったら，結果はどのように変化するか．[ホール効果は物質中の動ける電荷キャリアの符号を決定する古典的な方法である．]

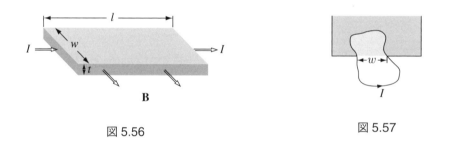

図 5.56   図 5.57

問題 5.42 平面内にある不規則な形をした導線のループの一部が，一様な磁場 **B** の中に置かれている．（図 5.57 では網掛けをした領域に磁場があり，ループを含む平面に垂直な方向を向いている．）ループには電流 I が流れている．ループに働く磁気的な力は $F = IBw$ であることを示せ．ここで w は図に示すように，ループと重なっている磁場領域の辺の長さである．この結果を，磁場がある部分が不規則な形をしている場合に一般化せよ．力の向きはどの向きか？

問題 5.43 回転対称性をもつ磁場 **B**（つまり軸からの距離のみに依存する磁場）が紙面に垂直な方向を向いており，図 5.58 の網掛けの領域に存在する．もし全磁束（$\int \mathbf{B} \cdot d\mathbf{a}$）がゼロであれば，中心から出発した荷電粒子は（もし磁場領域から出るとすれば），動径方向

---

[23] 導体棒の中のポテンシャルは興味深い境界値問題である．M. J. Moelter, J. Evans, G. Elliot, and M. Jackson, *Am. J. Phys.* **66**, 668 (1998) を参照．

288 第5章 静磁気学

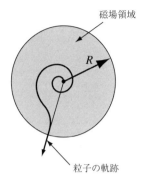

図 5.58

を向いた経路をとって磁場領域の外に出ることを示せ. 逆の場合には, 磁場領域の外側から中心に向かって打ち出された荷電粒子は (もし十分なエネルギーがあれば) 奇妙な経路をとるが, 中心に到達する. [ヒント: ローレンツ則を用いて, 粒子が得る全角運動量を計算せよ.]

問題 5.44 回転している帯電球殻 (例題 5.11) の北半球と南半球の間に働く磁気的な引力を計算せよ. [答え: $(\pi/4)\mu_0 \sigma^2 \omega^2 R^4$.]

! **問題 5.45** 原点にある (仮想的な) 静止している磁気単極子 q_m のつくる磁場

$$\mathbf{B} = \frac{\mu_0}{4\pi} \frac{q_m}{r^2} \hat{\mathbf{r}}$$

の中にある, 質量 m 電荷 q_e の粒子の運動を考える.
(a) q_e の加速度を求め, 答えを $q_e, q_m, m, \mathbf{r}$ (粒子の場所) と $\mathbf{v}$ (粒子の速度) で表せ.
(b) 速さ $v = |\mathbf{v}|$ は運動の定数であることを示せ.
(c) ベクトル量

$$\mathbf{Q} \equiv m(\mathbf{r} \times \mathbf{v}) - \frac{\mu_0 q_e q_m}{4\pi} \hat{\mathbf{r}}$$

が運動の定数であることを示せ. [ヒント: (a) の運動方程式を用いて, $\mathbf{Q}$ を時間について微分したものがゼロであることを示す.]
(d) $\mathbf{Q}$ の方向を極 (z) 軸にした球座標 (r, θ, ϕ) を用いて,
  (i) $\mathbf{Q} \cdot \hat{\boldsymbol{\phi}}$ を計算し, θ が運動の定数であることを示せ[24]. (このため, ポアンカレが 1896 年に発見したように, 粒子 q_e は円錐の表面を動く.)

---

[24]実際のところ, 荷電粒子は円錐上の測地線を描く. 元の論文は H. Poincaré, *Comptes rendus de l'Academie des Sciences* **123**, 530 (1896). より現代的な扱いについては B. Rossi and S. Olbert, *Introduction to the Physics of Space* (New York: McGraw-Hill, 1970) を参照.

(ii) $\mathbf{Q} \cdot \hat{\mathbf{r}}$ を計算し，$\mathbf{Q}$ の大きさが
$$Q = \frac{\mu_0}{4\pi} \left| \frac{q_e q_m}{\cos\theta} \right|$$
であることを示せ．

(iii) $\mathbf{Q} \cdot \hat{\boldsymbol{\theta}}$ を計算し，
$$\frac{d\phi}{dt} = \frac{k}{r^2}$$
を示し，定数 k を決定せよ．

(e) v^2 を球座標で表し，
$$\frac{dr}{d\phi} = f(r)$$
の形で軌道を表す方程式を求めよ．（つまり関数 $f(r)$ の形を求めよ．）

(f) この方程式を $r(\phi)$ について解け．

! **問題 5.46** 定常電流 I が流れている，単位長さあたりの巻き数 n，半径 R の無限に長いソレノイドの内側と外側の磁場をビオ・サバールの法則を用いて求めよ．（表面電流を用いた式 5.42 を用いるのが最も便利である．）

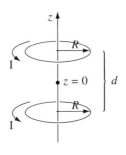

図 5.59

問題 5.47 円電流によるその軸上の磁場（式 5.41）は一様とは程遠い．（z が増加するとともに，磁場の大きさは急に減少する．）しかし d だけ離れた二つの円電流を用いると，一様に近い磁場をつくることができる（図 5.59）．

(a) z の関数として磁場 (B) を求め，$\partial B/\partial z$ が二つのループの中点 ($z = 0$) でゼロになることを示せ．

(b) d を適当な値に調整すると，B の二階微分も中点でゼロになる．この配置は**ヘルムホルツコイル**として知られており，実験室で比較的均一な磁場をつくるのに便利な方法である．中点で $\partial^2 B/\partial z^2 = 0$ となるように d を決定し，中央における磁場を求めよ．
[答え：$8\mu_0 I/5\sqrt{5}R$]

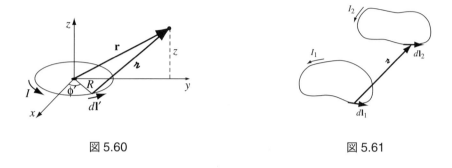

図 5.60　　　　　　　　　図 5.61

問題 5.48　問題 5.37(a) における回転する円盤の軸上の磁場を，式 5.41 を用いて求めよ．もし $z \gg R$ なら，問題 5.37 で求めた双極子による磁場（式 5.88）はよい近似になることを示せ．

問題 5.49　円形のループ（例題 5.6）の軸上でない点 r における磁場を求めることを考える（図 5.60）．r が yz 平面 $(0, y, z)$ にあるように軸をとる．電流がある場所は $(R\cos\phi',\allowbreak R\sin\phi', 0)$ であり，ϕ' は 0 から 2π まで変化する．B_x, B_y, B_z を積分[25]の形に表し，さらに B_x を具体的に計算せよ．

問題 5.50　静磁場は"ソース電流"（磁場をつくるもの）と"レシピエント電流"（力を感じるもの）を非対称に扱うので，二つのループ間に働く力はニュートンの第三法則にしたがうかどうかはもはやあきらかではない．ビオ・サバールの法則（式 5.34）とローレンツ則（式 5.16）から出発して，ループ 1 によるループ 2 に働く力は

$$\mathbf{F}_2 = -\frac{\mu_0}{4\pi} I_1 I_2 \oint \oint \frac{\hat{\boldsymbol{\imath}}}{\boldsymbol{\imath}^2} d\mathbf{l}_1 \cdot d\mathbf{l}_2 \tag{5.91}$$

のように書けることを示せ（図 5.61）．この形では $\mathbf{F}_2 = -\mathbf{F}_1$ はあきらかである．なぜならば 1 と 2 の役割が変わると，$\hat{\boldsymbol{\imath}}$ は向きを変えるからである．（もし余分な項が出るように思えるなら，$d\mathbf{l}_2 \cdot \hat{\boldsymbol{\imath}} = d\boldsymbol{\imath}$ となることを注意するとよい．）

問題 5.51　定常電流 I が流れている，ある面内の導線のループを考える．この面内の点における磁場を計算したい．（この点がループの内側にあるか外側にあるかかかわらず）この点を原点にとる．導線の形は極座標を用いて関数 $r(\theta)$ で与えられている．（図 5.62）
(a) 磁場の大きさは

$$B = \frac{\mu_0 I}{4\pi} \oint \frac{d\theta}{r} \tag{5.92}$$

---

[25] これらは楕円積分である．R. H. Good, *Eur. J. Phys.* **22**, 119 (2001) を参照．

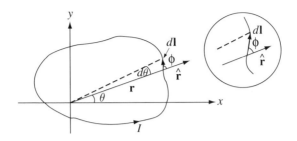

図 5.62

であることを示せ[26]. [ヒント: ビオ・サバールの法則から出発し, $\boldsymbol{\mathscr{r}} = -\mathbf{r}$ であり, $d\mathbf{l} \times \hat{\mathbf{r}}$ はその平面に垂直方向であることに注意して, $|d\mathbf{l} \times \hat{\mathbf{r}}| = dl \sin\phi = r\, d\theta$ であることを示す.]

(b) 円形のループの中心での磁場を計算することにより, (a) の結果が正しいかどうかを調べよ.

(c) "リチュウス螺旋" の形をした導線ループを考える. "リチュウス螺旋" は以下のように定義されている

$$r(\theta) = \frac{a}{\sqrt{\theta}} \quad (0 < \theta \leq 2\pi)$$

(a は定数.) この図を描き, x 軸に沿ったまっすぐな部分を補うことによってループを完成させよ. 原点における磁場はいくらか？

(d) 原点に焦点をもつ円錐断面の場合は

$$r(\theta) = \frac{p}{1 + e\cos\theta}$$

が成り立つ. ここで p は半直弦であって, e は離心率 (円では $e = 0$, 楕円では $0 < e < 1$, そして放物線では $e = 1$) である. 離心率にかかわらず磁場は

$$B = \frac{\mu_0 I}{2p}$$

であることを示せ[27].

問題 5.52

(a) 図 5.48 における "環の欠けた部分" を埋める一つの方法は $\mathbf{A}$ の定義の式 ($\boldsymbol{\nabla}\cdot\mathbf{A} = 0$, $\boldsymbol{\nabla}\times\mathbf{A} = \mathbf{B}$) と $\mathbf{B}$ についてのマクスウェル方程式 ($\boldsymbol{\nabla}\cdot\mathbf{B} = 0$, $\boldsymbol{\nabla}\times\mathbf{B} = \mu_0\mathbf{J}$) の間の類似性を利用することである. $\mathbf{B}$ が $\mu_0\mathbf{J}$ に依存するのとまったく同じように (すなわちビオ・サバールの法則と同じように), $\mathbf{A}$ はあきらかに $\mathbf{B}$ に依存している. この関係を $\mathbf{B}$ を用いた $\mathbf{A}$ の式を書き下すのに用いよ.

---

[26] J. A. Miranda, *Am. J. Phys.* **68**, 254 (2000) を参照.
[27] C. Christodoulides, *Am. J. Phys.* **77**, 1195 (2009) を参照.

(b) (a) の結果に対応する静電気学の式は

$$V(\mathbf{r}) = -\frac{1}{4\pi}\int \frac{\mathbf{E}(\mathbf{r}') \cdot \hat{\boldsymbol{\imath}}}{\imath^2}\,d\tau'$$

である．類似性をうまく利用することによって，静磁気学における式を求めよ．

! 問題 5.53 図 5.48 の "環の欠けた部分" を埋めるさらに別の方法は，静磁気学において式 2.21 に対応する式を探すことである．あきらかな候補は

$$\mathbf{A}(\mathbf{r}) = \int_{\mathcal{O}}^{\mathbf{r}} (\mathbf{B} \times d\mathbf{l})$$

である．
(a) この式を最も簡単，つまり一様な **B** の場合について確かめよ．（原点を基準点として用いよ．）結果は問題 5.25 と一致するか？ この問題は係数 $\frac{1}{2}$ を入れることにより解決するが，この方程式の問題点はより深刻である．
(b) $\oint (\mathbf{B} \times d\mathbf{l})$ を図 5.63 に示されている四角いループの周りで計算することによって，$\int (\mathbf{B} \times d\mathbf{l})$ は積分経路に独立でないことを示せ．
著者が知る限り[28]このような考えに沿った方法で得られる最善の結果は以下の一組の方程式 (i) $V(\mathbf{r}) = -\mathbf{r} \cdot \int_0^1 \mathbf{E}(\lambda \mathbf{r})\,d\lambda$,
(ii) $\mathbf{A}(\mathbf{r}) = -\mathbf{r} \times \int_0^1 \lambda \mathbf{B}(\lambda \mathbf{r})\,d\lambda$
である．[式 (i) は式 2.21 の積分において動径方向の経路を選ぶことと等しい．式 (ii) はより "対称的な" 問題 5.31 の解をなす．]
(c) 一様な **B** に対するベクトルポテンシャルを (ii) を用いて求めよ．
(d) 定常電流 I が流れている無限に長い直線状の導線のベクトルポテンシャルを (ii) を用いて求めよ．(ii) は自動的に $\boldsymbol{\nabla} \cdot \mathbf{A} = 0$ を満たすか？ [答え: $(\mu_0 I/2\pi s)\,(z\hat{\mathbf{s}} - s\hat{\mathbf{z}})$]

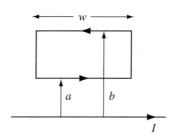

図 5.63

---

[28]R. L. Bishop and S. I. Goldberg, *Tensor Analysis on Manifolds*, Section 4.5 (New York: Macmillan, 1968) を参照．

5.4. ベクトルポテンシャル **293**

問題 5.54
(a) "純粋な" 磁気双極子 **m** についてのスカラーポテンシャル $U(\mathbf{r})$ を構築せよ.
(b) 回転している球殻(例題 5.11)についてのスカラーポテンシャルを構築せよ. [ヒント: 式 5.69 と 5.87 を比較することによってわかるように, $r > R$ ではこれは純粋な双極子場になる.]
(c) 同じことを, 回転している固体球の内部について行え. [ヒント: もし問題 5.30 を解いていたら, すでに磁場を得ている. それを $-\boldsymbol{\nabla}U$ と等しいとおいて, U について解く. どんな困難が生じるか?]

問題 5.55 $\boldsymbol{\nabla}\cdot\mathbf{B}=0$ が **B** をベクトルポテンシャルの回転 ($\mathbf{B}=\boldsymbol{\nabla}\times\mathbf{A}$) で表すことを可能にしているように, $\boldsymbol{\nabla}\cdot\mathbf{A}=0$ は **A** 自身をより "高次の" ポテンシャルの回転 $\mathbf{A}=\boldsymbol{\nabla}\times\mathbf{W}$ として表すことを可能にしている. (さらにこのヒエラルキー(階層性)は無限に続く.)
(a) $r\to\infty$ で $\mathbf{B}\to\mathbf{0}$ のとき成り立つ **W** についての一般的な表式を (**B** の積分として) 求めよ.
(b) 一様な磁場 **B** の場合に **W** を求めよ. [ヒント: 問題 5.25 を参照.]
(c) 無限の長さのソレノイドの内側と外側の **W** を求めよ. [ヒント: 例題 5.12 を参照.]

問題 5.56 以下の一意性定理を証明せよ. "もし電流密度 **J** が体積 $\mathcal{V}$ にわたってわかっており, 体積 $\mathcal{V}$ を囲んでいる表面 $\mathcal{S}$ においてポテンシャル **A** または磁場 **B** のどちらかがわかっているならば, 磁場自身は $\mathcal{V}$ にわたって一意に決められる." [ヒント: 初めに

$$\int \{(\boldsymbol{\nabla}\times\mathbf{U})\cdot(\boldsymbol{\nabla}\times\mathbf{V})-\mathbf{U}\cdot[\boldsymbol{\nabla}\times(\boldsymbol{\nabla}\times\mathbf{V})]\}\,d\tau = \oint [\mathbf{U}\times(\boldsymbol{\nabla}\times\mathbf{V})]\cdot d\mathbf{a}$$

が任意のベクトル関数 **U** と **V** について成り立つことを発散定理を用いて示せ.]

問題 5.57 一様な磁場 $\mathbf{B}=B_0\,\hat{\mathbf{z}}$ 中で, 磁気双極子 $\mathbf{m}=-m_0\,\hat{\mathbf{z}}$ を原点に置く. このとき磁力線が通らない球面が原点を中心として存在することを示せ. この球の半径を求め, 内側および外側の磁力線の様子を図示せよ.

問題 5.58 図 5.64 に示すように, 電荷 Q をもち質量 M の薄いドーナツがその軸を中心として回転している.
(a) 磁気双極子モーメントと角運動量の比を求めよ. これは**磁気回転比**(または**磁気角運動量比**)とよばれている.
(b) 回転している一様な球の磁気回転比はいくらか? [これは新しい計算を必要とせず, 単純に球を多くのドーナツに分解し (a) の結果を適用すればよい.]
(c) 量子力学によれば自転する電子の角運動量は $\frac{1}{2}\hbar$ である. ここで $\hbar$ はプランク定数である. この結果より, 電子の磁気双極子モーメントは A·m^2 を単位とするといくらになるか? [この半古典的な値は, 実際の値よりほとんど正確に係数 2 だけ異なる. ディラックの相対論的な電子の理論によると正しく 2 を得ることができ, さらにファ

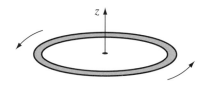

図 5.64

インマン, シュウィンガー, 朝永は後にさらなる補正を計算した. 電子の磁気双極子モーメントの決定は量子電磁気学の最高の業績であり, すべての物理の分野においておそらく最も驚くほど正確な理論と実験の一致を示す. ちなみに, $e\hbar/2m$ は**ボーア磁子**とよばれる. ここで e は電子の電荷, m は電子の質量である.]

- **問題 5.59**
(a) 半径 R の球の内側の定常電流による磁場の球全体にわたる平均は

$$\mathbf{B}_{\mathrm{ave}} = \frac{\mu_0}{4\pi}\frac{2\mathbf{m}}{R^3} \tag{5.93}$$

となることを証明せよ. ここで $\mathbf{m}$ は球の全磁気双極子である. 静電気学による結果 (式 3.105) と比較せよ. [これは難しいので, 以下のように始めるのがよい.

$$\mathbf{B}_{\mathrm{ave}} = \frac{1}{\frac{4}{3}\pi R^3}\int \mathbf{B}\, d\tau$$

ここで $\mathbf{B}$ を $(\boldsymbol{\nabla}\times\mathbf{A})$ のように書く. そして式 5.65 に代入し, 初めに表面積分を行い

$$\int \frac{1}{\boldsymbol{\imath}}\, d\mathbf{a} = \frac{4}{3}\pi\mathbf{r}'$$

を示す (図 5.65 を参照). 必要なら式 5.90 を用いる.]
(b) 球の外側の定常電流による平均磁場は, この電流により球の中心につくられる磁場と同じであることを示せ.

問題 5.60 半径 R の固体球に一様に電荷が分布している. 全電荷は Q である. この固体球が z 軸の周りを角速度 ω で回転している.

図 5.65

(a) 球の磁気双極子モーメントはいくらか？
(b) 球内の平均磁場を求めよ（問題 5.59 を参照）．
(c) $r \gg R$ であるような点 (r,θ) における近似的なベクトルポテンシャルを求めよ．
(d) 球の外側の点 (r,θ) における正確なポテンシャルを求め，(c) と一致することを確かめよ．[ヒント：例題 5.11 を参照．]
(e) 球の内側の点 (r,θ) における磁場を求め（問題 5.30），(b) と一致することを確かめよ．

問題 5.61 式 5.88 を用いて，原点に置かれた双極子の磁場の半径 R の球にわたった平均を求めよ．角度積分を初めに行うこと．結果を問題 5.59 における一般的な定理と比較せよ．そして食い違いを説明し，$r=0$ における不確定性を解決するためにはどのように式 5.89 を修正すればよいか説明せよ．（もし難しければ問題 3.48 を参照．）あきらかに磁気双極子による真の磁場は

$$\mathbf{B}_{\mathrm{dip}}(\mathbf{r}) = \frac{\mu_0}{4\pi}\frac{1}{r^3}[3(\mathbf{m}\cdot\hat{\mathbf{r}})\hat{\mathbf{r}} - \mathbf{m}] + \frac{2\mu_0}{3}\mathbf{m}\delta^3(\mathbf{r}) \tag{5.94}$$

である[29]．静電気学における同様な式 3.106 と比較せよ．

問題 5.62 半径 R, 長さ L の細いガラス製の棒に一様に表面電荷 σ が分布している．この棒が棒の軸の周りに角速度 ω で回転する．軸から距離 $s \gg R$ の場所における xy 面内

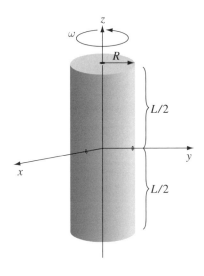

図 5.66

---
[29] デルタ関数の項は原子スペクトルにおける**超微細分裂**に対応する．たとえば D. J. Griffiths, *Am. J. Phys.* **50**, 698 (1982) を参照．

296 第5章 静磁気学

の磁場を求めよ (図 5.66). [ヒント: 磁気双極子を積み重ねたものとして考えよ.] [答え: $\mu_0 \omega \sigma L R^3 / 4[s^2 + (L/2)^2]^{3/2}$]

第6章 物質中の磁場

6.1 磁 化

6.1.1 反磁性体, 常磁性体, 強磁性体

もしも一般の人に "磁性" とは何かと尋ねたら, おそらくマグネット式の冷蔵庫飾り, 方位磁針, 北極などの答えが返ってくるだろうが, どれも動いている電荷や電流を流した導線とのあきらかな結びつきはない. しかしすべての磁気的現象は運動している電荷に起因するものであり, 実際に, 磁気的な物質を原子スケールで調べることができたなら, 微小な電流, すなわち自転しながら原子核の周りを回っている電子を見つけることができるだろう. 巨視的な現象を対象とする場合, これらのループ電流は小さいので磁気双極子として扱うことができる. これらの磁気双極子は元々は原子のランダムな配向のために互いに打ち消し合っている. しかし磁場をかけるとこれらの磁気双極子が向きを揃えて媒質は磁気的に分極, または**磁化**する.

電気的な分極はたいていの場合 $\mathbf{E}$ と同じ方向であるのとは異なり, 磁化が $\mathbf{B}$ に平行な物質 (**常磁性体**) もあれば $\mathbf{B}$ に反平行な物質 (**反磁性体**) もある. いくつかの物質では, 外場と取り除いた後でさえも磁化をもち続けることがある. (その典型例である鉄にならって**強磁性体**とよばれる[1].) このような物質では磁化はその時点での磁場によっては決まらず, 物質の磁気的な "履歴" によって決まる. 鉄でつくられる永久磁石は磁性の最もよく知られた例だが, 強磁性は理論的な観点からは最も複雑なのでこの章の最後に残しておくことにして, まずは常磁性と反磁性の定性的モデルから始める.

---

[1] 訳注:強磁性体を意味する英語 ferromagnet においては ferro は鉄を意味する.

6.1.2 磁気双極子に働くトルクと力

電場中の電気双極子がトルクを受けるように,磁場中の磁気双極子はトルクを受ける. 一様磁場 **B** の中で長方形電流ループに働くトルクを計算しよう. (どのような電流ループでも図 6.1 のように無限小の長方形を組み合わせてつくることができる. このときすべての"内部の"辺は打ち消し合う. よって,長方形電流ループを仮定したとしても一般性は失われないが,もしも任意の形状についてゼロから始めたければ,問題 6.2 を参照せよ.) ループの中心を原点において, z 軸から y 軸に向かって角度 θ だけ傾ける (図 6.2). **B** が z 方向を向いているとしよう. 傾いている辺に働く力は打ち消し合う (ループを伸ばそうとはするが,回そうとはしない). 同様に"水平な"二つの辺に働く力は大きさが等しく逆向きなのでループに働く正味の力はゼロだが, このときはトルク

$$\mathbf{N} = aF\sin\theta\,\hat{\mathbf{x}}$$

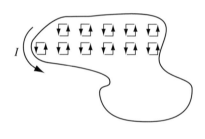

図 6.1

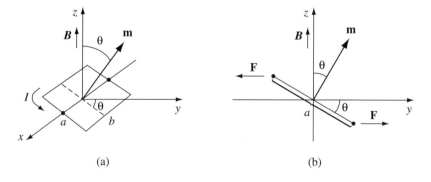

図 6.2

が発生する. それぞれの辺に働く力の大きさは

$$F = IbB$$

なので,

$$\mathbf{N} = IabB \sin\theta\,\hat{\mathbf{x}} = mB \sin\theta\,\hat{\mathbf{x}}$$

または

$$\boxed{\mathbf{N} = \mathbf{m} \times \mathbf{B}} \tag{6.1}$$

となる. ここで $m = Iab$ はループに働く磁気双極子モーメントである. 式 6.1 は任意の局在した電流分布が一様な磁場から受けるトルクを与える. 非一様な磁場中ではこの式は無限小サイズの完全な双極子に対する (中心に関する) 正確なトルクを与える.

式 6.1 は静電気学における類似の式 4.4, つまり $\mathbf{N} = \mathbf{p} \times \mathbf{E}$ と同じ形をもつことに注意しよう. とくに, トルクはここでも双極子を磁場と平行に揃えるような向きに働く. このトルクこそが**常磁性**の原因となる. すべての電子は磁気双極子をもつので (何なら, 回転する小さな帯電球を想像するとよい), 常磁性は普遍的な現象だと思うかもしれない. 実際には, 量子力学的な効果 (とくに, パウリの排他原理) により原子内の電子は反対向きのスピン同士で対を組もうとするため, 実効的にはトルクは打ち消される[2]. そのため常磁性は多くの場合, 奇数個の電子をもつ原子または分子において起こる. このときは "余分の" 対を組まない電子が磁気的トルクの影響を受ける. この場合でも, ランダムな熱的衝突が秩序を壊そうとするので磁気モーメントは完全に揃うわけではない.

一様磁場中では電流ループに働く正味の力は

$$\mathbf{F} = I \oint (d\mathbf{l} \times \mathbf{B}) = I \left(\oint d\mathbf{l} \right) \times \mathbf{B} = \mathbf{0}$$

となり, ゼロである. ここで, $\mathbf{B}$ は定ベクトルなので積分の外に出して, 閉じたループを一周したときの正味の変位 $\oint d\mathbf{l}$ は消えることを用いた. 非一様な磁場ではそうはならない. たとえば, 半径 R の円形導線リングに電流 I が流れており, 短いソレノイドの端付近, いわゆる "フリンジ" 領域の上方で静止しているとしよう (図 6.3). ここで $\mathbf{B}$ は動径成分をもちループには正味の下向きの力

$$F = 2\pi IRB \cos\theta \tag{6.2}$$

が働く (図 6.4). 磁場 $\mathbf{B}$ の中にある双極子モーメント $\mathbf{m}$ の無限小ループについては,

---

[2]これは軌道が完全に占められていない最外殻の電子については正しくない.

300　第6章　物質中の磁場

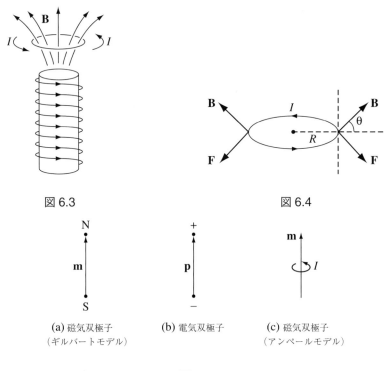

図6.5

力は

$$\mathbf{F} = \nabla(\mathbf{m} \cdot \mathbf{B}) \tag{6.3}$$

である（問題6.4を参照）．ここでもまた，この静磁気学における式は静電気学における"双子のきょうだい"と（後者を $\mathbf{F} = \nabla(\mathbf{p} \cdot \mathbf{E})$ と書けば）まったく同じ形をしている（式4.5についての脚注を参照）．

　これらのことにデジャブを感じ始めているならば，昔の物理学者たちが互いに短い距離だけ離された正負の（"N極""S極"とよばれた）"磁荷"から構成された，電気双極子とまったく同じような（図6.5(a)），磁気双極子を考えたことに対して尊敬の念を深めることもあるかもしれない．彼らはこれらの極の引力と斥力に対する"クーロンの法則"を書き下し，静磁気学を静電気学とまったく類似した形に発展させた．これは多くの場合悪くないモデルであり，（少なくとも，原点から遠方における）磁場，（少なくとも定常的な）双極子に働くトルク，（少なくとも，外部電流が存在しない場合の）双

極子に働く力について正しい結果を与える．しかしこのモデルは物理としてはよろしくない．なぜならば単体の N 極または S 極などというものは存在しないからである．もしも棒磁石を半分に折っても，片手に N 極，反対側の手に S 極が残るわけではなく二つの完全な磁石ができる．磁性は磁気単極子に起因するものではなく，動く電荷に起因するものであり，磁気双極子は微小な電流ループである（図 6.5(c)）．よって **m** を含む式が静電気学において対応する **p** を含む式との類似点をもつということは，じつに驚くべきことである．場合によっては，磁気双極子の "ギルバート" モデル（離された単極子）を用いる方が，物理的に正しい "アンペール" モデル（電流ループ）よりも簡単なことがある．実際，この描像はしばしば複雑な問題に対して巧妙な解法（すなわち，単に静電気学において対応する結果をコピーして **p** を **m** に，$1/\epsilon_0$ を μ_0 に，**E** を **B** に変えるというもの）を提供する．しかし双極子の精密な特徴がかかわってくるときは常に，二つのモデルはきわめて異なる解答を与える．助言として言えることは，もしもギルバートモデルを使いたければ，問題の直感的な "感触" をつかむために使うのはよいが，定量的な結果は決して信用してはならないということである．

問題 6.1 図 6.6 に示された正方形ループ対して円形ループによって働くトルクを計算せよ．（r は a または b よりはるかに大きいと仮定せよ．）正方形ループが自由に回転できるとすると，平衡状態ではどの方向を向くだろうか？

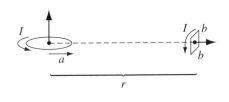

図 6.6

問題 6.2 式 5.6 の形のローレンツ則から出発して，一様磁場 **B** 中にある（正方形ループだけでなく）任意の定常電流分布に働くトルクが $\mathbf{m} \times \mathbf{B}$ であることを示せ．

問題 6.3 二つの磁気双極子 $\mathbf{m}_1$ と $\mathbf{m}_2$ が図 6.7 に示されるような方向を向き，距離 r 離れているとき，磁気双極子間に働く引力を以下の二通りの方法で求めよ．(a) 式 6.2 を用いる．(b) 式 6.3 を用いる．

問題 6.4 式 6.3 を導出せよ．[ここに導出方法の一例を示す．双極子が一辺の長さ ϵ の無限小の正方形であると仮定する．（あるいは，ループを正方形に分割して，それぞれに対して以下の議論を適用する．）座標軸を図 6.8 のように選び，$\mathbf{F} = I \int (d\mathbf{l} \times \mathbf{B})$ を四つの各辺に沿って計算する．右辺の **B** は

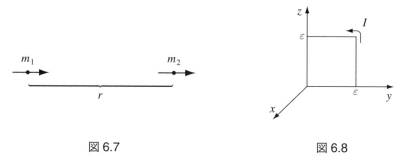

図 6.7　　　　　　　　　図 6.8

$$\mathbf{B} = \mathbf{B}(0, \epsilon, z) \cong \mathbf{B}(0, 0, z) + \epsilon \frac{\partial \mathbf{B}}{\partial y}\bigg|_{(0,0,z)}$$

のようにテイラー展開する．より洗練された計算方法としては，問題 6.22 を参照せよ．]

問題 6.5　yz 平面を $x = -a$ から $x = +a$ まで覆っている板の内部を，一様な密度 $\mathbf{J} = J_0 \hat{\mathbf{z}}$ の電流が流れている．原点には磁気双極子 $\mathbf{m} = m_0 \hat{\mathbf{x}}$ が置かれている．
(a) 式 6.3 を用いて双極子に働く力を求めよ．
(b) 同様の計算を y 方向を向いた双極子 $\mathbf{m} = m_0 \hat{\mathbf{y}}$ に対して行え．
(c) 静電気学の場合は二つの力の表式 $\mathbf{F} = \boldsymbol{\nabla}(\mathbf{p} \cdot \mathbf{E})$ と $\mathbf{F} = (\mathbf{p} \cdot \boldsymbol{\nabla})\mathbf{E}$ は等価であったが（証明すること），静磁気学では類似の関係は成り立たない（理由を説明せよ）．例として，(a) と (b) の配置に対して $(\mathbf{m} \cdot \boldsymbol{\nabla})\mathbf{B}$ を計算せよ．

6.1.3　原子軌道に対する磁場の効果

電子は自転しているだけでなく原子核の周りを公転している．簡単のため，軌道は半径 R の円であると仮定しよう（図 6.9）．厳密にいえばこの軌道運動は定常電流をつくらないが，実際には周期 $T = 2\pi R/v$ がとても短いため，非常に速くまばたきしない限り定常電流

$$I = \frac{-e}{T} = -\frac{ev}{2\pi R}$$

が流れているように見えるだろう．（負符号は電子の負電荷のためである．）したがって，軌道双極子モーメント $(I\pi R^2)$ は

$$\mathbf{m} = -\frac{1}{2}evR\hat{\mathbf{z}} \tag{6.4}$$

となる．

他の磁気双極子と同様に，この磁気双極子も磁場をかけるとトルク $(\mathbf{m} \times \mathbf{B})$ を受け

6.1. 磁 化 *303*

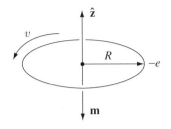

図 6.9

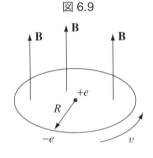

図 6.10

る．しかし軌道全体を傾けるのは自転を傾けるよりもはるかに困難であり，軌道運動の常磁性への寄与は小さい．しかしながら，磁場は軌道運動にもっと重要な影響を与える．電子は $\mathbf{B}$ の方向によって加速または減速するのである．なぜなら，向心加速度 v^2/R は通常は[3]

$$\frac{1}{4\pi\epsilon_0}\frac{e^2}{R^2} = m_e\frac{v^2}{R} \tag{6.5}$$

のように電気力のみによって維持されるのに対して，磁場が存在する場合はさらに $-e(\mathbf{v}\times\mathbf{B})$ が加わるからである．議論の便宜上，図 6.10 のように $\mathbf{B}$ は軌道面に垂直であるとしよう．このとき

$$\frac{1}{4\pi\epsilon_0}\frac{e^2}{R^2} + e\bar{v}B = m_e\frac{\bar{v}^2}{R} \tag{6.6}$$

となる．これらの条件のもとでは，磁場がかけられた後の速さ $\bar{v}$ は

$$e\bar{v}B = \frac{m_e}{R}(\bar{v}^2 - v^2) = \frac{m_e}{R}(\bar{v}+v)(\bar{v}-v)$$

---

[3]磁気双極子モーメント m との混同を避けるため，電子の質量を添字をつけて m_e と書くことにする．

304 第 6 章 物質中の磁場

から決まり, v よりも大きくなる. 速さの変化 $\Delta v = \bar{v} - v$ が小さいと仮定すると

$$\Delta v = \frac{eRB}{2m_e} \tag{6.7}$$

となる. 以上より, 磁場 $\mathbf{B}$ をかけると電子は加速する[4].

公転速度が変化するということは双極子モーメント (式 6.4) が

$$\Delta \mathbf{m} = -\frac{1}{2}e(\Delta v)R\hat{\mathbf{z}} = -\frac{e^2 R^2}{4m_e}\mathbf{B} \tag{6.8}$$

のように変化するということである. $\mathbf{m}$ の変化は $\mathbf{B}$ の向きと逆向きであることに注意しよう. (反対向きに回っている電子は上向きの双極子モーメントをもつが, このような軌道運動は磁場よって減速されるので, 双極子モーメントの変化はやはり $\mathbf{B}$ と逆向きである.) 通常は, 電子軌道はランダムに配向しており軌道双極子モーメントは打ち消し合う. しかし磁場が存在するとき, それぞれの原子が少しの "余分な" 双極子モーメントを獲得し, これらの増分はすべて磁場に反平行である. これが**反磁性**の原因となる機構である. これは普遍的な現象であり, すべての原子に影響を及ぼす. しかしながら, この効果は通常は常磁性よりもはるかに弱いため, 反磁性はおもに, 偶数個の電子をもち通常は常磁性が存在しない原子において見られる.

式 6.8 を導出する際に, 元と同じ半径 R の円軌道が保ち続けられると仮定した. 現段階ではこの仮定の正当性を示すことはできない. もしも磁場をかけても原子が定常的であるならばこの仮定を証明できるが, この問題は静磁気学の範囲外であるため, 詳細については第 7 章まで待たなければならない (問題 7.52 を参照). 原子が磁場の中に向かって動いていく場合は, 状況はさらに非常に複雑になる. しかし, ここでは反磁性の定性的な説明を与えようとしているだけなので, 気にしなくてもよい. 何ならば速度はそのままで半径が変化すると仮定してもよいが, 磁化の変化の表式 (式 6.8) は (2倍だけ) 変更されるものの, 定性的な結論は影響を受けない. じつのところ, この古典モデルには本質的な欠陥 (すなわち反磁性は実際には量子力学的な現象であること) があるので, 細かい部分を改良することには意味がない[5]. 重要なのは, 反磁性体では誘起された双極子モーメントは磁場の反対方向を向いているという実験事実である.

---

[4]以前, 磁場は仕事をせず粒子を加速できないと述べた. この主張は変わらない. しかしながら, 第 7 章でわかるように, 磁場を変化させると電場を誘起し, いまの場合はこの誘起された電場が電子を加速する.

[5]S. L. O'Dell and R. K. P. Zia, *Am. J. Phys.* **54**, 32, (1986); R. Peierls, *Surprises in Theoretical Physics*, Section 4.3 (Princeton, N.J.: Princeton University Press, 1979); R. P. Feynman, R. B. Leighton, and M. Sands, *The Feynman Lectures on Physics*, Vol. 2, Sec. 34–36 (New York: Addison-Wesley, 1966).

6.1.4 磁 化

磁場が存在するとき, 物質は磁化する. すなわち, 微視的に調べてみれば, 物質に含まれる多数の小さな双極子が全体としてある方向に揃っていることがわかるはずである. この磁気的分極を説明する二つの機構として (1) 常磁性 (不対電子のスピンに付随する双極子がトルクを受けて磁場と平行に揃おうとする) および (2) 反磁性 (軌道双極子モーメントが磁場と逆向きに変化するように電子の公転速度が変化する) について議論してきた. その起源が何であれ, 磁気的に分極した状態をベクトル量

$$\mathbf{M} \equiv \text{単位体積あたりの磁気双極子モーメント} \tag{6.9}$$

によって記述する. $\mathbf{M}$ は磁化とよばれ, 静電気学における分極 $\mathbf{P}$ に類似する役割を果たす. 次の項では, 磁化の起源 (常磁性か反磁性か, あるいは強磁性かもしれないが) については気にせずに $\mathbf{M}$ が決まっているものとして, この磁化そのものがつくる磁場を計算する.

ちなみに, 有名な三つの強磁性体 (鉄, ニッケル, コバルト) 以外の物質であっても磁場の影響を受けることを知って驚かれた読者もいるかもしれない. もちろん, 木片やアルミニウムを磁石で拾い上げることはできない. その理由は, 反磁性と常磁性はきわめて弱く, これらを検出するには強力な磁石と精密な実験を要することにある. 図 6.3 のようにソレノイドの上で常磁性物質を静止させたとすると, 誘起される磁化は上向きであり力は下向きである. 反対に, 反磁性物質の磁化は下向きで力は上向きになる. 一般に, 物体が非一様磁場の領域内に置かれたとき, 常磁性体は磁場に引きつけられるのに対して反磁性体は反発力を受ける. しかし実際の力は非常に弱い. 典型的な実験装置では, 同程度の大きさの鉄に働く力の方が $10^4 \sim 10^5$ 倍大きくなる. たとえば第 5 章で, 銅線の内部の磁場を計算する際に磁化の影響を気にしなくてよかったのはこのためである[6].

問題 6.6 アルミニウム, 銅, 塩化銅 ($CuCl_2$), 炭素, 鉛, 窒素 (N_2), 塩 ($NaCl$), ナトリウム, 硫黄, 水のうちで, どれが常磁性体でどれが反磁性体だろうか？ (実際には, 銅はわずかに反磁性的である. その他はすべて予想通りである.)

---

[6]1997 年にアンドレ・ガイムは生きたカエル (反磁性体) を 30 分間浮上させることに成功した. ガイムはこの成功により 2000 年にイグノーベル賞を受賞し, 後, 2010 年にはグラフェンの研究でノーベル賞を受賞した. M. V. Berry and A. K. Geim, *Eur. J. Phys.* **18**, 307 (1997) and Geim, *Physics Today*, September 1998, p. 36.

6.2 磁化した物質の磁場

6.2.1 拘束電流

磁化した物質があり,単位体積あたりの磁気双極子モーメント $\mathbf{M}$ が与えられているものとしよう.この物体はどのような磁場をつくるだろうか? さて,一つの双極子 $\mathbf{m}$ のベクトルポテンシャルは式 5.85 により

$$\mathbf{A}(\mathbf{r}) = \frac{\mu_0}{4\pi} \frac{\mathbf{m} \times \hat{\boldsymbol{\imath}}}{\imath^2} \tag{6.10}$$

で与えられる.磁化した物体の内部ではそれぞれの体積要素 $d\tau'$ は双極子モーメント $\mathbf{M}\,d\tau'$ をもつので,全ベクトルポテンシャルは(図 6.11)

$$\mathbf{A}(\mathbf{r}) = \frac{\mu_0}{4\pi} \int \frac{\mathbf{M}(\mathbf{r}') \times \hat{\boldsymbol{\imath}}}{\imath^2} d\tau' \tag{6.11}$$

で与えられる.

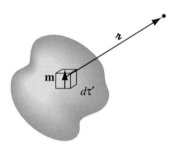

図 6.11

原理的にはこれで十分である.しかし,静電場のとき(4.2.1 項)のように,この積分をより明快な形に書き換えることができる.恒等式

$$\boldsymbol{\nabla}' \frac{1}{\imath} = \frac{\hat{\boldsymbol{\imath}}}{\imath^2}$$

を利用すると

$$\mathbf{A}(\mathbf{r}) = \frac{\mu_0}{4\pi} \int \left[\mathbf{M}(\mathbf{r}') \times \left(\boldsymbol{\nabla}' \frac{1}{\imath} \right) \right] d\tau'$$

となり,付録 D の「合成関数の微分公式」(7) を用いて部分積分すると,

$$\mathbf{A}(\mathbf{r}) = \frac{\mu_0}{4\pi} \left\{ \int \frac{1}{\imath} [\boldsymbol{\nabla}' \times \mathbf{M}(\mathbf{r}')] \, d\tau' - \int \boldsymbol{\nabla}' \times \left[\frac{\mathbf{M}(\mathbf{r}')}{\imath} \right] d\tau' \right\}$$

6.2. 磁化した物質の磁場 *307*

となる. 問題 1.61(b) を用いると第二項は表面積分に表すことができて,

$$\mathbf{A}(\mathbf{r}) = \frac{\mu_0}{4\pi} \int \frac{1}{\imath} [\boldsymbol{\nabla}' \times \mathbf{M}(\mathbf{r}')] \, d\tau' + \frac{\mu_0}{4\pi} \oint \frac{1}{\imath} [\mathbf{M}(\mathbf{r}') \times d\mathbf{a}'] \tag{6.12}$$

となる. 第一項は体積電流

$$\boxed{\mathbf{J}_b = \boldsymbol{\nabla} \times \mathbf{M}} \tag{6.13}$$

によるベクトルポテンシャルの形をしており, 第二項は表面電流

$$\boxed{\mathbf{K}_b = \mathbf{M} \times \hat{\mathbf{n}}} \tag{6.14}$$

によるベクトルポテンシャルの形をしている. ただし $\hat{\mathbf{n}}$ は単位法線ベクトルである. これらの定義のもとでは

$$\mathbf{A}(\mathbf{r}) = \frac{\mu_0}{4\pi} \int_{\mathcal{V}} \frac{\mathbf{J}_b(\mathbf{r}')}{\imath} \, d\tau' + \frac{\mu_0}{4\pi} \oint_{\mathcal{S}} \frac{\mathbf{K}_b(\mathbf{r}')}{\imath} \, da' \tag{6.15}$$

となる.

これが意味するところは, 磁化した物体がつくるベクトルポテンシャルは, 物体を流れる体積電流 $\mathbf{J}_b = \boldsymbol{\nabla} \times \mathbf{M}$ と境界における表面電流 $\mathbf{K}_b = \mathbf{M} \times \hat{\mathbf{n}}$ がつくるベクトルポテンシャルと同じ (磁場についても同様) だということである. 式 6.11 を用いてすべての無限小の双極子の寄与を積分する代わりに, 最初に**拘束電流**を決定し, 通常の体積電流や表面電流の磁場を計算するときと同じ方法を用いて, これらの拘束電流がつくる磁場を計算することもできる. 電場の場合との著しい類似点に注目してほしい. (分極した物体による電場は体積拘束電荷 $\rho_b = -\boldsymbol{\nabla} \cdot \mathbf{P}$ と表面拘束電荷 $\sigma_b = \mathbf{P} \cdot \hat{\mathbf{n}}$ による電場と同じであった.)

例題 6.1. 一様に磁化した球がつくる磁場を求めよ.

解答
z 軸を $\mathbf{M}$ の方向に沿って選ぶと (図 6.12)

$$\mathbf{J}_b = \boldsymbol{\nabla} \times \mathbf{M} = \mathbf{0}, \quad \mathbf{K}_b = \mathbf{M} \times \hat{\mathbf{n}} = M \sin\theta \, \hat{\boldsymbol{\phi}}$$

となる. ここで, 一様な表面電荷 σ をもつ球殻を角速度 ω で回転させた場合は, 球面上に表面電流密度

$$\mathbf{K} = \sigma\mathbf{v} = \sigma\omega R \sin\theta \, \hat{\boldsymbol{\phi}}$$

で電流が流れているとみなすことができる. したがって, $\sigma R\boldsymbol{\omega} \to \mathbf{M}$ とおけば, 一様に磁化した球による磁場は回転する球殻による磁場と等しい. 例題 5.11 を参照すると,

308 第 6 章 物質中の磁場

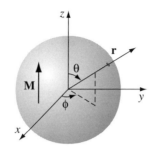

図 6.12

結論として球内部の磁場は

$$\mathbf{B} = \frac{2}{3}\mu_0 \mathbf{M} \tag{6.16}$$

となり，外部の磁場は完全な双極子

$$\mathbf{m} = \frac{4}{3}\pi R^3 \mathbf{M}$$

の磁場と等しくなる．一様に分極した球の内部の電場と同様に，内部の磁場は一様であることに注意したい．もっとも，二つの場合に対する実際の表式は，奇妙なことに($-\frac{1}{3}$ の代わりに $\frac{2}{3}$ となっており) 異なっている[7]．球の外部についても類似が成り立っていて，どちらの場合も完全な双極子がつくる電場または磁場と同じになる．

問題 6.7 無限に長い円柱が軸に平行な一様磁化 $\mathbf{M}$ をもっている．円柱内外における($\mathbf{M}$ に起因する) 磁場を求めよ．

問題 6.8 半径 R の長い円柱が磁化 $\mathbf{M} = ks^2\,\hat{\boldsymbol{\phi}}$ をもっている．ここで k は定数，s は軸からの距離，$\hat{\boldsymbol{\phi}}$ は通常の角度方向の単位ベクトルである (図 6.13)．円柱内外の場所における，$\mathbf{M}$ に起因する磁場を求めよ．

問題 6.9 半径 a, 長さ L の短い円柱が "凍結した" 一様磁化 $\mathbf{M}$ を軸に平行にもっている．拘束電流を求め，円柱の磁場を図示せよ．($L \gg a, L \ll a, L \approx a$ の三つの場合についてそれぞれ図示せよ．) この**棒磁石**を問題 4.11 の棒エレクトレットと比較せよ．

---

[7]電気双極子の電場 (式 3.106) と磁気双極子の磁場 (式 5.94) に対する "接触" 項に同じ因子が現れるのは偶然ではない．実際に，完全な双極子をモデル化する上手い方法の一つは，分極または磁化した球において極限 ($R \to 0$) をとることである．

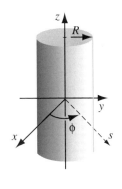
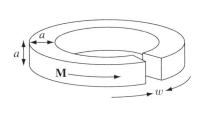

図 6.13   図 6.14

問題 6.10 長さが L で断面が正方形（一辺の長さ a）の鉄の棒が縦方向に一様な磁化 **M** をもっている．この鉄の棒を図 6.14 に示すように円に沿って曲げて狭い隙間（幅 w）をつくっておく．$w \ll a \ll L$ を仮定して，隙間の中心における磁場を求めよ．[ヒント：完全な円環と逆向きの電流の正方形ループの重ね合わせとして扱え．]

6.2.2 拘束電流の物理的解釈

6.2.1 項で，磁化した物体がつくる磁場はある種の"拘束"電流分布 $\mathbf{J}_b$ および $\mathbf{K}_b$ がつくる磁場と等価であることをあきらかにした．これらの拘束電流が物理的にどのようにして生じるのかを示そう．ここでの議論はあくまでも読者の理解を助けることを目的としたものであり，数学的な厳密さにはとらわれないことにする．（拘束電流密度の厳密な導出はすでに与えた通りである．）図 6.15 は一様に磁化した物質の薄い板

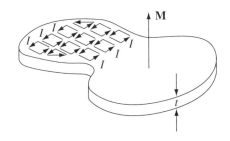

図 6.15

を描いたもので, 双極子は小さな電流ループによって表されている. すべての"内部"電流は打ち消しあうということに注意しよう. たとえば, 右向きの電流があれば, 近接する電流は必ず左向きである. しかしながら, 端では電流を打ち消す隣のループは存在しない. よって, 全体としては, 境界に沿った単一のリボンを流れる電流 I と等価である (図 6.16).

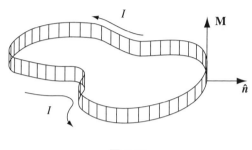

図 6.16

この電流は $\mathbf{M}$ を用いるとどのように表されるだろうか？ それぞれの小さなループの面積を a, 厚さを t としよう (図 6.17). このループの双極子モーメント m を磁化 M で表すと $m = Mat$ である. 一方, 同じ双極子モーメントを循環電流 I で表すと $m = Ia$ である. したがって $I = Mt$ であり表面電流は $K_b = I/t = M$ である. 外向きの単位ベクトル $\hat{\mathbf{n}}$ (図 6.16) を用いると, $\mathbf{K}_b$ の方向は外積によってうまく表すことができて

$$\mathbf{K}_b = \mathbf{M} \times \hat{\mathbf{n}}$$

となる. (この表式は板の上面と底面に電流が流れないという事実も含んでいる. $\mathbf{M}$ は $\hat{\mathbf{n}}$ に平行であり外積が消えるからである.)

図 6.17

この表面拘束電流はまさしく 6.2.1 項で得たものと同じである. この電流では, 全行程を旅する電荷が一つとしてなく, むしろ, それぞれの電荷が単一原子内の微小ループ

6.2. 磁化した物質の磁場

を動いているだけであるという意味において，特殊な種類の電流である．それにもかかわらず，正味の効果としては磁化した物体表面を流れる巨視的な電流となる．すべての電荷が特定の原子に付随することを意識するために，この電流を"拘束"電流とよぶことにするが，これは正真正銘本物の電流であり，通常の電流と同様に磁場を発生する．

磁化が非一様なとき，内部電流は打ち消されなくなる．図 6.18(a) は磁化した物質における二つの隣接する部位を表し，右側の矢印の方が大きいのはその位置の磁化がより大きいことを示している．二つの部位が接する表面上では x 方向に正味の電流

$$I_x = [M_z(y+dy) - M_z(y)]\,dz = \frac{\partial M_z}{\partial y}\,dy\,dz$$

が流れている．よってこれに対応する体積電流密度は

$$(J_b)_x = \frac{\partial M_z}{\partial y}$$

となる．同様に，y 方向に非一様な磁化は $-\partial M_y/\partial z$ の寄与をもつので（図 6.18(b)），

$$(J_b)_x = \frac{\partial M_z}{\partial y} - \frac{\partial M_y}{\partial z}$$

となる．一般的には

$$\mathbf{J}_b = \boldsymbol{\nabla} \times \mathbf{M}$$

となり，再び 6.2.1 項と矛盾のない結果が得られる．

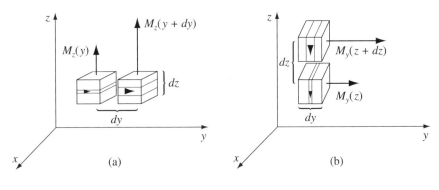

図 6.18

ちなみに，他のあらゆる定常電流と同様に，$\mathbf{J}_b$ は保存則（式 5.33）

$$\boldsymbol{\nabla} \cdot \mathbf{J}_b = 0$$

にしたがうはずである．本当にそうなっているだろうか？ ベクトルの回転の発散は常にゼロであるから，答えはイエスである．

312 第 6 章 物質中の磁場

6.2.3 物質内部の磁場

電場と同様に，物質内部における実際の微視的な磁場は場所ごとに著しく変動している．"物質中の磁場"というときは，巨視的な磁場，すなわち多数の原子を含む十分に大きな領域にわたって平均化された磁場を意味する．（磁化 **M** は同じ意味で "ならされて" いる．）6.2.1 項の方法を磁化した物質の内部に適用したときに得られる磁場は，正にこの巨視的な磁場である．その証明は，以下の問題によって読者自身で与えることができる．

問題 6.11 6.2.1 項では完全な双極子のポテンシャル（式 6.10）から出発したのだが，実際に問題としているのは物理的な双極子である．それにもかかわらず巨視的な磁場が得られることを示せ．

6.3 補助場 H

6.3.1 磁化した物質中のアンペールの法則

6.2 節では，磁化の効果によって物質内部に拘束電流 $\mathbf{J}_b = \boldsymbol{\nabla} \times \mathbf{M}$，物質表面に拘束電流 $\mathbf{K}_b = \mathbf{M} \times \hat{\mathbf{n}}$ がつくられることをあきらかにした．媒質の磁化に起因する磁場は正にこれらの拘束電流によって生じる磁場である．ここで拘束電流とそれ以外のすべての電流（これを**自由電流**とよぼう）に起因する磁場をすべてまとめて考えよう．自由電流は物質中に埋め込まれた導線中を流れていてもよいし，磁化した物質が導体であればその物質の内部を流れていてもよい．いずれにしても，全電流は

$$\mathbf{J} = \mathbf{J}_b + \mathbf{J}_f \tag{6.17}$$

と書ける．式 6.17 には新しい物理は何もなく，単に，電流を二つの部分に分けると便利だというだけのことである．なぜならこれら 2 種類の電流はきわめて異なる方法で生じるからである．つまり，自由電流は導線をバッテリーにつなぐことにより生じ，実際の電荷の輸送を伴うが，拘束電流は磁化によるものであり，多数の原子双極子が向きを揃えて協力し合うことによって生じる．

式 6.13 と式 6.17 を考慮すると，アンペールの法則は

$$\frac{1}{\mu_0} (\boldsymbol{\nabla} \times \mathbf{B}) = \mathbf{J} = \mathbf{J}_f + \mathbf{J}_b = \mathbf{J}_f + (\boldsymbol{\nabla} \times \mathbf{M})$$

と書ける．また，二つの回転の項をまとめると

6.3. 補助場 **H** *313*

$$\nabla \times \left(\frac{1}{\mu_0} \mathbf{B} - \mathbf{M} \right) = \mathbf{J}_f$$

となる. カッコ内の量を **H** とすると

$$\boxed{\mathbf{H} \equiv \frac{1}{\mu_0} \mathbf{B} - \mathbf{M}} \tag{6.18}$$

となる. **H** を用いると, アンペールの法則は

$$\boxed{\nabla \times \mathbf{H} = \mathbf{J}_f} \tag{6.19}$$

または積分形で

$$\oint \mathbf{H} \cdot d\mathbf{l} = I_{f_{\text{enc}}} \tag{6.20}$$

と書ける. ここで $I_{f_{\text{enc}}}$ はアンペールループを貫く全自由電流である.

　静磁気学において **H** はは静電気学における **D** と同様の役割を果たす. すなわち, **D** によってガウスの法則を自由電荷のみを用いて表すことができたのと同様に, **H** によってアンペールの法則を, 直接的に制御可能な, 自由電流のみを用いて表すことができる. 拘束電流は拘束電荷と同様に物質に付随するものであり, 物質が磁化することによって引き起こされるので, 自由電流のように独立に流したり止めたりということはできない. 式 6.20 を適用する際には, 外から与えられていてよくわかっている自由電流のみを考慮すればよい. とくに, 系が特別な対称性をもつ場合は式 6.20 よりただちに, 通常のアンペールの法則の方法によって **H** を計算することができる. (たとえば問題 6.7 と問題 6.8 は **H** = 0 であることに気づけば 1 行で解くことができる.)

例題 6.2. 半径 R の長い銅棒に一様に分布した (自由) 電流 I が流れている (図 6.19). 棒の内外における **H** を求めよ.

解答
銅はわずかに反磁性的であり, 双極子は磁場と逆向きに揃う. これは導線内部には I と反平行で導線表面には I と平行な拘束電流をもたらす (図 6.20). これらの拘束電流の大きさについてはまだ何もいえないが, **H** を計算するためには, すべての電流が縦方向に流れており **B**, **M**, **H** は円周方向を向いていることに気がつくだけで十分である. 式 6.20 を半径 $s < R$ のアンペールループに適用すると

$$H(2\pi s) = I_{f_{\text{enc}}} = I \frac{\pi s^2}{\pi R^2}$$

となるので, 導線の内部では

$$\mathbf{H} = \frac{I}{2\pi R^2} s \, \hat{\boldsymbol{\phi}} \qquad (s \leq R) \tag{6.21}$$

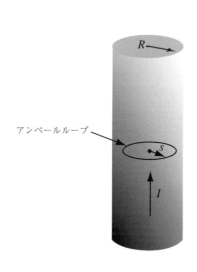
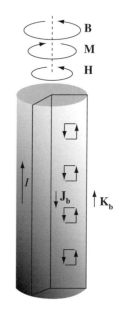

図 6.19　　　　　　　　図 6.20

となる．導線の外部では

$$\mathbf{H} = \frac{I}{2\pi s}\hat{\boldsymbol{\phi}} \qquad (s \geq R) \tag{6.22}$$

である．外部の領域（いつものように，何もない空間とする）では $\mathbf{M} = 0$ なので

$$\mathbf{B} = \mu_0 \mathbf{H} = \frac{\mu_0 I}{2\pi s}\hat{\boldsymbol{\phi}} \qquad (s \geq R)$$

であり，磁化していない導線の場合と同じである．導線の内部については，現段階では $\mathbf{M}$ について知るすべがないため $\mathbf{B}$ を決めることができない．（もっとも，実際には銅の磁化はごくわずかであるため多くの場合は $\mathbf{M}$ を無視できる．）

じつは，$\mathbf{H}$ は $\mathbf{D}$ よりも有用な量である．実験室においてはしばしば（$\mathbf{B}$ よりも頻繁に）$\mathbf{H}$ が使われるが，決して $\mathbf{D}$ が使われることはない（$\mathbf{E}$ のみである）．その理由は以下の通りである．電磁石をつくるには，コイルに一定の（自由）電流を流す．この電流こそが計測器で読みとられるものであり，$\mathbf{H}$ を（もしくは，少なくとも $\mathbf{H}$ の線積分を）決めるものである．しかし $\mathbf{B}$ は用いられた特定の物質の詳細に依存する．もしも鉄が使われていたならば，$\mathbf{B}$ は電磁石に流した電流の履歴にすら依存する．一方，電場をつくるときは平行板コンデンサーの極板に一定量の自由電荷を塗りつけたりはせず，

むしろ極板に一定の電圧のバッテリーを接続する．この電位差こそが計測器で読み取られるものであり **E**（というよりも，むしろ **E** の線積分）を決めるもので，**D** は用いる誘電体の詳細に依存する．もし仮に電荷の測定が容易でポテンシャルの測定が困難であったならば，実験家は **E** の代わりに **D** を用いていただろう．よって **H** が **D** に比べて馴染み深いのは純粋に実用上の問題によるものであり，理論的にはどちらも同等である．

多くの教科書では **B** ではなく **H** を "磁場" とよんでいる．そこで **B** に対しては新しい言葉を発明する必要が生じる．すなわち "磁束密度" または磁気 "誘導"（この用語にはすでに，電磁気学では，少なくとも二つの別の意味があるため，これを用いるのはまったくもって不合理である）である．とにかく，**B** は紛れもなく基本量であるので，本書では（誰もが話し言葉ではそうしているように）これを "磁場" とよび続ける．**H** にはうまいよび名がないので単に "**H**" とよぶことにしよう[8]．

問題 6.12　半径 R の無限に長い円柱が軸に平行に "凍結された" 磁化

$$\mathbf{M} = ks\hat{\mathbf{z}}$$

をもっている．ここで k は定数であり s は軸からの距離である．自由電流はどこにも流れていないものとする．円柱の内外における磁場を以下の二つの異なる方法により求めよ．

(a) 6.2 節のように，すべての拘束電流を求めて，それらがつくる磁場を計算せよ．

(b) アンペールの法則（式 6.20 の形で表されたもの）を用いて **H** を求め，それから式 6.18 より **B** を得よ．（第二の方法の方がはるかに早く，具体的に拘束電流を使うこともないことに注目しよう．）

問題 6.13　大きな磁性体の内部の磁場が $\mathbf{B}_0$ であり，したがって $\mathbf{H}_0 = (1/\mu_0)\mathbf{B}_0 - \mathbf{M}$ であったとしよう．ただし **M** は "凍結された" 磁化である．

(a) いま，物質の内部から小さな球形の空洞をくり抜いたとする（図 6.21）．空洞の中心における磁場を $\mathbf{B}_0$ と **M** を用いて表せ．さらに，空洞の中心における **H** を $\mathbf{H}_0$ と **M** を用いて表せ．

(b) 同じことを **M** に平行な長い針状の空洞に対して行え．

(c) 同じことを **M** に垂直な薄いウエハース状の空洞に対して行え．

空洞は十分に小さく **M**, $\mathbf{B}_0$, $\mathbf{H}_0$ は実質的に定ベクトルであると仮定せよ．[ヒント：空洞をくり抜くことは，同じ形状で逆向きの磁化をもつ物体を重ね合わせることと同じである．]

---

[8]これには同意できないという読者に対しては，A. Sommerfeld, *Electrodynamics* (New York: Academic Press. 1952). p.45 [和訳：アーノルド・ゾンマーフェルト　著「ゾンマーフェルト理論物理学講座（3）電磁気学」（講談社），54 ページ] を引用しよう．"**H** を '磁場' とよぶことはできるだけ避けるべきである．マクスウェル自身すらこの点では正しくないように思われる……"

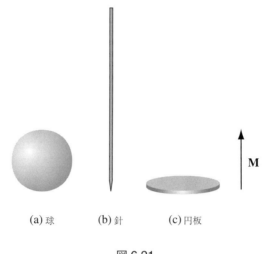

(a) 球 (b) 針 (c) 円板

図 6.21

6.3.2 見せかけの類似

式 6.19 は, 全電流が自由電流に, $\mathbf{B}$ が $\mu_0\mathbf{H}$ に置き換えられていることを除けば, 元々のアンペールの法則とまるで同じに見える. しかしながら, $\mathbf{D}$ の場合と同様, この対応関係を深読みしすぎることについては警鐘を鳴らさなければならない. この対応関係は, $\mu_0\mathbf{H}$ が "ソース電流が $\mathbf{J}$ の代わりに $\mathbf{J}_f$ になっただけで $\mathbf{B}$ とそっくり同じである" ということをいっているわけではない. なぜならベクトル場を決定するためには回転だけでは不十分で, 発散もわかっていなければならないからである. さらに, $\nabla\cdot\mathbf{B}=0$ であるのに対して $\mathbf{H}$ の発散は一般にはゼロではない. 実際に, 式 6.18 より

$$\nabla\cdot\mathbf{H}=-\nabla\cdot\mathbf{M} \tag{6.23}$$

である. $\mathbf{M}$ の発散が消えるときのみ, $\mathbf{B}$ と $\mu_0\mathbf{H}$ の類似は正確に成り立つ.

もしこれが杓子定規だと思うならば, 棒磁石の例, すなわち短い鉄の円柱が一様な永久磁化を軸に平行にもつ場合 (問題 6.9 と問題 6.14 を参照) を考えてみるとよい. この場合自由電流はどこにも存在しないため, 素朴に式 6.20 を適用すると $\mathbf{H}=0$ であり, 磁石の内部では $\mathbf{B}=\mu_0\mathbf{M}$, 外部では $\mathbf{B}=0$ という結論が導かれる. だが, これはナンセンスである. $\mathbf{H}$ の回転がいたるところで消えるというのはまったくもって正しいが, 発散は違う. (どこで $\nabla\cdot\mathbf{M}\neq 0$ となるかわかるだろうか?) **助言:磁性体を含む問題で $\mathbf{B}$ または $\mathbf{H}$ を問われたら, まず対称性を確認する.** もしも問題が円筒, 面, 管

状, ドーナツ型などの対称性を示すなら, 通常のアンペールの法則の方法によって **H** を式 6.20 から直接得ることができる. (このような場合は自由電流のみで答えを決めることができることから, あきらかに, $\boldsymbol{\nabla} \cdot \mathbf{M}$ は自動的にゼロである.) もしも考えている系が必要な対称性をもたない場合は他の方法を考えなければならない. とくに, 自由電流が問題に表れないからといって, **H** がゼロであると仮定してはならない.

6.3.3 境界条件

静磁気学における境界条件は **H** と自由電流を用いて与えることができる. 式 6.23 より

$$H_{\text{above}}^{\perp} - H_{\text{below}}^{\perp} = -(M_{\text{above}}^{\perp} - M_{\text{below}}^{\perp}) \tag{6.24}$$

となるが, 式 6.19 より

$$\mathbf{H}_{\text{above}}^{\parallel} - \mathbf{H}_{\text{below}}^{\parallel} = \mathbf{K}_f \times \hat{\mathbf{n}} \tag{6.25}$$

である. 物質が存在するときはこれらの境界条件は, 対応する **B** についての境界条件

$$B_{\text{above}}^{\perp} - B_{\text{below}}^{\perp} = 0 \tag{6.26}$$

$$\mathbf{B}_{\text{above}}^{\parallel} - \mathbf{B}_{\text{below}}^{\parallel} = \mu_0(\mathbf{K} \times \hat{\mathbf{n}}) \tag{6.27}$$

よりも有用なことがある. このことは例題 6.2 または問題 6.14 で確かめるとよいだろう.

問題 6.14 問題 6.9 の棒磁石に対して, L がおよそ $2a$ であると仮定して **M**, **B**, **H** を注意深く図示せよ. 問題 4.17 と比較せよ.

問題 6.15 もしもすべての場所で $\mathbf{J}_f = \mathbf{0}$ であれば **H** の回転は消えて (式 6.19), **H** をスカラーポテンシャル W の勾配として

$$\mathbf{H} = -\boldsymbol{\nabla} W$$

のように表すことができる. このとき, 式 6.23 によると

$$\nabla^2 W = (\boldsymbol{\nabla} \cdot \mathbf{M})$$

であるから W は $\boldsymbol{\nabla} \cdot \mathbf{M}$ を "ソース" としたポアソン方程式にしたがう. このことから第 3 章におけるすべての道具立てを使うことが可能となる. 例として, 一様に磁化した球の内部における磁場 (例題 6.1) を変数分離法によって求めよ. [ヒント:表面 ($r = R$) 以外のいたるところで $\boldsymbol{\nabla} \cdot \mathbf{M} = 0$ であるから, W は $r < R$ と $r > R$ の領域でラプラス方程式を満足する. 式 3.65 を用いて, 式 6.24 より W に対する適切な境界条件を見つけよ.]

---

318 第 6 章 物質中の磁場

6.4 線形媒質と非線形媒質

6.4.1 磁化率と透磁率

常磁性体および反磁性体では, 磁化は磁場によって維持される. よって, 磁場が取り除かれると $\mathbf{M}$ は消える. 実際に, 多くの物質では磁場がそれほど強くなければ磁化は磁場に比例する. 静電場の場合と表記を首尾一貫させるためには, この比例関係を

$$\mathbf{M} = \frac{1}{\mu_0}\chi_m\mathbf{B} \quad (\text{間違い!}) \tag{6.28}$$

と書くべきであるが, 慣習では $\mathbf{B}$ の代わりに $\mathbf{H}$ を用いて

$$\boxed{\mathbf{M} = \chi_m\mathbf{H}} \tag{6.29}$$

と書くことになっている. 比例定数 χ_m は**磁化率**とよばれる. これは物質によって異なる無次元の量であり, 常磁性体では正, 反磁性体では負である. 典型的な値はおよそ 10^{-5} である (表 6.1 参照).

表6.1 磁化率 (とくに指定がなければ, 1 気圧, 20° C に対する値を示す). **出典:** *Handbook of Chemistry and Physics,* 91st ed. (Boca Raton: CRC Press, Inc., 2010) 他.

物質名	磁化率	物質名	磁化率
反磁性:		**常磁性:**	
ビスマス	-1.7×10^{-4}	酸素 (O_2)	1.7×10^{-6}
金	-3.4×10^{-5}	ナトリウム	8.5×10^{-6}
銀	-2.4×10^{-5}	アルミニウム	2.2×10^{-5}
銅	-9.7×10^{-6}	タングステン	7.0×10^{-5}
水	-9.0×10^{-6}	プラチナ	2.7×10^{-4}
二酸化炭素	-1.1×10^{-8}	液体酸素 ($-200°$ C)	3.9×10^{-3}
水素 (H_2)	-2.1×10^{-9}	ガドリニウム	4.8×10^{-1}

式 6.29 にしたがう物質は**線形媒質**とよばれる. 式 6.18 を考慮すると線形媒質に対しては

$$\mathbf{B} = \mu_0(\mathbf{H} + \mathbf{M}) = \mu_0(1 + \chi_m)\mathbf{H} \tag{6.30}$$

となる. よって **B** もまた **H** に比例し,

$$\mathbf{B} = \mu \mathbf{H} \tag{6.31}$$

となる[9]. ここで

$$\mu \equiv \mu_0(1 + \chi_m) \tag{6.32}$$

であり, μ はその物質の**透磁率**とよばれる[10]. 磁化する物質が存在しない真空中では磁化率 χ_m は消えて, 透磁率は μ_0 となる. これが, μ_0 が**真空の透磁率**とよばれる理由である.

例題 6.3. 無限に長いソレノイド (単位長さあたりの巻数 n, 電流 I) が磁化率 χ_m の線形物質で充たされている. ソレノイド内部の磁場を求めよ.

解答
B の一部は (まだわかっていない) 拘束電流によるものであり, 直接計算することはできない. しかしこれは, 対称性より式 6.20 のアンペールの法則を用いて自由電流のみから **H** を求めることができるケースの一つであり,

$$\mathbf{H} = nI\,\hat{\mathbf{z}}$$

となる (図 6.22). さらに式 6.31 によると,

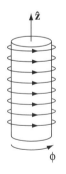

図 6.22

---
[9]したがって, 物理的には式 6.28 は式 6.29 とまったく同じことを表しており, 定義の仕方によって定数 χ_m の値が異なってくるだけである. 実験家にとっては **B** よりも **H** の方が扱いやすいため, 式 6.29 の方がやや便利である.
[10]μ を μ_0 で割ったもの $\mu_r \equiv 1 + \chi_m = \mu/\mu_0$ は**比透磁率**とよばれる. ところで, **H** を **B** を用いて表した式 (線形媒質の場合は式 6.31) は **D** を **E** を用いて表した式と同様に, **構成関係式**とよばれる.

$$\mathbf{B} = \mu_0(1+\chi_m)nI$$

となる.もしも媒質が常磁性的であれば磁場はわずかに増大するが,もしも反磁性的であれば磁場はいくぶん減少する.このことは,表面拘束電流

$$\mathbf{K}_b = \mathbf{M} \times \hat{\mathbf{n}} = \chi_m(\mathbf{H} \times \hat{\mathbf{n}}) = \chi_m nI\,\hat{\boldsymbol{\phi}}$$

が前者の場合 ($\chi_m > 0$) では I と同じ方向であり,後者 ($\chi_m < 0$) では逆向きであるという事実を反映している.

線形媒質では $\mathbf{M}$ と $\mathbf{H}$ が $\mathbf{B}$ に比例するので,これらの発散も $\mathbf{B}$ のように常に消えて,$\mathbf{B}$ と $\mathbf{H}$ の類似性における欠陥から逃れられるとは考えられないだろうか? 残念ながらそうはならず,異なる透磁率をもつ二つの物質の境界では $\mathbf{M}$ の発散は実際には無限大になる[11].たとえば,線形常磁性物質の円柱の端では,$\mathbf{M}$ は物質の外側でゼロであるが内側ではゼロではない.図 6.23 に示される薄い円筒状のガウス面に対しては $\oint \mathbf{M}\cdot d\mathbf{a} \neq 0$ となるので,発散定理により $\boldsymbol{\nabla}\cdot\mathbf{M}$ は円筒内部すべての場所でゼロということはあり得ない.

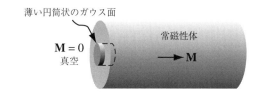

図 6.23

ちなみに,一様な線形物質中の体積拘束電流密度は自由電流密度に比例して

$$\mathbf{J}_b = \boldsymbol{\nabla} \times \mathbf{M} = \boldsymbol{\nabla} \times (\chi_m \mathbf{H}) = \chi_m \mathbf{J}_f \tag{6.33}$$

となる.とくに,自由電流が実際に物質の内部を流れていなければ,すべての拘束電流は表面に存在する.

問題 6.16 磁化率 χ_m の線形絶縁物質によって隔てられた二つの非常に長い円筒チューブによって同軸ケーブルが構成されている.電流 I が内側の導体を流れて外側の導体に沿って戻ってくる.電流はそれぞれ表面に一様に分布している (図 6.24).円筒チューブ

---

[11]形式的には $\boldsymbol{\nabla}\cdot\mathbf{H} = \boldsymbol{\nabla}\cdot\left(\frac{1}{\mu}\mathbf{B}\right) = \frac{1}{\mu}\boldsymbol{\nabla}\cdot\mathbf{B} + \mathbf{B}\cdot\boldsymbol{\nabla}\left(\frac{1}{\mu}\right) = \mathbf{B}\cdot\boldsymbol{\nabla}\left(\frac{1}{\mu}\right)$ であるから,一般に μ が変化するところでは $\mathbf{H}$ の発散はゼロにならない.

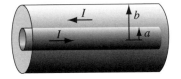

図 6.24

間の領域における磁場を求めよ．チェックとして，磁化と拘束電流を計算し，それらが（もちろん，自由電流と合わせて）正しい磁場をつくることを確認せよ．

問題 6.17 電流 I が半径 a の長い直線導線を流れている．導線が磁化率 χ_m の線形物質（たとえば，銅やアルミニウムなど）で電流が一様だとすると，軸からの距離 s における磁場はどれだけか？ すべての拘束電流を求めよ．導線を流れる正味の拘束電流はどれだけか？

! **問題 6.18** 一様な磁場 $\mathbf{B}_0$ の中に線形磁性体の球を置く．球の内部における磁場を求めよ．[ヒント：問題 6.15 または問題 4.23 を参照せよ．]

問題 6.19 銅などの反磁性金属の磁化率を，6.1.3 項で提示した原始的モデルに基づいて見積もれ．答えを表 6.1 の実験値と比較し，差異があればその差異についてコメントせよ．

6.4.2 強 磁 性

　線形媒質中では外からかけられた磁場によって原子双極子が同じ方向に揃った状態が保持される．強磁性体はまったくもって非線形な物質であり[12]磁化を保持するために外部磁場を必要とせず，スピンの整列は"凍結"されている．常磁性のように，強磁性には不対電子のスピンに起因した磁気双極子がかかわっている．強磁性を常磁性とはきわめて異なったものにしている新しい特徴は近接する双極子間の相互作用である．すなわち，強磁性体中ではそれぞれの双極子が近接する双極子と同じ方向を向こうとする．このような傾向の理由は本質的に量子力学的であり，ここでは説明を試みることはしない．強い相関によって実質的に 100％の不対電子スピンが揃うということを知っておくだけで十分である．もしも鉄の一部を何らかの方法で拡大して個々の双極子を小さな矢印として"見る"ことができたとしたら，図 6.25 のようにすべてのスピンが同じ方向を指しているように見えるであろう．

---
[12] この意味で，強磁性体の磁化率または透磁率という言い方は語弊がある．これらの用語は強磁性体にも使われてはいるが，あくまでも $\mathbf{H}$ の微小な増加とそれによってもたらされる $\mathbf{M}$（または $\mathbf{B}$）の微小変化の間の比例係数，という意味としてである．さらに，これらは定数ではなく $\mathbf{H}$ の関数である．

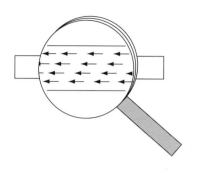

図 6.25

しかし，もしそれが本当だとすると，なぜレンチや釘はどれも強力な磁石ではないのだろうか？　その答えは，スピンの整列は**磁区**とよばれる比較的小さな区域で起こっていることにある．それぞれの磁区は何十億もの双極子を含み，それらすべての向きが揃っているが（これらの磁区は適切なエッチング技術を用いることにより，実際に顕微鏡で見ることができる．図 6.26 参照），磁区そのものはランダムに配向している．家庭用レンチは膨大な数の磁区を含んでおり，それらの磁場は打ち消し合うために，レンチ全体としては磁化していない．（磁区の配向は実際には完全にランダムではなく，結晶内ではある結晶軸方向に優先的に磁化が揃いやすいということがある．しかし，ある方向を向いている磁区があればそれと同じ数だけ反対方向を向いている磁区が存在するため，大規模な磁化はやはり存在しない．さらに，ある程度の大きさの金属片においては，多数の結晶がランダムに配向している．）

　それでは，おもちゃ屋で売られているような**永久磁石**はどのようにしてつくればよいのだろうか？　もしも鉄を強磁場中におけば，トルク $\mathbf{N} = \mathbf{m} \times \mathbf{B}$ が双極子を磁場と平行に向けようとするであろう．双極子は近傍の双極子と平行になりたがるため，多くの双極子はこのトルクに抵抗する．しかしながら，二つの磁区の境界では近傍の双極子同士が競合しており，トルクは磁場と最も平行に近い磁区の側に有利に働く．そのため，磁場に平行でない磁区からは，好ましい双極子の配向を犠牲にして磁場と平行な磁区へ乗り換える双極子が出てくる．このとき，実質的には磁場の効果によって磁壁（磁区と磁区の境界）が移動したことになる．磁場に平行な磁区は成長し，その他は縮小する．もしも磁場が十分に強ければ一つの磁区が全領域を占領し，このとき鉄は**飽和**したといえる．

　じつは，この過程（外部磁場に応答した磁壁の移動）は完全に可逆的ではない．磁場を切ると，いくつかの磁区はランダムな方向に戻るが，完全にランダムな配向にはほど

6.4. 線形媒質と非線形媒質 *323*

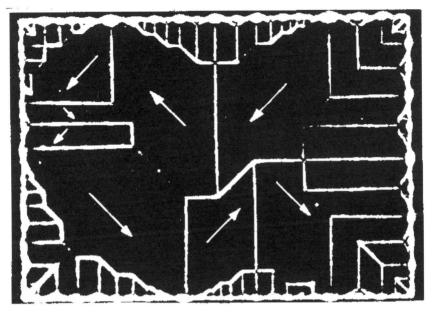

強磁性体の磁区（写真は R. W. DeBlois の厚意による）

図 6.26

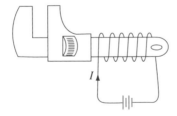

図 6.27

遠く，圧倒的多数の磁区はもとの方向のままである．これが永久磁石である．

これを現実的に達成する一つの簡単な方法は，導線のコイルを磁化させたい物質に巻きつけることである（図 6.27）．コイルに電流 I を流すと（図の左向きの）外部磁場が発生する．電流を増加させると磁場が増大し，磁壁が移動して磁化が成長する．最終的にすべての双極子が整列した飽和状態に達し，さらなる電流の増加は $\mathbf{M}$ にまったく影響を与えなくなる（図 6.28, 点 b）．

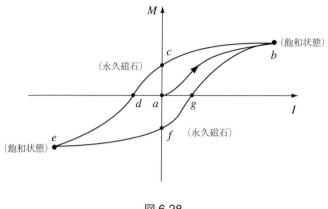

図 6.28

ここで電流を減少させるとしよう．このとき $M = 0$ への経路を逆にたどる代わりに，ほんの一部の磁区だけがランダムな配向に戻る．そのため，M は減少するが，電流が切れているときですらいくらかの残留磁化が存在する（点 c）．このレンチはいまや永久磁石である．もしも残った磁化を除去したければ，コイルに逆向きの電流（負の I）を流す必要があるだろう．このとき外部磁場は右向きであり，I を（負に）増加させると M は減少してゼロになる（点 d）．さらに I を大きくすると，ほどなく逆方向の飽和に達し，すべての双極子が今度は右向きになる (e)．この段階で電流を切ると残されるのは永久磁化をもつレンチである（点 f）．話を完結させるために，I を再び正の向きに流すと，M はゼロに戻り（点 g）最終的にはその先の飽和点 (b) に達する．

われわれがなぞってきた経路は**ヒステリシスループ**とよばれる．レンチの磁化は加えられた磁場のみに（つまり，I のみに）依存するのではなく以前の磁気的な "履歴" に依存するということに注意しよう[13]．たとえば，この実験では三つの異なる時刻 (a, c, f) で電流はゼロであったが磁化はそれぞれ異なっていた．実際には，ヒステリシスループは M と I の関係としてではなく，むしろ B と H の関係としてプロットするのが慣例である．（コイルが単位長さあたりの巻き数 n の長いソレノイドで近似できるならば，$H = nI$ であり H と I は比例する．一方，$\mathbf{B} = \mu_0(\mathbf{H} + \mathbf{M})$ であるが現実的には M は H に比べてはるかに大きいので事実上 $\mathbf{B}$ は $\mathbf{M}$ に比例している．）

単位をテスラに統一させるため横軸を ($\mu_0 H$) としてプロットしたが（図 6.29），縦軸は横軸よりも 10^4 倍大きいことに注意しよう．大雑把にいえば $\mu_0 H$ は鉄がないとき

---

[13] 語源的には，ヒステリシスという単語はヒストリー（履歴）やヒステリーという単語とは何の関係もない．この単語は "遅れをとる" を意味するギリシャ語の動詞に由来する．

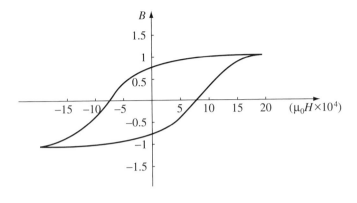

図 6.29

につくられたであろうコイルの磁場である．**B** は実際につくられた磁場であり，$\mu_0 \mathbf{H}$ に比べるとはるかに大きい．強磁性体が存在することによって，わずかな電流が大きな効果をもたらすのである．これが，強力な電磁石をつくるときには鉄芯にコイルを巻きつける理由である．さほど強い外部磁場をかけずとも磁壁を動かし，鉄の中のすべての双極子を磁石としての働きに関与させることができるのである．

最後にもう1点だけ，強磁性は一つの磁区内の双極子が互いに平行に揃うとことによって起こることを思い出そう．ランダムな熱運動はこの秩序と競合するが，温度がさほど高くない限りは，熱運動が双極子の調和を乱すことはない．しかし，非常に高温で双極子の整列が破壊されることは驚くにはあたらない．驚くべきは，これが正確に決まった温度（鉄では 770° C）で起こるということである．**キュリー点**とよばれるこの温度より低温では鉄は強磁性的であり，高温では常磁性的である．

強磁性から常磁性への移行は，水と氷の間の移り変わりと同様に，緩やかには起こらないという点において，キュリー点は沸点や凝固点に似ている．これらの物質の性質の突然の変化は，ある明確に定義された温度で起こり，統計力学においては**相転移**として知られている．

問題 6.20 永久磁石（これまでに議論してきた，ヒステリシスループの点 c にあるレンチなど）を消磁するためにはどうすればよいだろうか？ つまり，どうすれば $I = 0$ において $M = 0$ という，元の状態に戻すことができるだろうか？

問題 6.21
(a) 磁場 **B** の中にある磁気双極子のエネルギーが

$$U = -\mathbf{m} \cdot \mathbf{B} \tag{6.34}$$

であることを示せ. [双極子モーメントの大きさは固定されていると仮定して, 双極子を所定の位置に移動して最終的な向きに回転させればよい. 流れる電流を保持するために必要とされるエネルギーはまた別の問題として, 第 7 章で直面するだろう.] 式 4.6 と比較せよ.

(b) 変位ベクトル $\mathbf{r}$ だけ離れた二つの磁気双極子の相互作用エネルギーが

$$U = \frac{\mu_0}{4\pi} \frac{1}{r^3} [\mathbf{m}_1 \cdot \mathbf{m}_2 - 3(\mathbf{m}_1 \cdot \hat{\mathbf{r}})(\mathbf{m}_2 \cdot \hat{\mathbf{r}})] \tag{6.35}$$

で与えられることを示せ.

(c) 問 (b) の答えを図 6.30 の角度 θ_1 と θ_2 を用いて表し, その結果を用いて, 一定の距離離れて自由に回転できる二つの双極子が安定にとる配置を求めよ.

(d) 膨大な数の方位磁針が直線上に等間隔で並べられているとしよう. (地磁気は無視できると仮定して) これらの方位磁針はどのような向きを向くだろうか? [長方形に並べた方位磁針は自発的に同じ向きに揃う. これは, 大きなスケールでの"強磁性的"振る舞いのデモンストレーションとして用いられることがある. しかし, これには少々ごまかしがあって, 方位磁針の向きを揃える機構は純粋に古典的であり, 実際に強磁性の原因となる量子力学的な**交換相互作用**よりもはるかに弱い[14].]

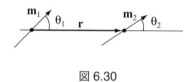

図 6.30

---

6 章の追加問題

問題 6.22 問題 6.4 では双極子に働く力を"力ずく"で計算したが, もっと洗練された計算方法がある. 最初に $\mathbf{B}(\mathbf{r})$ をループの中心の周りでテイラー展開して

$$\mathbf{B}(\mathbf{r}) \cong \mathbf{B}(\mathbf{r}_0) + [(\mathbf{r} - \mathbf{r}_0) \cdot \boldsymbol{\nabla}_0] \mathbf{B}(\mathbf{r}_0)$$

と書く. ここで $\mathbf{r}_0$ は双極子の位置であり $\boldsymbol{\nabla}_0$ は $\mathbf{r}_0$ に関する微分を意味する. これをローレンツ力則 (式 5.16) に代入すると

$$\mathbf{F} = I \oint d\mathbf{l} \times [(\mathbf{r} \cdot \boldsymbol{\nabla}_0) \mathbf{B}(\mathbf{r}_0)]$$

を得る. この式は, デカルト座標を 1,2,3 と番号付けすれば,

$$F_i = I \sum_{j,k,l=1}^{3} \epsilon_{ijk} \left\{ \oint r_l \, dl_j \right\} [\boldsymbol{\nabla}_{0_l} B_k(\mathbf{r}_0)]$$

---

[14] 興味深い例外としては B. Parks, *Am. J. Phys.* **74**, 351 (2006), Section II を参照.

と表すこともできる．ただし ϵ_{ijk} はレヴィ＝チヴィタ記号（$ijk = 123, 231, 312$ なら $+1$, $ijk = 132, 213, 321$ なら -1，それ以外の場合は 0）であり，これを用いると外積は $(\mathbf{A} \times \mathbf{B})_i = \sum_{j,k=1}^{3} \epsilon_{ijk} A_j B_k$ と書ける．式 1.108 を用いて積分を計算せよ．ただし

$$\sum_{j=1}^{3} \epsilon_{ijk} \epsilon_{ljm} = \delta_{il}\delta_{km} - \delta_{im}\delta_{kl}$$

であることに注意すること．ここで δ_{ij} はクロネッカーデルタ（問題 3.52）である．

問題 6.23 よく知られたおもちゃに，ドーナツ型の永久磁石（磁化は軸に平行であるとする）が鉛直な棒を摩擦なしで滑るようになっているものがある（図 6.31）．磁石を質量 m_d, 双極子モーメント $\mathbf{m}$ の双極子として扱う．

(a) 二つの磁石を背中合わせにして配置すると，上側の磁石は上向きの磁気力と下向きの重力がつり合って"浮上"するだろう．どれだけの高さ (z) まで浮上するだろうか？

(b) ここで三つ目の磁石を（下の磁石と平行に）追加すると，二つの磁石の高さの比はどれだけになるだろうか？（実際の数値を有効数字 3 桁まで求めよ．）[解答： (a) $[3\mu_0 m^2/2\pi m_d g]^{1/4}$ (b) 0.8501]

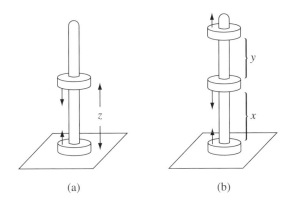

図 6.31

問題 6.24 二つの帯電した磁気双極子（電荷 q, 双極子モーメント $\mathbf{m}$）が z 軸上のみを動けるものとする．（問題 6.23(a) と同様だが，重力は考えない．）二つの双極子は電気的には反発し合うが磁気的には（もしも両方の $\mathbf{m}$ が z 方向を向いていれば）引きつけ合う．

(a) 平衡状態における双極子間の距離を求めよ．

(b) 二つの電子がこのような配置にあったとき，平衡状態での二電子間の距離を求めよ．[解答： 4.72×10^{-13} m.]

(c) では，二つの電子の安定な束縛状態は存在するだろうか？

問題 6.25 以下の類似式に注目しよう．

$$\begin{cases} \nabla \cdot \mathbf{D} = 0, & \nabla \times \mathbf{E} = 0, & \epsilon_0 \mathbf{E} = \mathbf{D} - \mathbf{P} & \text{（自由電荷がないとき）} \\ \nabla \cdot \mathbf{B} = 0, & \nabla \times \mathbf{H} = 0, & \mu_0 \mathbf{H} = \mathbf{B} - \mu_0 \mathbf{M} & \text{（自由電流がないとき）} \end{cases}$$

よって，$\mathbf{D} \to \mathbf{B}, \mathbf{E} \to \mathbf{H}, \mathbf{P} \to \mu_0 \mathbf{M}, \epsilon_0 \to \mu_0$ という書き換えによって静電気学の問題を類似の静磁気学的問題に変換できる．このことと，静電気学の結果の知識を用いて，以下を再導出せよ．

(a) 一様に磁化した球の内部の磁場（式 6.16）．
(b) 一様な磁場の中に線形磁性体の球を置いたときの，球内の磁場（問題 6.18）．
(c) 球内部の定常電流がつくる磁場を球全体にわたって平均したもの（式 5.93）．

問題 6.26 式 2.15, 式 4.9, 式 6.11 を比較せよ．もしも ρ, $\mathbf{P}$ および $\mathbf{M}$ が一様ならば三つの量に同じ積分

$$\int \frac{\hat{\boldsymbol{\imath}}}{\imath^2} d\tau'$$

が含まれることに注目しよう．これより，一様に帯電した物質がつくる電場がわかっていれば，一様に分極した同じ形の物質がつくるスカラーポテンシャルおよび一様に磁化した同じ形の物質がつくるベクトルポテンシャルを即座に書き下すことができる．この結果を用いて，一様に分極した球が内外につくるポテンシャル V（例題 4.1）および一様に磁化した球が内外につくるベクトルポテンシャル $\mathbf{A}$（例題 6.1）を求めよ．

問題 6.27 二つの異なる線形磁性体間の境界面で磁力線は折れ曲がる（図 6.32）．境界では自由電流は存在しないと仮定して，$\tan \theta_2 / \tan \theta_1 = \mu_2/\mu_1$ であることを示せ．

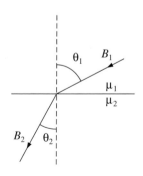

図 6.32

6.4. 線形媒質と非線形媒質 *329*

! **問題 6.28** 磁気双極子 **m** が線形磁性体の球 (透磁率 μ, 半径 R) の中心に埋め込まれている. 球の内部 $(0 < r \leq R)$ の磁場が

$$\frac{\mu}{4\pi} \left\{ \frac{1}{r^3} [3(\mathbf{m} \cdot \hat{\mathbf{r}})\hat{\mathbf{r}} - \mathbf{m}] + \frac{2(\mu_0 - \mu)\mathbf{m}}{(2\mu_0 + \mu)R^3} \right\}$$

であることを示せ. 球の外部の磁場はどうなるだろうか?

問題 6.29 鉄の磁化が "アンペール" 双極子 (電流ループ) によるものであるか "ギルバート" 双極子 (別々に置かれた磁気単極子) によるものであるかの判別方法の提案に対して, 研究助成金を給付するかどうかの審査を任されたとしよう. この実験では鉄の円柱 (半径 R, 長さ $L = 10R$) が軸方向に一様に磁化したものを用いる. もしも双極子がアンペール型であれば, 磁化は表面拘束電流 $\mathbf{K}_b = M\hat{\boldsymbol{\phi}}$ と等価である. もしも双極子がギルバート型であれば, 磁化は両端における表面単極子密度 $\sigma_b = \pm M$ と等価である. あいにく, これら二つの配置は外部にまったく同じ磁場をつくる. しかしながら, 内部の磁場は根本的に異なっており, 第一の場合では **B** は **M** と同じ向きであるのに対して第二の場合では **M** とはおおよそ逆向きである. 研究助成金申請者は, 小さな空洞をくり抜いてその内部に置かれた小さな磁針に働くトルクを求めることによってこの内部磁場を測定することを提案している.

あきらかな技術的困難は克服可能であると仮定して, この問題自体は研究する価値があるものとすると, この実験に対する研究助成には賛成できるだろうか? もし賛成であれば, どのような形の空洞を推奨するか? もし反対だとすると, この提案のどこがおかしいのだろうか? [ヒント:問題 4.11, 問題 4.16, 問題 6.9, 問題 6.13 を参照せよ.]

第7章 電磁気学

7.1 起 電 力

7.1.1 オームの法則

　電流を流すためには，力を加えて電荷を押さなければならない．与えられた押す力に対して，どれぐらい速く電荷が動くかは，物質の性質による．ほとんどの物質の場合，電流密度 $\mathbf{J}$ は単位電荷あたりの力 $\mathbf{f}$ に比例する．

$$\mathbf{J} = \sigma \mathbf{f} \tag{7.1}$$

比例係数 σ（表面電荷と混乱しないこと）は，物質ごとに異なり，実験的に求められる量である．これは物質の**伝導率**とよばれる．実際には，ハンドブックは σ の逆数を示していることが多い．これは**抵抗率**とよばれ，$\rho = 1/\sigma$（電荷密度と混乱しないこと．まぎらわしいが，これが習慣的な記法である．）と記される．いくつかの典型的な値は，表7.1 に示してある．絶縁体でもわずかに伝導するが，金属の伝導率は天文学的に大きい．実際は，ほとんどの場合において，金属は $\sigma = \infty$ の**完全導体**とみなしてよく，絶縁体は $\sigma = 0$ と考えることができる．

　原理的には，電流をつくるための電荷を動かす力は何でも構わない．たとえば，化学的なものや，重力によるものや，小さなハーネスを着けた鍛えられた蟻の力でも構わない．しかしながら，ここでは電磁気的な力を考えるのが適当である．この場合，式7.1 は

$$\mathbf{J} = \sigma(\mathbf{E} + \mathbf{v} \times \mathbf{B}) \tag{7.2}$$

となる．通常，電荷の速度は十分に小さいため第二項は無視できる．

$$\boxed{\mathbf{J} = \sigma \mathbf{E}} \tag{7.3}$$

（しかしながら，たとえばプラズマ中のように $\mathbf{f}$ への磁場の寄与は無視できなくなる場

332 第 7 章 電 磁 気 学

合がある.) 式 7.3 は**オームの法則**とよばれる. 実際にはその根底にある物理は式 7.1 であり, 式 7.3 はその特殊な場合である.

表 7.1 抵抗率, 単位 Ω/m (1 気圧, 20° C). *Handbook of Chemistry and Physics,* 91st ed. (Boca Raton, Fla.: CRC Press, 2010) と他の参考文献より

物質	抵抗率	物質	抵抗率
導体:		半導体:	
銀	1.59×10^{-8}	海水	0.2
銅	1.68×10^{-8}	ゲルマニウム	0.46
金	2.21×10^{-8}	ダイアモンド	2.7
アルミニウム	2.65×10^{-8}	シリコン	2500
鉄	9.61×10^{-8}	絶縁体:	
水銀	9.61×10^{-7}	純水	8.3×10^3
ニクロム	1.08×10^{-6}	ガラス	$10^9 - 10^{14}$
マンガン	1.44×10^{-6}	ゴム	$10^{13} - 10^{15}$
グラファイト	1.6×10^{-5}	テフロン	$10^{22} - 10^{24}$

以前に導体中では $\mathbf{E} = 0$ になるということを学んでいるので, 混乱するかもしれない (2.5.1 項). しかし $\mathbf{E} = 0$ という関係式は, 定常的な電荷 ($\mathbf{J} = 0$) に対する関係式である. さらに完全導体では, 電流が流れていたとしても $\mathbf{E} = \mathbf{J}/\sigma = 0$ である. 実際には金属は非常によい導体なので, 導体中の電流を駆動する電場は無視できる. それゆえ, 日常的に (たとえば) 電気回路中の導線は等電位として扱っている. これに対して**抵抗体**は, 伝導性の悪い材質からつくられる.

例題 7.1. 断面積が A, 長さが L の円柱状の抵抗体が, 抵抗率 σ の材質でつくられている. (図 7.1 で示されるように断面は円である必要はない. しかし, すべての長さにわたって同じであると仮定する.) それぞれの端における電位が面内で同じであり両端の電位差が V であるとき, どれだけの電流が流れるか?

解答

すぐにわかるように, 電場は抵抗体の中で一様である. (この後すぐに証明する.) 式 7.3 より電流密度もまた一様になる. このため

$$I = JA = \sigma EA = \frac{\sigma A}{L} V$$

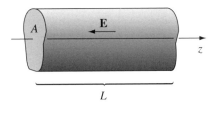

図 7.1

となる.

例題 7.2. 長い二つの金属製の同軸の円筒（半径 a, b）の間が，伝導率 σ の材料で満たされている（図 7.2）．二つの円筒間の電位差を V とすると，長さ L あたりにどれだけの電流が流れるか？

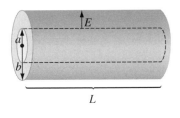

図 7.2

解答
円筒間の電場は

$$\mathbf{E} = \frac{\lambda}{2\pi\epsilon_0 s}\hat{\mathbf{s}}$$

で表される．ここで λ は内側の円筒の単位長さあたりの電荷である．それゆえ，電流は

$$I = \int \mathbf{J}\cdot d\mathbf{a} = \sigma\int \mathbf{E}\cdot d\mathbf{a} = \frac{\sigma}{\epsilon_0}\lambda L$$

となる．（積分は内側の円筒を取り囲む表面にわたって行う．）一方，円筒間の電位差は

$$V = -\int_b^a \mathbf{E}\cdot d\mathbf{l} = \frac{\lambda}{2\pi\epsilon_0}\ln\left(\frac{b}{a}\right)$$

334 第7章 電磁気学

で与えられるので, 結果的に電流 I は

$$I = \frac{2\pi\sigma L}{\ln(b/a)} V$$

となる.

これらの例が示すように, 一つの**電極**からもう一つの電極に流れる全電流は, 両者の間の電位差に比例し

$$\boxed{V = IR} \tag{7.4}$$

となる. もちろん, これはオームの法則のよく知られている式である. 比例定数 R は**抵抗**とよばれる. これは電極の間の物質の伝導度と, 電極の配置や形状によって決まる量である. (例題 7.1 では $R = (L/\sigma A)$ であり, 例題 7.2 では $R = \ln(b/a)/2\pi\sigma L$ である.) 抵抗の単位は**オーム** (Ω) であり, これは (V/A) である. 電位差 V と電流 I の比例関係は式 7.3 の直接の帰結である. このため, もし V を倍にしたいなら, 単純に電極の電荷を倍にすればよい. これは電場 $\mathbf{E}$ を倍にする. 倍の電場は (オーミックな物質の場合) $\mathbf{J}$ を倍にし, 結局電流 I を倍にする.

一様な伝導度の物質を流れる定常電流の場合

$$\nabla \cdot \mathbf{E} = \frac{1}{\sigma}\nabla \cdot \mathbf{J} = 0 \tag{7.5}$$

となり, それゆえ, 内部での電荷密度はゼロとなる. そして表面には電荷は残ることができる. (われわれはこのことを以前に, 動いていない電荷の場合, $\mathbf{E} = \mathbf{0}$ という事実を用いて証明した. あきらかに, これは電荷が動いているときも正しい.) とくに, ラプラス方程式は, 定常電流が流れている均一なオーミックな物質でも成り立つということになる. このため第3章で学んだすべての手法は, ポテンシャルを計算するのに用いることができる.

例題 7.3. 例題 7.1 において電場は一様であるとした. これを証明せよ.

解答

円筒の中で V はラプラス方程式にしたがう. 境界条件はどうであろうか? 左端ではポテンシャルは一定である. これをゼロとしてもよい. 右端では同様にポテンシャルは一定である. これを V_0 とする. 円筒の表面では, $\mathbf{J} \cdot \hat{\mathbf{n}} = 0$ となる. そうでないと, 円筒の周りの非伝導性の空間に電荷がしみ出してしまうことになる. それゆえ, $\mathbf{E} \cdot \hat{\mathbf{n}} = 0$ であり, $\partial V/\partial n = 0$ となる. V または V の微分がすべての表面で決まれば, ポテンシャルはただ一つに決定される. しかし, ラプラス方程式を満たし, これらの境界条件に合うポテンシャルを一つ考え出すことは容易である. すなわち

$$V(z) = \frac{V_0 z}{L}$$

とすればよい.
ここで z は円筒の軸に沿った長さである. 一意性定理により, これが解であることが保証される. 対応する場は

$$\mathbf{E} = -\boldsymbol{\nabla} V = -\frac{V_0}{L}\hat{\mathbf{z}}$$

であり, これは実際, 一様である. □

　伝導物質が取り除かれ, 両端に電極板のみが残されているような非常に難しい問題と比較してみよう (図 7.3). いまの場合は, あきらかに電荷は導線の表面に, 中の電場が一様になるように分布する[1].

　オームの法則ほどよく知られた物理の法則はない. しかし本当は, オームの法則は, たとえばクーロンの法則とかアンペールの法則のような "法則" ではない. 非常に多くの物質で非常によく合う "経験則" である. もし例外を見つけても, ノーベル賞をもらえるようなことはない. しかしよく考えてみると, オームの法則が成り立っているのは少し驚くべきことである. 与えられた電場 E は電荷 q に力 qE を与え, ニュートンの第二法則により電荷は加速する. しかし, もし電荷が加速するならば, なぜ電流は時間とともに増大して, 電場を印加する時間が長ければ長いほど速度を大きくしていかないのだろう？ オームの法則は, むしろ一定の電場は一定の電流を生じさせることを示しており, これは一定の速度を意味する. これはニュートンの法則に反しないのか？

　答えは "ノー" である. なぜならば, われわれは電子が導線を通過するときに, しばしば衝突を起こすことを忘れている. これは以下のように例えられる. 街の通りを車

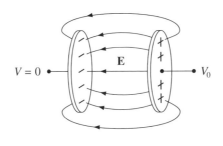

図 7.3

---

[1]この表面電荷分布を計算することは容易ではない. たとえば J. D. Jackson, *Am. J. Phys.* **64**, 855 (1996) を参照せよ. 導線の外側の電場分布を計算することも容易ではない. 問題 7.43 を参照.

336 第 7 章 電 磁 気 学

で走ることを考えよう. すべての交差点で赤信号に出合うと, その間で加速したとしても, 新しい区間でまた初めから出発することを余儀なくされる. この場合, いつも加速しているにもかかわらず, 周期的な突然の停止のために平均速度は一定となる. 一区画の長さを λ, 加速度を a とすると, 一区画に要する時間は

$$t = \sqrt{\frac{2\lambda}{a}}$$

となり, 平均速度は

$$v_{\text{ave}} = \frac{1}{2}at = \sqrt{\frac{\lambda a}{2}}$$

となる. しかし, これも変である. なぜならば, この式によると速度は加速度の平方根に比例し, それゆえ, 電流も電場の平方根に比例してしまうという別の問題が生じる. 実際, 電荷は熱エネルギーによって非常に早く動いている. しかしこの速度の向きは乱雑であり, 平均するとゼロになってしまう. われわれが興味がある**ドリフト速度**は, 平均からの少しのずれである. このため, 散乱の間の時間は, 実際にはわれわれが仮定しているよりも, もっと短い. もし簡単のために, すべての電荷が散乱の間に同じ距離 λ だけ移動すると仮定すると

$$t = \frac{\lambda}{v_{\text{thermal}}}$$

となり, このため

$$v_{\text{ave}} = \frac{1}{2}at = \frac{a\lambda}{2v_{\text{thermal}}}$$

となる. もし単位体積あたり n 個の分子があり, 分子あたり f 個の自由電子をもち, それぞれ電荷 q, 質量 m であるとすると電流密度は

$$\mathbf{J} = nfq\mathbf{v}_{\text{ave}} = \frac{nfq\lambda}{2v_{\text{thermal}}}\frac{\mathbf{F}}{m} = \left(\frac{nf\lambda q^2}{2mv_{\text{thermal}}}\right)\mathbf{E} \tag{7.6}$$

となる. カッコ内の表式が, 伝導率の完全な表式であるとはいわないが, 基本的な内容は含んでいる[2]. そして, この式は伝導率が動く電荷の密度に比例しており, さらに (通常) 温度を上げると減少するということを正しく予言する.

散乱の結果として電気的な力によってなされた仕事は, 抵抗の中で熱に変換される. 単位電荷あたりになされた仕事は V であり, 単位時間あたりに流れる電荷は I なので, 運ばれる電力は

$$\boxed{P = VI = I^2R} \tag{7.7}$$

となる. これは**ジュール熱の法則**である. 電流 I をアンペア, 抵抗 R をオームで与えると, P の単位はワット (J/s) となる.

---

[2]このドルーデによる古典的なモデルは現代的な量子論による伝導率とかなり異なっている. たとえば D. Park *Introduction to the Quantum Theory*, 3rd ed., Chap. 15 (New York: McGraw-Hill, 1992) を参照.

7.1. 起 電 力 *337*

問題 7.1 中心を共有している半径 a と b の二つの金属の球殻の間が伝導率 σ の物質で充たされている（図 7.4a）.

(a) 二つの球殻の間の電位差を V とすると, 流れる電流はいくらか？
(b) 球殻間の抵抗はいくらか？
(c) $b \gg a$ であれば, 外側の球殻の半径 b は重要でなくなることに気をつけよ. これはどのように説明されるか？ この結果を, 海深くに沈められた電位差が V の十分離れた半径 a の二つの金属球の間の電流を決定するのに利用せよ（図 7.4b）.（この配置は海水の伝導率の決定に用いられている.）

問題 7.2 電位 V_0 に充電されていたコンデンサー C が, 時刻 $t = 0$ に抵抗 R に接続され放電し始めた（図 7.5a）.

(a) コンデンサーの電荷を時間の関数 $Q(t)$ として求めよ. 抵抗を流れる電流 $I(t)$ はいくらか？
(b) 初めにコンデンサーに蓄えられていたエネルギーはいくらか？ 式 7.7 を積分することによって, 抵抗での発熱はコンデンサーから失われたエネルギーと等しいことを確かめよ.

　時刻 $t = 0$ で, 電圧 V_0 のバッテリーにコンデンサーと抵抗をつなぐことによってコンデンサーを充電することを考える（図 7.5b）.

(c) もう一度 $Q(t)$ と $I(t)$ を求めよ.
(d) バッテリーがした全仕事（$\int V_0 I \, dt$）を求めよ. 抵抗に渡された熱を決定せよ. 最終的にコンデンサーに蓄えられたエネルギーはいくらか？ バッテリーによってなされた仕事のうち, どんな割合がコンデンサーのエネルギーとなったか？ [結果は R に拠らないことに注意せよ！]

問題 7.3

(a) 二つの金属製の物体が, 小さい伝導率 σ をもつ物質の中に埋め込まれている（図 7.6）. 両者の間の抵抗はこの配置の電気容量 C に

$$R = \frac{\epsilon_0}{\sigma C}$$

のように関係していることを示せ.

(b) 金属製の物体 1 と 2 にバッテリーをつないで, 電位差 V_0 まで充電した. バッテリーを切り離すと, 電荷は徐々に周囲に漏れ出す. 電位差の時間変化は $V(t) = V_0 e^{-t/\tau}$ で書けることを示し, **時定数** τ を ϵ_0 と σ を使って求めよ.

問題 7.4 例題 7.2 における円筒間の物質の伝導率が一様でなく, $\sigma(s) = k/s$（k は定数）で与えられるとする. 円筒間の抵抗を求めよ. [ヒント: σ が場所の関数なので式 7.5 は成り立たず, 抵抗体の中に電荷が存在し, **電場**は $1/s$ で変化しない. しかし定常電流では, それぞれの円柱の表面を貫く電流 I は同じになるので, これを利用する.]

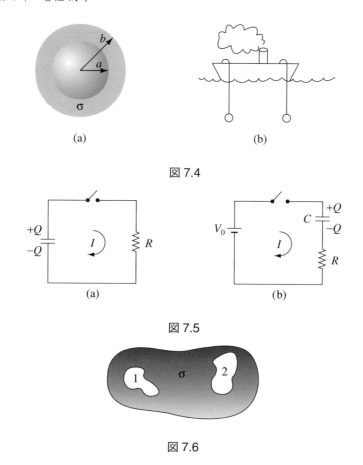

図 7.4

図 7.5

図 7.6

7.1.2 起 電 力

電球にバッテリーがつながれた典型的な電気回路を考える（図 7.7）. 単純な回路ではあるが, 当惑させられるような問題がある. この回路で, 電流はどの部分でも同じ大きさである. 明白な電流の駆動力はバッテリーの中だけにあるのに, なぜそうなるのか？ 何気なく, バッテリーの中では大きな電流が流れ, 電球の中では電流が流れないと期待するかもしれない. では, 残りの回路部分で, いったい誰が電荷を駆動している

のか，また，どの部分でもまったく同じ電流が流れるように，どのように制御しているのか？ さらに，電荷が導線の中をゆっくりとした速度（問題 5.20）で動くとしたら，電荷が電球に届くまでに長い時間かからないのだろうか？ どのように全電荷が同時に動き始めることを知るのだろうか？

答え: もし，（たとえば，スイッチが閉じられてからほんの一瞬の間）電流が導線のすべての部分で同じでなければ，導線のどこかで電荷が蓄積し——これが重要なところであるが——この蓄積された電荷によって流れを一様にする向きに電場が発生する．たとえば，図 7.8 の折れ曲がりの部分に流れ込む電流が，流れ出る電流より大きいとする．すると，折れ曲がりの部分に電荷が蓄積し，これは電荷を折れ曲りから引き離す向きに電場をつくる[3]．この電場は，流れ込む電流と流れ出る電流が同じになるまで，入ってくる電流を減らし，出ていく電流を増やす．その結果，局所的な電荷の蓄積はなくなり，平衡が実現する．これは，自動的に電流を一様にするように自己制御している，大変すばらしい系である．しかもこの制御は大変早く行われるので，ラジオ周波数のような高周波で振動している系でさえも，事実上すべての部分で，電流は一定と考えることができる．

このため，回路には電流を駆動する 2 種類の力が存在することになる．一つは電源 $\mathbf{f}_s$ で，通常，バッテリーのように閉回路の一部として組み込まれている．もう一つは静電気力で，これは流れを一様にして電源の効果を回路の離れた場所に伝える役割を果たす．

$$\mathbf{f} = \mathbf{f}_s + \mathbf{E} \tag{7.8}$$

$\mathbf{f}_s$ をつくる物理的な作用には多くのものがある．バッテリーでは化学的な力であり，圧

図 7.7　　　　　　　　　　　図 7.8

---

[3] この効果に関与する電荷量は驚くほど小さい．W. G. V. Rosser, *Am. J. Phys.* **38**, 265 (1970) を参照．しかし，この電場は実験的に観察可能である．R. Jacobs, A. de Salazar, and A. Nassar, *Am. J. Phys.* **78**, 1432 (2010) を参照．

340 第 7 章 電磁気学

電結晶では物理的圧力が電気信号に変換される. 熱電対では温度差がその役割を果たし, 電気光学セルにおいては光であり, ヴァンデグラフ発電機では文字通り電子がコンベヤベルトで運ばれる. 機構がどうであれ, その正味の効果は, 力 **f** の回路一周にわたる線積分によって決定される.

$$\mathcal{E} \equiv \oint \mathbf{f} \cdot d\mathbf{l} = \oint \mathbf{f}_s \cdot d\mathbf{l} \tag{7.9}$$

(静電場に対しては $\oint \mathbf{E} \cdot d\mathbf{l} = 0$ であるので, **f** と $\mathbf{f}_s$ のどちらを使うかは問題ではない.) $\mathcal{E}$ は回路の**起電力 (electromotive force)** または **emf** とよばれる. これは不思議な名前だ. なぜならば, これはまったく力ではないからだ. これは, 単位電荷あたりの力を積分したものである.

理想的な起電力の発生源 (たとえば, 内部抵抗がないバッテリー[4]) では電荷に働く正味の力はゼロである. (式 7.1 では $\sigma = \infty$ となる.) このため $\mathbf{E} = -\mathbf{f}_s$ である. それゆえ, 電極間 (a と b の間) の電位差は

$$V = -\int_a^b \mathbf{E} \cdot d\mathbf{l} = \int_a^b \mathbf{f}_s \cdot d\mathbf{l} = \oint \mathbf{f}_s \cdot d\mathbf{l} = \mathcal{E} \tag{7.10}$$

である. (なぜならば, 起電力の発生源の外では $\mathbf{f}_s = \mathbf{0}$ なので, 積分をループ全体に拡張することができるからである.) それゆえ, バッテリーの機能は電圧差を起電力と同じに保つことになる. (たとえば 6V のバッテリーは負側の電極に対して正側の電極を 6V 高く保つ.) この静電場は, 残りの回路に電流を駆動する. (しかしながら, バッテリーの内側では, $\mathbf{f}_s$ は電流を **E** とは逆向きに駆動することに注意せよ[5].)

$\mathcal{E}$ は **f** の線積分なので, 起電力の発生源による単位電荷あたりの仕事と解釈できる. 実際に起電力をこの方法によって定義している本もある. しかしながら, 次の項で見るように, この解釈には微妙な点がある. このため, ここでは式 7.9 の定義を採用する.

問題 7.5 起電力 $\mathcal{E}$, 内部抵抗 r をもったバッテリーが可変することが可能な "負荷" 抵抗 R につなげられている. もし最大の電力を負荷に伝えるためには, どんな R を選ぶべきか? ($\mathcal{E}$ と r は変えることができない.)

問題 7.6 四角い導線のループが, その一辺 (高さ h) が平行板コンデンサーの中で, **E**

---

[4]実際のバッテリーはある大きさの**内部抵抗** r をもちその電極の間の電位差は電流 I が流れるとき $\mathcal{E} - Ir$ となる. どのようにバッテリーが働くかに関する啓蒙的な議論は, D. Roberts, *Am. J. Phys.* **51**, 829 (1983) を参照.

[5]電気回路の電流は, パイプの閉回路を流れる水流によくたとえられる. そこでは, 重力が静電場の役割を果たし, 重力に対して水をくみ上げるポンプがバッテリーの役割を果たす. この比喩では, 高さが電圧の役割を果たす.

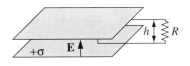

図 7.9

に平行になるように置かれている (図 7.9). 反対側の辺は平行板の外にあり, そこでは電場はゼロであると考えてよい. このループの起電力はいくらか? もし全抵抗が R なら, 電流はいくらになるか? [注意: これは騙されやすい問題なので注意が必要である. もし永久機関を発明してしまったら, 何かが間違っている.]

7.1.3 運動による起電力

 前の項では, 起電力の可能な発生源を列挙した. その中ではバッテリーが最も身近なものであった. しかし, もっともよく知られているものを挙げなかった. **発電機**である. 発電機は, 導線を磁場中で動かしたときに生じる**運動による起電力**を利用している. 図 7.10 は発電機の単純化したモデルを示す. 網掛け部分には一様な磁場 **B** が存在し, 紙面に入る向きに向いている. 抵抗体 R は電流を流すもの (たとえば電球やトースター) であれば何でもよい. もしループ全体が速さ v で右側に移動すると, 導線の ab 間にある電荷はその垂直成分が qvB である磁気的な力を受け, その力は時計回りに電流を駆動する.
このとき起電力は
$$\mathcal{E} = \oint \mathbf{f}_{\mathrm{mag}} \cdot d\mathbf{l} = vBh \tag{7.11}$$
となる. ここで h はループの幅である. (bc, ad のような水平部分では力が導線に垂直なので起電力に何も寄与しない.)

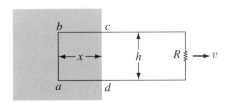

図 7.10

$\mathcal{E}$ を計算するときに行った積分 (式 7.9 または式 7.11) は, ある瞬間の時間において行われたもの, つまりいってみればループの"スナップショット"を撮って, そこから計算していることに注意しよう. それゆえ, 図 7.10 の ab 部分の一部であるベクトル $d\mathbf{l}$ は, ループが右に動いているにもかかわらず真上を向いている. このことについて異議を唱えることはできない. これは単純に起電力の定義である. しかし, このことを, あきらかにしておくことは重要である.

とくに, 磁気的な力は起電力を発生させるのに大事な役割を果たしているが, まったく仕事をしていない. 実際, 磁気的な力は決して仕事をしない. それならば, 実際には, 誰が抵抗を発熱させるエネルギーを供給しているのだろうか?

答え: ループを引っ張る人が仕事をしている. 電流が流れると, ab 間の自由に動くことができる電荷は, ループの運動による水平方向の速度 $\mathbf{v}$ に加えて, 垂直方向の速度 (これを $\mathbf{u}$ とよぶ) をもつ. よって, 磁気的な力は左向きの成分 quB をもつ. これに対抗して, 導線を引っ張る人は, 単位電荷あたり

$$f_{\text{pull}} = uB$$

の力で右に引っ張らなければならない (図 7.11). この力は導線から電荷に伝えられる.

一方, 粒子は $\mathbf{u}$ と $\mathbf{v}$ の合成速度 $\mathbf{w}$ の向きに実際に動いていて, 動く距離は $(h/\cos\theta)$ である. それゆえ, 単位電荷になされた仕事は

$$\int \mathbf{f}_{\text{pull}} \cdot d\mathbf{l} = (uB)\left(\frac{h}{\cos\theta}\right)\sin\theta = vBh = \mathcal{E}$$

となる. ($\sin\theta$ は内積から生じている.) このように, 起電力を計算するための積分 (図 7.12(a)) と仕事を計算するための積分 (図 7.12(b)) はまったく異なった経路でなされてあり, 積分に含まれる力もまったく違うものであるにもかかわらず, 単位電荷になされた仕事は正確に起電力等しい (図 7.12). 起電力を計算するためには, ある瞬間にループに沿って積分する. しかし, なされた仕事を計算するためには, 動くループ内を

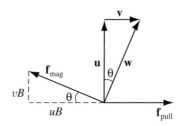

図 7.11

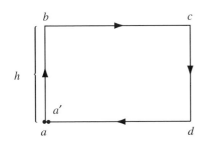
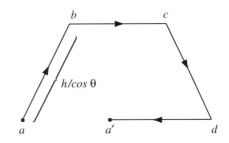

(a) ε を計算するための積分路
(ある瞬間における導線に沿っている)

(b) なされた仕事を計算するための積分路
(ループ上の電荷に沿っている)

図 7.12

周回している電荷を追跡しなければならない. $\mathbf{f}_{\text{pull}}$ は導線に垂直なので起電力に何も寄与しない. 一方, $\mathbf{f}_{\text{mag}}$ は電荷の動きに垂直なので[6]仕事に何も寄与しない.

動いているループに発生する起電力を表す非常によい方法がある. Φ をループを貫く磁場 $\mathbf{B}$ の磁束としよう.

$$\Phi \equiv \int \mathbf{B} \cdot d\mathbf{a} \tag{7.12}$$

図 7.10 の正方形のループの場合

$$\Phi = Bhx$$

であり, ループが動くと磁束は減少する.

$$\frac{d\Phi}{dt} = Bh\frac{dx}{dt} = -Bhv$$

(マイナスの符号は dx/dt が負であることを意味している.) これはまさに起電力である (式 7.11). あきらかに, ループに生じた起電力はループを貫く磁束の変化の割合にマイナスの符号をつけたものである.

$$\boxed{\mathcal{E} = -\frac{d\Phi}{dt}} \tag{7.13}$$

これが運動による起電力の**フラックス則**である.

この快適な簡潔さに加えて, フラックス則は, 一様でない磁場中を任意の速度で動く正方形でないループに対しても使うことができる, という特徴がある. 実際, ループは決まった形を保っていなくてもかまわない.

---

[6] さらに詳しい議論は E. P. Mosca, *Am. J. Phys.* **42**, 295 (1974) を参照.

344 第7章 電磁気学

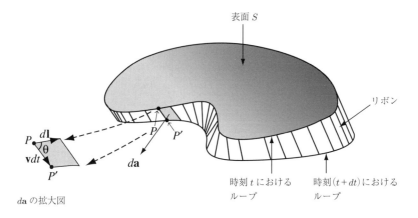

図 7.13

証明. 図 7.13 はある時刻 t におけるループと，短い時間 dt 後のループを示している．時刻 t における磁束を表面 S を用いて，また時刻 $t+dt$ では S に古いループと新しいループをつなぐ "リボン" を加えた表面を用いて計算することを考える．磁束の変化は

$$d\Phi = \Phi(t+dt) - \Phi(t) = \Phi_{\text{ribbon}} = \int_{\text{ribbon}} \mathbf{B} \cdot d\mathbf{a}$$

となる．dt の間に P' まで動く点 P に注目する．$\mathbf{v}$ を導線の速度，$\mathbf{u}$ を電荷が導線を流れる速度とすると，$\mathbf{w} = \mathbf{v} + \mathbf{u}$ は P にある電荷の速度となる．リボンの微小な面積要素は

$$d\mathbf{a} = (\mathbf{v} \times d\mathbf{l})\, dt$$

のように書ける（図 7.13 の挿入図参照）．それゆえ

$$\frac{d\Phi}{dt} = \oint \mathbf{B} \cdot (\mathbf{v} \times d\mathbf{l})$$

となる．$\mathbf{w} = (\mathbf{v} + \mathbf{u})$ であり，$\mathbf{u}$ は $d\mathbf{l}$ に平行なので，この式は次のように書くことができる．

$$\frac{d\Phi}{dt} = \oint \mathbf{B} \cdot (\mathbf{w} \times d\mathbf{l})$$

また，スカラー三重積は

$$\mathbf{B} \cdot (\mathbf{w} \times d\mathbf{l}) = -(\mathbf{w} \times \mathbf{B}) \cdot d\mathbf{l}$$

のように書き直すことができるので

$$\frac{d\Phi}{dt} = -\oint (\mathbf{w} \times \mathbf{B}) \cdot d\mathbf{l}$$

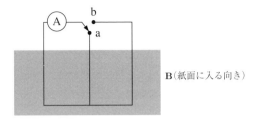

図 7.14

となる. $(\mathbf{w} \times \mathbf{B})$ は単位電荷あたりの磁気的な力 $\mathbf{f}_{\mathrm{mag}}$ なので

$$\frac{d\Phi}{dt} = -\oint \mathbf{f}_{\mathrm{mag}} \cdot d\mathbf{l}$$

であり, $\mathbf{f}_{\mathrm{mag}}$ の積分は起電力なので次式を得る.

$$\mathcal{E} = -\frac{d\Phi}{dt}$$ □

　起電力の定義（式 7.9）において, 積分するときに, どちらの向きにループを回るのかという符号のあいまいさがある. このあいまいさと相補的に, 磁束の定義（式 7.12）においても, どちらが $d\mathbf{a}$ の正の向きかというあいまいさがある. このためフラックス則を当てはめるときは, 符号の一貫性はいつものように右手則によって決まるとする. あなたの右手がループの正の向きを定めれば, 親指が $d\mathbf{a}$ の向きを示す. 起電力が負で出てきたら, それは回路の負の向きに電流が流れることを意味する.

　フラックス則は, 運動による起電力を計算する気の利いた方法であるが, 新しい物理は含んでいない. ただのローレンツ則である. しかし, 注意深く扱わないと間違いやあいまいさを引き起こす. フラックス則は, (連続的に) 動いたり, 回転したり, 伸びたり, ゆがんだりするただ一つの導線のループを仮定する. しかし, スイッチや, スライド接点や, さまざまな電流経路を可能にする空間的に拡がった導体には注意が必要である. よく知られた "フラックス則パラドックス" を図 7.14 に示す. スイッチを（a から b に）に切り替えると, 回路の磁束は倍になる. しかし, (磁場中を動く導体はないので) 運動による起電力は発生しないし, 電流計 (A) は電流の存在を示さない.

例題 7.4. 上を向いている一様な磁場 $\mathbf{B}$ の中で, 半径 a の金属の円盤がその軸の周りを, 角速度 ω で回転している. 抵抗の一端が中心軸に, もう一方がスライド接点によって円盤の外周に接続されて, 回路がつくられている（図 7.15). 抵抗を流れる電流を求めよ.

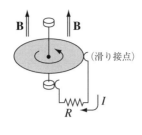

図 7.15

解答
中心軸からの距離 s における円盤上の点の速さは $v = \omega s$ であるので、単位電荷あたりに働く力は $\mathbf{f}_{\mathrm{mag}} = \mathbf{v} \times \mathbf{B} = \omega s B \hat{\mathbf{s}}$ である。それゆえ、起電力は

$$\mathcal{E} = \int_0^a f_{\mathrm{mag}}\, ds = \omega B \int_0^a s\, ds = \frac{\omega B a^2}{2}$$

となり、電流は

$$I = \frac{\mathcal{E}}{R} = \frac{\omega B a^2}{2R}$$

となる.

例題 7.4(ファラデー・ディスク、またはファラデー発電機)は(少なくとも直接的には)フラックス則から起電力が計算できない場合である。フラックス則は、規定された経路に沿って電流が流れることを仮定している。しかしながらこの例では、電流は円盤全体に広がってしまう。このため"回路を貫く磁束"というものが、何を意味するかあきらかではなくなってしまう.

さらに、厄介なのは渦電流の場合である。たとえばアルミニウムの塊を一様でない磁場中で振ることを考える。物質中で電流が流れるが、このとき、あたかも石の塊を蜜の中で動かしているように、粘性抵抗のようなものを感じるだろう.(これは、運動による起電力の議論の中で $\mathbf{f}_{\mathrm{pull}}$ と表現した力である.)渦電流の計算は大変難しい[7]。しかし、この現象を演示するのは容易であり、劇的である。水平方向に軸をもつ振り子に装着されたアルミニウムの円盤が磁極の間を通過する古典的な実験を見たことがあるかもしれない(図 7.16a)。振り子が磁場がある領域に侵入すると急に振幅が減少する。この原因が渦電流であることを調べるために、円盤内の広範囲に渡って電流が流れることを防ぐために、多くの切れ込みを入れたものを用いて同様の実験を行うと、磁場によって邪魔されることなしに、自由に振動する(図 7.16b).

---

[7] たとえば W. M. Saslow, *Am. J. Phys.* **60**, 693 (1992) を参照.

7.1. 起 電 力 *347*

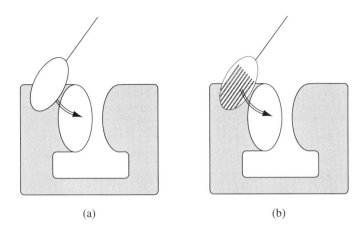

(a)　　　　　　　　　　　(b)

図 7.16

問題 7.7 質量 m の金属の棒が，距離 l だけ離れた 2 本の平行な伝導性のあるレールの上を摩擦なく滑っていく（図 7.17）．抵抗体 R がレールの間につないであり，全空間にわたって一様な磁場 **B** が紙面に下向きに存在する．

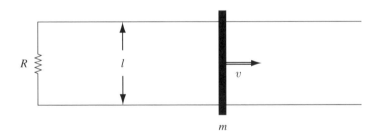

図 7.17

(a) もし棒が速さ v で右に動くと，抵抗に流れる電流はいくらか？　また，それはどちらの向きに流れるか？
(b) 棒に働く磁気的な力はいくらか？　またそれはどちらの向きか？
(c) もし棒が v_0 の速さで時刻 $t=0$ で出発し左に移動すると，時間 t 後の速さはいくらか？
(d) もちろん，初めの棒の運動エネルギーは $\frac{1}{2}mv_0{}^2$ である．十分に時間が経った後に，抵抗にもたらされるエネルギーは正確に $\frac{1}{2}mv_0{}^2$ であることを確かめよ．

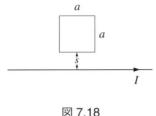

図 7.18

問題 7.8 図 7.18 に示すように,電流 I が流れている非常に長い直線状の導線から距離 s だけ離れて,一辺が a の正方形の導線のループが机の上にある.
(a) 導線のつくる磁場 **B** がループを貫く磁束を求めよ.
(b) もしループを導線から速さ v で(上向きに)引き離したら,起電力はどれだけ発生するか? また,電流はどちらに(時計回り,反時計回り)に流れるか?
(c) もしループが右に速さ v で引かれたらどうなるか?

問題 7.9 あるループを与えると,このループを境界とする無限の数の異なった曲面を考えることができる.一方では,ループを貫く磁束として $\Phi = \int \mathbf{B} \cdot d\mathbf{a}$ が定義できる.この計算において,これまで特定の曲面を用いるとはしてこなかった.このあきらかな見落としを正当化せよ.

問題 7.10 右を向いている一様な磁場 **B** の中で,鉛直な軸にとりつけられた一辺 a の正方形ループが角速度 ω で回転している(図 7.19).この**交流発電機**の $\mathcal{E}(t)$ を求めよ.

問題 7.11 厚いアルミニウムのシートから切り出された四角いループがある.このループの上の辺が一様な磁場 **B** の中にある状態で,重力のもとで落下する(図 7.20).(図の網掛け部分が磁場領域を表し,磁場 **B** は紙面に入る向きを向いている.)もし磁場が 1T(実

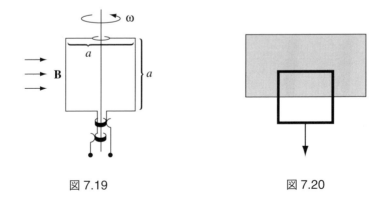

図 7.19　　　　　　　　　図 7.20

験室では標準的な値）の場合，ループの終端速度 (m/s) はいくらか．また，ループの速度を時間の関数として求めよ．終端速度の 90 パーセントに到達するまでに何秒かかるか？もしリングに狭い切れ込みを入れて，回路を遮断すると何が起こるか？[注意：ループのサイズは打ち消されて結果に出ない．問題文に示された単位を用いて，実際の値を求めよ．]

7.2 電磁誘導

7.2.1 ファラデーの法則

1831 年，ファラデーは（必ずしも歴史通りではないが）以下のように分類される 3 種類の実験の結果を報告した．

実験 1. 磁場が存在する領域を通って，導線のループを右に移動させたところ，電流がループを流れた（図 7.21a）．

実験 2. ループを移動させずに，磁場が存在する領域を，左に移動させたところ，（図 7.21b）再び電流がループを流れた．

実験 3. ループと磁場が存在する領域を固定しておき，（図 7.21c）磁場の強さを変えたところ，（彼は電磁石を使っており，コイルの電流を変えた）再び電流がループを流れた．

実験 1 は，もちろん，運動による起電力の典型的な例であり，フラックス則によると

$$\mathcal{E} = -\frac{d\Phi}{dt}$$

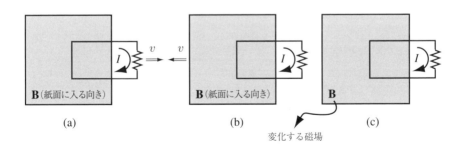

図 7.21

350 第7章 電磁気学

である. 実験2で実験1とまったく同じ結果が出ることについて, 当然なことと思うかもしれない. 両方とも, 磁場がある領域とループの相対的な運動であるからだ. 実際, 特殊相対論ではそのようにならなければならない. しかし, ファラデーは相対論について何も知らなかったし, 古典的な電磁気学において, この単純な一致は顕著な偶然であった. なぜならば, ループが動くとき起電力をつくるのは磁気的な力であり, ループが動かないとき, 力は磁気的なものではあり得ない. 止まってる電荷は磁気的な力を感じないからである. ではこの場合, 何が起電力をつくっているのか? つまりどんな種類の力が止まっている電荷に働いているのか. それは, もちろん電気的な力である. しかし, この場合, 電場はどこにも表れていないように思われる.

ファラデーは天才的な発想を有していた

> **変化する磁場は電場をつくる**

実験2における起電力は, この誘導された[8]電場である[9]. 実際, もし (ファラデーが実験的に見つけたように) 起電力が再び磁束の変化率に等しければ

$$\mathcal{E} = \oint \mathbf{E} \cdot d\mathbf{l} = -\frac{d\Phi}{dt} \tag{7.14}$$

なので, 方程式

$$\oint \mathbf{E} \cdot d\mathbf{l} = -\int \frac{\partial \mathbf{B}}{\partial t} \cdot d\mathbf{a} \tag{7.15}$$

によって $\mathbf{E}$ は $\mathbf{B}$ の変化に結びつく. これが**ファラデーの法則**の積分形である. これはストークスの定理を適用することにより, 微分形に変換することができる.

$$\boxed{\boldsymbol{\nabla} \times \mathbf{E} = -\frac{\partial \mathbf{B}}{\partial t}} \tag{7.16}$$

ファラデーの法則は静的な場合 (一定な $\mathbf{B}$ の場合), 当然ながら $\oint \mathbf{E} \cdot d\mathbf{l} = 0$ という古い法則に帰着する.

---

[8] "誘導された" は微妙で意味のつかみにくい動詞である. この単語は直接かかわるほどではないが, 因果関係があるというニュアンスをもっている. ("生成する" はこれをより明確にした単語である.) 変化する磁場は電場の独立した源とみなしてよいかどうかという不毛な議論が文献にみられる. しかし, 磁場自身は電流によるものなのである. これはじつのところ, 祖母が書いた手紙を配達人が家に届けたときに, 配達人を手紙の "ソース (源)" というようなものである. つまるところは ρ と $\mathbf{J}$ がすべての電磁場の "ソース (源)" であり, 変化する磁場は単に電気的な情報を伝えるだけである. しかし, 変化する磁場が電場を "生成する" と考えることは便利なことがあり, より込み入った話を簡単にしたものであると理解している限りにおいては, そう考えることは問題ない. この問題に関する素晴らしい議論については S. E. Hill, *Phys. Teach.* **48**, 410 (2010) を参照.

[9] 実験2で磁場は実際, 変化したのではなく, 動いたのではないかというかもしれない. 私がいいたいのは, ある固定された場所に座ってみていると, そこで経験する磁場は, 磁石が通りすぎるときに変化する, ということである.

実験3においては，磁場はまったく異なった理由で変化する．しかし，ファラデーの法則により再び電場が誘導され，起電力 $-d\Phi/dt$ を生じる．実際，これらの三つの場合（およびこれらの組み合わせの場合）は，**拡張されたフラックス則**で説明できる．

ループを貫く磁束が（いかなる理由でも）変化するときは，いつでも起電力
$$\mathcal{E} = -\frac{d\Phi}{dt} \tag{7.17}$$
がループに現れる．

多くの人々は，これを"ファラデーの法則"とよぶ．おそらく著者は少しうるさすぎるのかもしれないが，これは混乱をまねく．実際，式 7.17 には，合計二つの異なった機構が内在されている．このため，これらを両方とも"ファラデーの法則"ということは，よく似ている双子を同じ名前でよぶようなものである．ファラデーの最初の実験では，ローレンツ則が働き，起電力は磁気的であった．しかし，他の二つの場合では，働いたのは，（変化した磁場によって誘導された）電場であった．この観点からすると，この三つの過程が同じ起電力の表式を提示することは驚くべきことである．実際，アインシュタインを特殊相対性理論に導いたのはこの"一致"であった．彼は古典電磁気学におけるこの一致の深い意味を探求した．しかし，この話は第 12 章にとっておく．それまでは，"ファラデーの法則"という言葉を，磁場が変化したときに誘導される電場に対してのみ用いることにして，実験 1 のような場合は，ファラデーの法則の例とはしない．

例題 7.5. 半径 a, 長さ L の長い円柱状の磁石が，軸方向に磁化 $\mathbf{M}$ をもっている．これが一定速度 v で磁石よりわずかに大きい円状の導線のリングを通りすぎる（図 7.22）．リングに誘導される起電力を時間の関数として，図示せよ．

解答
磁場は表面電流 $\mathbf{K}_b = M\hat{\boldsymbol{\phi}}$ をもつ長いソレノイドと同じである．このため，磁場が広が

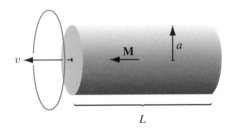

図 7.22

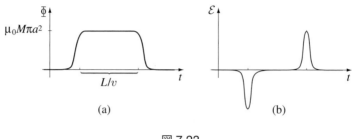

図 7.23

り始める端を除いて, 内部の磁場は $\mathbf{B} = \mu_0 \mathbf{M}$ である. リングを貫く磁束は, 磁石が遠いときにはゼロである. 磁石の先端がリングを通り始めるとき, 磁束は最大値 $\mu_0 M \pi a^2$ になり, 磁石の終端が通り過ぎるとゼロに戻る (図 7.23a). 起電力は Φ の時間微分にマイナスをつけたものなので, 図 7.23b に示すように二つのスパイク状のピークがある.

ファラデーの法則において, 符号に絶えず注意していなければならないことは, 頭痛の種である. たとえば例題 7.5 において, 誘導された電流がどちらの向きに流れるか知りたいときなどがそうである. 原理的には, 右手の法則が教えてくれる. (図 7.22 において左向きを Φ の正の向きだとすると, リングにおける正の電流の向きは, 左から見ると反時計回りである. 図 7.23b における最初のスパイク状の起電力は負なので, 最初のパルス的な電流の流れは時計周りで, 二番目のものは反時計回りである.) しかし, レンツの法則とよばれる手軽な法則があり, この法則は正しい電流の向きを得るのを手助けしてくれる[10].

自然は磁束の変化を嫌う

誘導された電流は, それがつくり出す磁束が, 変化を打ち消す向きに流れる. (例題 7.5 において, 磁石の先端がリングに入るとき磁束は増加する. このため, リングの電流は, 右に向く磁場をつくる. それゆえ, 電流は, 時計回りに流れる.) 自然が嫌うのは, 磁束の変化であって, 磁束自身でないことに注意せよ. (磁石の終わりの部分がリングを出たとき磁束は減少するので, 現状を回復しようとして, 反時計回りの電流が誘導される.) ファラデーの誘導は一種の "慣性" の現象である. 導線でできたループは, それを貫く磁束を一定に保つのが "好き" でなのである. もし磁束を変化させようとすると, その変化を邪魔する向きに電流を流す反応をする. (その反応は, 完全には成功しない. 誘

---

[10] レンツの法則は運動による起電力にも適用できる. しかしこの場合, 通常ローレンツ則から電流の向きを得ることは, そんなに難しくない.

導電流によって生成された磁束は,元々の磁束のほんの一部であるからだ.レンツの法則がいえることは電流の向きだけである.)

例題 7.6. 飛び跳ねるリング 鉄心にソレノイドコイルを巻いて(鉄芯は磁場を非常に大きくする.) 金属のリングをその上に置く.プラグが差し込まれると,リングは空気中に数フィート飛び上がる(図 7.24).なぜか?

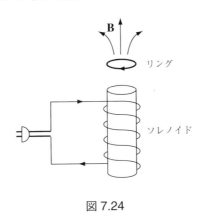

図 7.24

解答
電流を流す前,リングを貫く磁束はゼロであった.(図で上向きに)磁束が現れた後,リングに発生した起電力はレンツの法則にしたがって,この新しい磁束を打ち消すような場をつくる向きに,リングに電流を流す.これはループの電流が,ソレノイドの電流と逆の向きであることを意味している.そして逆向きの電流は反発するので,リングは飛び上がる[11].

問題 7.12 半径 a の長いソレノイドに交流電流が流されており,ソレノイドの中の磁場は $\mathbf{B}(t) = B_0 \cos(\omega t)\,\hat{\mathbf{z}}$ となっている.半径 $a/2$ で抵抗 R の導線の円形のループが,ソレノイドの中に軸を同じくして置かれている.ループに誘導される電流を時間の関数として求めよ.

問題 7.13 一辺の長さが a の四角い導線のループが,xy 平面の第一象限に一つの角を原点に重ねるように置いてある.この領域には一様でない時間変化する磁場 $\mathbf{B}(y,t) = ky^3t^2\,\hat{\mathbf{z}}$

---

[11]飛び上がるリング(と"浮き上がるリング")に関するさらに詳しい議論は C. S. Schneider and J. P. Ertel, *Am. J. Phys.* **66**, 686 (1998); P. J. H. Tjossem and E. C. Brost, *Am. J. Phys.* **79**, 353 (2011) を参照.

354 第 7 章 電 磁 気 学

（ここで k は定数）がある. ループに誘導される起電力を求めよ.

問題 7.14 演示実験として, 短い円柱状の磁石を, 磁石より少し大きい直径をもった長さ 2 m 程度の鉛直なアルミのパイプの中に落とす. 磁化していない, 同じ大きさの鉄だとパイプの底に現れるまでに 1 秒もかからないが, 磁石だと数秒かかる. なぜ磁石がよりゆっくり落ちるか説明せよ[12].

7.2.2 誘 導 電 場

ファラデーの法則は, 静電場における $\nabla \times \mathbf{E} = \mathbf{0}$ という規則を時間依存する場合に一般化した. 一方, 電場 $\mathbf{E}$ の発散はいまだにガウスの法則 ($\nabla \cdot \mathbf{E} = \frac{1}{\epsilon_0}\rho$) によって与えられる. もし $\mathbf{E}$ が完全にファラデー場 ($\rho = 0$ であり, 時間変化する $\mathbf{B}$ のみによって得られる場) であれば

$$\nabla \cdot \mathbf{E} = 0, \quad \nabla \times \mathbf{E} = -\frac{\partial \mathbf{B}}{\partial t}$$

となる. これは数学的には静磁気学の式

$$\nabla \cdot \mathbf{B} = 0, \quad \nabla \times \mathbf{B} = \mu_0 \mathbf{J}$$

と同じ形をしている. 結論: 磁場が $\mu_0 \mathbf{J}$ によって決定されるのとまったく同様に, ファラデーの誘導電場は $-(\partial \mathbf{B}/\partial t)$ によって決定される.

ビオ・サバールの法則を用いた類推では[13]

$$\mathbf{E} = -\frac{1}{4\pi} \int \frac{(\partial \mathbf{B}/\partial t) \times \hat{\boldsymbol{\imath}}}{\imath^2} d\tau = -\frac{1}{4\pi} \frac{\partial}{\partial t} \int \frac{\mathbf{B} \times \hat{\boldsymbol{\imath}}}{\imath^2} d\tau \tag{7.18}$$

であり, 対称性が利用できれば, アンペールの法則の積分形 ($\oint \mathbf{B} \cdot d\mathbf{l} = \mu_0 I_{\text{enc}}$) で用いた方法をすべて用いることができる. アンペールの法則の積分形を, 単にファラデーの法則の積分形

$$\oint \mathbf{E} \cdot d\mathbf{l} = -\frac{d\Phi}{dt} \tag{7.19}$$

に読み替えさえすればよい. アンペールループを貫く磁束の時間変化の割合が, $\mu_0 I_{\text{enc}}$ に割り当てられていた役割を果たす.

---

[12]この面白い演示についての議論は K. D. Hahn et al., *Am. J. Phys.* **66**, 1066 (1998) と G. Donoso, C. L. Ladera, and P. Martin, *Am. J. Phys.* **79**, 193 (2011) を参照.

[13]静磁気学は, 時間依存しない電流でのみ成り立つ. しかし $\partial \mathbf{B}/\partial t$ にはそのような制約はない.

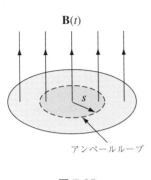
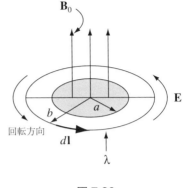

図 7.25　　　　　　　　　図 7.26

例題 7.7. 上を向いている一様な磁場 $\mathbf{B}(t)$ が，図 7.25 の網掛け部分に存在する．もし B が時間変化したら，誘導電場はいくらか．

解答

$\mathbf{E}$ は，一様な電流密度をもつ長い直線状の導線の中の磁場のように，円周方向を向いている．半径 s のアンペールループを描き，ファラデーの法則を適用する．

$$\oint \mathbf{E} \cdot d\mathbf{l} = E(2\pi s) = -\frac{d\Phi}{dt} = -\frac{d}{dt}\left(\pi s^2 B(t)\right) = -\pi s^2 \frac{dB}{dt}$$

それゆえ

$$\mathbf{E} = -\frac{s}{2}\frac{dB}{dt}\hat{\boldsymbol{\phi}}$$

となる．もし B が増加するなら，$\mathbf{E}$ は上から見て時計回りを向く．

例題 7.8. 線電荷密度 λ の電荷が半径 b の車輪のふちに固定されている．これが図 7.26 のように水平にぶら下げられており，自由に回転できる．（スポークは木のような非伝導体でつくられている．）中央の半径 a 以下の領域には，上を向いている一様な磁場 $\mathbf{B}_0$ がある．この状態から，磁場を切ると何が起こるか？

解答

磁場の変化は，車輪の軸の周りを回る方向に電場を誘導する．この電場はふちの電荷に力を及ぼし，車輪は回転を始める．レンツの法則によると，上向きの磁束を回復する向きに回転する．それゆえ，回転は上から見ると反時計回りである．

356 第7章 電磁気学

半径 b のループにファラデーの法則を適用すると

$$\oint \mathbf{E} \cdot d\mathbf{l} = E(2\pi b) = -\frac{d\Phi}{dt} = -\pi a^2 \frac{dB}{dt}, \quad \text{または} \quad \mathbf{E} = -\frac{a^2}{2b}\frac{dB}{dt}\hat{\phi}$$

であり, 長さ dl の部分に働くトルクは $\mathbf{r} \times \mathbf{F}$, または $b\lambda E\,dl$ である. よって車輪に働く全トルクは

$$N = b\lambda\left(-\frac{a^2}{2b}\frac{dB}{dt}\right)\oint dl = -b\lambda\pi a^2\frac{dB}{dt}$$

となり, 車輪に与えられた角運動量は

$$\int N\,dt = -\lambda\pi a^2 b\int_{B_0}^{0} dB = \lambda\pi a^2 bB_0$$

である. どんなに早く, (または遅く) 磁場を切るかは問題ではなく, 結果の角運動量に変化はない. (もし, どこから角運動量が発生したかについて疑問をもったら, それは少し先走りすぎている. 次の章まで待つこと.)

車輪を回転させるのは, 電場であることに注意しよう. これをはっきりさせるために, 故意に電荷がある場所の磁場をゼロにしてある. 実験家がしたことは磁場を切っただけで, 電場を与えることはしていない. しかし実験家が磁場を切ったとき, 電場は自動的に現れて車輪を回す.

ファラデーの法則を用いるときの, 小さな問題について警告しておく. もちろん電磁誘導は, 磁場が変化しているときのみ起こる. これらの磁場を計算するときに, 静磁気学の道具 (アンペールの法則, ビオ・サバールの法則やその他) を使いたいが, この方法で求められた結果は厳密に言えば近似的にのみ正しい. しかし, 実際は, 場が極端に速く揺らいでいることがない限り, また場のソース (源) から非常に離れた点における結果に興味がない限り, 誤差は無視できるほど小さい. はさみで導線が切られるような場合 (問題 7.18) でさえも, アンペールの法則を適用するには十分静的である. ファラデーの法則の右辺の磁場を計算するのに, 静磁場の公式が使えるような領域は, **準静的**とよばれる. 一般的には, 静磁気学が成り立たなくなることを心配するのは, 電磁波や輻射の問題を扱うときのみである.

例題 7.9. 無限に長い直線状の導線にゆっくり時間変化する電流 $I(t)$ が流れている。導線からの距離 s の関数として誘導電場を決定せよ[14]。

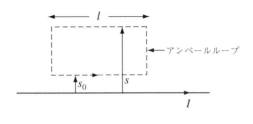

図 7.27

解答
準静的な仮定の下では磁場は $(\mu_0 I/2\pi s)$ であり，導線を回る方向である。ソレノイドの磁場のように電場 $\mathbf{E}$ は軸に平行である。図 7.27 の四角い"アンペールループ"について，ファラデーの法則は

$$\oint \mathbf{E} \cdot d\mathbf{l} = E(s_0)l - E(s)l = -\frac{d}{dt} \int \mathbf{B} \cdot d\mathbf{a}$$
$$= -\frac{\mu_0 l}{2\pi} \frac{dI}{dt} \int_{s_0}^{s} \frac{1}{s'} ds' = -\frac{\mu_0 l}{2\pi} \frac{dI}{dt} (\ln s - \ln s_0)$$

を与える。それゆえ

$$\mathbf{E}(s) = \left[\frac{\mu_0}{2\pi} \frac{dI}{dt} \ln s + K\right] \hat{\mathbf{z}} \tag{7.20}$$

となる。ここで K は定数である。(言い換えれば s に独立である。しかし依然として t の関数ではある。) 実際の K の値は関数 $I(t)$ のすべての履歴に依存する。

式 7.20 は，s が無限に行くにつれて E が発散するという奇妙な性質を有している。それは，本当のはずがない。何が悪いのであろうか？ 答え: われわれは準静的近似を踏み越えてしまったのである。電磁気学的な"信号"は光速で伝わり，遠距離では $\mathbf{B}$ は，

---

[14]この例は無限の長さの導線という設定というだけではなく，より微妙な点において不自然な問題である．つまり（ある瞬間に）電流が導線のどこでも同じであるということを仮定している．これは通常の電気回路のような短い導線では，問題ない仮定であるが，長い導線のいたる所に電流を同期させる機構がない限り，長い導線（たとえば**伝送線**）においてはそうではない．しかし問題はどのようにそのような電流をつくるか，ではなく，そのような電流があったらどのような場ができるか，であるので，つくり方については気にしなくてよい．この問題の類題については M. A. Heald, *Am. J. Phys.* **54**, 1142 (1986) を参照．

現在の電流だけでなく過去の時刻における電流に依存する．実際のところ，（導線上の異なった点は異なった距離だけ離れているので，過去のすべての時刻における電流に依存することになる．）もし電流 I が大きく変化するのに必要な時間が τ であれば，準静的近似は

$$s \ll c\tau \tag{7.21}$$

の間でのみ成り立つ．ゆえに式 7.20 は非常に大きい距離 s においては単純には適用できない．

問題 7.15 単位長さあたりの巻き数が n で半径が a の長いソレノイドに，時間に依存する電流 $I(t)$ が $\hat{\phi}$ 方向に流れている．軸から s の距離の（ソレノイドの内側と外側の）電場（大きさと向き）を準静的近似で求めよ．

問題 7.16 交流電流 $I = I_0 \cos(\omega t)$ が長い直線状の導線を流れ，半径 a の同軸の導電性の円筒を流れて戻ってくる．
 (a) 誘導電場は，どの方向を向くか（動径方向，円周方向，軸方向）？
 (b) $s \to \infty$ のとき電場はゼロに近づくと仮定して，$\mathbf{E}(s, t)$ を求めよ[15]．

問題 7.17 単位長さあたりの巻き数が n で半径が a の長いソレノイドの周りに図 7.28 に示されているように抵抗 R をもった導線のループがある．
 (a) もしソレノイドの電流が一定の割合 $(dI/dt = k)$ で増加したら，抵抗を通してループにどんな電流がどちらの向き（右または左）に流れるか？
 (b) もしソレノイドの電流 I が一定で，ソレノイドが（左に向かって，ループから遠くの距離まで）ループから引き抜かれたら，抵抗を通りすぎた全電荷はいくらか？

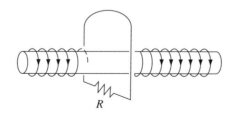

図 7.28

---

[15] 以前の脚注で述べたように，これは同軸ケーブルの中における実際の電場の振る舞いとは異なる．より現実的な扱いについては J. G. Cherveniak, *Am. J. Phys.* **54**, 946 (1986) を参照．

7.2. 電磁誘導 359

問題 7.18 電流 I が流れている無限に長い直線状の導線から距離 s の場所に, 一辺が a, 抵抗が R の正方形のループがある (図 7.29). 導線をはさみで切って, I をゼロにすることを考える. 正方形のループのどの向きに誘導電流が流れるか. またこの電流が流れている間に, ループ上のある点を通過する全電荷はいくらか？ もし, はさみを使ったモデルが好きでなければ,

$$I(t) = \begin{cases} (1-\alpha t)I & 0 \leq t \leq 1/\alpha \text{ のとき} \\ 0 & t > 1/\alpha \text{ のとき} \end{cases}$$

にしたがって, 徐々に電流を減らせばよい.

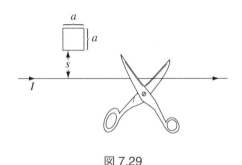

図 7.29

問題 7.19 内半径 a, 外半径 $a+w$, 高さ h をもつ断面が長方形のトロイダルコイルがある. そこには密に N 回ループが巻いてあり, 電流が一定の割合 ($dI/dt = k$) で増加している. w と h の両方が a より小さい場合のトロイドの中心から垂直距離 z の点における電場を求めよ. [ヒント: ファラデー場との類似を利用せよ.]

問題 7.20 図 7.21(b) において, $\partial \mathbf{B}/\partial t$ がゼロでないところはどこか？ 電場を (定性的に) 描くために, ファラデーの法則とアンペールの法則の間の類似性を利用せよ.

問題 7.21 z 方向を向いていて全空間に一様な磁場 ($\mathbf{B} = B_0 \hat{\mathbf{z}}$) が存在し, 原点に正の電荷が止まっている. いま, 磁場が切られると誘導電場が発生する. 止まっていた電荷はどの向きに動くか[16]？

---

[16]このパラドックスは Tom Colbert による.

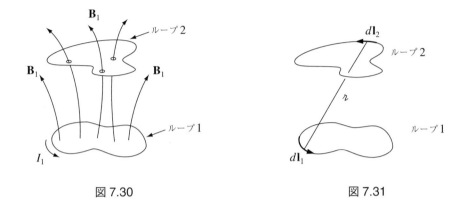

図 7.30   図 7.31

7.2.3 インダクタンス

止まっている二つの導線のループがある（図 7.30）．ループ 1 に定常電流 I_1 を流すと，これは磁場 $\mathbf{B}_1$ をつくり磁力線の一部がループ 2 を貫く．Φ_2 をループ 2 を貫く $\mathbf{B}_1$ の磁束とする．$\mathbf{B}_1$ をきちんと計算しようとすると大変であるが，ビオ・サバールの法則

$$\mathbf{B}_1 = \frac{\mu_0}{4\pi} I_1 \oint \frac{d\mathbf{l}_1 \times \hat{\boldsymbol{\imath}}}{\boldsymbol{\imath}^2}$$

を見ると，この磁場は電流 I_1 に比例する，という事実がわかる．それゆえ，ループ 2 を貫く磁束

$$\Phi_2 = \int \mathbf{B}_1 \cdot d\mathbf{a}_2$$

も I_1 に比例する．よって

$$\Phi_2 = M_{21} I_1 \tag{7.22}$$

と書ける．ここで M_{21} は比例定数であり，二つのループの**相互インダクタンス**として知られている量である．

相互インダクタンスに対して便利な表式がある．磁束をベクトルポテンシャルを用いて表して，ストークスの定理を用いることにより

$$\Phi_2 = \int \mathbf{B}_1 \cdot d\mathbf{a}_2 = \int (\boldsymbol{\nabla} \times \mathbf{A}_1) \cdot d\mathbf{a}_2 = \oint \mathbf{A}_1 \cdot d\mathbf{l}_2$$

となる．いま

$$\mathbf{A}_1 = \frac{\mu_0 I_1}{4\pi} \oint \frac{d\mathbf{l}_1}{\boldsymbol{\imath}}$$

なので
$$\Phi_2 = \frac{\mu_0 I_1}{4\pi} \oint \left(\oint \frac{d\mathbf{l}_1}{\imath} \right) \cdot d\mathbf{l}_2$$
である.よってあきらかに
$$M_{21} = \frac{\mu_0}{4\pi} \oint \oint \frac{d\mathbf{l}_1 \cdot d\mathbf{l}_2}{\imath} \tag{7.23}$$
となる.これは**ノイマンの式**とよばれており,ループ 1 に沿った積分とループ 2 に沿った積分の二つの線積分からなる(図 7.31).これは実際の計算にはあまり役に立たないが,相互インダクタンスについての二つの重要な事項をあきらかにする.

1. M_{21} は単純に形状で決まる量である.つまりループの形や大きさ,それに二つのループの相対的な位置によって決まる.
2. 式 7.23 の積分の値はループ 1 とループ 2 の役割を交換しても変わらない.このため
$$M_{21} = M_{12} \tag{7.24}$$
である.これは驚くべき結論である.ループの形や位置がどうであろうとも,ループ 1 に電流 I を流したときのループ 2 を貫く磁束は,同じ電流 I をループ 2 に流したときのループ 1 を貫く磁束と同一である.このため,添字を落とすことができ,両方とも M とすることができる.

例題 7.10. 図 7.32 のように短いソレノイド(長さ l,半径 a,単位長さあたりの巻き数 n_1)が非常に長いソレノイド(半径 b,単位長さあたりの巻き数 n_2)の中の軸上にある.電流 I が短いソレノイドに流れている.長いソレノイドを貫く磁束はいくらか?

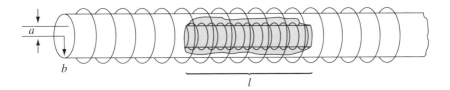

図 7.32

解答
内側のソレノイドは短いので複雑な磁場をつくり,外側のソレノイドのそれぞれのターンごとに異なった磁束を通過させる.このようにして全磁束を計算することは,絶望的である.しかしながら相互インダクタンスを用いると,問題は非常に容易になる.逆の

状況を考える．電流 I を，外側のソレノイドに流し，内側のソレノイドを貫く磁束を計算する．長いソレノイドの中の磁場は一定で

$$B = \mu_0 n_2 I$$

であるので，短いソレノイドの1ターンを貫く磁束は

$$B\pi a^2 = \mu_0 n_2 I \pi a^2$$

となる．全部で $n_1 l$ ターンあるので，内側のソレノイドを貫く全磁束は

$$\Phi = \mu_0 \pi a^2 n_1 n_2 l I$$

となる．これは，短いソレノイドに電流 I が流れているときに，長いソレノイドを貫く磁束でもあり，われわれが求めたいものである．ついでにいえば，この場合の相互インダクタンスは

$$M = \mu_0 \pi a^2 n_1 n_2 l$$

である．

いま，ループ1の電流を変化させることを考える．これによってループ2を貫く磁束が変化し，ファラデーの法則によってループ2に起電力が誘導される．

$$\mathcal{E}_2 = -\frac{d\Phi_2}{dt} = -M \frac{dI_1}{dt} \tag{7.25}$$

（ビオ・サバールの法則に基づいた式7.22を使うときは，暗黙の裡に，電流は準静的と考えられるくらい，十分ゆっくりと変化すると仮定している．）注目すべきことは，両者の間が結線されていないにもかかわらず，ループ1の電流を変えるたびにループ2に電流が誘導されることだ．

考えてみれば，電流を変えると近くのループに起電力を誘導するだけでなく，元々の

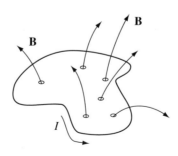

図 7.33

ループ自身にもまた起電力を誘導する（図 7.33）．再び磁場は（そして磁束もまた）電流に比例するので

$$\Phi = LI \tag{7.26}$$

となる．比例定数 L はループの**自己インダクタンス**（または単純に**インダクタンス**）とよばれる．M と同様，L はループの形状（大きさと形）に依存する．もし電流が変化すれば，ループに誘導される電流は

$$\mathcal{E} = -L\frac{dI}{dt} \tag{7.27}$$

となる．インダクタンスはヘンリー (H) で表される．ヘンリーはボルト × 秒 ÷ アンペアである．

例題 7.11. 全体で N ターン巻いてある長方形の断面をもつトロイダルコイル（内径 a, 外径 b, 高さ h）の自己インダクタンスを求めよ．

解答
トロイダルの内側の磁場は

$$B = \frac{\mu_0 NI}{2\pi s}$$

である．

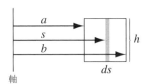

図 7.34

1 ターンを貫く磁束は（図 7.34）

$$\int \mathbf{B} \cdot d\mathbf{a} = \frac{\mu_0 NI}{2\pi} h \int_a^b \frac{1}{s} ds = \frac{\mu_0 NIh}{2\pi} \ln\left(\frac{b}{a}\right)$$

となるので，全磁束はこれを N 倍すればよく，自己インダクタンス（式 7.26）は

$$L = \frac{\mu_0 N^2 h}{2\pi} \ln\left(\frac{b}{a}\right) \tag{7.28}$$

となる．

インダクタンスは（電気容量のように）本質的に正の量である．レンツの法則は式 7.27 のマイナス符号のため，いかなる電流の変化に対しても，その変化を妨げる向きに起電力を要求する．この理由のために，レンツの法則にしたがって発生する起電力は**逆起電力**とよばれている．導線の電流を変えるときはいつでも，逆起電力に逆らわなければならない．電気回路で果たすインダクタンスの役割は，力学における質量の役割と同じである．L が大きいほど，電流を変えることは難しい．これは質量が大きいほど物体の速度を変えるのが難しいのと同じである．

例題 7.12. 回路に電流 I 流れていたときに，誰かが導線を切ったとする．電流は "即座に" ゼロになる．これはとても大きな逆起電力を発生する．なぜならば I は小さいが，dI/dt は巨大であるからである．（これがアイロンやトースターのコンセントを抜くと，しばしば火花が散るのを目撃する理由である．電磁誘導は回路のギャップを飛び越えてまで，必死になって電流を流し続けようとする．）

トースターやアイロンのコンセントを入れたときは，それほど劇的なことは起きない．この場合，電磁誘導は突然の電流の増加を妨げ，代わりにスムーズで連続的に増加させる．たとえば，バッテリー（これは一定の起電力 $\mathcal{E}_0$ を与える）が抵抗 R とインダクタンス L につなげられている場合を考える（図 7.35）．スイッチを閉じたとき，どのような電流が流れるか？

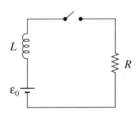

図 7.35

解答
この回路の全起電力は，バッテリーからの $\mathcal{E}_0$ とインダクタンスからの $-L(dI/dt)$ である．それゆえ，オームの法則は[17]

$$\mathcal{E}_0 - L\frac{dI}{dt} = IR$$

---

[17] $-L(dI/dt)$ は方程式の左辺にくることに注意せよ．これは $-L(dI/dt)$ が抵抗に加わる電圧をつくる起電力の一部だからである．

となる．これは時間の関数としての電流 I についての 1 階の微分方程式である．一般解は簡単に求められて
$$I(t) = \frac{\mathcal{E}_0}{R} + ke^{-(R/L)t}$$
となる．ここで k は初期条件で決められる定数である．とくに時刻 $t = 0$ でスイッチを閉じるとすると $I(0) = 0$ なので $k = -\mathcal{E}_0/R$ となり，電流は
$$I(t) = \frac{\mathcal{E}_0}{R}\left[1 - e^{-(R/L)t}\right] \tag{7.29}$$
と求まる．この関数を図 7.36 に示す．もし回路にインダクタンスがなければ，電流はただちに $\mathcal{E}_0/R$ に到達する．実際は，すべての回路は，いくらかの自己インダクタンスをもつので，電流は $\mathcal{E}_0/R$ に漸近的に近づく．$\tau \equiv L/R$ は**時定数**であり，電流が平衡値のかなりの割合（おおよそ 2/3）に近づくまでにどれぐらい時間がかかるかを表す．

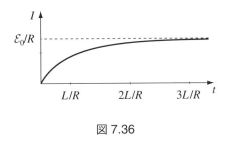

図 7.36

問題 7.22 図 7.37 に示すように，半径 a の導線の小さいループが，半径 b の大きなループの中心から垂直距離 z の位置に保持されている．二つのループの面は平行で，共通の軸に対して垂直である．
(a) 大きなループに電流 I が流れているとする．小さいループを貫く磁束を求めよ．（小さいループは非常に小さいので，大きなループのつくる磁場は本質的に一様であると考えてよい．）
(b) 小さなループに電流 I が流れているとする．大きいループを貫く磁束を求めよ．（小さいループは非常に小さいので，磁気双極子として扱ってよい．）
(c) 相互インダクタンスを求め，$M_{12} = M_{21}$ であることを確かめよ．

問題 7.23 一辺が a である正方形の導線のループが，同じ平面上にある $3a$ 離れた 2 本の長い導線の真ん中に置いてある．（実際には長い導線は大きな長方形のループの長い辺

であるが, 短い辺は遠く離れているので, その効果は無視できる.) 正方形のループを流れる時計回りの電流 I は $dI/dt = k$（定数）で徐々に増加している. 大きいループに誘導される起電力を求めよ. また誘導された電流はどちらの向きへ流れるか？

問題 7.24 単位長さあたりの巻き数が n, 半径が R の長いソレノイドの単位長さあたりの自己インダクタンスを求めよ.

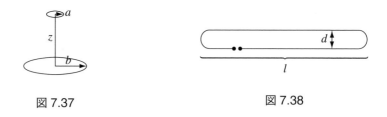

図 7.37　　　　　　　　　　　図 7.38

問題 7.25 図 7.38 に示されている "ヘアピン" ループの自己インダクタンスの計算を試みよ.（端からの寄与は無視せよ. ほとんどの磁束は長い直線部分からの寄与である.）多くの自己インダクタンスの計算の特徴である, 思わぬ障害に出くわすかもしれない. 確かな答えを得るためには, 導線は小さな半径 ϵ をもつとして, 導線自身を貫く磁束を無視する.

問題 7.26 トロイダルコイル（長方形の断面をもち, 内径が $1\,\mathrm{cm}$, 外径が $2\,\mathrm{cm}$, 高さが $1\,\mathrm{cm}$ で 1000 ターン巻いてある）の軸に沿っている直線状の導線に, 交流 $I(t) = I_0 \cos(\omega t)$（大きさ $0.5\,\mathrm{A}$, 周波数 $60\,\mathrm{Hz}$）が流れている. コイルは $500\,\Omega$ の抵抗に接続されている.
(a) 準静的近似のもとで, トロイドに誘導される起電力はいくらか？ 抵抗に流れる電流 $I_R(t)$ を求めよ.
(b) 電流 $I_R(t)$ による, コイルに誘導される逆起電力を計算せよ. この逆起電力と (a) の "直接" の起電力の比はいくらか？

問題 7.27 図 7.39 に模式的に示されているように, 電圧 V に充電されたコンデンサー C が, インダクター L に接続されている. 時刻 $t=0$ においてスイッチ S が閉じられた. 回路に流れる電流を時間の関数として, 求めよ. もし抵抗 R が C と L に直列に入れられたら, 答えはどのように変化するか？

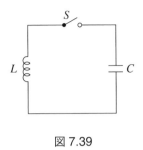

図 7.39

7.2.4 磁場のエネルギー

　回路に電流を流すためには,ある量のエネルギーが必要である.抵抗に運ばれて,熱に変化するエネルギーの話をしているのではない.これは回路が接続されている限り不可逆的に失われ,どれぐらいの時間,電流を流したかによってその大小が決まる.ここで話をしているのは,電流を流すために,逆起電力に対してしなければならない仕事のことである.これは,決まった量であり,回収可能である.つまり,回路が切断されたらそれを再び得ることができる.それまでは,そのエネルギーは回路に潜んでいる.すぐ後でみるように,それは磁場に蓄えられているとみなすことができる.逆起電力に抗して,回路一周にわたってなされた単位電荷あたりの仕事は $-\mathcal{E}$ である.(マイナスの符号は,これが起電力に抗した仕事であって,起電力によってなされた仕事ではないということを示すためのものである.) 導線を流れる単位時間あたりの電荷量は I である.このため,単位時間になされた仕事は

$$\frac{dW}{dt} = -\mathcal{E}I = LI\frac{dI}{dt}$$

である.もしゼロから出発して最終的に I まで増加したなら,なされた仕事は(最後の式を時間で積分して)

$$\boxed{W = \frac{1}{2}LI^2} \tag{7.30}$$

となる.これは電流が上昇するのに,どれぐらい長い時間をかけるかにはよらず,(L の表式における)ループの形状と最終的な電流の値 I のみに依存する.

　W の表現として,表面電流や体積電流に一般化しやすいという利点をもった,よりよい方法がある.ループを貫く磁束 Φ は LI に等しいことを思い出そう(式 7.26).一方では

368 第 7 章 電 磁 気 学

$$\Phi = \int \mathbf{B} \cdot d\mathbf{a} = \int (\boldsymbol{\nabla} \times \mathbf{A}) \cdot d\mathbf{a} = \oint \mathbf{A} \cdot d\mathbf{l}$$

である. ここで線積分は, ループの周囲を囲むところで行う. それゆえ

$$LI = \oint \mathbf{A} \cdot d\mathbf{l}$$

であり

$$W = \frac{1}{2} I \oint \mathbf{A} \cdot d\mathbf{l} = \frac{1}{2} \oint (\mathbf{A} \cdot \mathbf{I}) \, dl \tag{7.31}$$

となる. この表現で体積電流への一般化は, あきらかに

$$W = \frac{1}{2} \int_{\mathcal{V}} (\mathbf{A} \cdot \mathbf{J}) \, d\tau \tag{7.32}$$

である. さらに磁場のみを用いて W を表すことができる. アンペールの法則 $\boldsymbol{\nabla} \times \mathbf{B} = \mu_0 \mathbf{J}$ を用いて, $\mathbf{J}$ を取り除くと

$$W = \frac{1}{2\mu_0} \int \mathbf{A} \cdot (\boldsymbol{\nabla} \times \mathbf{B}) \, d\tau \tag{7.33}$$

である. 部分積分を用いて微分を $\mathbf{B}$ から $\mathbf{A}$ に変換する. 付録 D の積の微分則 (6) は

$$\boldsymbol{\nabla} \cdot (\mathbf{A} \times \mathbf{B}) = \mathbf{B} \cdot (\boldsymbol{\nabla} \times \mathbf{A}) - \mathbf{A} \cdot (\boldsymbol{\nabla} \times \mathbf{B})$$

であるから

$$\mathbf{A} \cdot (\boldsymbol{\nabla} \times \mathbf{B}) = \mathbf{B} \cdot \mathbf{B} - \boldsymbol{\nabla} \cdot (\mathbf{A} \times \mathbf{B})$$

となり, 結果として

$$\begin{aligned} W &= \frac{1}{2\mu_0} \left[\int B^2 \, d\tau - \int \boldsymbol{\nabla} \cdot (\mathbf{A} \times \mathbf{B}) \, d\tau \right] \\ &= \frac{1}{2\mu_0} \left[\int_{\mathcal{V}} B^2 \, d\tau - \oint_{\mathcal{S}} (\mathbf{A} \times \mathbf{B}) \cdot d\mathbf{a} \right] \end{aligned} \tag{7.34}$$

となる. ここで $\mathcal{S}$ は体積 $\mathcal{V}$ を囲んでいる面積である.

いま, 式 7.32 の積分は, 電流が流れている全体積にわたって行われる. しかし, この領域よりも大きい, いかなる領域も積分領域に入れることができる. なぜならば, 領域の外側では $\mathbf{J}$ はゼロであるからである. 式 7.34 において積分する領域が大きければ, 体積積分の貢献が大きくなり, それゆえ, 表面積分の寄与が小さくなる. (これは道理にかなっている. なぜならば, 表面が電流から離れるにつれて $\mathbf{A}$ も $\mathbf{B}$ も小さくなるからである.) とくに積分を, 全空間に広げると表面積分はゼロになり

$$\boxed{W = \frac{1}{2\mu_0} \int_{\text{all space}} B^2 \, d\tau} \tag{7.35}$$

だけが残される.

この結果から, "磁場に蓄えられた" エネルギーは単位体積あたり $(B^2/2\mu_0)$ である

ことがわかる. そのように考えるのはよい考えだが, 式 7.32 を見てみると, エネルギーは電流分布に, 単位体積あたり $\frac{1}{2}(\mathbf{A} \cdot \mathbf{J})$ だけ蓄えられると考えることもできる. しかし大事な量は W であり, 区別は記法上の問題の一つにすぎず, エネルギーがどこに "位置するか" について心配する必要はない.

磁場は, それ自身仕事をしないのだから, 磁場をつくるのにエネルギーがいるということについて, 不思議に思うかもしれない. 大事な点は, 何もないところから磁場をつくることは, 磁場の変化が必要で, 磁場 $\mathbf{B}$ の変化はファラデーによると電場 $\mathbf{E}$ を生じる. もちろん, 電場は仕事をする. 電場 $\mathbf{E}$ は始めと終わりはゼロであるが, 磁場 $\mathbf{B}$ が変化している間はゼロではない. 仕事がなされるのは, この電場に対してである. このように考えると, 静電場のエネルギーの表式と磁場のものが同じようであることはとても奇妙なことだ[18].

$$W_{\text{elec}} = \frac{1}{2} \int (V\rho) \, d\tau = \frac{\epsilon_0}{2} \int E^2 \, d\tau \quad (2.43,\, 2.45)$$

$$W_{\text{mag}} = \frac{1}{2} \int (\mathbf{A} \cdot \mathbf{J}) \, d\tau = \frac{1}{2\mu_0} \int B^2 \, d\tau \quad (7.32,\, 7.35)$$

例題 7.13. 図 7.40 にあるような長い同軸ケーブル (電流は半径 a の内側の円筒の表面を流れ, 半径 b の外側の円筒を戻ってくる.) に電流 I が流れている. 長さ l の部分に蓄えられる磁場のエネルギーを求めよ.

解答
アンペールの法則によると, 円筒間の磁場は

$$\mathbf{B} = \frac{\mu_0 I}{2\pi s} \hat{\phi}$$

である. 円筒間以外では, 磁場はゼロになる. それゆえ, 単位体積あたりのエネルギーは

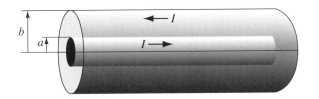

図 7.40

---
[18]問題 2.44 の方法を用いた, 啓蒙的な式 7.35 の確認については T. H. Boyer, *Am. J. Phys.* **69**, 1 (2001) を参照.

370　第7章　電磁気学

$$\frac{1}{2\mu_0}\left(\frac{\mu_0 I}{2\pi s}\right)^2 = \frac{\mu_0 I^2}{8\pi^2 s^2}$$

となる. このため, 長さ l, 半径 s, 厚さ ds の円筒部分に蓄えられるエネルギーは

$$\left(\frac{\mu_0 I^2}{8\pi^2 s^2}\right)2\pi l s\, ds = \frac{\mu_0 I^2 l}{4\pi}\left(\frac{ds}{s}\right)$$

となり, これを a から b まで積分して

$$W = \frac{\mu_0 I^2 l}{4\pi}\ln\left(\frac{b}{a}\right)$$

を得る.

　ところで, この結果はケーブルの自己インダクタンスを計算する簡単な方法を与えてくれる. 式 7.30 によるとエネルギーは $\frac{1}{2}LI^2$ とも書ける. 二つを比較すると[19]

$$L = \frac{\mu_0 l}{2\pi}\ln\left(\frac{b}{a}\right)$$

を得ることができる. この自己インダクタンスを計算する方法は, 電流が 1 本の線のみを流れている場合でなく, 表面や体積中に拡がっており, 異なった部分の電流が異なった量の磁束を取り囲んでいる場合に非常に便利である. そのような場合では, 式 7.26 から直接インダクタンスを計算するのは非常に難しいので, 式 7.30 を用いて L を定義するのがよい方法である.

問題 7.28　以下の式を用いて, 長いソレノイド（半径 R, 単位長さあたりの巻き数 n, 電流 I）の長さ l の部分に蓄えられるエネルギーを計算せよ. (a) 式 7.30（L は問題 7.24 で求めた.）(b) 式 7.31 (c) 式 7.35 (d) 式 7.34（体積領域を内径 $a < R$ から外径 $b > R$ までの円筒状のチューブとする.）

問題 7.29　例題 7.11 のトロイダルコイルに蓄えられるエネルギーを式 7.35 を用いることによって計算せよ. 答えを用いて式 7.28 を確かめよ.

問題 7.30　円形の断面の長い導線に, 一様に分布した電流が, 一方向に流れている. 電流が表面に沿って戻ってくる場合（電流を分離する非常に薄い絶縁体の層が存在すると考える）, 単位長さあたりの自己インダクタンスを求めよ.

---

[19]式 7.28 の類似性に注目しよう. いわば長方形のトロイドは, 端で折り返された短い同軸ケーブルである.

7.2. 電磁誘導 *371*

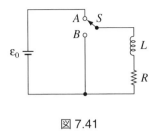

図 7.41

問題 7.31 図 7.41 の回路のスイッチ S が長い時間 A につながれていて, 時刻 $t=0$ において突然, バッテリーをバイパスするように B へ切り替えられた.
(a) その後の時刻 t における電流はいくらか？
(b) 抵抗にもたらされた全エネルギーはいくらか？
(c) これはインダクターに初めに蓄えられたエネルギーと同じであることを示せ.

問題 7.32 面積 $\mathbf{a}_1$ と $\mathbf{a}_2$ の小さい導線のループが $\boldsymbol{\imath}$ だけ離れている（図 7.42）.

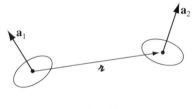

図 7.42

(a) これらのループ間の相互インダクタンスを求めよ. [ヒント: これらを磁気双極子として扱う.] 結果は式 7.24 を満たすか？
(b) ループ 1 に I_1 が流れているときに, ループ 2 に I_2 を流し始めることを考える. ループ 1 に流れる電流 I_1 を保つためには, どれだけの仕事が, 相互インダクタンスによる起電力に抗してなされなければならないか？

問題 7.33 半径 R の無限に長い円筒の表面が一様な表面電荷密度 σ で帯電している. この円筒を, その軸周りに角速度 ω_f で回転させることを考える. 単位長さあたり, いくらの仕事が必要か？ 以下の二つの方法で計算して結果を比較せよ.
(a) 準静的だという仮定の下で, 円筒の内側と外側の磁場と誘導された電場を $\omega, \dot{\omega}$ と s （軸からの距離）を使って表せ. 働かさなければならないトルクを計算し, 単位長さあたりになされた仕事を求めよ ($W = \int N\, d\phi$).
(b) 式 7.35 を用いて, 磁場に蓄えられたエネルギーを求めよ.

372 第7章 電磁気学

7.3 マクスウェル方程式

7.3.1 マクスウェル以前の電磁気学

これまでに, 以下のような電場と磁場の発散と回転に関する法則について学んできた.

(i) $\quad \boldsymbol{\nabla} \cdot \mathbf{E} = \dfrac{1}{\epsilon_0}\rho \quad$ (ガウスの法則)

(ii) $\quad \boldsymbol{\nabla} \cdot \mathbf{B} = 0 \qquad$ (名前なし)

(iii) $\quad \boldsymbol{\nabla} \times \mathbf{E} = -\dfrac{\partial \mathbf{B}}{\partial t} \quad$ (ファラデーの法則)

(iv) $\quad \boldsymbol{\nabla} \times \mathbf{B} = \mu_0 \mathbf{J} \quad$ (アンペールの法則)

これらの法則は, マクスウェルが研究を始めた19世紀の半ばにおける電磁気学の状態を表している. 当時は, このようにコンパクトに記述されていなかったが, 物理的内容はよく知られたものであった. さて, これらの式の中には致命的な欠陥がある. それは, 数学的に回転の発散は常にゼロでなければならない, ということに関係している. (iii) 式の発散をとると

$$\boldsymbol{\nabla} \cdot (\boldsymbol{\nabla} \times \mathbf{E}) = \boldsymbol{\nabla} \cdot \left(-\frac{\partial \mathbf{B}}{\partial t} \right) = -\frac{\partial}{\partial t}(\boldsymbol{\nabla} \cdot \mathbf{B})$$

となる. 回転の発散はゼロなので, 左辺はゼロである. よってまったく問題ない. 右辺は (ii) 式のためにゼロである. しかし, 同じことを (iv) 式について行うと, 問題が生じる.

$$\boldsymbol{\nabla} \cdot (\boldsymbol{\nabla} \times \mathbf{B}) = \mu_0(\boldsymbol{\nabla} \cdot \mathbf{J}) \tag{7.36}$$

左辺は回転の発散であるのでゼロであるが, 右辺は一般的にはゼロでない. 定常電流では $\mathbf{J}$ の発散はゼロであるが, 静磁気学の範囲を超えるとゼロではないので, もはやアンペールの法則は正しくない.

非定常電流でアンペールの法則が破たんすることが避けられないことは, 以下のような場合でもわかる. 充電中のコンデンサーを考える (図 7.43). 積分形ではアンペールの法則は

$$\oint \mathbf{B} \cdot d\mathbf{l} = \mu_0 I_{\mathrm{enc}}$$

であり, これを図に示してあるアンペールループに適応してみる. どのように I_{enc} を決めればよいであろうか? もちろん, I_{enc} はループを貫く全電流であり, より正確にいえば, ループを境界にもつ任意の表面を貫く電流である. この場合, 最も単純なものは

7.3. マクスウェル方程式

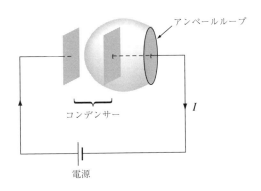

図 7.43

ループを含む平面内にある表面であり，この場合，導線はこの表面を貫いているので $I_{\text{enc}} = I$ である．しかし，もし代わりに図 7.43 にある風船を膨らませたような表面であったらどうであろうか？ この表面を電流は貫かない．このため $I_{\text{enc}} = 0$ となってしまう．静磁場においては，この問題に直面することはなかった．なぜならば，このようなことは，どこかに電荷がたまるときのみに起こるからである．（この場合はコンデンサーの極板．）しかし，（この場合のような）非定常電流のときには "ループに囲まれている電流" というものは正確な表現ではない．これは，どんな曲面を使うかに依存してしまう．（もしもこの議論は杓子定規で "当然平らな曲面を使うべきだ" というのなら，アンペールループは平面上にない，ゆがんだ形でもよいということを思い出そう．）

もちろん，アンペールの法則が静磁気学の範囲外で成り立つことは，必ずしも期待できるわけではない．それもそのはずで，アンペールの法則はビオ・サバールの法則から導出したものだからである．しかしながら，マクスウェルの時代には，アンペールの法則がより広い有用性があるということを疑う実験的な根拠がなかった．欠点は純粋に理論的なものであり，マクスウェルは純粋に理論的議論でその欠点を修正した．

7.3.2 どのようにマクスウェルはアンペールの法則を修正したか

問題は，ゼロであるべき式 7.36 の右辺が，ゼロでないことである．問題の項は，連続の方程式とガウスの法則を用いると

$$\boldsymbol{\nabla} \cdot \mathbf{J} = -\frac{\partial \rho}{\partial t} = -\frac{\partial}{\partial t}(\epsilon_0 \boldsymbol{\nabla} \cdot \mathbf{E}) = -\boldsymbol{\nabla} \cdot \left(\epsilon_0 \frac{\partial \mathbf{E}}{\partial t} \right)$$

374 第7章 電磁気学

と書き直せる. このため, もし $\epsilon_0(\partial \mathbf{E}/\partial t)$ と $\mathbf{J}$ を合わせると, アンペールの法則の余分な発散項を相殺することができる.

$$\nabla \times \mathbf{B} = \mu_0 \mathbf{J} + \mu_0 \epsilon_0 \frac{\partial \mathbf{E}}{\partial t} \tag{7.37}$$

(マクスウェル自身は, この項をアンペールの法則に加えるのに, 別の理由を有していた. 彼にとって, 連続の方程式による助けは主要な動機ではなく, いわば幸運な配当金であった. しかし, いまでは捨てられたエーテルのモデルに基づいているマクスウェルの議論よりも, この議論は説得力のあるものと現代では理解されている[20].

このような変更は, 静磁気学に関する限りは, $\mathbf{E}$ が一定ならば $\nabla \times \mathbf{B} = \mu_0 \mathbf{J}$ であるので, 何も変化を与えない. 実際, マクスウェル項は $\mathbf{J}$ の効果と競合するので, 通常の電磁気学における実験で検出することは難しい. これが, ファラデーや他の研究者が実験室でマクスウェル項を発見しなかった理由である. しかしながら, この項は (後でみるように) 電磁波の伝播に重大な役割を果たす.

アンペールの法則の欠点を修正するということに加えて, マクスウェル項はある種の美学的な魅力を有している. 変化する磁場が電場を誘導するように (ファラデーの法則), マクスウェル項は

変化する電場は磁場を誘導する

ことを意味している[21]. もちろん, 理論的な都合のよさや美学的な一貫性は単に暗示的なだけで, 結局のところ, アンペールの法則を修正する別の方法があるかもしれない. 本当のマクスウェルの理論の証明は, 1888 年のヘルツによる電磁波の実験による.

マクスウェルは彼の付加項を**変位電流**とよんだ.

$$\mathbf{J}_d \equiv \epsilon_0 \frac{\partial \mathbf{E}}{\partial t} \tag{7.38}$$

(これは紛らわしい名前である. アンペールの法則の $\mathbf{J}$ に付け加えられることを除けば, $\epsilon_0(\partial \mathbf{E}/\partial t)$ は電流とは何の関係もない.) では, 変位電流が充電しているコンデンサーの矛盾をどのように解決するかを見てみよう (図 7.43). もし, コンデンサーの極板が非常に接近している場合 (図はそのように書いてないが, これを仮定すると計算が簡単になる.), 極板間の電場は

---

[20]この話題の歴史については A. M. Bork, *Am. J. Phys.* **31**, 854 (1963) を参照.

[21]"誘導する" という言葉の解説については脚注 8 を参照. ここでも同じ問題が生じている. 変化する電場は (電流のような) 独立した磁場のソースとしてみなしてよいか. 近似的な感覚では, ソースと考えることができる. しかし, 電場自身は電荷や電流によってつくられるので, 電荷や電流のみが $\mathbf{E}$ や $\mathbf{B}$ の "究極の" ソースである. S. E. Hill, *Phys. Teach.* **49**, 343 (2011) を参照. 逆の見方については C. Savage, *Phys. Teach.* **50**, 226 (2012) を参照.

$$E = \frac{1}{\epsilon_0}\sigma = \frac{1}{\epsilon_0}\frac{Q}{A}$$

である．ここで Q は極板上の電荷であり，A は極板の面積である．よって極板間では

$$\frac{\partial E}{\partial t} = \frac{1}{\epsilon_0 A}\frac{dQ}{dt} = \frac{1}{\epsilon_0 A}I$$

となる．式 7.37 は積分形で

$$\oint \mathbf{B}\cdot d\mathbf{l} = \mu_0 I_{\text{enc}} + \mu_0 \epsilon_0 \int \left(\frac{\partial \mathbf{E}}{\partial t}\right)\cdot d\mathbf{a} \tag{7.39}$$

となる．ここで導線を貫く平らな表面を用いると，$E = 0$ であり $I_{\text{enc}} = I$ となる．一方，風船の形の表面を用いると $I_{\text{enc}} = 0$ であるが，$\int(\partial \mathbf{E}/\partial t)\cdot d\mathbf{a} = I/\epsilon_0$ となる．このため，前者の場合は伝導電流に起因し，後者の場合は変位電流に起因するが，両者で同じ結果を得ることができる．

例題 7.14. 二つの同心の金属製の球殻を考える（図 7.44）.

内側の球殻（半径 a）は電荷 $Q(t)$ をもち，外側の球殻（半径 b）は反対の電荷 $-Q(t)$ をもつ．両者の間は伝導率 σ をもった物質で充たされており，動径方向に電流

$$\mathbf{J} = \sigma\mathbf{E} = \sigma\frac{1}{4\pi\epsilon_0}\frac{Q}{r^2}\hat{\mathbf{r}}; \quad I = -\dot{Q} = \int \mathbf{J}\cdot d\mathbf{a} = \frac{\sigma Q}{\epsilon_0}$$

が流れる．
この配置は球対称なので，磁場はゼロのはずである．（ただ一つゼロでない可能性がある方向は動径方向であるが，$\nabla\cdot\mathbf{B} = 0 \Rightarrow \oint \mathbf{B}\cdot d\mathbf{a} = B(4\pi r^2) = 0$ なので $\mathbf{B} = \mathbf{0}$ となる．）これは，どうしてであろう？ ビオ・サバールの法則やアンペールの法則は電流は磁場をつくると学んだが，ここでは磁場はできない．なぜ $\mathbf{J}$ は $\mathbf{B}$ を伴わないのか？

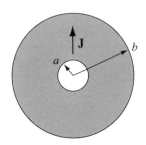

図 7.44

解答

これは静的な配置ではない．Q, $\mathbf{E}$ と $\mathbf{J}$ はすべて時間の関数である．このためアンペールとビオ・サバールの法則を適用することはできない．変位電流

$$J_d = \epsilon_0 \frac{\partial \mathbf{E}}{\partial t} = \frac{1}{4\pi}\frac{\dot{Q}}{r^2}\hat{\mathbf{r}} = -\sigma\frac{Q}{4\pi\epsilon_0 r^2}\hat{\mathbf{r}}$$

が，ちょうど（式 7.37 において）伝導電流を打ち消しており，よって磁場は（$\boldsymbol{\nabla}\cdot\mathbf{B} = 0$, $\boldsymbol{\nabla}\times\mathbf{B} = 0$ によって決定され）実際ゼロである．

問題 7.34 半径 a の太い導線に，一定の電流 I が，その断面に一様に流れている．図 7.45 に示すように導線に幅 $w \ll a$ の狭い隙間があり，平行板コンデンサーを形成している．隙間の中で，中心軸から距離 s $(s < a)$ の位置における磁場を求めよ．

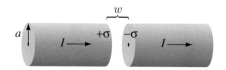

図 7.45

問題 7.35 前問は，平板の表面に電流が広がって流れるという複雑さを避けるために考えられた，不自然なコンデンサーの問題であった．より現実的なモデルでは，平板の中心に接続された細い導線を考える（図 7.46a）．電流 I は一定で，コンデンサーの半径を a，そして平板の間隔を $w \ll a$ とする．任意の時間に，表面の電荷が一様になるように，電流が平板に流れ出ることを仮定し，$t = 0$ では電流はゼロとする．

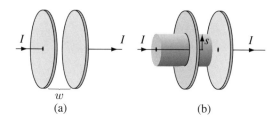

図 7.46

7.3. マクスウェル方程式 *377*

(a) 極板の間の電場を時間の関数として求めよ.

(b) 極板間の半径 s の円の部分を通過する変位電流を求めよ. この円を式 7.39 の左辺の "アンペールループ" として, これが囲む平らな面を右辺の面積分用いて, 中心軸から s の場所の磁場を求めよ.

(c) 図 7.46b に示すように, 右側は開いていて, 左側は極板を貫いてコンデンサーの外側で閉じている円筒状の表面で, (b) と同じ計算を行え. この表面を貫く変位電流はゼロであり, I_{enc} への二つの寄与があることに注意せよ[22].

問題 7.36 問題 7.16 の答え

$$\mathbf{E}(s,t) = \frac{\mu_0 I_0 \omega}{2\pi} \sin(\omega t) \ln\left(\frac{a}{s}\right)\hat{\mathbf{z}}$$

を用いて,

(a) 変位電流 $\mathbf{J}_d$ を求めよ.

(b) 全変位電流を求めるために, 変位電流

$$I_d = \int \mathbf{J}_d \cdot d\mathbf{a}$$

を積分せよ.

(c) I_d と I を比較せよ. (割合はいくらか?) もし外側の円筒が直径 $2\,\mathrm{mm}$ であれば, I_d が I の 1% になるためには周波数はいくらにならなければならないか. [この問題は, なぜファラデーが変位電流を発見できなかったか, そして周波数が極端に高くない限り, なぜ変位電流を無視することがたいていは問題ないか, を示すために考えられたものである.]

---

[22] この問題では準哲学的な問題が生じる. もし, 実験室で $\mathbf{B}$ を測定するならば, ((b) で考えたような) 変位電流の効果を測定するのか, ((c) で得たように) 普通の電流の効果を確かめるだけなのであろうか? D. F. Bartlett, *Am. J. Phys.* **58**, 1168 (1990) を参照.

378 第7章 電磁気学

7.3.3 マクスウェル方程式

前項で，マクスウェル方程式を完成させた．

$$
\begin{array}{lll}
\text{(i)} \ \nabla \cdot \mathbf{E} = \dfrac{1}{\epsilon_0}\rho & \text{（ガウスの法則）} \\[2mm]
\text{(ii)} \ \nabla \cdot \mathbf{B} = 0 & \text{（名前なし）} \\[2mm]
\text{(iii)} \ \nabla \times \mathbf{E} = -\dfrac{\partial \mathbf{B}}{\partial t} & \text{（ファラデーの法則）} \\[2mm]
\text{(iv)} \ \nabla \times \mathbf{B} = \mu_0 \mathbf{J} + \mu_0 \epsilon_0 \dfrac{\partial \mathbf{E}}{\partial t} & \text{（マクスウェルの修正を加えた} \\
& \quad \text{アンペールの法則）}
\end{array}
\tag{7.40}
$$

力の法則，

$$
\mathbf{F} = q(\mathbf{E} + \mathbf{v} \times \mathbf{B}) \tag{7.41}
$$

を含めると，これらは古典電磁気学の理論全体をまとめている[23]．（物質の特殊な性質は後にとっておく．）電荷の保存の数学的表現である連続の方程式

$$
\nabla \cdot \mathbf{J} = -\frac{\partial \rho}{\partial t} \tag{7.42}
$$

でさえも，マクスウェル方程式 (iv) に発散を適用することによって導くことができる．

ここでは，$\mathbf{E}$ や $\mathbf{B}$ の発散や回転を明記する伝統的な方法にしたがって，マクスウェル方程式を書いた．このような表し方は，電場は電荷 (ρ)，または変化する磁場 ($\partial \mathbf{B}/\partial t$) によってつくられ，磁場は電流 ($\mathbf{J}$)，または変化する電場 ($\partial \mathbf{E}/\partial t$) によってつくられるという考え方を助長する．しかし，実際にはこの考え方は適当ではない．なぜならば $\partial \mathbf{B}/\partial t$ や $\partial \mathbf{E}/\partial t$ は，これ自身が発生源である電荷や電流ではないからである．このため

$$
\left.
\begin{array}{ll}
\text{(i)} \ \nabla \cdot \mathbf{E} = \dfrac{1}{\epsilon_0}\rho, & \text{(iii)} \ \nabla \times \mathbf{E} + \dfrac{\partial \mathbf{B}}{\partial t} = \mathbf{0} \\[3mm]
\text{(ii)} \ \nabla \cdot \mathbf{B} = 0, & \text{(iv)} \ \nabla \times \mathbf{B} - \mu_0 \epsilon_0 \dfrac{\partial \mathbf{E}}{\partial t} = \mu_0 \mathbf{J}
\end{array}
\right\}
\tag{7.43}
$$

のように場（$\mathbf{E}$ と $\mathbf{B}$）を左に，発生源（ρ と $\mathbf{J}$）を右に書くのが論理的であると思われる．この記法は，すべての電磁場は究極的には電荷と電流に起因することを強調してい

---

[23]他の微分方程式と同様に，マクスウェル方程式には適当な境界条件を設定しなければならない．通常は，これらの境界条件（たとえば，局在した電荷分布から距離が離れると $\mathbf{E}$ や $\mathbf{B}$ はゼロに近づく．）は "明白" であるので，これらが重要な役割を担っているということを忘れてしまいがちである．

7.3. マクスウェル方程式 *379*

る. マクスウェル方程式は, どのように電荷が場をつくるかを教え, 逆に, 力の法則は
どのように場が電荷に影響を与えるかを教えてくれる.

問題 7.37

$$\mathbf{E}(\mathbf{r}, t) = \frac{1}{4\pi\epsilon_0} \frac{q}{r^2} \theta(vt - r)\hat{\mathbf{r}}; \quad \mathbf{B}(\mathbf{r}, t) = \mathbf{0}$$

であることを仮定しよう. これらの場が, マクスウェル方程式を満たすことを証明し, ρ と
$\mathbf{J}$ を決定せよ. これらの場が発生する物理的な状況を記述せよ.

7.3.4 磁 荷

ρ と $\mathbf{J}$ が消えている自由空間では, マクスウェル方程式には心地よい対称性がある.

$$\left. \begin{array}{ll} \boldsymbol{\nabla} \cdot \mathbf{E} = 0, & \boldsymbol{\nabla} \times \mathbf{E} = -\dfrac{\partial \mathbf{B}}{\partial t} \\[3mm] \boldsymbol{\nabla} \cdot \mathbf{B} = 0, & \boldsymbol{\nabla} \times \mathbf{B} = \mu_0\epsilon_0 \dfrac{\partial \mathbf{E}}{\partial t} \end{array} \right\}$$

もし $\mathbf{E}$ を $\mathbf{B}$ で置き換え, また $\mathbf{B}$ を $-\mu_0\epsilon_0\mathbf{E}$ で置き換えると, 始めのペアの方程式は
後のペアに変換され, 逆に後のペアの方程式は始めのものに変換される. しかしなが
ら, ガウスの法則における電荷とアンペールの法則における電流の存在によって, この
$\mathbf{E}$ と $\mathbf{B}$ の対称性[24] は崩れてしまう. $\boldsymbol{\nabla} \cdot \mathbf{B} = 0$ と $\boldsymbol{\nabla} \times \mathbf{E} = -\partial\mathbf{B}/\partial t$ には対応する項
がないことを嘆かないわけにはいかない. では,

$$\left. \begin{array}{ll} \text{(i)} \quad \boldsymbol{\nabla} \cdot \mathbf{E} = \dfrac{1}{\epsilon_0}\rho_e, & \text{(iii)} \quad \boldsymbol{\nabla} \times \mathbf{E} = -\mu_0\mathbf{J}_m - \dfrac{\partial \mathbf{B}}{\partial t} \\[3mm] \text{(ii)} \quad \boldsymbol{\nabla} \cdot \mathbf{B} = \mu_0\rho_m, & \text{(iv)} \quad \boldsymbol{\nabla} \times \mathbf{B} = \mu_0\mathbf{J}_e + \mu_0\epsilon_0 \dfrac{\partial \mathbf{E}}{\partial t} \end{array} \right\} \tag{7.44}$$

のようにするとどうだろうか? ここで, ρ_m は "磁荷" の密度であり, ρ_e は "電荷" の
密度である. また $\mathbf{J}_m$ は磁荷の流れであり, $\mathbf{J}_e$ は電荷の流れを表す. 磁荷, 電荷とも保
存して

$$\boldsymbol{\nabla} \cdot \mathbf{J}_m = -\frac{\partial \rho_m}{\partial t}, \quad \boldsymbol{\nabla} \cdot \mathbf{J}_e = -\frac{\partial \rho_e}{\partial t} \tag{7.45}$$

である. 前者は (iii) の, 後者は (iv) の発散をとることによって得られる.

いってみれば, マクスウェル方程式は磁荷の存在を求めている. つまり, 磁荷はマク

---

[24]うるさい定数 μ_0 や ϵ_0 に気をとられないように. これらは SI 単位系において $\mathbf{E}$ と $\mathbf{B}$ が異なっ
た単位で表されるために現れている. たとえば, ガウス単位系では出てこない.

380 第7章 電磁気学

スウェル方程式に適合するようになっている. しかし, 入念な研究にもかかわらず, まだ磁荷は見つかっていない[25]. われわれが知る限り ρ_m はどこでもゼロで, そのため $\mathbf{J}_m$ もゼロである. $\mathbf{B}$ は $\mathbf{E}$ と同じ土台にのっていない. $\mathbf{E}$ には静止しているソース (つまり電荷) が存在するが, $\mathbf{B}$ には存在しない. (このことは, 磁気多重極展開は磁気単極子項をもたないことや, 磁気双極子は電流ループからなり, 北と南の "極" に分けることはできないことに反映されている.) あきらかに, 自然は磁荷をつくっていない. (ところで, 量子電磁気学において, 磁荷がないことはただ単に審美的な欠陥ではない. 磁荷の存在が電荷が量子化されている理由を説明してくれることをディラックは示した (問題 8.19 を参照).)

問題 7.38 磁荷 (q_m) の間の "クーロンの法則"

$$\mathbf{F} = \frac{\mu_0}{4\pi} \frac{q_{m_1} q_{m_2}}{\imath^2} \hat{\boldsymbol{\imath}} \tag{7.46}$$

を仮定して, 電場 $\mathbf{E}$ と磁場 $\mathbf{B}$ 中を速度 $\mathbf{v}$ で運動している磁気単極子に働く力の法則を求めよ[26].

問題 7.39 自己インダクタンス L の抵抗のない導線でできたループを, 磁気単極子 q_m が通過することを考える. ループにいくら電流が誘導されるか[27].

7.3.5 物質中のマクスウェル方程式

式 7.40 の形のマクスウェル方程式は完全で正確である. しかしながら電気分極や磁気分極を伴う物質を扱うときは, これらを書き表すのにより便利な方法がある. 分極している物質の中では, 直接, 制御のできない "拘束" 電荷や "拘束" 電流が存在する. このため, "自由" 電荷や "自由" 電流のみを参照したマクスウェル方程式にするのがよい方法である.

われわれはすでに静的な場合, 電気分極 $\mathbf{P}$ が拘束電荷密度

$$\rho_b = -\boldsymbol{\nabla} \cdot \mathbf{P} \tag{7.47}$$

をつくることを知っている. 同様に, 磁気分極 (または "磁化") $\mathbf{M}$ は拘束電流

$$\mathbf{J}_b = \boldsymbol{\nabla} \times \mathbf{M} \tag{7.48}$$

---

[25]詳しい参考文献については A. S. Goldhaber and W. P. Trower, *Am. J. Phys.* **58**, 429 (1990) を参照.

[26]興味ある注釈については W. Rindler, *Am. J. Phys.* **57**, 993 (1989) を参照.

[27]これは実験室で磁気単極子を捜索するのに用いられている方法である. B. Cabrera, *Phys. Rev. Lett.* **48**, 1378 (1982) を参照.

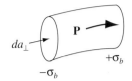

図 7.47

を生じる. 静的でない場合は, さらに新しい特徴を考えなければならない. 電気分極のいかなる変化も (拘束) 電荷の流れ (これを $\mathbf{J}_p$ とよぶ) に寄与する. これは全電流に含まれる. 分極した小さな塊を調べることを考えよう (図 7.47). 分極は $\sigma_b = P$ の電荷密度を一方の端に, もう一方の端には $-\sigma_b$ を誘導する. もし P が少し増加するなら, 両端の電荷も増加し, 正味の電流

$$dI = \frac{\partial \sigma_b}{\partial t} da_\perp = \frac{\partial P}{\partial t} da_\perp$$

を与える. それゆえ, 電流密度は

$$\mathbf{J}_p = \frac{\partial \mathbf{P}}{\partial t} \tag{7.49}$$

となる.

この**分極電流**は, 拘束電流 $\mathbf{J}_b$ とは関係ない. 後者は物質の磁化と関係があり, 電子のスピンや軌道運動に関係する. これに対して $\mathbf{J}_p$ は, 電気分極が変化したときの, 電荷の線形的な移動の結果生じたものである. もし $\mathbf{P}$ が右を向いていて増加するなら, 正の電荷が少し右に動いて, 負の電荷が少し左に動き, 累積する効果が分極電流 $\mathbf{J}_p$ である. 式 7.49 が連続の方程式と整合することを確かめると

$$\boldsymbol{\nabla} \cdot \mathbf{J}_p = \boldsymbol{\nabla} \cdot \frac{\partial \mathbf{P}}{\partial t} = \frac{\partial}{\partial t}(\boldsymbol{\nabla} \cdot \mathbf{P}) = -\frac{\partial \rho_b}{\partial t}$$

のように, 連続の方程式は満足される. 実際, $\mathbf{J}_p$ は拘束電荷の保存を保証するために必要不可欠である. (ちなみに, 磁化の時間変化は分極でみられたような電荷あるいは電流の堆積をもたらさない. 拘束電流 $\mathbf{J}_b = \boldsymbol{\nabla} \times \mathbf{M}$ は $\mathbf{M}$ の変化に対応して変化するが, それだけである.)

これらより, 全電荷密度は二つに分けられる.

$$\rho = \rho_f + \rho_b = \rho_f - \boldsymbol{\nabla} \cdot \mathbf{P} \tag{7.50}$$

また, 電流密度は三つの部分に分けられる.

382 第 7 章 電磁気学

$$\mathbf{J} = \mathbf{J}_f + \mathbf{J}_b + \mathbf{J}_p = \mathbf{J}_f + \boldsymbol{\nabla} \times \mathbf{M} + \frac{\partial \mathbf{P}}{\partial t} \tag{7.51}$$

ガウスの法則は

$$\boldsymbol{\nabla} \cdot \mathbf{E} = \frac{1}{\epsilon_0}(\rho_f - \boldsymbol{\nabla} \cdot \mathbf{P})$$

または

$$\boldsymbol{\nabla} \cdot \mathbf{D} = \rho_f \tag{7.52}$$

と書ける. ここで静的な場合と同様に

$$\mathbf{D} \equiv \epsilon_0 \mathbf{E} + \mathbf{P} \tag{7.53}$$

である. 一方, マクスウェルの項を含むアンペールの法則は

$$\boldsymbol{\nabla} \times \mathbf{B} = \mu_0 \left(\mathbf{J}_f + \boldsymbol{\nabla} \times \mathbf{M} + \frac{\partial \mathbf{P}}{\partial t} \right) + \mu_0 \epsilon_0 \frac{\partial \mathbf{E}}{\partial t}$$

または

$$\boldsymbol{\nabla} \times \mathbf{H} = \mathbf{J}_f + \frac{\partial \mathbf{D}}{\partial t} \tag{7.54}$$

となる. ここで以前のように

$$\mathbf{H} \equiv \frac{1}{\mu_0} \mathbf{B} - \mathbf{M} \tag{7.55}$$

である. ファラデーの法則と $\boldsymbol{\nabla} \cdot \mathbf{B} = 0$ は, 電荷と電流の自由部分と拘束部分への分離によって影響を受けない. なぜならば, これらは ρ や $\mathbf{J}$ を含まないからである.

自由電荷や自由電流を用いて, マクスウェル方程式は

$$\boxed{\begin{array}{ll} \text{(i)} \ \ \boldsymbol{\nabla} \cdot \mathbf{D} = \rho_f, & \text{(iii)} \ \ \boldsymbol{\nabla} \times \mathbf{E} = -\dfrac{\partial \mathbf{B}}{\partial t} \\[2ex] \text{(ii)} \ \ \boldsymbol{\nabla} \cdot \mathbf{B} = 0, & \text{(iv)} \ \ \boldsymbol{\nabla} \times \mathbf{H} = \mathbf{J}_f + \dfrac{\partial \mathbf{D}}{\partial t} \end{array}} \tag{7.56}$$

となる. これらを "本当の" マクスウェル方程式とみなす人がいるが, これらは決して式 7.40 より一般的なわけではない. これらは単純に, 電荷と電流を便利なように自由と自由でない部分に分けただけである. さらに, これらには混ざった記法による不都合な点がある. つまり, これらの式は $\mathbf{E}$ と $\mathbf{D}$ の両方, また $\mathbf{B}$ と $\mathbf{H}$ の両方を含んでいる. それゆえ, これらの式には $\mathbf{D}$ や $\mathbf{H}$ を $\mathbf{E}$ や $\mathbf{B}$ で表す適当な関係式を補わなければならない. これらは, たとえば線形媒質といったような物質の性質に依存している. 線形媒質では

$$\mathbf{P} = \epsilon_0 \chi_e \mathbf{E}, \qquad \mathbf{M} = \chi_m \mathbf{H} \tag{7.57}$$

であるので

$$\mathbf{D} = \epsilon \mathbf{E}, \qquad \mathbf{H} = \frac{1}{\mu} \mathbf{B} \tag{7.58}$$

となる. ここで $\epsilon \equiv \epsilon_0(1 + \chi_e)$, $\mu \equiv \mu_0(1 + \chi_m)$ である. ついでながら, **D** は電気 "変位" とよばれている. これはアンペール・マクスウェルの式の第二項が**変位電流**とよばれるようになった理由である. つまり

$$\mathbf{J}_d \equiv \frac{\partial \mathbf{D}}{\partial t} \tag{7.59}$$

である.

問題 7.40 周波数 $\nu = 4 \times 10^8$ Hz における海水の誘電率は $\epsilon = 81$, 透磁率は $\mu = \mu_0$, 抵抗率は $\rho = 0.23 \ \Omega \cdot \mathrm{m}$ である. 伝導電流と変位電流の比はいくらか？[ヒント: 電圧 $V_0 \cos(2\pi\nu t)$ が加えられている海水に浸された平行板コンデンサーを考えよ.]

7.3.6 境界条件

一般的に, 場 **E, B, D** と **H** は二つの異なった媒質の境界や, 電荷密度 σ または電流密度 **K** をもった表面で不連続である. これらの不連続さの具体的な表式はマクスウェル方程式の積分形（式 7.56）から導出できる.

$$
\begin{aligned}
&\text{(i)} \quad \oint_{\mathcal{S}} \mathbf{D} \cdot d\mathbf{a} = Q_{f_\mathrm{enc}} \\
&\text{(ii)} \quad \oint_{\mathcal{S}} \mathbf{B} \cdot d\mathbf{a} = 0
\end{aligned}
\right\} \quad \text{任意の 閉曲面 } \mathcal{S}
$$

$$
\begin{aligned}
&\text{(iii)} \quad \oint_{\mathcal{P}} \mathbf{E} \cdot d\mathbf{l} = -\frac{d}{dt} \int_{\mathcal{S}} \mathbf{B} \cdot d\mathbf{a} \\
&\text{(iv)} \quad \oint_{\mathcal{P}} \mathbf{H} \cdot d\mathbf{l} = I_{f_\mathrm{enc}} + \frac{d}{dt} \int_{\mathcal{S}} \mathbf{D} \cdot d\mathbf{a}
\end{aligned}
\right\} \quad
\begin{aligned}
&\text{閉じたループ } \mathcal{P} \text{ で囲まれた} \\
&\text{任意の表面 } \mathcal{S}
\end{aligned}
$$

(i) 式を小さなウエハースのような, 境界の両側にまたがって存在する薄いマッチ箱状のガウス面で考える（図 7.48）. すると

$$\mathbf{D}_1 \cdot \mathbf{a} - \mathbf{D}_2 \cdot \mathbf{a} = \sigma_f a$$

を得る.（**a** の正の向きは 2 から 1 に向う向きである. ウエハースの厚さをゼロに近づける極限では, 左辺における側面からの寄与も右辺における体積電荷密度からの寄与もまったくなくなる.）それゆえ, 界面に垂直な **D** の成分は,

$$\boxed{D_1^{\perp} - D_2^{\perp} = \sigma_f} \tag{7.60}$$

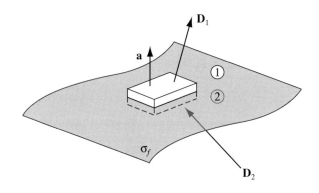

図 7.48

だけ不連続になる.同様の議論を (ii) 式に適用すると

$$B_1^\perp - B_2^\perp = 0 \tag{7.61}$$

となる.

(iii) 式について,表面をまたがった非常に薄いアンペールループを考えると

$$\mathbf{E}_1 \cdot \mathbf{l} - \mathbf{E}_2 \cdot \mathbf{l} = -\frac{d}{dt}\int_{\mathcal{S}} \mathbf{B} \cdot d\mathbf{a}$$

となる.しかし,ループの幅がゼロに近づく極限では磁束は消失する.(ループの二つの端の $\oint \mathbf{E}\cdot d\mathbf{l}$ への効果は,同様の理由で落とした.) それゆえ

$$\mathbf{E}_1^\parallel - \mathbf{E}_2^\parallel = 0 \tag{7.62}$$

となる.つまり,$\mathbf{E}$ の界面に平行な成分は境界をはさんで連続である.同じ方法で, (iv) 式より

$$\mathbf{H}_1 \cdot \mathbf{l} - \mathbf{H}_2 \cdot \mathbf{l} = I_{f_{\text{enc}}}$$

が示される.ここで $I_{f_{\text{enc}}}$ はアンペールループを貫く自由電流である.(微小な幅の極限では) 体積電流密度は寄与しない.しかし,表面電流は寄与することができる.実際,もし $\hat{\mathbf{n}}$ が (2 から 1 に向いている) 界面に垂直な単位ベクトルであれば $(\hat{\mathbf{n}}\times \mathbf{l})$ はアンペールループに垂直であり (図 7.49),それゆえ

$$I_{f_{\text{enc}}} = \mathbf{K}_f \cdot (\hat{\mathbf{n}}\times \mathbf{l}) = (\mathbf{K}_f \times \hat{\mathbf{n}}) \cdot \mathbf{l}$$

と書くことができ

7.3. マクスウェル方程式 *385*

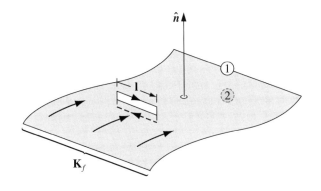

図 7.49

$$\boxed{\mathbf{H}_1^{\|} - \mathbf{H}_2^{\|} = \mathbf{K}_f \times \hat{\mathbf{n}}} \tag{7.63}$$

となる. このため, **H** の平行成分は, 自由表面電流密度に比例する量だけ不連続である.

式 7.60-63 は電磁気学における一般的な境界条件である. 線形媒質の場合は, これらは **E** と **B** のみで表すことができる.

$$\left. \begin{array}{ll} \text{(i)} \quad \epsilon_1 E_1^{\perp} - \epsilon_2 E_2^{\perp} = \sigma_f, & \text{(iii)} \quad \mathbf{E}_1^{\|} - \mathbf{E}_2^{\|} = \mathbf{0} \\[2mm] \text{(ii)} \quad B_1^{\perp} - B_2^{\perp} = 0, & \text{(iv)} \quad \dfrac{1}{\mu_1}\mathbf{B}_1^{\|} - \dfrac{1}{\mu_2}\mathbf{B}_2^{\|} = \mathbf{K}_f \times \hat{\mathbf{n}} \end{array} \right\} \tag{7.64}$$

とくに, 自由電荷や自由電流が界面になければ,

$$\left. \begin{array}{ll} \text{(i)} \quad \epsilon_1 E_1^{\perp} - \epsilon_2 E_2^{\perp} = 0, & \text{(iii)} \quad \mathbf{E}_1^{\|} - \mathbf{E}_2^{\|} = \mathbf{0} \\[2mm] \text{(ii)} \quad B_1^{\perp} - B_2^{\perp} = 0, & \text{(iv)} \quad \dfrac{1}{\mu_1}\mathbf{B}_1^{\|} - \dfrac{1}{\mu_2}\mathbf{B}_2^{\|} = \mathbf{0} \end{array} \right\} \tag{7.65}$$

となる. 第 9 章で見るように, これらの方程式は反射と屈折の理論の基礎となる.

7章の追加問題

! **問題 7.41** 2本の半径 a のまっすぐな長い銅のパイプが,距離 $2d$ だけ離れている (図7.50). 1本の電位は V_0, もう 1 本は $-V_0$ である. 2本のパイプをとり巻いている空間は伝導率 σ の物質で充たされている. 2本のパイプの間を流れる単位長さあたりの電流を求めよ. [ヒント:問題 3.12 を参照せよ.]

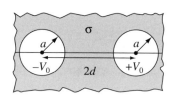

図 7.50

! **問題 7.42** 回路における電場 **E** が計算できるまれな場合が以下である[28]. 一様な抵抗率をもつ無限に長い半径 a の円筒状のシートを考える. 図 7.51 に示すように (バッテリーに対応する) 溝が $\phi = \pm\pi$ で $\pm V_0/2$ に保たれており,定常電流は表面を流れている. オームの法則によると

$$V(a,\phi) = \frac{V_0 \phi}{2\pi} \quad (-\pi < \phi < +\pi)$$

である.
(a) 円柱座標を用いて変数分離を行って,円筒の内側と外側で $V(s,\phi)$ を決定せよ. [答え: $(V_0/\pi)\tan^{-1}[(s\sin\phi)/(a+s\cos\phi)], (s<a); (V_0/\pi)\tan^{-1}[(a\sin\phi)/(s+a\cos\phi)], (s>a)]$
(b) 円筒の表面電荷密度を求めよ. [答え: $(\epsilon_0 V_0/\pi a)\tan(\phi/2)$]

問題 7.43 定常電流 I が流れている長い直線状の導線の外側の磁場は

$$\mathbf{B} = \frac{\mu_0}{2\pi}\frac{I}{s}\hat{\boldsymbol{\phi}}$$

である. 導線の内側の電場は一様で

$$\mathbf{E} = \frac{I\rho}{\pi a^2}\hat{\mathbf{z}}$$

となる. ここで ρ は抵抗率で,a は半径である. (例題 7.1, 7.3 参照)

---

[28] M. A. Heald, *Am. J. Phys.* **52**, 522 (1984) を参照. J. A. Hernandes and A. K. T. Assis, *Phys. Rev. E* **68**, 046611 (2003) もまた参照のこと.

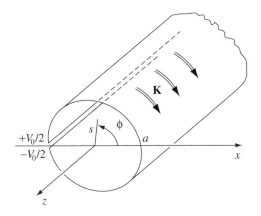

図 7.51

問題: 導線の外の電場はいくらか[29]? 答えは, どのように回路を完成させるかに依存している. 接地された抵抗ゼロで半径 b の同軸の円筒を通って, 電流が帰ってくる場合を考える (図 7.52). $a < s < b$ の領域では, ポテンシャル $V(s,z)$ は境界条件

(i) $V(a,z) = -\dfrac{I\rho z}{\pi a^2}$; (ii) $V(b,z) = 0$

図 7.52

をもつラプラスの方程式を満たす. しかし, この条件だけでは答えを決定するのに十分ではない. 二つの端での境界条件を与える必要がある. (しかしながら, 長い導線では, そんなに問題にはならない.) 文献では, 単純に $V(s,z)$ は z に比例するとして $V(s,z) = zf(s)$ という関数形を考えることにより避けるのが普通である. この仮定の下で

(a) $f(s)$ を決定せよ.
(b) $\mathbf{E}(s,z)$ を求めよ.

---

[29] これはゾンマーフェルトによって初めて解析された著名な問題であり, **Merzbacher's puzzle** として再び現れたことでも知られる. A. Sommerfeld, *Electrodynamics*, p. 125 (New York: Academic Press, 1952); E. Merzbacher, *Am. J. Phys.* **48**, 178 (1980) や R. N. Varnay and L. H. Fisher, *Am. J. Phys.* **52**, 1097 (1984) にある参考文献を参照.

388 第 7 章 電 磁 気 学

(c) 導線上の表面電荷密度 $\sigma(z)$ を計算せよ.

[答え: $V = (-Iz\rho/\pi a^2)[\ln(s/b)/\ln(a/b)]$ これは奇妙な答えである. なぜならば, 本当に無限に長い導線の場合は, E_s と $\sigma(z)$ は z に依存しないはずなのに, どちらも z 依存性を持っているからである.]

問題 7.44 **完全導体**においては, 伝導率は無限であるため $\mathbf{E} = 0$ であり (式 7.3), 正味の電荷はすべて (静電気学における不完全導体のように) 表面に存在する.

(a) 完全導体の内部では磁場が一定であること ($\partial\mathbf{B}/\partial t = 0$) を示せ.

(b) 完全導体のループを貫く磁束は一定であることを示せ.
超伝導体はさらに加えて, 内部の (一定の) 磁場 $\mathbf{B}$ が実際にはゼロであるという性質をもった完全導体である. (これは**マイスナー効果**とよばれる "磁束排除効果" である[30].)

(c) 超伝導体において電流が流れるのは表面に限られていることを示せ.

(d) 超伝導性は物質によって異なる臨界温度 (T_c) より高い温度では失われる. いま, 臨界温度以上で半径 a の球を一様な磁場 $B_0\hat{\mathbf{z}}$ の中に置き, T_c の下まで温度を下げる. 誘導される表面電流密度 $\mathbf{K}$ を極角 θ の関数として求めよ.

問題 7.45 超伝導体 (問題 7.44) のよく知られた演示実験は, 超伝導物質の上での磁石の浮上である. この現象は鏡像法を用いて解析できる[31]. 磁石を原点から z の高さにある完全な双極子 $\mathbf{m}$ (双極子の向きは z 方向に固定されているものとする) として扱い, xy 平面より下の全空間を超伝導体が占めているものとする. マイスナー効果のために $z \leq 0$ で $\mathbf{B} = 0$ であり, さらに $\mathbf{B}$ の発散はゼロなので, 垂直 (z) 成分は連続である. このため, 超伝導体表面の直上で $B_z = 0$ となる. この境界条件は, 超伝導体の代わりに全く同じ双極子 (鏡映双極) を $-z$ の位置に置いたときの境界条件に一致する. それゆえ, 二つの配置は $z > 0$ において同じ磁場分布をつくる.

(a) 鏡像双極子はどちらの向き ($+z$ または $-z$) を向いているか?

(b) 超伝導体に誘導された電流による磁石への力 (つまり, 鏡像双極子による力) を求めよ. それを Mg (M は磁石の質量) と等しいとして, 磁石が "浮く" 高さ h を求めよ.

(c) 超伝導体の表面 (xy 面) に誘導された電流は磁場 $\mathbf{B}$ の接線成分の境界条件 $\mathbf{B} = \mu_0(\mathbf{K} \times \hat{\mathbf{z}})$ から決定することができる. 鏡像法によって得られた磁場を用いて,

$$\mathbf{K} = -\frac{3mrh}{2\pi(r^2 + h^2)^{5/2}}\hat{\phi}$$

となることを示せ. ここで r は原点からの距離である.

! **問題 7.46** もし, 無限に広い超伝導板の上で浮いている磁気双極子 (問題 7.45) が自由に回転できるならば, どちらの向きを向き, また板からいくらの高さで浮くか?

---

[30]マイスナー効果は単純に内部の磁場が減らされるのではなく, 完全に打ち消されるので "完全反磁性" といわれている. しかしながら, この現象の原因である表面電流は自由電流であり, 拘束電流ではない. このため実際の機構は, まったく異なっている.

[31]W. M. Saslow, *Am. J. Phys.* **59**, 16 (1991) を参照.

7.3. マクスウェル方程式 *389*

問題 7.47 一様な磁場 $\mathbf{B} = B_0 \hat{\mathbf{z}}$ の中で, 半径 a の完全導体でできた球殻が z 軸の周りを角速度 ω で回転している. "北極" と赤道の間で発生する起電力を計算せよ. [答え: $\frac{1}{2} B_0 \omega a^2$]

! **問題 7.48** 問題 7.11 を参照して (さらに問題 5.42 の結果を使って), 半径 a, 質量 m, 抵抗 R の円形のリングが一様な磁場の領域の下端を, その (変化する) 終端速度で通過するのにどれぐらい時間がかかるかを, 求めよ.

問題 7.49
(a) 式 7.18 と問題 5.52(a) を参照して, ファラデーの誘導電場について

$$\mathbf{E} = -\frac{\partial \mathbf{A}}{\partial t} \tag{7.66}$$

となることを示せ. 両辺の発散と回転をとることによって, この結果を確かめよ.
(b) 半径 R の球殻が一様な表面電荷 σ をもっている. この球殻が決まった軸の周りを, 時間とともにゆっくりと変化する角速度 $\omega(t)$ で回転している. 球殻の内側と外側での電場を求めよ. [ヒント: ここでは, 電荷によるクーロン電場と, $\mathbf{B}$ が変化することによるファラデー電場の, 2 か所からの寄与がある.]

問題 7.50 磁場を大きくすることによって, サイクロトロン運動をしている電子の速度を増加させることができる. 磁場を変化させることによって生じる電場は接線方向の加速を与える. これがベータトロンの原理である. この過程で, 軌道の半径を一定にしておきたい. このためには, 軌道のなす面積にわたっての平均磁場は円周上の磁場の 2 倍にしなければならないことを示せ (図 7.53). 電子はゼロ磁場中で止まっている状態から出発し, 装置は軌道の中心に対して対称であると仮定する. (電子の速度は光速より十分小さく, 非相対論的力学が適用可能であるとする.) [ヒント: $F = ma = qE$ を用いよ.]

問題 7.51 一定な電流 I が流れている無限に長い $\hat{\mathbf{z}}$ 方向を向いた導線が, 一定の速さ v で y 方向に動いている. 準静的という仮定の下で, 導線が z 軸に一致した瞬間の電場を求めよ (図 7.54). [答え: $-(\mu_0 I v / 2\pi s) \sin\phi \, \hat{\mathbf{z}}$]

問題 7.52 原子の中の電子 (電荷 q) が原子核 (電荷 Q) の周りを半径 r の軌道で回転している. もちろん, 中心力は異なった符号の電荷間に働く引力のクーロン相互作用によって与えられる. いま, 弱い磁場 dB がゆっくり, 軌道面に垂直に加えられる. 誘導電場によって加えられた運動エネルギーの増加分 dT は, 同じ半径 r の円運動を保つ量であることを示せ. (これが, 反磁性の議論で, 半径を固定した理由である. 6.1.3 項と, そこに示してある文献を参照)

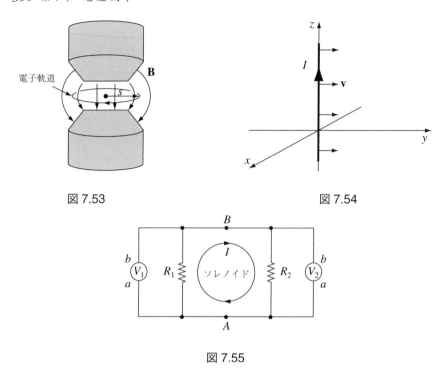

図 7.53   図 7.54

図 7.55

問題 7.53 長いソレノイドの電流が，時間に対して線形に増加している．このため磁束は時間 t に比例して $\Phi = \alpha t$ となる．図 7.55 に示すように，二つの電圧計が抵抗 (R_1, R_2) とともに，AB 間に向き合うようにつなげてある．それぞれの電圧計の測定値はいくらか．これらは理想的な電圧計で，（十分大きな内部抵抗をもつので）電流がほとんど流れず，電圧計は端子間の $-\int_a^b \mathbf{E} \cdot d\mathbf{l}$ を記録すると仮定せよ．[答え: $V_1 = \alpha R_1/(R_1 + R_2)$; $V_2 = -\alpha R_2/(R_1 + R_2)$. 同じ端子につながっていても $V_1 \neq V_2$ であることに気をつけよう[32].]

問題 7.54 円形のループ（半径 r, 抵抗 R）がその表面に垂直な一様な磁場 B の領域の中にあり，(図 7.56 の網掛け部分を占める) 磁場が時間に対して線形に増加する ($B = \alpha t$). 理想的な電圧計（無限大の内部抵抗）が点 P と Q の間につながれている．
(a) ループを流れる電流はいくらか？
(b) 電圧計の測定値はいくらか？[答え: $\alpha r^2/2$]

問題 7.55 運動による起電力の議論 (7.1.3 項) において，導線のループ (図 7.10) は抵

---

[32] R. H. Romer, *Am. J. Phys.* **50**, 1089 (1982) を参照．H. W. Nicholson, *Am. J. Phys.* **73**, 1194 (2005); B. M. McGuyer, *Am. J. Phys.* **80**, 101 (2012) もまた参照せよ．

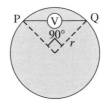

図 7.56

抗 R をもつと仮定し，流れる電流は $I = vBh/R$ であった．しかし，導線が，R がゼロの完全導体でつくられていたらどうであろうか？ この場合，電流は回路の自己インダクタンス L による逆起電力によってのみ制限される．（この起電力は，通常は IR に比べて無視できる．）この領域において，質量 m のループが単純な調和振動をすることを示し，その振動数を求めよ[33]．[答え: $\omega = Bh/\sqrt{mL}$]

問題 7.56

(a) 図 7.37 の配置における相互インダクタンスを，ノイマンの式（式 7.23）を用いて計算せよ．ここで a は非常に小さい（$a \ll b, a \ll z$）とする．また答えを問題 7.22 と比較せよ．

(b) （a が小さいと仮定しない）一般的な場合

$$M = \frac{\mu_0 \pi \beta}{2} \sqrt{ab\beta} \left(1 + \frac{15}{8}\beta^2 + \ldots \right)$$

であることを示せ．ここで

$$\beta \equiv \frac{ab}{z^2 + a^2 + b^2}$$

である．

問題 7.57 2 つのコイルを円筒状に巻き，同じ量の磁束が両方のコイルのすべてのループを通るようにする．（実際には，このようなことは，円筒の中に鉄心を入れて磁束を集める効果を利用して行うことができる．）一次側コイルが巻き数 N_1 で，二次側コイルの巻き数が N_2（図 7.57）である．もし一次側コイルの電流 I が変化したら，二次側コイルの起電力が

$$\frac{\mathcal{E}_2}{\mathcal{E}_1} = \frac{N_2}{N_1} \tag{7.67}$$

で与えられることを示せ．ここで $\mathcal{E}_1$ は一次側コイルの（逆）起電力である．[これは基本的な**変圧器（トランス）**とよばれる，交流源の電圧を上げたり下げたりすることができる装置である．適当な巻き数を選ぶことにより，ほしい二次側起電力を得ることができる．もし，これがエネルギー保存則を破ると思うなら問題 7.58 を参照せよ．]

---

[33]関係する問題については W. M. Saslow, *Am. J. Phys.* **55**, 986 (1987) と R. H. Romer, *Eur. J. Phys.* **11**, 103 (1990) を参照．

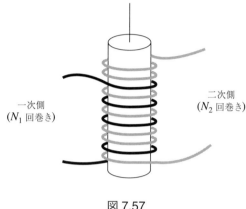

図 7.57

問題 7.58 入力交流電圧 V_1, 出力交流電圧 V_2 の変圧器 (問題 7.57) がある. この入出力電圧は巻き数の比 ($V_2/V_1 = N_2/N_1$) で決まっている. もし $N_2 > N_1$ であれば, 出力電圧は入力電圧より大きい. これは, なぜエネルギー保存則を破らないのか? 答え: 電力は電流と電圧を掛けたもので与えられる. もし, 電圧が上昇したら, 電流は減少しなければならない. この問題の目的は, 具体的に簡単なモデルでエネルギー保存が成り立つことを調べることにある.

(a) 理想的な変圧器では, 一次側コイルおよび二次側コイルのすべてのループに同じ磁束が通過する. この場合 $M^2 = L_1 L_2$ であることを示せ. ここで M はコイルの相互インダクタンスで L_1, L_2 はそれぞれのコイルの自己インダクタンスである.

(b) 一次側コイルが交流電圧 $V_{\text{in}} = V_1 \cos(\omega t)$ で駆動され, 二次側コイルが抵抗 R につながれている場合を考える. 一次側コイルの電流 I_1 と二次側コイルの電流 I_2 が

$$L_1 \frac{dI_1}{dt} + M \frac{dI_2}{dt} = V_1 \cos(\omega t); \quad L_2 \frac{dI_2}{dt} + M \frac{dI_1}{dt} = -I_2 R$$

の関係を示すことを示せ.

(c) (a) の結果を用いて, $I_1(t)$ と $I_2(t)$ についてこれらの方程式を解け. (I_1 は DC 成分をもたないと仮定する.)

(d) 入力電圧 (V_{in}) と出力電圧 ($V_{\text{out}} = I_2 R$) の比は巻き数の比に等しいこと, すなわち $V_{\text{out}}/V_{\text{in}} = N_2/N_1$ となることを示せ.

(e) 入力電力 ($P_{\text{in}} = V_{\text{in}} I_1$) と出力電力 ($P_{\text{out}} = V_{\text{out}} I_2$) を計算し, これらの 1 周期における平均が等しいことを示せ.

問題 7.59 z 軸に沿った無限に長い導線がある. この導線に z で与えられる関数 (t でない) の電流 $I(z)$ が流れており, また t の関数 (z でない) で与えられる電荷密度 $\lambda(t)$ が存在する.

7.3. マクスウェル方程式 *393*

(a) 時間 dt に微小部分 dz へ流れ込む電荷量を調べることにより, $d\lambda/dt = -dI/dz$ を示せ. もし $\lambda(0) = 0$, $I(0) = 0$ とするなら, $\lambda(t) = kt$, $I(z) = -kz$ であることを示せ. ここで k は定数である.

(b) しばらくの間この過程は準静的であると仮定すると, 電場は $E = \frac{1}{4\pi\epsilon_0}\frac{2\lambda}{z}$, 磁場は $B = \frac{\mu_0 I}{2\pi s}$ と与えられる. これらは実際, 四つのマクスウェル方程式を満たす正確な場であることを示せ. (初めに, $s > 0$ の領域で微分形を用いて示し, その後, 軸をまたがった適当なガウス円柱/アンペールループを用いて積分形で示せ.)

問題 7.60 $\mathbf{J}(\mathbf{r})$ が時間によらず一定であるが $\rho(\mathbf{r}, t)$ は一定でないとする. たとえばコンデンサーを充電しているときを考える.

(a) いかなる場所においても, 電荷密度は時間の 1 次関数

$$\rho(\mathbf{r}, t) = \rho(\mathbf{r}, 0) + \dot{\rho}(\mathbf{r}, 0)t$$

であることを示せ. ここで $\dot{\rho}(\mathbf{r}, 0)$ は $t = 0$ における ρ の時間微分である. [ヒント: 連続の方程式を用いよ.]

これは静電気学の問題でもないし静磁気学の問題でもない[34]. それにもかかわらず, 驚くべきことは, クーロンの法則 (式 2.8) とビオ・サバールの法則 (式 5.42) が成り立っているということである. この事実は, これらの式がマクスウェル方程式を満たしていることを示すことで証明できる.

(b) 実際に

$$\mathbf{B}(\mathbf{r}) = \frac{\mu_0}{4\pi}\int\frac{\mathbf{J}(\mathbf{r}')\times\hat{\boldsymbol{\imath}}}{\imath^2}\,d\tau'$$

がマクスウェルの変位電流の項をもつアンペールの法則にしたがうことを示せ.

問題 7.61 定常電流 I が流れている無限に長い導線がつくる磁場は, 以下のようにアンペール・マクスウェルの法則の変位電流の項から求められる. 一様な線電荷 λ が z 軸に沿って速さ v で動いており (つまり $I = \lambda v$), 長さ ϵ の小さな隙間がある. この隙間は時刻 $t = 0$ で原点に到着する. 次の瞬間 ($t = \epsilon/v$ まで) xy 面内にある円状のアンペールループを貫く本当の電流はない. しかし隙間の中の "欠けている" 電荷による変位電流が存在する.

(a) 一様な電荷密度 $-\lambda$ をもった導線の $z_1 = vt - \epsilon$ から $z_2 = vt$ の間の部分が, xy 面内で原点から距離 s 離れた点に作る電場の z 方向成分を, クーロンの法則を用いて計算せよ.

---

[34]これを静磁気学であるとみなす著者もいる. なぜなら $\mathbf{B}$ が時間によらないからである. 彼らにとってはビオ・サバールの法則は静磁気学の一般的な法則で, $\boldsymbol{\nabla}\cdot\mathbf{J} = 0$ と $\boldsymbol{\nabla}\times\mathbf{B} = \mu_0\mathbf{J}$ は ρ が一定であるという別の仮定のもとでのみ適用できる. そのような定式化ではマクスウェルの変位電流の項は (この特別な場合) (b) の方法をもちいてビオ・サバールの法則から導かれることになる. D. F. Bartlett, *Am. J. Phys.* **58**, 1168 (1990); D. J. Griffiths and M. A. Heald, *Am. J. Phys.* **59**, 111 (1991) を参照.

(b) この電場が, xy 面内の半径 a の円を貫く電束を決定せよ.
(c) この円を貫く変位電流を求めよ. 隙間の広さ (ϵ) がゼロに近づく極限で, I_d が I に等しくなることを示せ[35].

問題 7.62 幅が w の薄い金属の "リボン" が非常に小さな距離 $h \ll w$ だけ離れて相対している伝送線がある. 電流は一方のリボンを流れて行き, もう一方のリボンを流れて帰ってくる. それぞれの場合, 電流はリボンに一様に広がる.
(a) 単位長さあたりの電気容量 $\mathcal{C}$ を計算せよ.
(b) 単位長さあたりのインダクタンス $\mathcal{L}$ を求めよ.
(c) $\mathcal{L}$ と $\mathcal{C}$ を掛け算したものは数値的にいくらになるか? [$\mathcal{L}$ と $\mathcal{C}$ は, もちろん, 伝送線ごとに異なる. しかし, 二つの導体の間が真空であれば, その積は普遍的な定数である. たとえば, 例題 7.13 の導線について試してみよ. 伝送線の理論では, その積は信号が線を伝搬する速度に $v = 1/\sqrt{\mathcal{LC}}$ のような形で関連している.]
(d) もし, リボンが誘電率 ϵ, 透磁率 μ の物質で絶縁されているとすると, 積 $\mathcal{LC}$ はいくらか? また伝送速度はいくらになるか? [ヒント: 透磁率 μ の線形な物質でインダクターが充たされると L はどれだけ変化するか?]

問題 7.63 以下の Alfven の定理を証明せよ. **Alfven の定理**：完全伝導を有する流体（たとえば, 自由電子ガス）において, 流体と一緒に動いている閉じたループを貫く磁束は時間によらず一定である.（磁力線は流体にそのまま "凍結" している.）
(a) 式 7.2 の形式のオームの法則とファラデーの法則を用いて, もし $\sigma = \infty$ で $\mathbf{J}$ が有限なら

$$\frac{\partial \mathbf{B}}{\partial t} = \mathbf{\nabla} \times (\mathbf{v} \times \mathbf{B})$$

であることを示せ.
(b) $\mathcal{S}$ を時刻 t においてループ ($\mathcal{P}$) に囲まれている表面, $\mathcal{S}'$ を時刻 $t + dt$ における新しい場所のループ ($\mathcal{P}'$) に囲まれている表面とする (図 7.58). 磁束の変化は

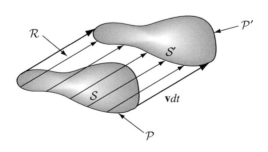

図 7.58

---
[35]この問題への少し異なったアプローチは W. K. Terry, *Am. J. Phys.* **50**, 742 (1982) を参照.

7.3. マクスウェル方程式 *395*

$$dΦ = \int_{S'} \mathbf{B}(t + dt) \cdot d\mathbf{a} - \int_{S} \mathbf{B}(t) \cdot d\mathbf{a}$$

である. $\mathbf{\nabla} \cdot \mathbf{B} = 0$ を用いて

$$\int_{S'} \mathbf{B}(t + dt) \cdot d\mathbf{a} + \int_{\mathcal{R}} \mathbf{B}(t + dt) \cdot d\mathbf{a} = \int_{S} \mathbf{B}(t + dt) \cdot d\mathbf{a}$$

を示し (ここで $\mathcal{R}$ は $\mathcal{P}$ と $\mathcal{P'}$ をつなぐ "リボン" である), それゆえ (無限小の dt について)

$$dΦ = dt \int_{S} \frac{\partial \mathbf{B}}{\partial t} \cdot d\mathbf{a} - \int_{\mathcal{R}} \mathbf{B}(t + dt) \cdot d\mathbf{a}$$

であることを示せ. 7.1.3 項の方法を使って二番目の積分を

$$dt \oint_{\mathcal{P}} (\mathbf{B} \times \mathbf{v}) \cdot d\mathbf{l}$$

と書き換え, ストークスの定理を用いて

$$\frac{dΦ}{dt} = \int_{S} \left(\frac{\partial \mathbf{B}}{\partial t} - \mathbf{\nabla} \times (\mathbf{v} \times \mathbf{B}) \right) \cdot d\mathbf{a}$$

となることを示せ. (a) の結果と合わせて, 定理が証明される.

問題 7.64

(a) 磁荷がある場合のマクスウェル方程式 (式 7.44) は **双対変換**

$$\left. \begin{aligned} \mathbf{E}' &= \mathbf{E} \cos α + c\mathbf{B} \sin α \\ c\mathbf{B}' &= c\mathbf{B} \cos α - \mathbf{E} \sin α \\ cq'_e &= cq_e \cos α + q_m \sin α \\ q'_m &= q_m \cos α - cq_e \sin α \end{aligned} \right\} \tag{7.68}$$

の下で不変であることを示せ. ここで $c \equiv 1/\sqrt{\epsilon_0 \mu_0}$ であり, $α$ は "$\mathbf{E}/\mathbf{B}$ 空間." における任意の回転角である. 電荷と電流密度は q_e と q_m と同じ方法で変換される. [とくにこれは, もし電荷の配置によって場ができていることを知っていれば ($α = 90°$ を用いて) すぐに対応する磁荷の配置に対応する場を書き下すことができる, ということを意味している.]

(b) 磁気双極子の力の法則 (問題 7.38)

$$\mathbf{F} = q_e(\mathbf{E} + \mathbf{v} \times \mathbf{B}) + q_m \left(\mathbf{B} - \frac{1}{c^2} \mathbf{v} \times \mathbf{E} \right) \tag{7.69}$$

も双対変換のもとで不変であることを示せ.

付録 A 曲線座標系におけるベクトル解析

A.1 前　置　き

　この付録 A ではベクトル解析における三つの基本定理の証明の概略を述べる．ここでの目的は ε-δ 論的な詳細すべてを追跡することではなく，議論の本質を伝達することにある．ずっと洗練され，現代的でさらに統一された扱いが（ただしずっと長くなってしまうが）M. Spivak のテキスト *Calculus on Manifolds* (New York: Benjamin, 1965) に見ることができる．

　一般性を保つため，ここでは任意の（直交）曲線座標系 (u, v, w) を用いて，勾配，発散，回転およびラプラシアンに対する公式をつくり上げていく．読者は，これらをデカルト座標，球座標，円柱座標やその他の使いたい座標系に後で適応させることができる．もし最初に読む際にその一般性が邪魔で，むしろデカルト座標に固執したいなら，(u, v, w) が出てきたらすぐに (x, y, z) と読み替えて，即興で関連した簡略化を行えばよい．

A.2 表　記

　われわれは，三つの座標変数 u, v, w により空間の 1 点を特定する．（デカルト座標では (x, y, z) であり，球座標では (r, θ, ϕ) であり，円柱座標では (s, ϕ, z) である．）ここでは，三つの単位基底ベクトル $\hat{\mathbf{u}}$, $\hat{\mathbf{v}}$, および $\hat{\mathbf{w}}$ が，対応する座標変数が増加する方向を向き，相互に直交しているという意味で，座標系は直交系であることを仮定する．単位基底ベクトルは位置の関数であり，その方向は（デカルト座標の場合を除き）場所とともに変化することを注意する．任意のベクトルは $\hat{\mathbf{u}}$, $\hat{\mathbf{v}}$, および $\hat{\mathbf{w}}$ を用いて表すことができる．とくに，点 (u, v, w) から点 $(u + du, v + dv, w + dw)$ に向かう無限小変位ベクトルは

$$d\mathbf{l} = f\,du\,\hat{\mathbf{u}} + g\,dv\,\hat{\mathbf{v}} + h\,dw\,\hat{\mathbf{w}} \tag{A.1}$$

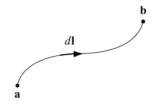

図 A.1

のように書け, f, g, h らは特定の座標系に対して座標の特徴的な関数である.(デカルト座標では $f = g = h = 1$, 球座標では $f = 1, g = r, h = r\sin\theta$, 円柱座標では $f = h = 1, g = s$ となる.) 後ですぐにわかるように, これら三つの関数が座標系について知っておくべきことすべてを教えてくれる.

A.3 勾配

点 (u, v, w) から点 $(u+du, v+dv, w+dw)$ に向かって動くと, スカラー関数 $t(u, v, w)$ の値は

$$dt = \frac{\partial t}{\partial u} du + \frac{\partial t}{\partial v} dv + \frac{\partial t}{\partial w} dw \tag{A.2}$$

だけ変化する. これは偏微分における標準的な定理である[1].

これを内積の形で

$$dt = \boldsymbol{\nabla} t \cdot d\mathbf{l} = (\boldsymbol{\nabla} t)_u \, f \, du + (\boldsymbol{\nabla} t)_v \, g \, dv + (\boldsymbol{\nabla} t)_w \, h \, dw \tag{A.3}$$

のように書くことができる. ただし

$$(\boldsymbol{\nabla} t)_u \equiv \frac{1}{f}\frac{\partial t}{\partial u}, \quad (\boldsymbol{\nabla} t)_v \equiv \frac{1}{g}\frac{\partial t}{\partial v}, \quad (\boldsymbol{\nabla} t)_w \equiv \frac{1}{h}\frac{\partial t}{\partial w}$$

のように定義した. そうすると関数 t の勾配は

$$\boxed{\boldsymbol{\nabla} t \equiv \frac{1}{f}\frac{\partial t}{\partial u}\hat{\mathbf{u}} + \frac{1}{g}\frac{\partial t}{\partial v}\hat{\mathbf{v}} + \frac{1}{h}\frac{\partial t}{\partial w}\hat{\mathbf{w}}} \tag{A.4}$$

のように表すことができる. 表 A.1 から f, g, h に対する適切な表現を拾ってくれば, 付録 D の「ベクトル場の微分」にあるようにデカルト, 球, 円柱座標における $\boldsymbol{\nabla} t$ の公式を容易につくることができる.

---

[1] M. Boas, *Mathematical Methods in the Physical Sciences*, 2nd ed., Chapter 4, Sect. 3 (New York: John Wiley, 1983).

A.4. 発　散　*399*

表 A.1

座標	u	v	w	f	g	h
デカルト	x	y	z	1	1	1
球	r	θ	ϕ	1	r	$r\sin\theta$
円柱	s	ϕ	z	1	s	1

図 A.1 のように点 **a** から点 **b** まで動いたときの関数 t における全変化量は

$$t(\mathbf{b}) - t(\mathbf{a}) = \int_{\mathbf{a}}^{\mathbf{b}} dt = \int_{\mathbf{a}}^{\mathbf{b}} (\boldsymbol{\nabla} t) \cdot d\mathbf{l} \tag{A.5}$$

となることが式 A.3 からわかる. (この場合は証明するまでもないが) これは**勾配に対する基本定理**である. この積分値は点 **a** から点 **b** に至る経路には依存しないことを注意しておく.

A.4　発　散

ベクトル関数

$$\mathbf{A}(u, v, w) = A_u\,\hat{\mathbf{u}} + A_v\,\hat{\mathbf{v}} + A_w\hat{\mathbf{w}}$$

を考えて, 図 A.2 に示されたように点 (u, v, w) から三つの座標変数それぞれが無限小量だけ引き続いて増加してできる無限小の体積の全表面にわたる面積分 $\oint \mathbf{A} \cdot d\mathbf{a}$ を計算したい. 座標系は直交座標系なので, この小さな体積は (少なくとも無限小の極限では) 直方体であり, その一辺の長さは $dl_u = f\,du, dl_v = g\,dv,$ および $dl_w = h\,dw$ であり, それゆえその体積は

$$d\tau = dl_u\,dl_v\,dl_w = (fgh)\,du\,dv\,dw \tag{A.6}$$

となる (一辺の長さは単純に du, dv, dw ではない. なぜなら v は角度であるかもしれず, その場合は dv は長さの次元をもたないからである. 正しい表現は式 A.1 による.)

図 A.2 の前側の面に対しては

$$d\mathbf{a} = -(gh)\,dv\,dw\,\hat{\mathbf{u}}$$

なので

$$\mathbf{A} \cdot d\mathbf{a} = -(ghA_u)\,dv\,dw$$

となる. 後側の面についても (その符号を除けば) 同様であるが, 値 ghA_u については, u ではなくて $(u + du)$ の場所で計算されるべきである. 任意の (微分可能な) 関

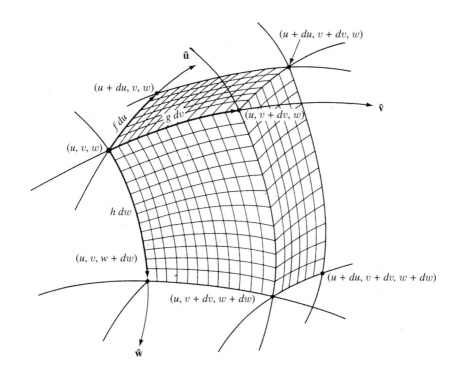

図 A.2

数 $F(u)$ に対しては, 極限において
$$F(u+du) - F(u) = \frac{dF}{du} du$$
なので, 前側の面と後側の面の面積分を合わせると
$$\left[\frac{\partial}{\partial u}(ghA_u)\right] du\, dv\, dw = \frac{1}{fgh}\frac{\partial}{\partial u}(ghA_u)\, d\tau$$
の寄与になる. 同じ理由で, 左側の面と右側の面については
$$\frac{1}{fgh}\frac{\partial}{\partial v}(fhA_v)\, d\tau$$
の寄与を与え, 上側の面と下側の面については
$$\frac{1}{fgh}\frac{\partial}{\partial w}(fgA_w)\, d\tau$$
の寄与を与え, よって 6 面の寄与を全部合わせると
$$\oint \mathbf{A}\cdot d\mathbf{a} = \frac{1}{fgh}\left[\frac{\partial}{\partial u}(ghA_u) + \frac{\partial}{\partial v}(fhA_v) + \frac{\partial}{\partial w}(fgA_w)\right] d\tau \qquad (A.7)$$

となる. $d\tau$ の前の係数はベクトル場 $\mathbf{A}$ の曲線座標系における**発散**の定義

$$\boxed{\boldsymbol{\nabla} \cdot \mathbf{A} \equiv \frac{1}{fgh}\left[\frac{\partial}{\partial u}(ghA_u) + \frac{\partial}{\partial v}(fhA_v) + \frac{\partial}{\partial w}(fgA_w)\right]} \tag{A.8}$$

を与え, 式 A.7 は

$$\oint \mathbf{A} \cdot d\mathbf{a} = (\boldsymbol{\nabla} \cdot \mathbf{A})\, d\tau \tag{A.9}$$

となる. 表 A.1 を使って, 付録 D の「ベクトル場の微分」にあるようにデカルト, 球, 円柱座標における発散の公式をすぐに導出することができる.

この状態では式 A.9 は発散定理を証明していない. なぜならば, この式は無限小体積にだけ当てはまり, かなり特殊な無限小体積であるからである. もちろん, 有限の体積は無限小の小片に分解することができ, その小片それぞれに式 A.9 を適用することができる. すべての小片を足しあげる段階での問題は, 左辺側には, 領域の外側の面にわたる積分ばかりでなく, これら小片の内側の面にわたる積分も同様にあることである. しかしながら幸運にも, それぞれの内側の面にわたる積分は二つの隣接した無限小体積の境界で現れ, $d\mathbf{a}$ は常に無限小体積の外側を向くため $\mathbf{A} \cdot d\mathbf{a}$ は隣接した一対の二つの要素に対しては反対の符号をもち, それらの寄与は相殺する (図 A.3). すべてを足し上げたときには, 一つの大きな塊を囲む表面だけが (言い換えれば外側の境界での積分だけが) 生き残ることになる. よって, 有限の領域に対しては

$$\oint \mathbf{A} \cdot d\mathbf{a} = \int (\boldsymbol{\nabla} \cdot \mathbf{A})\, d\tau \tag{A.10}$$

が成り立ち, その外側の面にわたってだけ積分すればよい[2]. 以上が**発散定理**の証明である.

A.5 回　転

曲線座標系における回転を求めるためには, 図 A.4 に示されたように, w を一定に保ち, 点 (u, v, w) から u と v を引き続いて無限小量だけ増加してできる無限小ループの周りに線積分

$$\oint \mathbf{A} \cdot d\mathbf{l}$$

を計算する. このループが囲む表面は (少なくとも無限小の極限では) 長さが $dl_u = f\, du$ で幅が $dl_v = g\, dv$ の長方形であり, そのベクトル面積は

---

[2] どんなに小さくても直方体によって完全にぴったりしない (座標線に対して斜めに切る平面をもつような) 領域についてはどうであろうか? このような場合を処理することは難しくない. 自身で考えるか, H. M. Schey's *Div, Grad, Curl and All That* (New York: W. W. Norton, 1973), の II-15. からの問題を見てみるとよい.

402 付録 A 曲線座標系におけるベクトル解析

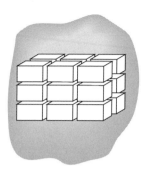

図 A.3

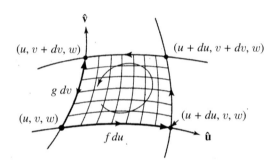

図 A.4

$$d\mathbf{a} = (fg)du\,dv\,\hat{\mathbf{w}} \tag{A.11}$$

である.座標系が右手系であるとすると,$\hat{\mathbf{w}}$ は図 A.4 で紙面から手前に出る方向を向いている.これを $d\mathbf{a}$ の正の方向として選ぶと,以下のように線積分を反時計回りに実行することが右手則により義務づけられる.

下側の線分に沿って
$$d\mathbf{l} = f\,du\,\hat{\mathbf{u}}$$
なので
$$\mathbf{A}\cdot d\mathbf{l} = (fA_u)\,du$$
となる.上側の線分に沿う場合,その符号は反転し,fA_u の値は v ではなく $(v+dv)$ で計算される.まとめると,上側と下側の辺の線積分への寄与は
$$\left[-(fA_u)\big|_{v+dv} + (fA_u)\big|_v\right]du = -\left[\frac{\partial}{\partial v}(fA_u)\right]du\,dv$$

A.5. 回 転 *403*

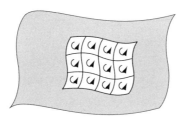

図 A.5

となり，同様に右側と左側の辺は
$$\left[\frac{\partial}{\partial u}(gA_v)\right]du\,dv$$
を与える．よって全体として
$$\oint \mathbf{A}\cdot d\mathbf{l} = \left[\frac{\partial}{\partial u}(gA_v) - \frac{\partial}{\partial v}(fA_u)\right]du\,dv$$
$$= \frac{1}{fg}\left[\frac{\partial}{\partial u}(gA_v) - \frac{\partial}{\partial v}(fA_u)\right]\hat{\mathbf{w}}\cdot d\mathbf{a} \tag{A.12}$$
を得る．右辺の $d\mathbf{a}$ の係数は回転の w 成分を定義する．同様に u および v 成分を構成することにより，

$$\boxed{\begin{aligned}\boldsymbol{\nabla}\times\mathbf{A} \equiv \frac{1}{gh}\left[\frac{\partial}{\partial v}(hA_w) - \frac{\partial}{\partial w}(gA_v)\right]\hat{\mathbf{u}} + \frac{1}{fh}\left[\frac{\partial}{\partial w}(fA_u) - \frac{\partial}{\partial u}(hA_w)\right]\hat{\mathbf{v}} \\ + \frac{1}{fg}\left[\frac{\partial}{\partial u}(gA_v) - \frac{\partial}{\partial v}(fA_u)\right]\hat{\mathbf{w}}\end{aligned}} \tag{A.13}$$

を得て，式 A.11 が
$$\oint \mathbf{A}\cdot d\mathbf{l} = (\boldsymbol{\nabla}\times\mathbf{A})\cdot d\mathbf{a} \tag{A.14}$$
に一般化される．読者は，表 A.1 を使ってすぐに，デカルト，球，円柱座標における回転の公式を導出することができる．

　しかしながら，式 A.14 それ自身はストークスの定理を証明していない．なぜならば，この段階では，非常に特殊な無限小の表面だけに当てはまるからである．再び，図 A.5 のように，任意の有限の表面を無限小の小片に切り刻み，それぞれに式 A.14 を適用してみる．それらの小片を足しあげるとき，左辺には，外周に沿った線積分ばかりでなく内側のループに沿った小さな線積分が数多く同様にある．幸運にも，発散の計算のと

404 付録 A　曲線座標系におけるベクトル解析

きと同様に，すべての内側の線は隣接した二つの逆方向に線積分が実行されるループの境界であるので，内側のループの寄与は一対ごとに相殺する．その結果として，式 A.14 は有限の曲面に拡張され

$$\oint \mathbf{A} \cdot d\mathbf{l} = \int (\nabla \times \mathbf{A}) \cdot d\mathbf{a} \tag{A.15}$$

となり，左辺の線積分は外周だけについてとられることになる[3]．以上が**ストークスの定理**の証明である．

A.6　ラプラシアン

ラプラシアンは勾配ベクトル場の発散であるというその定義から，スカラー量であるので，式 A.4 と式 A.8 から一般的な公式

$$\nabla^2 t \equiv \frac{1}{fgh} \left[\frac{\partial}{\partial u} \left(\frac{gh}{f} \frac{\partial t}{\partial u} \right) + \frac{\partial}{\partial v} \left(\frac{fh}{g} \frac{\partial t}{\partial v} \right) + \frac{\partial}{\partial w} \left(\frac{fg}{h} \frac{\partial t}{\partial w} \right) \right] \tag{A.16}$$

を得る．再び，表 A.1 を使うことにより，読者はデカルト，球，円柱座標におけるラプラシアンの公式を導出することができる．付録 D の「ベクトル場の微分」にある公式を確認してみよう．

---

[3]どんなに小さくても長方形によって完全にぴったりしない（三角形のような）表面，あるいは一つの座標変数を固定してつくられるループが合致しない表面についてはどうであろうか？ このような場合が問題になり，自身で解決できないなら H. M. Schey's *Div, Grad, Curl, and All That* (New York: W. W. Norton,1973) の問題 III-2 を見てみるとよい．

付録B　ヘルムホルツの定理

これから議論したいベクトル関数 $\mathbf{F}(\mathbf{r})$ の発散が

$$\boldsymbol{\nabla} \cdot \mathbf{F} = D \tag{B.1}$$

により指定されたスカラー関数 $D(\mathbf{r})$ であり，$\mathbf{F}(\mathbf{r})$ の回転が

$$\boldsymbol{\nabla} \times \mathbf{F} = \mathbf{C} \tag{B.2}$$

によって指定されたベクトル関数 $\mathbf{C}(\mathbf{r})$ であるとする．整合するように，ベクトル関数 $\mathbf{C}$ は

$$\boldsymbol{\nabla} \cdot \mathbf{C} = 0 \tag{B.3}$$

のように管状場であるはずである．なぜならば任意のベクトル関数の回転の発散は常にゼロであるためである．ここで「これらの情報からベクトル関数 $\mathbf{F}$ を決めることはできるか？」という問題設定をしてみよう．もし，$D(\mathbf{r})$ と $\mathbf{C}(\mathbf{r})$ が無限遠方で十分早くゼロになるならば，これからその組み立てがはっきりと示されるように，答えは「イエス」となり，

$$\mathbf{F} = -\boldsymbol{\nabla} U + \boldsymbol{\nabla} \times \mathbf{W} \tag{B.4}$$

のように，ベクトル関数 $\mathbf{F}$ が

$$U(\mathbf{r}) \equiv \frac{1}{4\pi} \int \frac{D(\mathbf{r}')}{\ell}\, d\tau' \tag{B.5}$$

で定義されるスカラー関数の勾配と

$$\mathbf{W}(\mathbf{r}) \equiv \frac{1}{4\pi} \int \frac{\mathbf{C}(\mathbf{r}')}{\ell}\, d\tau' \tag{B.6}$$

で定義されるベクトル関数の回転の和により表現できる．ここで，積分は全空間にわたって行い，いつものように $\ell = |\mathbf{r} - \mathbf{r}'|$ である．

406 付録 B　ヘルムホルツの定理

もし $\mathbf{F}$ が式 B.4 で表現できるなら，$\nabla^2 \frac{1}{\imath} = -4\pi\delta^3(\boldsymbol{\imath})$ の関係式（式 1.102）を使って，

$$\boldsymbol{\nabla}\cdot\mathbf{F} = -\nabla^2 U = -\frac{1}{4\pi}\int D\,\nabla^2\left(\frac{1}{\imath}\right)d\tau' = \int D(\mathbf{r}')\delta^3(\mathbf{r}-\mathbf{r}')\,d\tau' = D(\mathbf{r})$$

なる結果を得る．（ベクトル関数の回転の発散は常にゼロであることを思い出そう．そ
れゆえ，この計算で $\mathbf{W}$ の項は消失している．また，$\boldsymbol{\imath}$ の中に含まれている $\mathbf{r}$ について
微分演算がなされていることを注意する．）

よって発散については（式 B.1 のようになり）間違っていなかった．では回転につ
いてはどうであろうか？

$$\boldsymbol{\nabla}\times\mathbf{F} = \boldsymbol{\nabla}\times(\boldsymbol{\nabla}\times\mathbf{W}) = -\nabla^2\mathbf{W} + \boldsymbol{\nabla}(\boldsymbol{\nabla}\cdot\mathbf{W}) \tag{B.7}$$

（ここで，勾配ベクトル場の回転は恒等的にゼロであるため，U の項は消えている．）ま
ず式 B.7 の右辺第一項目については

$$-\nabla^2\mathbf{W} = -\frac{1}{4\pi}\int \mathbf{C}\,\nabla^2\left(\frac{1}{\imath}\right)d\tau' = \int\mathbf{C}(\mathbf{r}')\delta^3(\mathbf{r}-\mathbf{r}')\,d\tau' = \mathbf{C}(\mathbf{r})$$

となり，式 B.7 の右辺第二項目が消失することが納得できれば式 B.2 を確認する作業は
終わる．部分積分 $\int_\mathcal{V} f(\boldsymbol{\nabla}\cdot\mathbf{A})\,d\tau = -\int_\mathcal{V}\mathbf{A}\cdot(\boldsymbol{\nabla}f)\,d\tau + \oint_\mathcal{S} f\mathbf{A}\cdot d\mathbf{a}$（式 1.59）を使っ
て，$\mathbf{r}'$ についての $\boldsymbol{\imath}$ の微分は，$\mathbf{r}$ についての $\boldsymbol{\imath}$ の微分と符号だけが異なることに注意す
ると，

$$
\begin{aligned}
4\pi\boldsymbol{\nabla}\cdot\mathbf{W} &= \int\mathbf{C}\cdot\boldsymbol{\nabla}\left(\frac{1}{\imath}\right)d\tau' = -\int\mathbf{C}\cdot\boldsymbol{\nabla}'\left(\frac{1}{\imath}\right)d\tau' \\
&= \int\frac{1}{\imath}\boldsymbol{\nabla}'\cdot\mathbf{C}\,d\tau - \oint\frac{1}{\imath}\mathbf{C}\cdot d\mathbf{a}
\end{aligned}
\tag{B.8}
$$

を得る．しかしながら式 B.3 の仮定により $\mathbf{C}$ の発散はゼロになり，無限遠方で $\mathbf{C}$ が十
分早くゼロになる限り，表面積分は消える．

もちろん，この証明は暗黙のうちに式 B.5 および式 B.6 の積分が収束することを仮
定している（さもなければ，U も $\mathbf{W}$ もまったく存在しない）．$\boldsymbol{\imath} \approx r'$ になるような r'
の大きい極限で，これらの積分は

$$\int^\infty \frac{X(r')}{r'}r'^2\,dr' = \int^\infty r'X(r')\,dr' \tag{B.9}$$

の形をもっている．（ここで，X は，それぞれの場合に対して D あるいは $\mathbf{C}$ を表して
いる）．あきらかに，$X(r')$ は大きな r' でゼロに収束しなければならないが，それだけ
では十分でない．もし $X \sim 1/r'$ なら被積分関数は一定になってしまい積分は発散す
る．さらに $X \sim 1/r'^2$ の場合でさえ積分は対数的であり $r' \to \infty$ ではまだよろしくな

い. この証明がもちこたえるためには, あきらかに $\mathbf{F}$ の発散と回転は $1/r^2$ よりもより早くゼロになる必要がある. (ついでにいえば, この条件は式 B.8 における表面積分が消えることを保証する以上になっている)

さて, $D(\mathbf{r})$ や $\mathbf{C}(\mathbf{r})$ に課せられた条件が満たされたとして, 式 B.4 にある解は一意的であろうか? 答えはあきらかに「ノー」である. なぜならば, その発散と回転の両方ともゼロであるような任意のベクトル関数を $\mathbf{F}$ に加えることができ, その結果は同じ発散 D と回転 $\mathbf{C}$ を与えるからである. しかしながら, どこでも発散と回転がゼロであり無限遠方でゼロになるような関数は, たまたま存在しない (3.1.5 項を参照). よって, $r \to \infty$ のときに, $\mathbf{F}(\mathbf{r})$ がゼロに収束するという必要条件を含めるなら, 式 B.4 の解は一意的となる[1].

さて, すべてのカードが出揃ったところで, より厳密に**ヘルムホルツの定理**を示そう.

> ベクトル関数 $\mathbf{F}(\mathbf{r})$ の発散 $D(\mathbf{r})$ と回転 $\mathbf{C}(\mathbf{r})$ が指定され, この両者が $r \to \infty$ で $1/r^2$ より早くゼロに収束し, $\mathbf{F}(\mathbf{r})$ が $r \to \infty$ でゼロに収束するなら, その時 $\mathbf{F}$ は式 B.4 により一意的に与えられる.

ヘルムホルツの定理は興味深い系をもつ:

> $r \to \infty$ の時 $1/r$ より早くゼロになる任意の (微分可能な) ベクトル関数 $\mathbf{F}(\mathbf{r})$ はスカラー関数の勾配とベクトル関数の回転の和として表現することができる.[2]

$$\mathbf{F}(\mathbf{r}) = \boldsymbol{\nabla} \left(\frac{-1}{4\pi} \int \frac{\boldsymbol{\nabla}' \cdot \mathbf{F}(\mathbf{r}')}{\imath} \, d\tau' \right) + \boldsymbol{\nabla} \times \left(\frac{1}{4\pi} \int \frac{\boldsymbol{\nabla}' \times \mathbf{F}(\mathbf{r}')}{\imath} \, d\tau' \right) \quad \text{(B.10)}$$

たとえば, 静電場では $\boldsymbol{\nabla} \cdot \mathbf{E} = \rho/\epsilon_0$ および $\boldsymbol{\nabla} \times \mathbf{E} = 0$ である. よって

$$\mathbf{E}(\mathbf{r}) = -\boldsymbol{\nabla} \left(\frac{1}{4\pi\epsilon_0} \int \frac{\rho(\mathbf{r}')}{\imath} \, d\tau' \right) = -\boldsymbol{\nabla} V \quad \text{(B.11)}$$

となる (ここで V は電位というスカラーポテンシャルである). 一方, 静磁場では

---

[1] 電場や磁場をつくり出している電荷や電流から十分離れると, その電場と磁場はゼロに収束することをおおむね期待するが, これは不合理な条件ではない. ときには, 無限長の電線や無限に広い帯電した面のように, 電荷や電流分布自身が無限遠方まで続いている人工的な問題に出くわすであろう. そのような場合には, マクスウェル方程式の解の存在と一意性を確立するために別のやり方を探す必要がある.

[2] じつをいうと, (その無限遠方での振る舞いにかかわらず) 微分可能などんなベクトル関数でも, 勾配ベクトル場と回転ベクトル場の和に書くことができる. しかしながら, このより一般的な結果は直接ヘルムホルツの定理によるものではないし, 式 B.10 はその中の積分が一般には発散するので明確な解釈を提供しない.

408 付録 B　ヘルムホルツの定理

$\boldsymbol{\nabla} \cdot \mathbf{B} = 0$ および $\boldsymbol{\nabla} \times \mathbf{B} = \mu_0 \mathbf{J}$ であり，よって

$$\mathbf{B}(\mathbf{r}) = \boldsymbol{\nabla} \times \left(\frac{\mu_0}{4\pi} \int \frac{\mathbf{J}(\mathbf{r}')}{\textit{r}} \, d\tau' \right) = \boldsymbol{\nabla} \times \mathbf{A} \tag{B.12}$$

となる（ここで $\mathbf{A}$ はベクトルポテンシャルである）.

付録C　　単　位

本書で採用している国際単位系 (**SI**) では，クーロンの法則は

$$\mathbf{F} = \frac{1}{4\pi\epsilon_0} \frac{q_1 q_2}{\mathcal{r}^2} \hat{\mathbf{r}} \quad \text{(SI)} \tag{C.1}$$

となる．力学的な量は，メートル，キログラム，秒の単位で測られ，電荷は**クーロンの単位**で測られる（表 C.1）．**ガウス単位系**ではクーロンの法則の前の定数が電荷の単位に吸収され，

$$\mathbf{F} = \frac{q_1 q_2}{\mathcal{r}^2} \hat{\mathbf{r}} \quad \text{（ガウス単位系）} \tag{C.2}$$

となる．力学的な量は，センチメートル，グラム，秒の単位で測られ，電荷は**静電単位** (**esu**) で測られる．記載する価値があるかどうかはわからないが，**esu** は (ダイン)$^{1/2}$ × センチメートルである．静電場の式を SI からガウス単位系に変換することは難しくない．単純に

$$\epsilon_0 \to \frac{1}{4\pi}$$

の置き換えをすればよい．たとえば，電場に蓄えられたエネルギーを表す

$$U = \frac{\epsilon_0}{2} \int E^2 \, d\tau \quad \text{(SI)}$$

は

$$U = \frac{1}{8\pi} \int E^2 \, d\tau \quad \text{（ガウス単位系）}$$

になる．（誘電体内の場に関係している表式は変換することはそれほど簡単ではない．なぜならば，電気変位，感受率などの定義が異なるためである（表 C.2 を参照）．
　ビオ・サバールの法則

$$\mathbf{B} = \frac{\mu_0}{4\pi} I \int \frac{d\mathbf{l} \times \hat{\mathbf{r}}}{\mathcal{r}^2} \quad \text{(SI)} \tag{C.3}$$

410 付録 C 単 位

はガウス単位系では

$$\mathbf{B} = \frac{I}{c} \int \frac{d\mathbf{l} \times \hat{\boldsymbol{\imath}}}{\imath^2} \quad (\text{ガウス単位系}) \tag{C.4}$$

となる. ここで c は光の速度であり, 電流は esu/s の単位で測られる. 磁場のガウス単位 (**ガウス**) は日常的に使われているガウス単位系の量の一つである. 人々はボルト, アンペア, ヘンリーなどは SI で話をするが, どういうわけか磁場をガウス (ガウス単位系) で測ろうとする傾向がある. 磁場に対する正しい SI 単位は**テスラ** (10^4 ガウス) である.

ガウス単位系のおもな利点は電場と磁場が同じ次元をもつことである. 原理的には,

表 C.1 変換係数. [**注意:** 指数の部分を除き, すべての "3" は $\alpha \equiv 2.99792458$ (光速の数値) の略記であり, すべての "9" は α^2 であり, すべての "12" は 4α である.]

物理量	SI	変換係数	ガウス単位系
長さ	メートル (m)	10^2	センチメートル
質量	キログラム (kg)	10^3	グラム
時間	秒 (s)	1	秒
力	ニュートン (N)	10^5	ダイン
エネルギー	ジュール (J)	10^7	エルグ
仕事	ワット (W)	10^7	エルグ/秒
電荷	クーロン (C)	3×10^9	esu (スタットクーロン)
電流	アンペア (A)	3×10^9	esu/秒 (スタットアンペア)
電場	ボルト/メートル	$(1/3) \times 10^{-4}$	スタットボルト/センチメートル
電位	ボルト (V)	$1/300$	スタットボルト
電気変位	クーロン/メートル^2	$12\pi \times 10^5$	スタットクーロン/センチメートル^2
抵抗	オーム (Ω)	$(1/9) \times 10^{-11}$	秒/センチメートル
電気容量	ファラッド (F)	9×10^{11}	センチメートル
磁場	テスラー (T)	10^4	ガウス
磁束	ウエバー (Wb)	10^8	マクスウェル
H	アンペア/メートル	$4\pi \times 10^{-3}$	エールステッド
インダクタンス	ヘンリー (H)	$(1/9) \times 10^{-11}$	秒^2/センチメートル

電場を同様に「ガウス」の単位で測ることもできる（誰もこの文脈に沿って「ガウス」を使わないが……）．よって，

$$\mathbf{F} = q(\mathbf{E} + \mathbf{v} \times \mathbf{B}) \quad \text{(SI)} \tag{C.5}$$

と書かれるローレンツ力は（E/B が速度の次元をもつことを示しているが）

$$\mathbf{F} = q \left(\mathbf{E} + \frac{\mathbf{v}}{c} \times \mathbf{B} \right) \quad \text{(ガウス単位系)} \tag{C.6}$$

の形をとる．実際は，磁場が c だけ "スケールアップ" され，電気と磁気の並行な構造がよりくっきりとあきらかになる．たとえば電磁場に蓄えられた全エネルギーは

$$U = \frac{1}{8\pi} \int (E^2 + B^2) \, d\tau \quad \text{(ガウス単位系)} \tag{C.7}$$

となり，SI における表現

$$U = \frac{1}{2} \int \left(\epsilon_0 E^2 + \frac{1}{\mu_0} B^2 \right) d\tau \quad \text{(SI)}. \tag{C.8}$$

において電場と磁場の対称性を台無しにしていた ϵ_0 と μ_0 が消去されている．

表 C.2 は両者の単位系における基本的な公式のいくつかが列挙されている．ここにないものやヘビサイド–ローレンツ単位系でのものについては，J. D. Jackson, *Classical Electrodynamics*, 3rd ed. (New York: John Wiley, 1999) の付録を参照せよ[1]．（より完全なリストが見出せるであろう）．

---

[1]国際単位系 (SI) の興味深い "手引き" として，N. M. Zimmerman, *Am. J. Phys.* **66**, 324 (1998) を参照せよ．その歴史については L. Kowalski, *Phys. Teach.* **24**, 97 (1986) で議論されている．

412 付録 C 　単　位

表 C.2 　SI とガウス単位系における基本公式.

	SI	ガウス単位系

マクスウェル方程式

真空中:
$$\begin{cases} \nabla\cdot\mathbf{E} = \dfrac{1}{\epsilon_0}\rho \\[2mm] \nabla\times\mathbf{E} = -\partial\mathbf{B}/\partial t \\[2mm] \nabla\cdot\mathbf{B} = 0 \\[2mm] \nabla\times\mathbf{B} = \mu_0\mathbf{J} + \mu_0\epsilon_0\partial\mathbf{E}/\partial t \end{cases}$$

$$\nabla\cdot\mathbf{E} = 4\pi\rho$$
$$\nabla\times\mathbf{E} = -\frac{1}{c}\partial\mathbf{B}/\partial t$$
$$\nabla\cdot\mathbf{B} = 0$$
$$\nabla\times\mathbf{B} = \frac{4\pi}{c}\mathbf{J} + \frac{1}{c}\partial\mathbf{E}/\partial t$$

物質中:
$$\begin{cases} \nabla\cdot\mathbf{D} = \rho_f \\[2mm] \nabla\times\mathbf{E} = -\partial\mathbf{B}/\partial t \\[2mm] \nabla\cdot\mathbf{B} = 0 \\[2mm] \nabla\times\mathbf{H} = \mathbf{J}_f + \partial\mathbf{D}/\partial t \end{cases}$$

$$\nabla\cdot\mathbf{D} = 4\pi\rho_f$$
$$\nabla\times\mathbf{E} = -\frac{1}{c}\partial\mathbf{B}/\partial t$$
$$\nabla\cdot\mathbf{B} = 0$$
$$\nabla\times\mathbf{H} = \frac{4\pi}{c}\mathbf{J}_f + \frac{1}{c}\partial\mathbf{D}/\partial t$$

D および H

定義:
$$\begin{cases} \mathbf{D} = \epsilon_0\mathbf{E} + \mathbf{P} \\[2mm] \mathbf{H} = \dfrac{1}{\mu_0}\mathbf{B} - \mathbf{M} \end{cases} \qquad \begin{aligned} &\mathbf{D} = \mathbf{E} + 4\pi\mathbf{P} \\[2mm] &\mathbf{H} = \mathbf{B} - 4\pi\mathbf{M} \end{aligned}$$

線形媒質:
$$\begin{cases} \mathbf{P} = \epsilon_0\chi_e\mathbf{E}, \quad \mathbf{D} = \epsilon\mathbf{E} \\[2mm] \mathbf{M} = \chi_m\mathbf{H}, \quad \mathbf{H} = \dfrac{1}{\mu}\mathbf{B} \end{cases} \qquad \begin{aligned} &\mathbf{P} = \chi_e\mathbf{E}, \qquad \mathbf{D} = \epsilon\mathbf{E} \\[2mm] &\mathbf{M} = \chi_m\mathbf{H}, \qquad \mathbf{H} = \dfrac{1}{\mu}\mathbf{B} \end{aligned}$$

ローレンツ力
$$\mathbf{F} = q(\mathbf{E} + \mathbf{v}\times\mathbf{B}) \qquad\qquad \mathbf{F} = q\left(\mathbf{E} + \frac{\mathbf{v}}{c}\times\mathbf{B}\right)$$

エネルギーと仕事率

エネルギー:
$$U = \frac{1}{2}\int\left(\epsilon_0 E^2 + \frac{1}{\mu_0}B^2\right)d\tau \qquad U = \frac{1}{8\pi}\int\left(E^2 + B^2\right)d\tau$$

ポインティングベクトル:
$$\mathbf{S} = \frac{1}{\mu_0}(\mathbf{E}\times\mathbf{B}) \qquad\qquad \mathbf{S} = \frac{c}{4\pi}(\mathbf{E}\times\mathbf{B})$$

ラーモア公式:
$$P = \frac{1}{4\pi\epsilon_0}\frac{2}{3}\frac{q^2a^2}{c^3} \qquad\qquad P = \frac{2}{3}\frac{q^2a^2}{c^3}$$

付録D 公 式 集

ベクトル場の微分

デカルト座標 $\quad d\mathbf{l} = dx\,\hat{\mathbf{x}} + dy\,\hat{\mathbf{y}} + dz\,\hat{\mathbf{z}}, \quad d\tau = dx\,dy\,dz$

勾配：
$$\boldsymbol{\nabla} t = \frac{\partial t}{\partial x}\,\hat{\mathbf{x}} + \frac{\partial t}{\partial y}\,\hat{\mathbf{y}} + \frac{\partial t}{\partial z}\,\hat{\mathbf{z}}$$

発散：
$$\boldsymbol{\nabla} \cdot \mathbf{v} = \frac{\partial v_x}{\partial x} + \frac{\partial v_y}{\partial y} + \frac{\partial v_z}{\partial z}$$

回転：
$$\boldsymbol{\nabla} \times \mathbf{v} = \left(\frac{\partial v_z}{\partial y} - \frac{\partial v_y}{\partial z} \right) \hat{\mathbf{x}} + \left(\frac{\partial v_x}{\partial z} - \frac{\partial v_z}{\partial x} \right) \hat{\mathbf{y}} + \left(\frac{\partial v_y}{\partial x} - \frac{\partial v_x}{\partial y} \right) \hat{\mathbf{z}}$$

ラプラシアン：
$$\nabla^2 t = \frac{\partial^2 t}{\partial x^2} + \frac{\partial^2 t}{\partial y^2} + \frac{\partial^2 t}{\partial z^2}$$

球座標 $\quad d\mathbf{l} = dr\,\hat{\mathbf{r}} + r\,d\theta\,\hat{\boldsymbol{\theta}} + r\sin\theta\,d\phi\,\hat{\boldsymbol{\phi}}, \quad d\tau = r^2\sin\theta\,dr\,d\theta\,d\phi$

勾配：
$$\boldsymbol{\nabla} t = \frac{\partial t}{\partial r}\,\hat{\mathbf{r}} + \frac{1}{r}\frac{\partial t}{\partial \theta}\,\hat{\boldsymbol{\theta}} + \frac{1}{r\sin\theta}\frac{\partial t}{\partial \phi}\,\hat{\boldsymbol{\phi}}$$

発散：
$$\boldsymbol{\nabla} \cdot \mathbf{v} = \frac{1}{r^2}\frac{\partial}{\partial r}(r^2 v_r) + \frac{1}{r\sin\theta}\frac{\partial}{\partial \theta}(\sin\theta\,v_\theta) + \frac{1}{r\sin\theta}\frac{\partial v_\phi}{\partial \phi}$$

回転：
$$\boldsymbol{\nabla} \times \mathbf{v} = \frac{1}{r\sin\theta}\left[\frac{\partial}{\partial \theta}(\sin\theta\,v_\phi) - \frac{\partial v_\theta}{\partial \phi} \right]\hat{\mathbf{r}}$$
$$+ \frac{1}{r}\left[\frac{1}{\sin\theta}\frac{\partial v_r}{\partial \phi} - \frac{\partial}{\partial r}(rv_\phi) \right]\hat{\boldsymbol{\theta}} + \frac{1}{r}\left[\frac{\partial}{\partial r}(rv_\theta) - \frac{\partial v_r}{\partial \theta} \right]\hat{\boldsymbol{\phi}}$$

ラプラシアン：
$$\nabla^2 t = \frac{1}{r^2}\frac{\partial}{\partial r}\left(r^2\frac{\partial t}{\partial r} \right) + \frac{1}{r^2\sin\theta}\frac{\partial}{\partial \theta}\left(\sin\theta\frac{\partial t}{\partial \theta} \right) + \frac{1}{r^2\sin^2\theta}\frac{\partial^2 t}{\partial \phi^2}$$

円柱座標 $\quad d\mathbf{l} = ds\,\hat{\mathbf{s}} + s\,d\phi\,\hat{\boldsymbol{\phi}} + dz\,\hat{\mathbf{z}}, \quad d\tau = s\,ds\,d\phi\,dz$

勾配：
$$\boldsymbol{\nabla} t = \frac{\partial t}{\partial s}\,\hat{\mathbf{s}} + \frac{1}{s}\frac{\partial t}{\partial \phi}\,\hat{\boldsymbol{\phi}} + \frac{\partial t}{\partial z}\,\hat{\mathbf{z}}$$

発散：
$$\boldsymbol{\nabla} \cdot \mathbf{v} = \frac{1}{s}\frac{\partial}{\partial s}(sv_s) + \frac{1}{s}\frac{\partial v_\phi}{\partial \phi} + \frac{\partial v_z}{\partial z}$$

回転：
$$\boldsymbol{\nabla} \times \mathbf{v} = \left[\frac{1}{s}\frac{\partial v_z}{\partial \phi} - \frac{\partial v_\phi}{\partial z} \right]\hat{\mathbf{s}} + \left[\frac{\partial v_s}{\partial z} - \frac{\partial v_z}{\partial s} \right]\hat{\boldsymbol{\phi}}$$
$$+ \frac{1}{s}\left[\frac{\partial}{\partial s}(sv_\phi) - \frac{\partial v_s}{\partial \phi} \right]\hat{\mathbf{z}}$$

ラプラシアン：
$$\nabla^2 t = \frac{1}{s}\frac{\partial}{\partial s}\left(s\frac{\partial t}{\partial s} \right) + \frac{1}{s^2}\frac{\partial^2 t}{\partial \phi^2} + \frac{\partial^2 t}{\partial z^2}$$

414 付録 D　公　式　集

ベクトルの諸公式

三　重　積

(1)　$\mathbf{A} \cdot (\mathbf{B} \times \mathbf{C}) = \mathbf{B} \cdot (\mathbf{C} \times \mathbf{A}) = \mathbf{C} \cdot (\mathbf{A} \times \mathbf{B})$

(2)　$\mathbf{A} \times (\mathbf{B} \times \mathbf{C}) = \mathbf{B}(\mathbf{A} \cdot \mathbf{C}) - \mathbf{C}(\mathbf{A} \cdot \mathbf{B})$

合成関数の微分

(3)　$\boldsymbol{\nabla}(fg) = f(\boldsymbol{\nabla}g) + g(\boldsymbol{\nabla}f)$

(4)　$\boldsymbol{\nabla}(\mathbf{A} \cdot \mathbf{B}) = \mathbf{A} \times (\boldsymbol{\nabla} \times \mathbf{B}) + \mathbf{B} \times (\boldsymbol{\nabla} \times \mathbf{A}) + (\mathbf{A} \cdot \boldsymbol{\nabla})\mathbf{B} + (\mathbf{B} \cdot \boldsymbol{\nabla})\mathbf{A}$

(5)　$\boldsymbol{\nabla} \cdot (f\mathbf{A}) = f(\boldsymbol{\nabla} \cdot \mathbf{A}) + \mathbf{A} \cdot (\boldsymbol{\nabla}f)$

(6)　$\boldsymbol{\nabla} \cdot (\mathbf{A} \times \mathbf{B}) = \mathbf{B} \cdot (\boldsymbol{\nabla} \times \mathbf{A}) - \mathbf{A} \cdot (\boldsymbol{\nabla} \times \mathbf{B})$

(7)　$\boldsymbol{\nabla} \times (f\mathbf{A}) = f(\boldsymbol{\nabla} \times \mathbf{A}) - \mathbf{A} \times (\boldsymbol{\nabla}f)$

(8)　$\boldsymbol{\nabla} \times (\mathbf{A} \times \mathbf{B}) = (\mathbf{B} \cdot \boldsymbol{\nabla})\mathbf{A} - (\mathbf{A} \cdot \boldsymbol{\nabla})\mathbf{B} + \mathbf{A}(\boldsymbol{\nabla} \cdot \mathbf{B}) - \mathbf{B}(\boldsymbol{\nabla} \cdot \mathbf{A})$

二　階　微　分

(9)　$\boldsymbol{\nabla} \cdot (\boldsymbol{\nabla} \times \mathbf{A}) = 0$

(10)　$\boldsymbol{\nabla} \times (\boldsymbol{\nabla}f) = 0$

(11)　$\boldsymbol{\nabla} \times (\boldsymbol{\nabla} \times \mathbf{A}) = \boldsymbol{\nabla}(\boldsymbol{\nabla} \cdot \mathbf{A}) - \nabla^2 \mathbf{A}$

ベクトル場の積分定理

勾配定理：　　　　$\int_{\mathbf{a}}^{\mathbf{b}} (\boldsymbol{\nabla}f) \cdot d\mathbf{l} = f(\mathbf{b}) - f(\mathbf{a})$

ガウスの発散定理：　$\int (\boldsymbol{\nabla} \cdot \mathbf{A}) \, d\tau = \oint \mathbf{A} \cdot d\mathbf{a}$

ストークスの定理：　$\int (\boldsymbol{\nabla} \times \mathbf{A}) \cdot d\mathbf{a} = \oint \mathbf{A} \cdot d\mathbf{l}$

電磁気学における基礎方程式

マクスウェル方程式

真空中:

$$\begin{cases} \boldsymbol{\nabla} \cdot \mathbf{E} = \dfrac{1}{\epsilon_0}\rho \\[2mm] \boldsymbol{\nabla} \times \mathbf{E} = -\dfrac{\partial \mathbf{B}}{\partial t} \\[2mm] \boldsymbol{\nabla} \cdot \mathbf{B} = 0 \\[2mm] \boldsymbol{\nabla} \times \mathbf{B} = \mu_0 \mathbf{J} + \mu_0 \epsilon_0 \dfrac{\partial \mathbf{E}}{\partial t} \end{cases}$$

物質中:

$$\begin{cases} \boldsymbol{\nabla} \cdot \mathbf{D} = \rho_f \\[2mm] \boldsymbol{\nabla} \times \mathbf{E} = -\dfrac{\partial \mathbf{B}}{\partial t} \\[2mm] \boldsymbol{\nabla} \cdot \mathbf{B} = 0 \\[2mm] \boldsymbol{\nabla} \times \mathbf{H} = \mathbf{J}_f + \dfrac{\partial \mathbf{D}}{\partial t} \end{cases}$$

補　助　場

定義:

$$\begin{cases} \mathbf{D} = \epsilon_0 \mathbf{E} + \mathbf{P} \\[2mm] \mathbf{H} = \dfrac{1}{\mu_0}\mathbf{B} - \mathbf{M} \end{cases}$$

線形媒質:

$$\begin{cases} \mathbf{P} = \epsilon_0 \chi_e \mathbf{E}, \quad \mathbf{D} = \epsilon \mathbf{E} \\[2mm] \mathbf{M} = \chi_m \mathbf{H}, \quad \mathbf{H} = \dfrac{1}{\mu}\mathbf{B} \end{cases}$$

ポテンシャル

$$\mathbf{E} = -\boldsymbol{\nabla} V - \frac{\partial \mathbf{A}}{\partial t}, \qquad \mathbf{B} = \boldsymbol{\nabla} \times \mathbf{A}$$

ローレンツ力

$$\mathbf{F} = q(\mathbf{E} + \mathbf{v} \times \mathbf{B})$$

エネルギー, 運動量 および 仕事率

エネルギー :

$$U = \frac{1}{2}\int \left(\epsilon_0 E^2 + \frac{1}{\mu_0}B^2 \right) d\tau$$

運動量 :

$$\mathbf{P} = \epsilon_0 \int (\mathbf{E} \times \mathbf{B})\, d\tau$$

ポインティング ベクトル :

$$\mathbf{S} = \frac{1}{\mu_0}(\mathbf{E} \times \mathbf{B})$$

ラーモア公式 :

$$P = \frac{\mu_0}{6\pi c}q^2 a^2$$

416 付録 D　公　式　集

物理基本定数

$$\epsilon_0 = 8.85 \times 10^{-12}\,\mathrm{C^2/Nm^2}$$ (真空の誘電率)

$$\mu_0 = 4\pi \times 10^{-7}\,\mathrm{N/A^2}$$ (真空の透磁率)

$$c = 3.00 \times 10^8\,\mathrm{m}/s$$ (光速)

$$e = 1.60 \times 10^{-19}\,\mathrm{C}$$ (素電荷)

$$m = 9.11 \times 10^{-31}\,\mathrm{kg}$$ (電子質量)

座標系

球座標

$$\begin{cases} x = r\sin\theta\cos\phi \\ y = r\sin\theta\sin\phi \\ z = r\cos\theta \end{cases}$$

$$\begin{cases} \hat{\mathbf{x}} = \sin\theta\cos\phi\,\hat{\mathbf{r}} + \cos\theta\cos\phi\,\hat{\boldsymbol{\theta}} - \sin\phi\,\hat{\boldsymbol{\phi}} \\ \hat{\mathbf{y}} = \sin\theta\sin\phi\,\hat{\mathbf{r}} + \cos\theta\sin\phi\,\hat{\boldsymbol{\theta}} + \cos\phi\,\hat{\boldsymbol{\phi}} \\ \hat{\mathbf{z}} = \cos\theta\,\hat{\mathbf{r}} - \sin\theta\,\hat{\boldsymbol{\theta}} \end{cases}$$

$$\begin{cases} r = \sqrt{x^2+y^2+z^2} \\ \theta = \tan^{-1}\left(\sqrt{x^2+y^2}/z\right) \\ \phi = \tan^{-1}(y/x) \end{cases}$$

$$\begin{cases} \hat{\mathbf{r}} = \sin\theta\cos\phi\,\hat{\mathbf{x}} + \sin\theta\sin\phi\,\hat{\mathbf{y}} + \cos\theta\,\hat{\mathbf{z}} \\ \hat{\boldsymbol{\theta}} = \cos\theta\cos\phi\,\hat{\mathbf{x}} + \cos\theta\sin\phi\,\hat{\mathbf{y}} - \sin\theta\,\hat{\mathbf{z}} \\ \hat{\boldsymbol{\phi}} = -\sin\phi\,\hat{\mathbf{x}} + \cos\phi\,\hat{\mathbf{y}} \end{cases}$$

円柱座標

$$\begin{cases} x = s\cos\phi \\ y = s\sin\phi \\ z = z \end{cases}$$

$$\begin{cases} \hat{\mathbf{x}} = \cos\phi\,\hat{\mathbf{s}} - \sin\phi\,\hat{\boldsymbol{\phi}} \\ \hat{\mathbf{y}} = \sin\phi\,\hat{\mathbf{s}} + \cos\phi\,\hat{\boldsymbol{\phi}} \\ \hat{\mathbf{z}} = \hat{\mathbf{z}} \end{cases}$$

$$\begin{cases} s = \sqrt{x^2+y^2} \\ \phi = \tan^{-1}(y/x) \\ z = z \end{cases}$$

$$\begin{cases} \hat{\mathbf{s}} = \cos\phi\,\hat{\mathbf{x}} + \sin\phi\,\hat{\mathbf{y}} \\ \hat{\boldsymbol{\phi}} = -\sin\phi\,\hat{\mathbf{x}} + \cos\phi\,\hat{\mathbf{y}} \\ \hat{\mathbf{z}} = \hat{\mathbf{z}} \end{cases}$$

索 引

Alfven の定理　394
アーンショウの定理　133
アンペールの法則　261
　　物質中の――　312
　　マクスウェルの修正を
　　加えた――　378
アンペール・マクスウェルの法則　393
アンペールモデル　300
アンペールループ　261

一意性定理　134
　　第 1 ――　134
　　第 2 ――　136
1 次元のラプラス方程式　128
位置ベクトル　9
一様な媒質　211
陰極　121
インダクタンス　363

渦電流　346
渦なし場　60
運動による起電力　341

永久磁石　322
SI 単位系　xviii

エーテル　68
エレクトレット　197
遠隔相互作用理論　68
円柱座標　48, 413, 416
円柱対称性　80

オームの法則　332

階段関数　55
回転　18, 21, 401
　　――に対する基本定理　38
　　電場の――　85
回転行列　13
ガウス単位系　xviii, 409
ガウスの定理　35
ガウスの法則　76, 77
　　微分型の――　78
　　物質中の――　203
ガウス面　79
拡張されたフラックス則　351
重ね合わせの原理　65, 77
間隔ベクトル　10
感受率テンソル　213
管状場　60

完全系　152
完全性　152
完全導体　331, 388
完全な双極子　173, 284
緩和法　131

擬スカラー　13
基底ベクトル　5
起電力　340
　　運動による──　341
擬ベクトル　13
球座標　43, 413, 416
球対称性　80
キュリー点　325
境界条件　59, 99, 134, 279, 385
強磁性　321
強磁性体　297, 321
鏡像電荷　143
鏡像法　140, 143
極角　43
極性分子　190, 191
曲線座標系　43, 397
巨視的な磁場　312
巨視的な電場　201
ギルバートモデル　300
金属導体　108

空間電荷　121
空間電荷制限領域　122
クラウジウス‒モソッティの関係式　233
グリーンの恒等式　63, 139
グリーンの相反定理　183
グリーンの定理　35
クロネッカーデルタ　184

クーロンの法則　66, 70

原子分極率　188

交換相互作用　326
構成関係式　209, 319
拘束電荷　195
拘束電流　307
勾配　15, 18, 398
　　──に対する基本定理　399
　　発散の──　26
勾配ベクトル場　15
　　──についての基本定理　33
国際単位系 (SI)　409

サイクロイド　241
サイクロイド運動　238
サイクロトロン　238
サイクロトロン運動　238
サイクロトロン周波数　240
座標系　416
座標変換　11
3次元のラプラス方程式　131

磁化　297, 305
磁荷　271, 379
磁化率　318
磁気回転比　293
磁気双極子　298
　　──に働く力　298
　　──に働くトルク　298
　　──のエネルギー　325
　　物理的な──　284
磁気双極子-項　282
磁気双極子モーメント　283

磁気単極子　271

磁気単極子項　282

磁区　322

試験電荷　65

自己インダクタンス　363

四重極子項　282

四重極子　169, 171

四重極モーメント　184

磁束密度　315

時定数　337, 365

磁場　58

　　　——に蓄えられたエネルギー　368

　　　巨視的な——　312

　　　微視的な——　312

自由電荷　203

自由電流　312

重力　xiv

ジュール熱の法則　336

循環　38

準静的　356

常磁性　299

常磁性体　297

真空の透磁率　251, 319

真空の誘電率　66, 208

垂直微分　100

スカラー　1

スカラー三重積　8

スカラー積　3

スカラーポテンシャル　59, 407

ストークスの定理　38, 404

静磁気学　250

静磁場　270

——の境界条件　317

静電圧力　116

静電気学　66, 250

静電場　269

　　　——の境界条件　207

静電ポテンシャル　88

積の微分則　22

絶縁体　108, 187, 331

接地　136

線形　150

線形結合　150

線形媒質　208, 318, 382

線形誘電体　208

線積分　27

線素　10, 44, 69

線電荷分布　70

線電荷密度　69

双極子　171, 172

　　　——の電場　176

　　　完全な——　173, 284

　　　物理的な——　173

双極子ポテンシャル　172

双極子モーメント　172

相互インダクタンス　360

相対誘電率　209

双対変換　395

相転移　325

総電荷量　77

ソース点　10

ソース電荷　65

ソレノイド　256

第1一意性定理　134

420 索 引

体積積分 30
体積素 30, 45, 46, 49, 69
体積電荷分布 70
体積電荷密度 69
体積電流密度 247
第2一意性定理 136
多重極展開 171, 281
単位 xviii
単位ベクトル 4
単極子 169, 171, 172
単極子ポテンシャル 175
単極子モーメント 175

チャイルド・ラングミュアの法則 122
超関数 52
超弦理論 xvi
超伝導体 388
調和関数 128
直交系 152
直交性 152

強い力 xiv

抵抗 334
抵抗体 332
抵抗率 331
定常電流 250
ディリクレの定理 150, 152
停留点 16
デカルト座標 4, 9, 413
デル演算子 17
デルタ関数 51
電荷 xvi
電気感受率 208
電気双極子 168

——に働く力 191
——に働くトルク 191
——のエネルギー 192
電気変位 203, 383
電気容量 118
電気力線 73
電磁気学における基礎方程式 415
電磁気力 xiv
電磁放射 xvi
電弱理論 xvi
テンソル 12
点電荷 67, 69
点電荷分布のエネルギー 102
伝導率 331
電場 58, 67
——の回転 85
——の発散 78
巨視的な—— 201
微視的な—— 201
電場フラックス 74
電流 242

透磁率 319
真空の—— 251, 319
導体 187
等方的 213
等方的媒質 213
等ポテンシャル面 89
特殊相対論 68
トムソン–ランバードの定理 185
トランス 391
ドリフト速度 336
トロイダルコイル 266
トロイド 266

内部抵抗　340

2次元のラプラス方程式　129

ノイマンの式　361

八重極子　169, 171
八重極モーメント　184
発散　18, 19, 401
　　——の勾配　26
　　電場の——　78
発散定理　35, 77, 401
場の点　10, 67
場の理論　xvi
反磁性　304
反磁性体　297
反転転換　13

ビオ・サバールの法則　251
微視的な電場　201
ヒステリシスループ　324
微積分学における基本定理　32
比透磁率　319
微分型のガウスの法則　78
比誘電率　209
表面電流密度　246
表面誘起電荷　141
ピンチ効果　287

ファラデーケージ　114
ファラデー・ディスク　346
ファラデーの法則　350
物質中のアンペールの法則　312
物質中のガウスの法則　203
物理基本定数　416

物理的な磁気双極子　284
物理的な双極子　173
部分積分　41
プラズマ　287
フラックス　27, 29
フラックス則　343
　　拡張された——　351
フラーレン　180
フーリエ正弦級数　150
フーリエの技法　150
フリンジ場　226
分極　193
分極電流　381
分極率テンソル　190

平行板コンデンサー　118, 212
並進変換　13
平面対称性　80
ベクトル　1
　　——の外積　3
　　——の諸公式　414
　　——の成分　4
　　——の内積　2
ベクトル演算子　18
ベクトル三重積　8
ベクトル積　4
ベクトル場　58
　　——の回転　20, 38
　　——の積分　27
　　——の積分定理　414
　　——の発散　18, 35, 50
　　——の微分　14, 413
　　——の理論　58
ベクトルポテンシャル　60, 272, 408

422 索　引

ベクトル面積　63
ベータトロン　389
ヘビサイド–ローレンツ単位系　xviii
ヘルムホルツコイル　289
ヘルムホルツの定理　59, 407
変圧器　391
変位電流　374, 383
変数分離法　146

ポアソン方程式　93, 127
方位角　43
棒エレクトレット　197
棒磁石　308
棒電石　197
飽和　322
母関数　171
補助場　312
ホール効果　287
ホール電圧　287

マイスナー効果　388
マクスウェルの修正を加えたアンペールの法則　378
マクスウェル方程式　269, 378
マーデルング定数　104

右手則　4, 345

無限小変位ベクトル　10

面積分　27, 28
面素　45, 46, 69
面電荷分布　70

面電荷密度　69

誘電体　187
　　　——に働く力　226
誘電体系のエネルギー　220
誘電率　208
　　　真空の——　66, 208
誘導電場　354

陽極　121
余弦定理　3
弱い力　xiv

ラプラシアン　25, 404
ラプラス方程式　93, 128
　　　1次元の——　128
　　　2次元の——　129
　　　3次元の——　131
ランジュバンの式　233

力学の四つの領域　xiii
量子色力学　xv

ルジャンドル多項式　159, 171

レヴィ＝チヴィタ記号　327
連続電荷分布のエネルギー　104
連続の方程式　xvii, 249, 378
レンツの法則　352

ロドリゲスの公式　159
ローレンツ則　237
ローレンツ–ローレンツの式　233

[訳者紹介]

満 田 節 生　東京理科大学 理学部第一部物理学科　教授
　　　　　　　東北大学　理学博士
　　　　　　　専門：物性物理学（磁性，スピンフラストレーション，中性子散乱）
坂 田 英 明　東京理科大学 理学部第一部物理学科　教授
　　　　　　　東京工業大学　理学博士
　　　　　　　専門：物性物理学（超伝導，トンネル分光，低温，表面）
二 国 徹 郎　東京理科大学 理学部第一部物理学科　教授
　　　　　　　東京工業大学　博士（理学）
　　　　　　　専門：物性理論（量子多体系，超流動，冷却原子気体）
徳 永 英 司　東京理科大学 理学部第一部物理学科　教授
　　　　　　　東京大学　博士（理学）
　　　　　　　専門：光物性，非線形光学，光生物学

グリフィス 電磁気学 I

令和元年 12 月 10 日　発　　　行
令和 3 年 7 月 10 日　第 2 刷発行

訳　者　満　田　節　生・坂　田　英　明
　　　　二　国　徹　郎・徳　永　英　司

発 行 者　池　田　和　博

発 行 所　丸善出版株式会社
〒101-0051 東京都千代田区神田神保町二丁目17番
編集：電話（03）3512-3265／FAX（03）3512-3272
営業：電話（03）3512-3256／FAX（03）3512-3270
https://www.maruzen-publishing.co.jp

Ⓒ Setsuo Mitsuda, Hideaki Sakata, Tetsuro Nikuni,
Eiji Tokunaga, 2019

組版印刷・製本／三美印刷株式会社

ISBN 978-4-621-30422-8　C 3042　　　　Printed in Japan

本書の無断複写は著作権法上での例外を除き禁じられています．